住房城乡建设部土建类学科专业“十三五”规划教材
普通高等教育“十一五”国家级规划教材
高等学校给排水科学与工程学科专业指导委员会规划推荐教材

# 给水排水管网系统

（第四版）


刘遂庆　　　　　主　编
信昆仑　李树平　副主编
赵洪宾　　　　　主　审



中国建筑工业出版社

**图书在版编目（CIP）数据**

给水排水管网系统/刘遂庆主编. —4版. —北京：
中国建筑工业出版社，2020.12（2024.6重印）
住房城乡建设部土建类学科专业“十三五”规划教材
普通高等教育“十一五”国家级规划教材　高等学校给排
水科学与工程学科专业指导委员会规划推荐教材
ISBN 978-7-112-25474-3

Ⅰ. ①给…　Ⅱ. ①刘…　Ⅲ. ①给水管道-管网-高等
学校-教材②排水管道-管网-高等学校-教材　Ⅳ.
①TU991.33②TU992.23

中国版本图书馆CIP数据核字（2020）第178717号

《给水排水管网系统》（第三版）出版以来，在全国高校得到了广泛的应用，本次修订根据高等学校给排水科学与工程学科专业指导委员会编制的《高等学校给排水科学与工程本科指导性专业规范》对本课程的要求，对本书内容进行了相应的修改和调整，并分为核心知识单元和选修知识单元两个部分；本次修订融合了近年来最新的设计规范，体现了教材的先进性。

本书适合给排水科学与工程、环境工程及相关专业的学生使用，也可作为工程技术人员的参考书。

为便于教学，作者特制作了与教材配套的电子课件，如有需求，可发邮件（标注书名、作者名）至jckj@cabp.com.cn索取，或到http://edu.cabplink.com//index下载，电话：010-58337285。

责任编辑：王美玲
责任校对：李美娜

住房城乡建设部土建类学科专业“十三五”规划教材
普通高等教育“十一五”国家级规划教材
高等学校给排水科学与工程学科专业指导委员会规划推荐教材
**给水排水管网系统（第四版）**
刘遂庆　主　编
信昆仑　李树平　副主编
赵洪宾　主　审
*
中国建筑工业出版社出版、发行（北京海淀三里河路9号）
各地新华书店、建筑书店经销
霸州市顺浩图文科技发展有限公司制版
北京云浩印刷有限责任公司印刷
*
开本：787毫米×1092毫米　1/16　印张：18　字数：445千字
2021年1月第四版　2024年6月第四十三次印刷
定价：**49.00**元（赠教师课件）
ISBN 978-7-112-25474-3
（36442）

# 第四版前言

为适应专业课程教学规范化要求和专业科学技术发展的需要，本次再版对本教材内容进行部分精简、修改和调整，特别是近年来给水排水工程设计和运行管理的国家与地方标准及规范进行了较多的修改，对本教材的内容提出了新的要求。本次修订对教材中的设计标准、规范和参数进行了比较全面的更新和修正，同时增加了给水排水管网信息化技术、管网计算机模型应用和智慧水务等新型工程技术内容，反映管网科学技术领域新知识和新技术应用，扩展读者的知识范围和创新视野。在教学过程中，继续采用第三版分单元模式，分为核心知识单元和选修知识单元两个部分。第 1 章至第 8 章为核心知识单元，第 9 章至第 11 章为选修知识单元，对于选修知识单元，引导学生自学，鼓励创新实践。

本次再版修订工作由刘遂庆教授、信昆仑教授、李树平副教授、陶涛教授和颜合想副教授共同合作完成，其中，第 1 章、第 3 章、第 9 章由刘遂庆编写，第 2 章由李树平编写，第 4 章由信昆仑编写，第 5 章由刘遂庆、信昆仑合写，第 6 章由刘遂庆、颜合想合写，第 7 章、第 10 章由刘遂庆、李树平合写，第 8 章由陶涛编写，第 11 章由信昆仑、颜合想合写。全书由刘遂庆教授主编和定稿，由赵洪宾教授主审。

恳请使用本教材的高校师生和专业科技工作者提出新的改进意见。

编　者

2020 年 7 月于同济大学

# 第三版前言

《给水排水管网系统》（第二版）教材出版以来，在全国高校得到了广泛的应用。2010年8月，高等学校给排水科学与工程学科专业指导委员会在上海召开了全国高校《给水排水管网系统》（第二版）课程教学研讨会，交流教学经验，并对教材内容提出了宝贵意见。会议之后，本书主编与全国30多位本课程任课教师进行了电子邮件交流，收集了多条宝贵建议，对本次修订再版工作起到了重要作用，在此表达诚挚的感谢。

本次修订的主要目的是适应教学改革和专业技术发展的需要。高等学校给排水科学与工程学科专业指导委员会制订的《高等学校给排水科学与工程本科指导性专业规范》提出了新的课程体系和教材建设方案，将本教材定为专业核心知识领域16门课程之一，对教材内容提出了知识单元范围。在专业技术方面，《室外排水设计规范》GB 50014—2006在2011年和2014年进行了两次修订，发布了该规范的2011版和2014版，设计思想和参数变化较大。本书内容进行了相应修改和调整。本书内容分为核心知识单元和选修知识单元两个部分，核心知识单元包括第1章至第8章，选修知识单元包括第9章至第11章。第1章至第6章基本保持第二版内容不变，仅进行了少量的文字修正。第7章和第8章分别为第二版的第9章和第10章，按照《室外排水设计规范》GB 50014—2006（2014年版）内容进行了修改。第二版第7章和第10.7节合并成本书第9章。第10章和第11章分别是第二版第11章和第12章的修改。本书删减了第二版的第8章。

本次修订由严煦世教授和刘遂庆教授主编，其中，第1、3章由严煦世、刘遂庆合写，第2章由李树平执笔，第4章由信昆仑执笔，第5章由刘遂庆、信昆仑合写，第6章由刘遂庆、严煦世合写，第7章由刘遂庆、李树平合写，第8章由陶涛执笔，第9章由刘遂庆执笔，第10章由刘遂庆、李树平合写，第11章由刘遂庆、陶涛合写。全书由刘遂庆教授统稿和定稿，由龙腾锐教授主审。

恳请使用本教材的高校师生和专业工作者提出新的改进意见。

编　者

2014年3月于同济大学

# 第二版前言

《给水排水管网系统》教材出版以来，在全国高校给水排水工程专业得到了广泛的应用。2007年8月在同济大学召开了全国高校给水排水管网系统课程教学研讨会，交流教学经验，并对教材的修订再版提出了宝贵的意见，也成为本次修订工作的重要基础。编写组在此表达诚挚的感谢。

本次修订的主要目的是进一步加强给水管网和排水管网的统一关系，改进教材内容的表达方式，体现给水排水管网理论和工程技术的现代化发展，修改了较多的章节内容，增加了排水管网优化设计的基础理论和方法，并以附录形式编入了比较实用的计算机程序，以期提高管网系统教学和工程实践的计算机水平。

本次再版由严煦世教授、刘遂庆教授主编，其中，第1、2章由严煦世和刘遂庆合写，第3、4章由刘遂庆、方永忠、信昆仑合写，第5、6、7章由刘遂庆和方永忠合写，第8章由刘遂庆和信昆仑合写，第9、10章由刘遂庆和李树平合写，第11、12章由刘遂庆和严煦世合写。全书由刘遂庆教授统稿和定稿，由龙腾锐教授主审。

恳请使用本教材的高校师生和专业工作者提出新的改进意见。

编　者

2008年3月于同济大学

# 第一版前言

水是人类生活、工农业生产和社会经济发展的重要资源，科学用水和排水是人类社会发展史上最重要的社会活动和生产活动内容之一。特别是在近代历史中，随着人类居住和生产的城市化进程，给水排水工程已经发展成为城市建设和工业生产的重要基础设施，成为人类生命健康安全和工农业科技与生产发展的基础保障，同时，也发展成为高等专业教育和人才培养的重要专业领域。

给水排水管网系统的建设投资占给水排水工程建设总投资的70%左右，受到给水排水工程建设、管理和运营部门的高度重视。管网系统的科学研究和高新技术开发与应用，是长期以来备受关注和重视的领域，特别是给水排水管网系统的最优化设计理论和方法得到了很好的发展。给水排水管网系统是贯穿给水排水工程整体工艺流程和连接所有工程环节和对象的通道和纽带，在系统的功能顺序上，给水管网在前段，排水管网在后段，而在工程的地理关系上，两者却始终是平行建设的。在建设过程中，必须作为一个整体系统工程考虑。全国高校给水排水工程学科专业指导委员会决定将给水管网和排水管网系统作为一个统一的专业教材内容体系，成为一门专业课程，将有利于加强给水排水管网系统的整体性和科学性。

按照全国高校给水排水工程学科专业指导委员会的指导精神，本教材注重内容的系统性，使学生学习和掌握给水排水管网的基础理论和应用能力，包括管网的规划与布置、用水量和排水量的计算与预测、管网的水力计算和最优化设计理论与方法，以及给水排水管网的运行管理和维护，力求采用国内外最新的管网理论和科技成果，并根据编者的教学经验和研究成果，对给水管网设计的水力计算和最优化理论与计算方法等内容做了较大的变动和改进。在本书的内容编排上，则根据给水管网与排水管网的统一性和差异性，力求使读者学习和掌握它们具有统一性的基础知识，又根据其差异性分别阐述给水管网和排水管网的特别要求和计算方法。本书力求结合工程实际，介绍和讲述给水排水管网系统中的最新理论和应用成果，使读者认识和掌握本领域中的最新技术及发展方向。

本书是国内第一次在给水排水专业本科专业教材中将给水管网和排水管网合编成一本书的，这是一个新的教材体系，需要用新的教学方法和手段。为了使给水排水管网系统成为一个整体，本书在内容安排上，采用了有分有合的方法，将水力学、管网模型理论、管道材料与附件、管网维护与管理等内容进行了统一；而对于管网设计与水力计算、管网优化设计等内容，由于给水管网和排水管网的设计规范和工程差异，则分别设章节论述。

本书共12章，分为基本教学内容和选讲教学内容。基本教学内容按照本课程教学大纲的基本要求编写，为教学中的必教内容。本书第8章（给水管网优化调度与水质控制）为选讲内容，是为了使学生了解给水排水管网系统的新技术需求和研究发展方向，各学校可根据各自的具体情况和教学要求选择讲授，也可供学生自学和研究生学习参考。

本书由严煦世教授、刘遂庆教授和方永忠教授合作编写，严煦世教授和刘遂庆教授主编。其中，第1、2章由刘遂庆和严煦世合写，第3、4章由严煦世和方永忠合写，第5、6、7、8章由方永忠和刘遂庆合写，第9、10章由刘遂庆和方永忠合写，第11、12章由严煦世和方永忠合写。在编写过程中，王荣合教授和吴一蘩副教授参加了前期准备和讨论工作。全书由龙腾锐教授主审。

本书参考了大量书目和文献，其中的主要参考书目附于书后。本书从主要参考书目中录用了很多十分经典的素材和文字材料，本书编者对这些著作的作者表示诚挚的感谢。

由于给水排水管网系统涉及的内容和知识领域广泛，加之编者水平所限，谬误在所难免，恳请本书的使用者和广大读者批评指正。

本书可供给水排水工程技术人员和研究生参考。

编　者

2002年3月于同济大学

# 目　　录

# 第1章　给水排水管网系统概论

## 1.1　给水排水系统的功能与组成

给水排水系统是为人们的生活、生产和消防提供用水和排除废水的设施总称。它是人类文明进步和城市化聚集居住的产物，是现代化城市最重要的基础设施之一，是城市社会和经济发展现代化水平的重要标志。给水排水系统的功能是向各种不同类别的用户供应满足需求的水质和水量，同时承担用户排出的废水的收集、输送和处理，达到消除废水中污染物质对于人体健康的危害和保护环境的目的。给水排水系统可分为给水和排水两个组成部分，亦分别被称为给水系统和排水系统。

给水系统按用途通常分为生活用水、工业生产用水和市政消防用水三大类。生活用水是人们在各类生活活动中直接使用的水，主要包括居民生活用水、公共设施用水和工业企业生活用水。居民生活用水是指居民家庭生活中饮用、烹饪、洗浴、洗涤等用水，是保障居民日常生活、身体健康、清洁卫生和生活舒适的重要条件。公共设施用水是指机关、学校、医院、宾馆、车站、公共浴场等公共建筑和场所的用水供应，其特点是用水量大，用水地点集中，该类用水的水质要求与居民生活用水相同。工业企业生活用水是工业企业区域内从事生产和管理工作的人员在工作时间内的饮用、烹饪、洗浴、洗涤等生活用水，该类用水的水质与居民生活用水相同，用水量则根据工业企业的生产工艺、生产条件、工作人员数量、工作时间安排等因素而变化。工业生产用水是指工业生产过程中为满足生产工艺和产品质量要求的用水，又可以分为产品用水（水成为产品或产品的一部分）、工艺用水（水作为溶剂、载体等）和辅助用水（冷却、清洗等）等，工业企业门类多，系统庞大复杂，对水量、水质、水压的要求差异很大。市政和消防用水是指城镇或工业企业区域内的道路清洗、绿化浇灌、公共清洁卫生和消防的用水。

上述各种用水在被用户使用以后，水质受到了不同程度的污染，成为废水。这些废水携带着不同来源和不同种类的污染物质，会对人体健康、生活环境和自然生态环境带来严重危害，需要及时地收集和处理，然后才可排放到自然水体或者循环重复利用。为此而建设的废水收集、处理和排放工程设施，称为排水系统。另外，城市化地区的降水会造成地面积水，甚至造成洪涝灾害，需要建设雨水排水系统及时排除。因此，根据排水系统所接纳的废水的来源，废水可以分为生活污水、工业废水和雨水三种类型。生活污水主要是指居民生活用水所造成的废水和工业企业中的生活污水，其中含有大量有机污染物，受污染程度比较严重，是废水处理的重点对象。大量的工业用水在工业生产过程中被用作冷却或洗涤的用途，受到较轻微的水质污染或水温变化，这类废水往往经过简单处理后重复使用；另一类工业废水在生产过程中受到严重污染，例如许多化工生产废水含有很高浓度的污染物质，甚至含有大量有毒有害物质，必须予以严格的处理。降水指雨水和冰雪融化水，雨水排水系统的主要目标是排除降水，防止地面积水和洪涝灾害。在水资源缺乏的地区，降水应尽可能被收集和利用。只有建设合理、经济和可靠的排水系统，才能达到保护环境、保护水资源、促进生产和保障人们生活和生产活动安全的目的。

给水排水系统的功能和组成如图 1.1 所示。

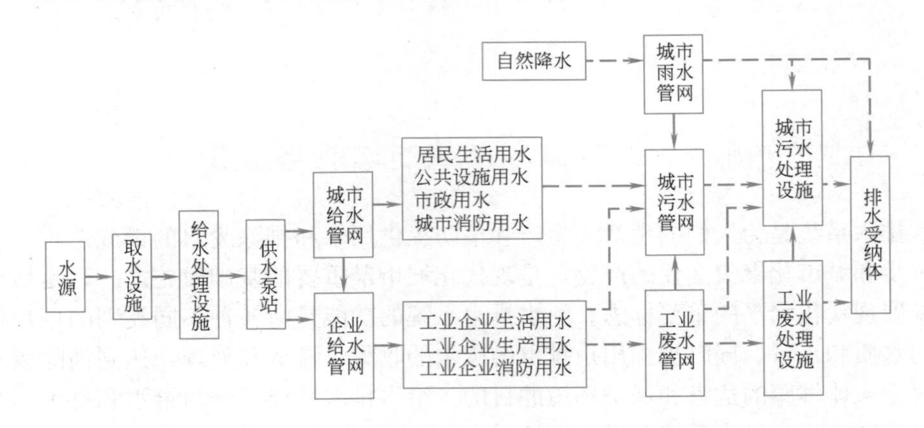


图 1.1　给水排水系统功能关系示意图

给水排水系统应具备以下三项主要功能：

（1）水量保障。向人们指定的用水地点及时可靠地提供满足用户需求的用水量，将用户排出的废水（包括生活污水和生产废水）和雨水及时可靠地收集并输送到指定地点。

（2）水质保障。向指定用水地点和用户供给符合质量要求的水及按有关水质标准将废水排入受纳水体。水质保障的措施主要包括三个方面：采用合理的给水处理措施，使供水水质达到或超过人们用水所要求的质量；通过设计和运行管理中的物理和化学等手段控制贮水和输配水过程中的水质变化；采用废水处理措施使废水水质达到排放要求，保护环境不受污染。

（3）水压保障。为用户的用水提供符合标准的用水压力，使用户在任何时间都能取得充足的水量；同时，使排水系统具有足够的高程和压力，使之能够顺利排入受纳水体。在地形高差较大的地方，应充分利用地形高差所形成的重力提供给水和排水的输送能量；在地形平坦的地区，给水压力一般采用水泵加压，必要时还需要通过阀门或减压设施降低水压，以保证用水设施安全和用水舒适。排水一般采用重力输送，必要时用水泵提升高程，或者通过跌水消能设施降低高程，以保证排水系统的通畅和稳定。

给水排水系统可划分为以下子系统：

（1）原水取水系统：包括水源地（如江河、湖泊、水库、海洋等地表水资源，潜水、承压水和泉水等地下水资源，复用水资源）、取水头部、取水泵站和原水输水管渠等。

（2）给水处理系统：包括各种采用物理、化学、生物等方法的水质处理设备和构筑物。生活饮用水一般采用反应、絮凝、沉淀、过滤和消毒处理工艺和设施，工业用水一般有冷却、软化、淡化、除盐等工艺和设施。

（3）给水管网系统：包括输水管渠、配水管网、水压调节设施（泵站、减压阀）及水量调节设施（清水池、水塔等）等，又称为输水与配水系统，简称输配水系统。

（4）排水管网系统：包括污水和废水收集与输送管渠、水量调节池、提升泵站及附属构筑物（如检查井、跌水井、水封井、雨水口等）等。

(5) 废水处理系统：包括各种采用物理、化学、生物等方法的水质净化设备和构筑物。由于废水的水质差异大，采用的废水处理工艺各不相同。常用物理处理工艺有格栅、沉淀、曝气、过滤等，常用化学处理工艺有中和、氧化等，常用生物处理工艺有活性污泥处理、生物滤池、氧化沟等。

(6) 排放和重复利用系统：包括废水受纳体（如水体、土壤等）和最终处置设施，如排放口、稀释扩散设施、隔离设施和废水回用设施等。

一般城镇给水排水系统如图 1.2 所示。

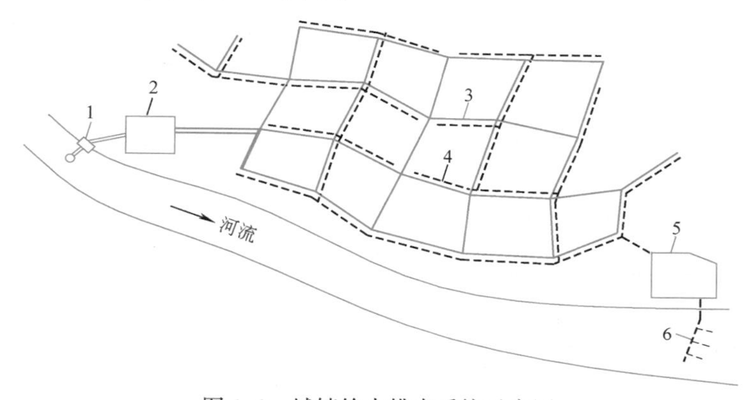


图 1.2　城镇给水排水系统示意图

1—取水系统；2—给水处理系统；3—给水管网系统；4—排水管网系统；5—废水处理系统；6—排放系统

# 1.2　城市用水量和用水量变化

## 1.2.1　城市用水量分类和用水量定额

由给水系统统一供给的城市用水量为规划设计范围内的居民生活用水、公共设施（包括机关、学校、医院等）用水、工业用水及其他用水的水量总和，主要包括以下几类：

(1) 居民生活用水量；

(2) 公共设施用水量；

(3) 工业企业生产用水量和工作人员生活用水量；

(4) 消防用水量；

(5) 市政用水量，主要指道路和绿地浇洒用水量；

(6) 未预见用水量及给水管网漏失水量。

在城市用水量规划设计中，上述各类用水量总和称为城市综合用水量，居民生活用水量和公共设施用水量之和称为城市综合生活用水量。

不同类别的用水量可以采用有关设计规范规定的用水量指标进行计算。中华人民共和国国家标准《室外给水设计标准》GB 50013—2018 中规定了按照供水人口计算的最高日和平均日的居民生活用水定额和综合生活用水定额，见表 1.1 至表 1.4。工业企业的用水量可根据国民经济发展规划，结合现有工业企业用水资料和产业用水量定额分析确定。

最高日居民生活用水定额［L/(人·d)］　　表1.1

| 城市类型 | 超大城市 | 特大城市 | Ⅰ型大城市 | Ⅱ型大城市 | 中等城市 | Ⅰ型小城市 | Ⅱ型小城市 |
|---|---|---|---|---|---|---|---|
| 一区 | 180～320 | 160～300 | 140～280 | 130～260 | 120～240 | 110～220 | 100～200 |
| 二区 | 110～190 | 100～180 | 90～170 | 80～160 | 70～150 | 60～140 | 50～130 |
| 三区 | — | — | — | 80～150 | 70～140 | 60～130 | 50～120 |

平均日居民生活用水定额［L/(人·d)］　　表1.2

| 城市类型 | 超大城市 | 特大城市 | Ⅰ型大城市 | Ⅱ型大城市 | 中等城市 | Ⅰ型小城市 | Ⅱ型小城市 |
|---|---|---|---|---|---|---|---|
| 一区 | 140～280 | 130～250 | 120～220 | 110～200 | 100～180 | 90～170 | 80～160 |
| 二区 | 100～150 | 90～140 | 80～130 | 70～120 | 60～110 | 50～100 | 40～90 |
| 三区 | — | — | — | 70～110 | 60～100 | 50～90 | 40～80 |

最高日综合生活用水定额［L/(人·d)］　　表1.3

| 城市类型 | 超大城市 | 特大城市 | Ⅰ型大城市 | Ⅱ型大城市 | 中等城市 | Ⅰ型小城市 | Ⅱ型小城市 |
|---|---|---|---|---|---|---|---|
| 一区 | 250～480 | 240～450 | 230～420 | 220～400 | 200～380 | 190～350 | 180～320 |
| 二区 | 200～300 | 170～280 | 160～270 | 150～260 | 130～240 | 120～230 | 110～220 |
| 三区 | — | — | — | 150～250 | 130～230 | 120～220 | 110～210 |

平均日综合生活用水定额［L/(人·d)］　　表1.4

| 城市类型 | 超大城市 | 特大城市 | Ⅰ型大城市 | Ⅱ型大城市 | 中等城市 | Ⅰ型小城市 | Ⅱ型小城市 |
|---|---|---|---|---|---|---|---|
| 一区 | 210～400 | 180～360 | 150～330 | 140～300 | 130～280 | 120～260 | 110～240 |
| 二区 | 150～230 | 130～210 | 110～190 | 90～170 | 80～160 | 70～150 | 60～140 |
| 三区 | — | — | — | 90～160 | 80～150 | 70～140 | 60～130 |

注：1. 超大城市指城区常住人口1000万及以上的城市，特大城市指城区常住人口500万以上1000万以下的城市，Ⅰ型大城市指城区常住人口300万以上500万以下的城市，Ⅱ型大城市指城区常住人口100万以上300万以下的城市，中等城市指城区常住人口50万以上100万以下的城市，Ⅰ型小城市指城区常住人口20万以上50万以下的城市，Ⅱ型小城市指城区常住人口20万以下的城市。以上包括本数，以下不包括本数。
2. 一区包括：湖北、湖南、江西、浙江、福建、广东、广西、海南、上海、江苏、安徽，二区包括：重庆、四川、贵州、云南、黑龙江、吉林、辽宁、北京、天津、河北、山西、河南、山东、宁夏、陕西、内蒙古河套以东和甘肃黄河以东的地区，三区包括：新疆、青海、西藏、内蒙古河套以西和甘肃黄河以西的地区。
3. 经济开发区和特区城市，根据用水实际情况，用水定额可酌情增加。
4. 当采用海水或污水再生水等作为冲厕用水时，用水定额相应减少。

工程设计人员应根据城市的地理位置、用水人口、水资源状况、城市性质和规模、产业结构、国民经济发展和居民生活水平、工业回用水率等因素计算确定城市用水量。

### 1.2.2 用水量表达和用水量变化系数

（1）用水量的表达

由于用户用水量是时刻变化的，设计用水量只能按一定时间范围内的平均值进行计算，通常用以下方式表达：

1）平均日用水量：即规划年限内，用水量最多的年总用水量除以用水天数。该值一般作为水资源规划和确定城市设计污水量的依据；

2）最高日用水量：即用水量最多的一年内，用水量最多的一天的总用水量。该值一般作为取水工程和水处理工程规划和设计的依据；

3）最高日平均时用水量：即最高日用水量除以 24h，得到的最高日小时平均用水量；

4）最高日最高时用水量：用水量最高日的 24h 中，用水量最大的一小时用水量。该值一般作为给水管网工程规划与设计的依据。

（2）用水量变化系数

各种用水量都是经常变化的，但它们的变化幅度和规律有所不同。

生活用水量随着生活习惯、气候和人们生活节奏等变化，如假期比平日高，夏季比冬季高，白天比晚上高。从我国各城镇的用水统计情况可以看出，城镇人口越少，工业规模越小，用水量越低，用水量变化幅度越大。

工业企业生产用水量的变化一般比生活用水量的变化小，少数情况下变化可能很大。如化工厂、造纸厂等，生产用水量变化就很小，而冷却用水、空调用水等，受到水温、气温和季节影响，用水量变化很大。

不同类别的用水量变化一般具有各自的规律性，可以用下述的变化系数和变化曲线表示。

1）用水量变化系数

在一年中，每天用水量的变化可以用日变化系数表示，即最高日用水量与平均日用水量的比值，称为用水量日变化系数，记作 $K_d$，即：

$$K_d = 365\frac{Q_d}{Q_y} \tag{1.1}$$

式中　$Q_d$——最高日用水量（$m^3/d$）；

　　$Q_y$——全年用水量（$m^3/a$）。

在给水排水工程规划和设计时，一般首先计算最高日用水量，然后确定日变化系数，于是可以用式（1.1）计算出全年用水量或平均日用水量，即：

$$Q_y = 365\frac{Q_d}{K_d} \tag{1.2}$$

$$Q_{ad} = \frac{Q_d}{K_d} \tag{1.3}$$

式中　$Q_{ad}$——平均日用水量（$m^3/d$）。

在一日内，每小时用水量的变化可以用时变化系数表示，最高时用水量与平均时用水量的比值，称为时变化系数，记作 $K_h$，即：

$$K_h = 24\frac{Q_h}{Q_d} \tag{1.4}$$

式中　$Q_h$——最高时用水量（$m^3/h$）。

根据最高日用水量和时变化系数，可以计算最高时用水量：

$$Q_h = K_h\frac{Q_d}{24} \tag{1.5}$$

2）用水量变化曲线

用水量变化系数只能表示一段时间内最高用水量与平均用水量的比值，要表达更详细的用水量变化情况，就要用到用水量变化曲线，即以时间 $t$ 为横坐标和与该时间对应的用水量 $q(t)$ 为纵坐标数据绘制的曲线。根据不同的目的和要求，可以绘制年用水量变化曲线、月用水量变化曲线、日用水量变化曲线、小时用水量变化曲线和瞬时用水量变化曲线。在供水系统运行管理中，安装自动记录和数字远传水表或流量计，能够连续地实时记录一个区域或用户的用水量，提高供水系统管理的科学水平和经济效益。图 1.3 为某供水区的 7 日用水量在线记录曲线，表达了该区域从星期一到星期日的用水量变化情况和规律。

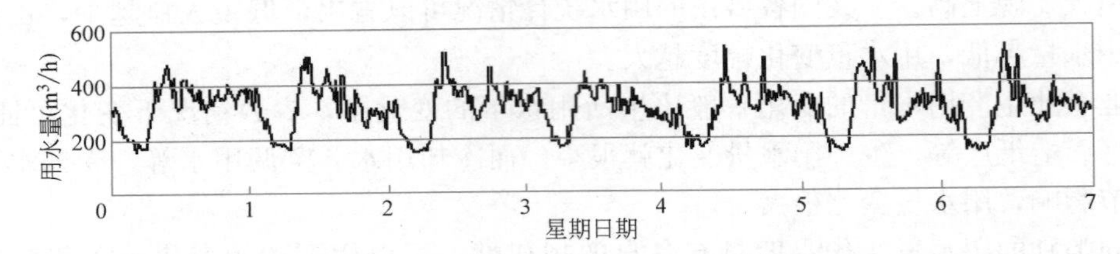


图 1.3　某供水区 7 日用水量在线记录曲线

给水管网工程设计中，要求管网供水量时刻满足用户用水量，适应任何一天中 24 小时的变化情况，经常需要绘制小时用水量变化曲线，特别是最高日用水量变化曲线。绘制 24 小时用水量变化曲线时，用横坐标表示时间，纵坐标也可以采用每小时用水量占全日用水量的百分数。采用这种相对表示方法，有助于供水能力不等的城镇给水系统之间相互比较和参考。

图 1.4 为某城市的用水量变化曲线，从图中看出，最高时是上午 8～9 点，最高时用水量比例为 5.92%。由于一日中的小时平均用水量比例为 100%/24=4.17%，可以得出，时变化系数为 $K_h$=1.42。

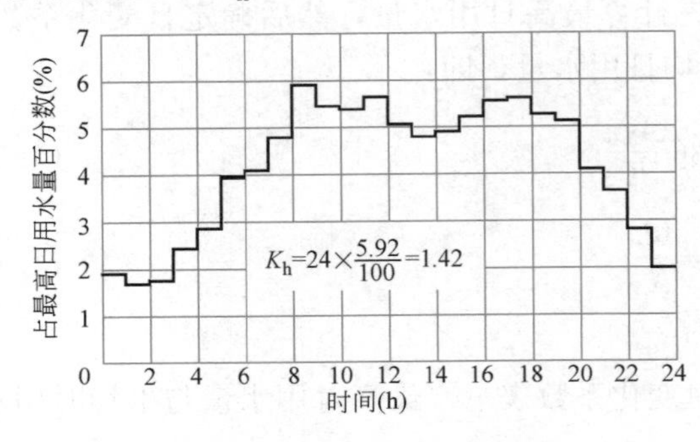


图 1.4　用水量变化曲线

用水量变化曲线一般根据用水量历史数据统计求得，在无历史数据时，可以参考附近城市的实际资料确定。最高日城市综合用水量的时变化系数可采用 1.2～1.6，日变化系数可采用 1.1～1.5。

表 1.5 给出了各类城市用水量的日变化系数的范围，可供参考选用。在规划设计工作中，应结合给水排水工程的规模、地理位置、气候、生活习惯、室内

给水排水设施和工业生产情况等取值。当有本市或相似城市用水量历史资料时，可以进行统计分析，更准确地拟定用水量变化系数。

**各类城市用水量日变化系数** **表 1.5**

| 超大、特大城市 | 大城市 | 中等城市 | 小城镇 |
| --- | --- | --- | --- |
| 1.1～1.3 | 1.2～1.4 | 1.3～1.5 | 1.4～1.8 |

## 1.3 给水排水管网系统的功能与组成

### 1.3.1 给水排水管网系统的功能

给水排水管网系统是给水排水工程设施的重要组成部分，是由不同材料的管道和附属设施构成的输水网络。根据其功能可以分为给水管网系统和排水管网系统。给水管网系统承担供水的输送、分配、压力调节（加压、减压）和水量调节任务，起到保障用户用水的作用；排水管网系统承担污废水收集、输送、高程或压力调节和水量调节任务，起到防止环境污染和防治洪涝灾害的作用。

给水管网系统和排水管网系统均应具有以下功能：

（1）水量输送：即实现一定水量的位置迁移，满足用水与排水的地点要求；

（2）水量调节：即采用贮水措施解决供水、用水与排水的水量不平均问题；

（3）水压调节：即采用加压和减压措施调节水的压力，满足水输送、使用和排放的能量要求。

### 1.3.2 给水管网系统的构成

给水管网系统一般由输水管（渠）、配水管网、水压调节设施（泵站、减压阀）及水量调节设施（清水池、水塔、高位水池）等构成。图 1.5 为一个典型的给水管网系统示意图。

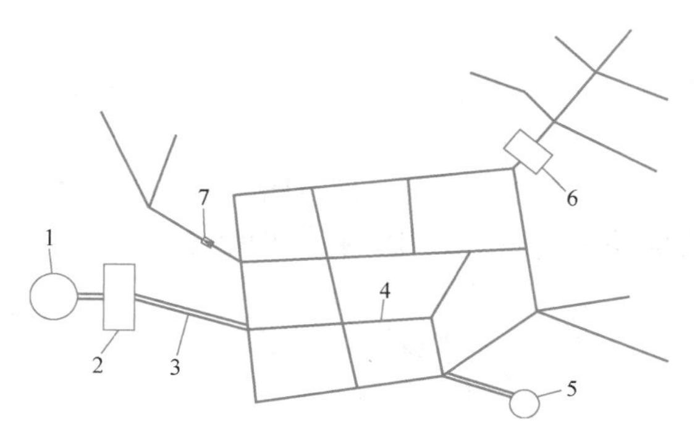

图 1.5 给水管网系统示意图

1—清水池；2—供水泵站；3—输水管；4—配水管网；5—水塔（高位水池）；6—加压泵站；7—减压设施

（1）输水管（渠）：是指在较长距离内输送水量的管道或渠道，输水管（渠）一般不沿线向外供水。如从水厂将清水输送至供水区域的管道（渠道）、从供水管网向某大用户供水的专线管道、区域给水系统中连接各区域管网的管道等。输水管道的常用材料有球墨铸铁管、钢管、钢筋混凝土管、UPVC 管等，输水渠道一般由砖、砂、石、混凝土等材料砌筑。

由于输水管发生事故将对供水产生较大影响，所以较长距离输水管一般敷设成两条并行管线，并在中间的一些适当地点分段连通和安装切换阀门，以便其中一条管道局部发生故障时由另一条并行管段替代，参见图 1.6。采用重力输水方案时，许多地方采用渡槽输水，可以就地取材，降低造价，如图 1.7 所示。

图1.6　钢筋混凝土输水管道

输水管的流量一般都较大，输送距离远，施工条件差，工程量巨大，甚至要穿越山岭或河流。输水管的安全可靠性要求严格，特别是在现代化城市建设和发展中，远距离输水工程越来越普遍，对输水管道工程的规划和设计必须给予高度重视，具有特别重要的意义。

（2）配水管网：是指分布在供水区域内的配水管道网络。其功能是将来自于较集中点（如输水管渠的末端或贮水设施等）的水量分配输送到整个供水区域，使用户能从近处接管用水。

图1.7　原水输水渡槽

配水管网由主干管、干管、支管、连接管、分配管等构成。配水管网中还需要安装消火栓、阀门（闸阀、排气阀、泄水阀等）和检测仪表（压力、流量、水质检测等）等附属设施，以保证消防供水和满足生产调度、故障处理、维护保养等管理需要。

（3）泵站：泵站是输配水系统中的加压设施，一般由多台水泵并联组成（图1.8）。当水不能靠重力流动时，必须使用水泵对水流增加压力，以使水流有足够的能量克服管道内壁的摩擦阻力，在输配水系统中还要求水被输送到用户接水地点后有符合用水压力要求的水压，以克服用水地点的高差及用户的管道系统与设备的水流阻力。

图1.8　给水泵站

给水管网系统中的泵站有供水泵站和加压泵站两种形式。供水泵站一般位于水厂内部，将清水池中的水加压后送入输水管或配水管网。加压泵站则对远离水厂的供水区域或地形较高的区域进行加压，即实现多级加压。加压泵站一般从贮水设施中吸水，也有部分加压泵站直接从管道中吸水，前一类属于间接加压泵站（亦称为水库泵站），后一类属于直接加压泵站。

泵站内部以水泵机组为主体，由内部管道将其并联或串联起来，管道上设置阀门，以控制多台水泵灵活地组合运行，并便于水泵机组的拆装和检修。泵站内还应设有水流止回阀，必要时安装水锤消除器、多功能阀（具有截止阀、止回阀和水锤消除作用）等，以保证水泵机组安全运行。

（4）水量调节设施：有清水池（又称清水库，如图 1.9 所示）、水塔（图 1.10）和高位水池（或水塔）等形式。其主要作用是调节供水与用水的流量差，也称调节构筑物。水量调节设施也可用于贮存备用水量，以保证消防、检修、停电和事故等情况下的用水，提高系统的供水安全可靠性。

图 1.9　清水池

图 1.10　水塔

设在水厂内的清水池（清水库）是水处理系统与管网系统的衔接点，既作为处理好的清水贮存设施，也是管网系统中输配水的水源点。

（5）减压设施：用减压阀和节流孔板等降低和稳定输配水系统中局部区域的水压，以避免水压过高造成管道或其他设施的漏水、爆裂和水锤破坏，并可提高用水的舒适感。

### 1.3.3　排水管网系统的构成

排水管网系统一般由废水收集设施、排水管网、排水调蓄池、提升泵站、废水输水管（渠）和排放口等构成。图 1.11 为一个典型的排水管网系统示意图。

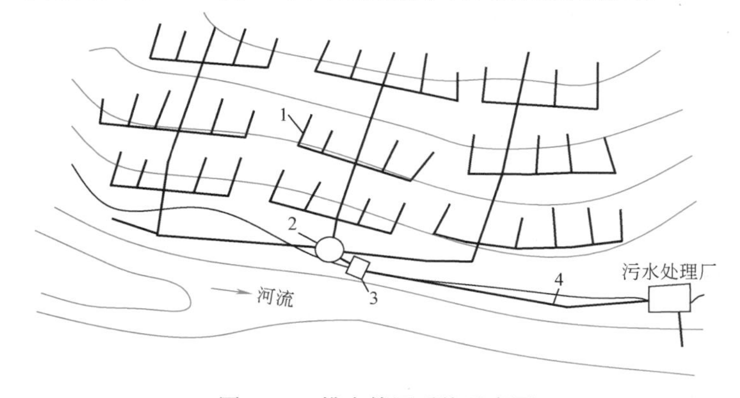


图 1.11　排水管网系统示意图

1—集水管网；2—排水调蓄池；3—提升泵站；4—输水管（渠）

（1）废水收集设施：它们是排水系统的起始点。用户排出的废水一般直接排到用户的室外窨井，通过连接窨井的排水支管将废水收集到排水管道系统中，如图 1.12 所示。雨水的收集是通过设在屋面或地面的雨水口将雨水收集到雨水排水支管，如图 1.13 所示。

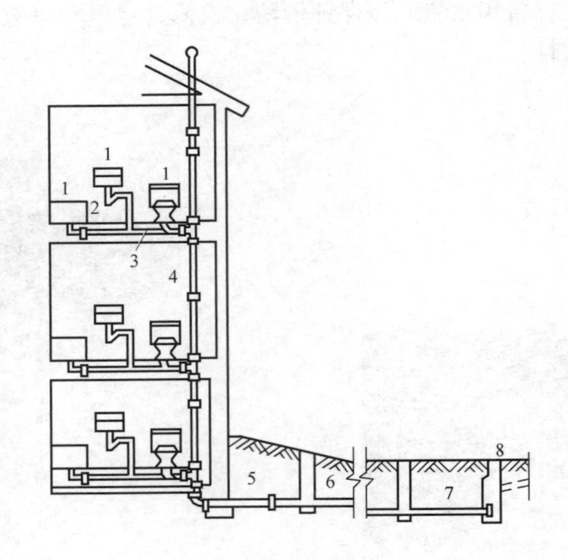


图 1.12　生活污水收集管道系统

1—卫生设备和厨房设备；2—存水弯（水封）；3—支管；4—竖管；5—房屋出流管；6—庭院沟管；7—连接支管；8—窨井

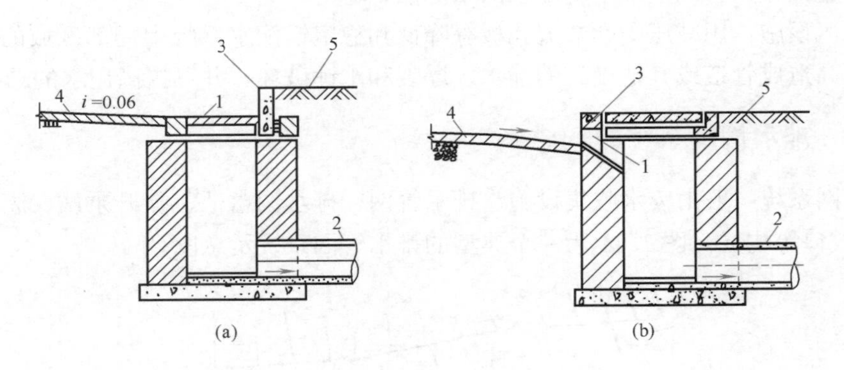


图 1.13　道路路面雨水排水口

（a）边沟雨水口；（b）侧石雨水口

1—雨水进口；2—连接管；3—侧石；4—道路；5—人行道

（2）排水管网：指分布于排水区域内的排水管道（渠道）网络，其功能是将收集到的污水、废水和雨水等输送到处理地点或排放口，以便集中处理或排放。

排水管网由支管、干管、主干管等构成，一般顺沿地面高程由高向低布置成树状网络。排水管网中设置雨水口、检查井、跌水井、溢流井、水封井、换气井等附属构筑物及流量等检测设施，便于系统的运行与维护管理。由于污水含有大量的漂浮物和气体，所以污水管网的管道一般采用非满管流，以保留漂浮物和气体的流动空间。雨水管网的管道一般采用满管流。工业废水的输送管道是采用满管流或者非满管流，应根据水质的特性决定。图 1.14 和图 1.15 为排水管道建设施工的现场照片。

图 1.14　排水支管施工现场

图 1.15　排水干管施工现场

(3) 排水调蓄池：指具有一定容积的污水、废水或雨水贮存设施。用于调节排水管网接收流量与输水量或处理水量的差值。通过水量调蓄池可以降低其下游高峰排水流量，从而减小输水管渠或排水处理设施的设计规模，降低工程造价。

排水调蓄池还可在系统事故时贮存短时间排水量，以降低造成环境污染的危险。排水调蓄池也能起到均和水质的作用，特别是工业废水，不同工厂或不同车间排水水质不同，不同时段排水的水质也会变化，不利于净化处理，调蓄池可以中和酸碱，均化水质。

(4) 提升泵站：指通过水泵提升排水的高程而增加排水输送的能量。排水在重力输送过程中，高程不断降低，当地面较平坦时，输送一定距离后管道的埋深会很大（例如，当达到 5m 以上时），建设费用很高，通过水泵提升可以降低管道埋深以降低工程费用。另外，为了使排水能够进入处理构筑物或达到排放的高程，也需要进行提升或加压。某排水提升泵站如图 1.16 所示。

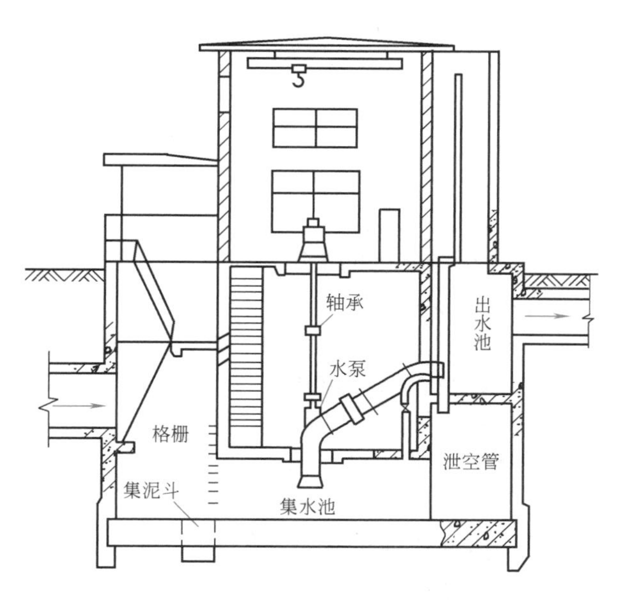


图 1.16　排水提升泵站

提升泵站根据需要设置，较大规模的管网或需要长距离输送时，可能需要设置多座泵站。

(5) 废水输水管（渠）：指长距离输送废水的管道或渠道。为了保护环境，排水处理设施往往建在离城市较远的地区，排放口也选在远离城市的水体下游，都需要长距离输送。

（6）废水排放口：排水管道的末端是废水排放口，与接纳废水的水体连接。为了保证排放口的稳定，或者使废水能够比较均匀地与接纳水体混合，需要合理设置排放口。排放口有多种形式，图 1.17 所示为常用的两种，图 1.17（a）为岸边式排放口，具有较好的防止冲刷能力；图 1.17（b）为分散式排放口，可使废水与接纳水体均匀混合。

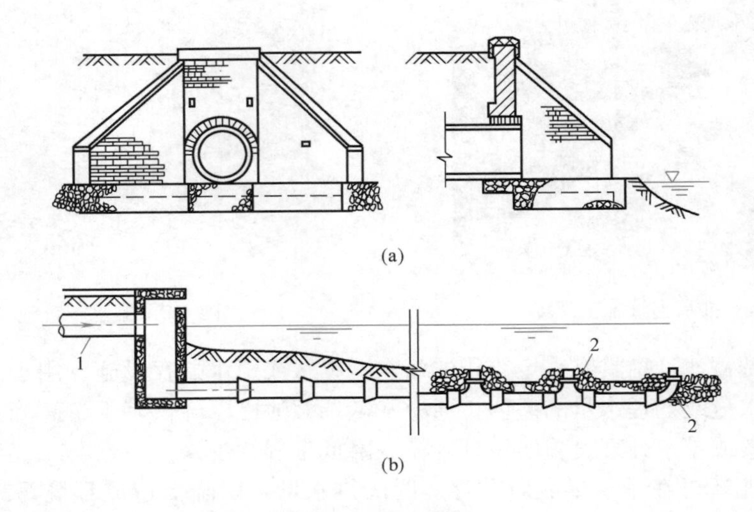


图 1.17　废水排放口

（a）岸边式排放口；（b）分散式排放口

1—排水管；2—水下扩散排水口

## 1.4　给水排水管网系统类型与体制

### 1.4.1　给水管网系统类型

（1）按水源的数目分类

1）单水源给水管网系统：即只有一个清水池，清水经过泵站加压后进入输水管和管网，所有用户的用水来源于一个水厂清水池。较小的给水管网系统，如企事业单位或小城镇给水管网系统，多为单水源给水管网系统，如图 1.18 所示。

2）多水源给水管网系统：有多个水厂的清水池作为水源的给水管网系统，清水从不同的地点经输水管进入管网，用户的用水可以来源于不同的水厂。较大的给水管网系统，如大中城市或跨城镇的给水管网系统，一般是多水源给水管网系统，如图 1.19 所示。

对于一定的总供水量，给水管网系统的水源数目增多时，各水源供水量与平均输水距离较小，管道输水流量也比较分散，因而可以降低系统造价与供水能耗。但多水源给水管网系统的管理复杂程度提高。

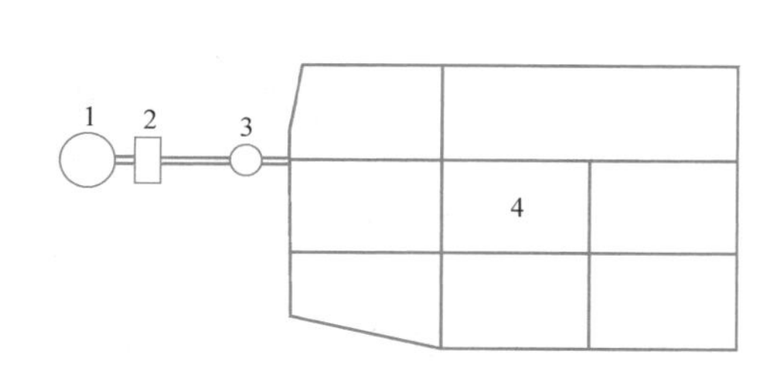


图 1.18 单水源给水管网系统示意图

1—清水池；2—泵站；3—水塔；4—管网

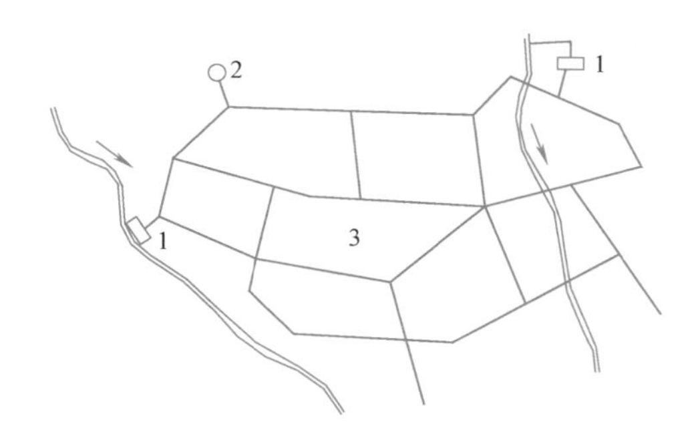


图 1.19 多水源给水管网系统示意图

1—水厂；2—水塔；3—管网

（2）按系统构成方式分类

1）统一给水管网系统：系统中只有一个管网，即管网不分区，统一供应生产、生活和消防等各类用水，其供水具有统一的水压。

2）分区给水管网系统：将给水管网系统划分为多个区域，各区域管网具有独立的供水泵站，供水具有不同的水压。分区给水管网系统可以降低平均供水压力，避免局部水压过高的现象，减少爆管概率和泵站能量的浪费。

管网分区的方法有两种：一种是采用串联分区，设多级泵站加压；另一种是并联分区，不同压力要求的区域由不同泵站（或泵站中不同水泵）供水。大型管网系统可能既有串联分区又有并联分区，以便更加节约能量。图 1.20 所示为并联分区给水管网系统，图 1.21 所示为串联分区给水管网系统。

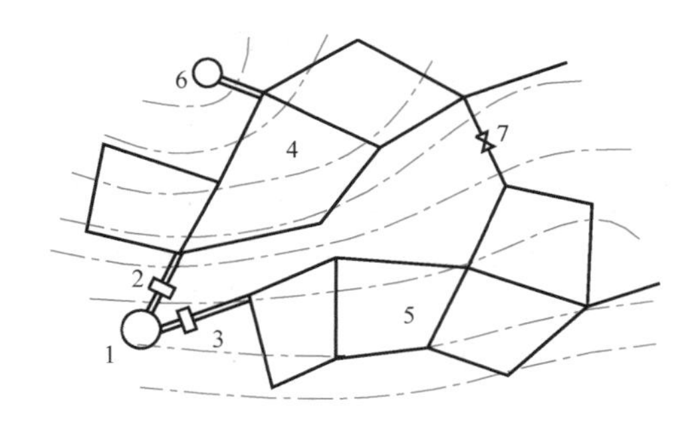


图 1.20 并联分区给水管网系统

1—清水池；2—高压泵站；3—低压泵站；4—高压管网；5—低压管网；6—水塔；7—连通阀门

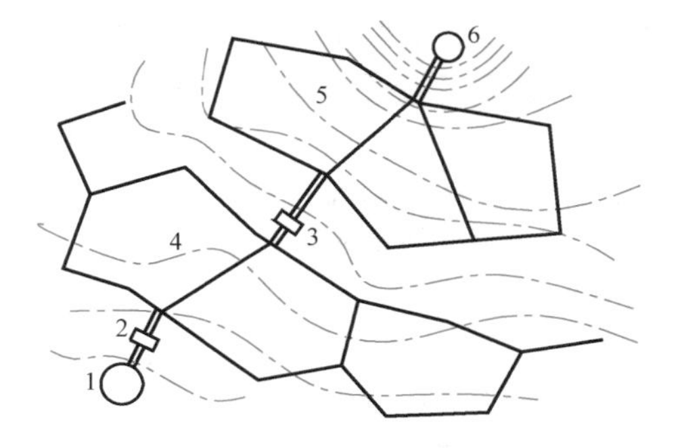


图 1.21 串联分区给水管网系统

1—清水池；2—供水泵站；3—加压泵站；4—低压管网；5—高压管网；6—水塔

（3）按输水方式分类

1）重力输水管网系统：指水源处地势较高，清水池中的水依靠自身重力，经重力输水管进入管网并供用户使用。重力输水管网系统无动力消耗，是一类运行经济的输水管网系统。图 1.22 所示为重力输水管网系统。

2）压力输水管网系统：指清水池的水由泵站加压送出，经输水管进入管网供用户使用，甚至要通过多级加压将水送至更远或更高处用户使用。压力给水管网系统需要消耗动力。图 1.20 和图 1.21 所示均为压力输水管网系统。

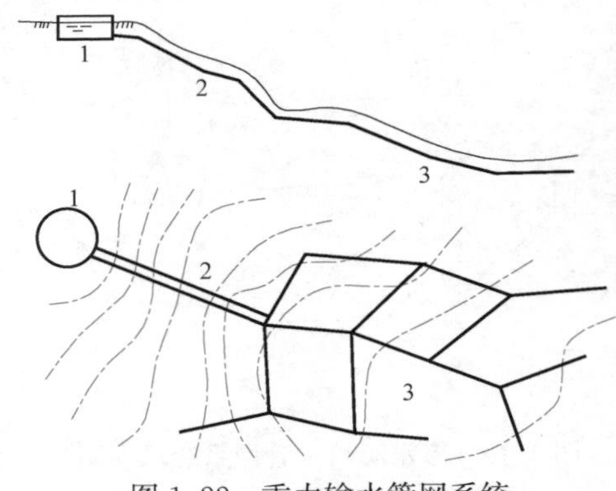


图 1.22　重力输水管网系统

1—清水池；2—输水管；3—配水管网

### 1.4.2　排水管网系统的体制

废水分为生活污水、工业废水和雨水三种类型，它们可采用同一个排水管网系统排除，也可采用各自独立的分质排水管网系统排除。不同排除方式所形成的排水系统，称为排水体制。

排水系统主要有合流制和分流制两种。

（1）合流制排水系统

将生活污水、工业废水和雨水混合在同一管道（渠）系统内排放的排水系统称为合流制排水系统。早期建设的排水系统，是将排除的混合污水不经处理直接就近排入水体，国内外很多老城市在早期几乎都是采用这种合流制排水系统，如图 1.23 所示，又称直排式合流制排水系统。由于污水未经处理就排放，使受纳水体遭受严重污染。随着社会经济的发展和进步，城市建设对排水体制的设计要求不断提高。我国《室外排水设计规范》规定：除降雨量少的干旱地区外，新建地区的排水系统应采用分流制；现有合流制排水系统，应按城镇排水规划的要求，实施雨污分流改造；暂时不具备雨污分流条件的地区，应采取截流、调蓄和处理相结合的措施，提高截流倍数，加强降雨初期的污染防治。

截流式合流制排水系统是建造一条截流干管，在合流干管与截流干管相交前或相交处设置溢流井，并在截流干管下游设置污水处理厂，如图 1.24 所示。晴天和降雨初期时，所有污水都输送至污水处理厂，经处理后排入水体，随着降雨量的增加，雨水径流增大，当混合污水的流量超过截流管的输水能力后，以雨水占主要比例的混合污水经溢流井溢出，直接排入水体。截流式合流制排水系统仍有部分混合污水未经处理直接排放，使水体遭受污染。然而，由于截流式合流制排水系统在旧城市的排水系统改造中比较简单易行，节省投资，并能有效降低污染物质的排放，因此，在国内外合流制排水系统改造时经常采用。

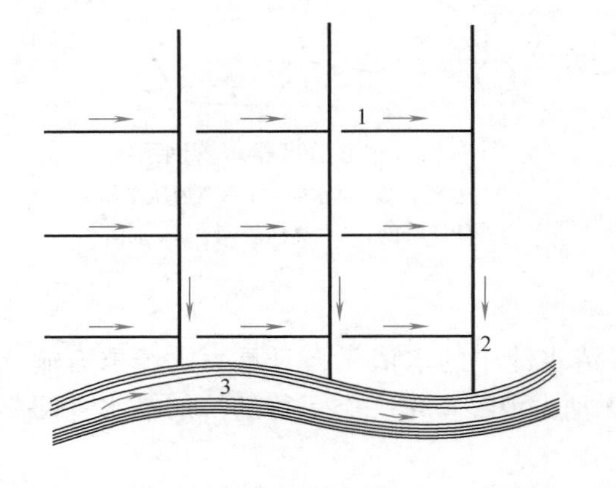


图 1.23　直排式合流制排水系统

1—合流支管；2—合流干管；3—河流

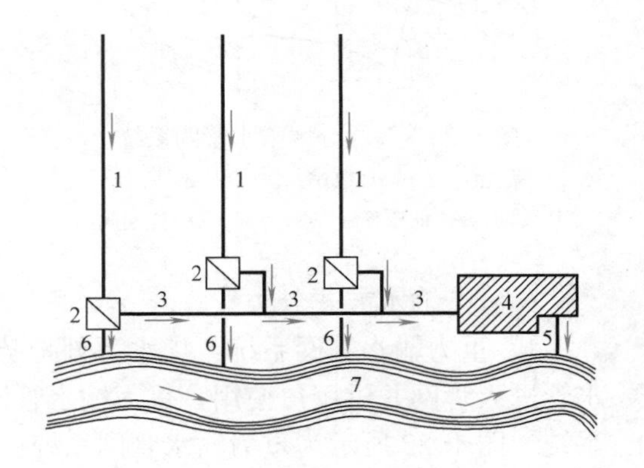


图 1.24　截流式合流制排水系统

1—合流干管；2—溢流井；3—截流干管；4—污水处理厂；5—排水口；6—溢流干管；7—河流

（2）分流制排水系统

将生活污水、工业废水和雨水分别在两套或两套以上管道（渠）系统内排放的排水系统称为分流制排水系统，图 1.25 和图 1.26 所示均为分流制排水系统。

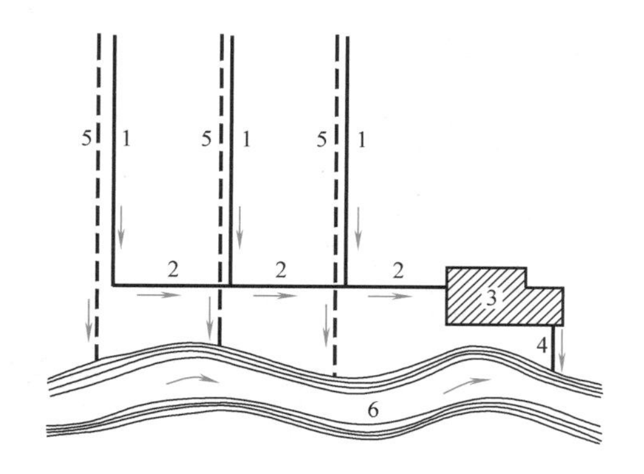


图 1.25　完全分流制排水系统

1—污水干管；2—污水主干管；3—污水处理厂；4—排水口；5—雨水干管；6—河流

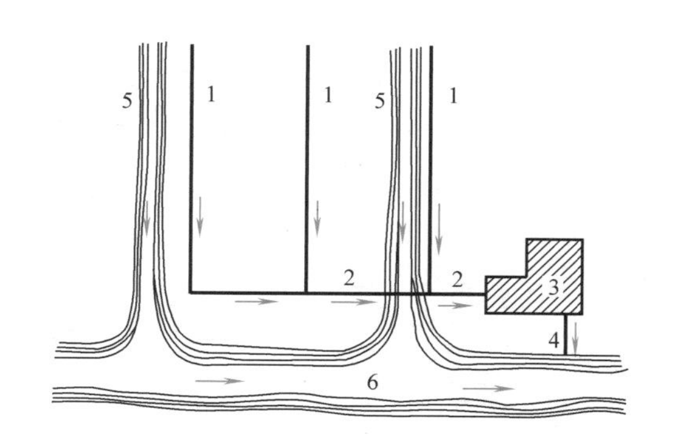


图 1.26　不完全分流制排水系统

1—污水干管；2—污水主干管；3—污水处理厂；4—排水口；5—明渠或小河；6—河流

排除城市污水或工业废水的管网系统称为污水管网系统；排除雨水的管网系统称为雨水管网系统。

由于排除雨水方式的不同，分流制排水系统又分为完全分流制和不完全分流制两种排水系统，分别如图 1.25 和图 1.26 所示。在城市中，完全分流制排水系统包括污水排水系统和雨水排水系统；而不完全分流制只有污水排水系统，未建雨水排水系统，雨水沿天然地面、街道边沟、水渠等渠道系统排泄，或者为了补充原有渠道系统输水能力的不足而修建部分雨水道，待城市进一步发展后再修建雨水排水系统，使之成为完全分流制排水系统。

在工业企业中，一般采用分流制排水系统。由于工业废水的成分和性质很复杂，不但与生活污水不宜混合，而且不同工业废水之间也不宜混合，否则将造成污水和污泥处理复杂化，以及给废水重复利用和回收有用物质造成很大困难。在多数情况下，采用分质分流管道系统分别排除。如果生产废水的成分和性质同生活污水类似时，可将生活污水和生产污水用同一管道系统来排放。水质较清洁的生产废水可直接排入雨水道，或循环重复利用。图 1.27 为具有循环给水系统和局部处理设施的分流制排水系统。生活污水、生产污水、雨水分别设置独立的管道系统。初期雨水通过截流管道进入污水处理厂。含有特殊污染物质的有害生产污水，不允许与生活或生产污水直接混合排放，应在车间附近设置局部处理设施。冷却废水经冷却后在生产中循环使用。在条件许可的情况下，工业企业的生活污水和生产污水应直接排入城市污水管道。

合理地选择排水系统的体制，是城市和工业企业排水系统规划和设计的重要问题。它不仅从根本上影响排水系统的设计、施工、维护管理，而且对城市和工业企业的规划和环境保护影响深远，同时也影响排水系统的建设投资费用和运行管理费用。

据国内外经验，合流制排水管道的造价比完全分流制一般要低 20％～40％，但是合流制的泵站和污水处理厂却比分流制的造价要高。从初期投资来看，不完全分流制因初期只

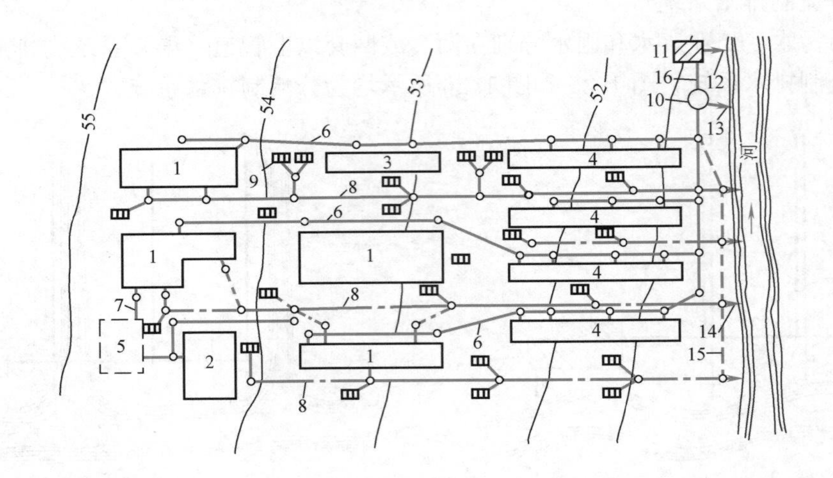


图1.27　某工厂排水系统总平面示意图

1—生产车间；2—办公楼；3—值班宿舍；4—职工宿舍；5—废水利用车间；6—生产与生活污水管道；7—特殊污染生产污水管道；8—生产废水与雨水管道；9—雨水口；10—污水泵站；11—废水处理站；12—出水口；13—事故排出口；14—雨水出水口；15—初期雨水截流管；16—压力管道

建污水排水系统，因而可节省初期投资费用，又可缩短施工期，发挥工程效益快。所以，我国过去很多新建的工业基地和居住区在建设初期经常采用不完全分流制排水系统，一些城市一直沿用至今，成为亟待实施雨污分流的城市改造工程。

在运行管理方面，晴天时污水在合流制管道中只占一小部分过水断面，雨天时才接近满管流，因而晴天时合流制管内流速较低，易于产生沉淀，但据经验，管中的沉淀物易被暴雨水流冲走，这样，合流管道的维护管理费用可以降低。但是，晴天和雨天时流入污水处理厂的水量变化很大，增加了合流制排水系统中的污水处理厂运行管理的复杂性。而分流制系统可以保持管内的流速，不致发生沉淀，同时，流入污水处理厂的水量和水质比合流制稳定，污水处理厂的运行易于控制。

排水体制（分流制或合流制）的选择，应根据城镇的总体规划，结合当地的地形特点、水文条件、水体状况、气候特征、原有排水设施、污水处理程度和处理后出水利用等综合考虑后确定。同一城镇的不同地区可采用不同的排水体制。新建地区的排水系统宜采用分流制。现有合流制排水系统应实施雨污分流改造，设置污水截流设施。对水体保护要求高的地区，可对初期雨水进行截流、调蓄和处理。在缺水地区，应对雨水进行收集、处理和综合利用。

## 思考题

1. 给水排水系统功能有哪些？请分类说明。
2. 给水的用途有哪几类？分别列举各类用水的实例。
3. 废水有哪些类型？分别列举出各类废水的实例。

4. 给水排水系统由哪些子系统组成？各子系统包含哪些设施？

5. 给水排水系统各部分流量是否相同？若不同，是如何调节的？

6. 什么是居民生活用水量、综合生活用水量和城市综合用水量？各自的计算方法是什么？

7. 什么是用水量变化系数？有哪几种变化系数？如何计算？

8. 重力给水和压力给水各有何特点？

9. 水在输送过程中，为何要进行加压或提升？

10. 给水排水管网系统具有哪些功能？各有哪些特点？

11. 给水排水管网系统分别由哪些部分组成？它们的作用是什么？

12. 给水管网系统如何分类？各类给水管网系统有何特点？

13. 何为排水系统体制？它们之间的不同点有哪些？

# 第 2 章　给水排水管网工程规划

## 2.1　给水排水工程规划原则和工作程序

给水排水工程规划是城市总体规划工作的重要组成部分，是城市专业功能规划的重要内容，是针对水资源开发和利用、供水排水系统建设的综合优化功能和工程布局进行的专项规划。给水排水系统规划必须服从《城乡规划法》的法律规定，属于城市总体规划的强制性内容。城市总体规划的规划期限一般为 20 年。

给水排水工程规划必须与城市总体规划相协调，规划内容和深度应与城市规划相一致，充分体现城市规划和建设的合理性、科学性和可实施性。给水排水工程规划，又可被划分为给水工程专项规划和排水工程专项规划。

给水排水工程规划的任务是：

（1）确定给水排水系统的服务范围与建设规模；

（2）确定水资源综合利用与保护措施；

（3）确定系统的组成与体系结构；

（4）确定给水排水主要构筑物的位置；

（5）确定给水排水处理的工艺流程与水质保证措施；

（6）给水排水管网规划和干管布置与定线；

（7）确定废水的处置方案及其环境影响评价；

（8）给水排水工程规划的技术经济比较，包括经济、环境和社会效益分析。

给水排水工程规划应以规划文本和说明书的形式进行表达。规划文本应阐述规划编制的依据和原则，确定近远期的用水与排水量计算依据和方法，以及对规划内容的分项说明。规划文本应有必要的附图，使规划的内容和方案更加直观和明确。

给水排水工程规划应从城市总体规划到详细实施方案进行综合考虑，分区、分级进行规划，规划内容应逐级展开和细化，而且应该按近期和远期分别进行。一般近期按 5～10 年进行规划，远期按 10～20 年进行规划。

### 2.1.1　给水排水工程规划原则

给水排水工程规划应遵循以下原则：

（1）贯彻执行国家和地方相关政策和法规

国家及地方政府颁布的《城乡规划法》《环境保护法》《水污染防治法》《海洋环境保护法》《水法》《城市供水条例》《城市排水条例》等法律法规以及《城市给水工程规划规范》《饮用水水源保护区污染防治管理规定》《城市地下水开发利用保护管理规定》《生活饮用水水源水质标准》《生活饮用水卫生标准》《防洪标准》等国家标准与设计规范，是城市规划和建设的指导方针，在进行给水排水工程规划时，必须认真贯彻执行。

（2）城镇及工业企业规划应兼顾给水排水工程

在进行城镇及工业企业规划时应考虑水源条件，在水源缺乏的地区，不宜盲目扩大城市规模，也不宜设置用水量大的工厂。用水量大的工业企业一般应设在水源较为充沛的地方。

对于采用统一给水系统的城镇，一般在给水厂站附近或地形较低处的建筑层次可以规划得较高些，在远离水厂或地形高处的建筑层次则宜低些。对于工业企业生产用水量占供水量比例较大的城镇应把同一性质的工业企业适当集中，或者把能复用水的工业企业规划在一起，以便就近统一供应同一水质的水和近距离输送复用，或便于将相近性质的废水集中处理。

（3）给水排水工程规划要服从城镇发展规划

城镇及工业区总体规划中的设计规模、设计年限、功能分区布局、城镇人口的发展、居住区的建筑层数和标准以及相应的水量、水质、水压资料等，是给水排水系统规划的主要依据。

当地农业灌溉、航运、水利和防洪等设施和规划等是水源和排水出路选择的重要影响因素；城市和工业企业的道路规划、地下设施规划、竖向规划、人防工程规划、防洪工程规划等单项工程规划对给水排水工程的规划设计都有影响，要从全局出发，合理安排，构成城市建设的有机整体。

（4）合理确定远近期规划与建设范围

给水排水工程一般可按远期规划，而按近期进行设计和分期建设。例如，近期给水先建一个水源，一条输水管以及树枝状配水管网，远期再逐步发展成多水源、多输水管和环状配水管网；地表水取水构筑物及取水泵房等土建采用分期施工并不经济，故土建可按远期规模一次建成，但其内部设备则应按近期所需进行安装，投入使用后再分期安装或扩大；在环境容量许可的前提下，排水管网近期可以就近排入水体，远期可采用截流式合流排水体制并输送到排水处理厂处理，或近期先建污水与雨水合流排水管网，远期另建污水管网和污水处理厂，实现分流排水体制；排水主干管（渠）一般应按远期设计和建设更经济；给水和排水的调节水池并不会随远期供水或排水量同步增大，因为远期水量变化往往较小，如经计算远期水池调节容积增加不多，则可按远期设计和建设。

（5）合理利用水资源和保护环境

给水水源有地表水源和地下水源，在选择前必须对所在地区水资源状况进行认真的勘察、研究，并根据城镇和工业总体规划以及农、林、渔、水电等各行业用水需要，进行综合规划、合理开发利用，同时要从供水水质的要求、水文地质及取水工程条件等出发，考虑整个给水系统的安全性和经济性。

（6）规划方案应尽可能经济和高效

在保证技术合理和工程可行的前提下，要努力提高给水排水工程投资效益并降低工程项目的运行成本，必要时进行多方面和多方案比较分析，选择尽可能经济的工程规划方案。

给水排水系统的体系结构对其经济性具有重要影响，对是否采用分区或分质给水或排水及其实施方案，应进行技术经济方案比较，认真论证；给水系统的供水压力应以满足大多数用户要求考虑，而不能根据个别的高层建筑或水压要求较高的工业企业来确定，在规划排水管网时，也不能因为局部地区地形低而降低整个管网埋深，而应采取局部加压或提升措施。

### 2.1.2　给水排水工程规划工作程序

（1）明确规划任务，确定规划编制依据。了解规划项目的性质，明确规划设计的目的、任务与内容；收集与规划项目有关的方针政策性文件和城市总体规划文件及图纸；取得给水排水规划项目主管部门提出的正式委托书，签订项目规划任务的合同或协议书。

（2）调查和收集必需的基础资料，进行现场勘察。图文资料和现状实况是规划的重要依据。在充分掌握详尽资料的基础上，进行一定深度的调查研究和现场踏勘，增加现场概念，加强对水环境、水资源、地形、地质等的认识，为厂站选址、管网布局、水的处理与利用等的规划方案奠定基础。

（3）在掌握资料与了解现状和规划要求的基础上，经过充分调查研究合理确定城市用水定额，估算用水量与排水量，作为给水排水工程规模的依据。水量预测应采用多种方法计算，并相互校核，确保数据的科学性。

（4）制定给水排水工程规划方案。对给水排水系统体系结构、水源与取水点选择、给水处理厂址选择、给水处理工艺、给水排水管网布置、排水处理厂址选择、排水处理工艺、污废水最终处置与利用方案等进行规划设计，拟定不同方案，进行技术经济比较与分析，最后确定最佳方案。

（5）根据规划期限，提出分期实施规划的步骤和措施，控制和引导给水排水工程有序建设，节省资金，有利于城镇和工业区的持续发展，增强规划工程的可实施性，提高项目投资效益。

（6）编制给水排水工程规划文件，绘制工程规划图纸，完成规划成果文本。

## 2.2　城市用水量预测计算

城市用水量预测计算是给水排水工程规划的主要内容之一。规划用水量是决定水资源使用量、给水排水工程建设规模和投资额的基本依据。城市用水量应由下列两部分组成：

第一部分应为规划期内由城市给水工程统一供给的居民生活用水、工业用水、公共设施用水及其他用水水量的总和。应根据城市的地理位置、水资源状况、城市性质和规模、产业结构、国民经济发展和居民生活水平、工业回用水率等因素确定。

第二部分应为城市给水工程统一供给以外的所有用水水量的总和。其中应包括：工业和公共设施自备水源供给的用水、河湖环境用水和航道用水、农业灌溉和养殖及畜牧业用水、农村居民和乡镇企业用水等。

本书只论述第一部分用水量计算。自备水源供水的工矿企业和公共设施的用水量应另行计算，并纳入城市用水量中进行统一规划；城市河湖环境用水和航道用水、农业灌溉和养殖及畜牧业用水、农村居民和乡镇企业用水等的水量应根据有关部门的相应规划计算，并纳入城市用水量统一规划。

### 2.2.1　城市用水量变化影响因素

城市用水量受到各种社会因素的影响，主要包括以下几个方面：

（1）工业总产值影响。工业生产、加工过程中常常要消耗大量的水，一般情况下，工业用水占整座城市用水量的一半以上。城市用水量通常与其工业规模、工业生产工艺设备和工业发展水平密切相关，有关资料统计表明城市用水量随工业总产值的增大而增大。

（2）人均收入水平的影响。城市用水量与居民的生活水平有密切联系，伴随着生活水平的提高，人均用水量也在逐步提高。人均年收入水平不同的城市，其用水量变化特征是不同的；同一座城市，其用水量也会随人均收入水平的变化而呈现出不同的变化规律，可以认为城市用水量随人均收入水平的提高而增加。

（3）水重复利用率影响。实施水的重复利用是节约用水最有效的途径之一。城市用水量随着水的重复利用率增大而减小。

（4）人口和水价影响。城市用水量随人口的增加而增大。合理提高水价有利于节约用水和减少用水量。

（5）管网运行管理技术水平影响。管网漏失率、管网检修状况等因素对用水量有明显的影响，减小管网漏失率、增大管网检修力度可以降低城市用水量。

### 2.2.2 城市用水量预测方法

城市用水量预测有多种方法，在给水排水工程规划时，要根据具体情况，选择合理可行的方法，必要时，可以采用多种方法计算，然后比较确定。这里介绍几种常用的方法。

（1）分类估算法

分类估算法先按照用水的性质对用水进行分类，然后分析各类用水的特点，确定它们的用水量标准，并按用水量标准计算各类用水量，最后累计出总用水量。

该方法比较详细，因而可以求得比较准确的用水量，但也因此增加了分析计算工作量，所以在规划阶段较少采用，而主要用于详细设计计算。

（2）人均综合指标法

根据历史数据，城市总用水量与城市人口具有密切的关系。

《城市给水工程规划规范》GB 50282—2016 推荐了我国城市每万人最高日综合用水量和综合生活用水量指标，见表 2.1 和表 2.2。

**城市综合用水量指标［万 $m^3$/(万人·d)］** **表 2.1**

| 区域 | 城市规模 | | | | | | |
|---|---|---|---|---|---|---|---|
| | 超大城市（P≥1000 万人） | 特大城市（500 万人≤P＜1000 万人） | 大城市 | | 中等城市（50 万人≤P＜100 万人） | 小城市 | |
| | | | Ⅰ型（300 万人≤P＜500 万人） | Ⅱ型（100 万人≤P＜300 万人） | | Ⅰ型（20 万人≤P＜50 万人） | Ⅱ型（P＜20 万人） |
| 一区 | 0.50～0.80 | 0.50～0.75 | 0.45～075 | 0.40～0.70 | 0.35～0.65 | 0.30～0.60 | 0.25～0.55 |
| 二区 | 0.40～0.60 | 0.40～0.60 | 0.35～0.55 | 0.30～0.55 | 0.25～0.50 | 0.20～0.45 | 0.15～0.40 |
| 三区 | — | — | — | 0.30～0.50 | 0.25～0.45 | 0.20～0.40 | 0.15～0.35 |

注：1. 一区包括：湖北、湖南、江西、浙江、福建、广东、广西壮族自治区、海南、上海、江苏、安徽；
二区包括：重庆、四川、贵州、云南、黑龙江、吉林、辽宁、北京、天津、河北、山西、河南、山东、宁夏回族自治区、陕西、内蒙古河套以东和甘肃黄河以东地区；
三区包括：新疆维吾尔自治区、青海、西藏自治区、内蒙古河套以西和甘肃黄河以西地区。
2. 本指标已包括管网漏失水量。
3. $P$ 为城区常住人口。

综合生活用水量指标 [L/(人·d)]　　表 2.2

| 区域 | 城市规模 | | | | | | |
|---|---|---|---|---|---|---|---|
| | 超大城市 ($P \geqslant$ 1000万人) | 特大城市 (500万人 $\leqslant P <$ 1000万人) | 大城市 | | 中等城市 (50万人 $\leqslant P <$ 100万人) | 小城市 | |
| | | | Ⅰ型 (300万人 $\leqslant P <$ 500万人) | Ⅱ型 (100万人 $\leqslant P <$ 300万人) | | Ⅰ型 (20万人 $\leqslant P <$ 50万人) | Ⅱ型 ($P <$ 20万人) |
| 一区 | 250～480 | 240～450 | 230～420 | 220～400 | 200～380 | 190～350 | 180～320 |
| 二区 | 200～300 | 170～280 | 160～270 | 150～260 | 130～240 | 120～230 | 110～220 |
| 三区 | — | — | — | 150～250 | 130～230 | 120～220 | 110～210 |

注：综合生活用水为城市居民生活用水与公共设施用水之和，不包括市政用水和管网漏失水量。

(3) 年递增率法

城市发展进程中，供水量一般呈现逐年递增的趋势，在过去的若干年内，每年用水量可能保持相近的递增比率，可以用式 (2.1) 表达：

$$Q_a = Q_0 (1+\delta)^t \tag{2.1}$$

式中 $Q_0$——起始年份平均日用水量 ($m^3/d$)；

$Q_a$——起始年份后第 $n$ 年的平均日用水量 ($m^3/d$)；

$\delta$——用水量年平均增长率 (%)；

$t$——年数 (a)。

上式实际上是一种指数曲线形的外推模型，可用来预测计算未来年份的规划预测总用水量。在具有规律性的发展过程中，用该式预测计算城市总用水量是可行的。

(4) 线性回归法

城市日平均用水量亦可用一元线性回归模型进行预测计算，公式可写为：

$$Q_a = Q_0 + \Delta Q \cdot t \tag{2.2}$$

式中 $\Delta Q$——日平均用水量的年平均增量 [($m^3/d$)/a]，根据历史数据回归计算求得。

(5) 生长曲线法

城市发展规律可能呈现在初始阶段发展很快，总用水量呈快速递增趋势，而后若城市发展趋势缓慢增长到稳定甚至适度减少的趋势，生长曲线可用下式表达：

$$Q = \frac{L}{1 + a\mathrm{e}^{-bt}} \tag{2.3}$$

式中 $a$，$b$——待定参数；

$Q$——预测用水量 ($m^3/d$)；

$L$——预测用水量的上限值 ($m^3/d$)。

随着水资源紧缺问题的加剧和国民水资源意识的提高，城市用水总量在不断地发生变化。根据实际情况，合理地确定城市供水总量，是一项重要的研究课题。

城市供水总量受到多种因素的影响，诸如人口增长、生活条件、用水习惯、资源价值观念、科学用水和节约用水、水价及水资源丰富和紧缺程度等。用水量增长到一定程度后将会达到一个稳定水平，甚至出现负增长趋势，这些规律已经在国内外的用水量统计数据中得到了验证。

通过加强科学研究和提高资源利用效率，用节约用水的资源意识指导给水排水工程规划，可以达到水资源综合利用和可持续发展的目标。

## 2.3 给水管网系统规划布置

给水管网系统规划布置包括输水管定线和管网布置，它是给水管网工程规划与设计的主要内容。

### 2.3.1 给水管网布置原则与形式

(1) 给水管网布置原则

1) 按照城市总体规划，结合当地实际情况布置给水管网，要进行多方案技术经济比较；

2) 主次明确，先进行输水管渠与主干管布置，然后布置一般管线与设施；

3) 尽量缩短管线长度，节约工程投资与运行管理费用；

4) 协调好与其他管道、电缆和道路等工程的关系；

5) 保证供水具有适当的安全可靠性；

6) 尽量减少拆迁，少占农田；

7) 管渠的施工、运行和维护方便；

8) 近远期结合，考虑分期实施的可能性，留有发展余地。

(2) 给水管网布置基本形式

在进行给水管网布置之前，首先要确定给水管网布置的基本形式——树状网和环状网。

树状网一般适用于小城市和小型工矿企业，这类管网从水厂泵站或水塔到用户的管线布置成树枝状，如图 2.1 所示。树状网的供水可靠性较差，因为管网中任一段管线损坏时，在该管段以后的所有管线就会断水。另外，在树状网的末端，因用水量已经很小，管中的水流缓慢，甚至停滞不流动，因此水质容易变差。

环状网中，管线连接成环状，当任一段管线损坏时，可以关闭附近的阀门，与其余管线隔开，然后进行检修，水还可从另外管线供应用户，断水的地区可以缩小，从而增加供水可靠性，如图 2.2 所示。环状网还可以大大减轻因水锤作用产生的危害，而在树状网中，则往往因此而使管线损坏。但是环状网的造价明显比树状网高。

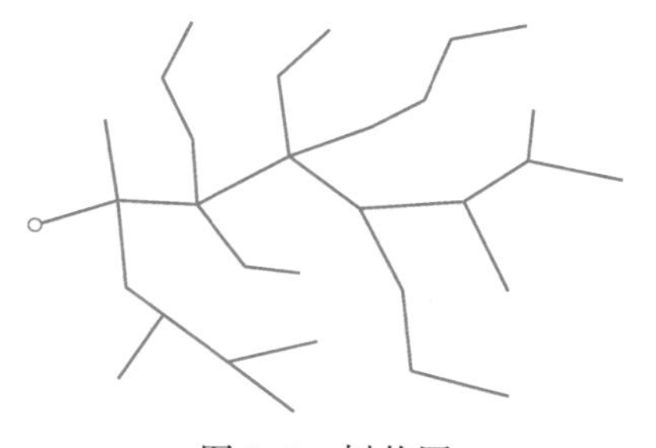

图 2.1 树状网

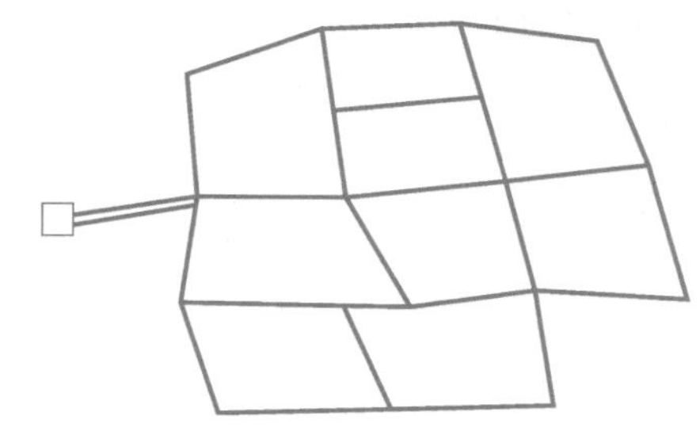

图 2.2 环状网

一般情况下，在城市建设初期可采用树状网，以后随着给水事业的发展逐步连成环状网。实际上，现有城市的给水管网，多数是将树状网和环状网结合应用。在城市中心地区，布置成环状网，在郊区则以树状网形式向四周延伸。供水可靠性要求较高的工矿企业须采用环状网，并用树状网或双管输水至个别较远的车间。

### 2.3.2　输水管渠定线

从水源到水厂或水厂到相距较远给水管网的管道或渠道叫作输水管渠。当水源、水厂和给水区的距离较近时，输水管渠的定线问题并不突出。但是由于用水量的快速增长，以及水源污染的日趋严重，为了从水量充沛、水质良好、便于防护的水源取水，就需有几十千米甚至几百千米外取水的远距离输水管渠，定线就比较复杂。

输水管渠在整个给水系统中是很重要的。它的一般特点是距离长，因此与河流、高地、交通路线等的交叉较多。输水管渠定线时，应先在图上初步选定几种可能的定线方案，然后到现场沿线踏勘了解，从投资、施工、管理等方面，对各种方案进行技术经济比较后再作决定。缺乏地形图时，则需在踏勘选线的基础上，进行地形测量，绘出地形图，然后在图上确定管线位置。

输水管渠定线时，必须与城市建设规划相结合，尽量缩短线路长度，减少拆迁，少占农田，便于管渠施工和运行维护，保证供水安全；应选择最佳的地形和地质条件，尽量沿现有道路定线，以便施工和检修；减少与铁路、公路和河流的交叉；管线避免穿越滑坡、岩层、沼泽、高地下水位和河水淹没与冲刷地区，以降低造价和便于管理。

为保证安全供水，可以用一条输水管渠而在用水区附近建造水池进行流量调节，或者采用两条输水管渠。输水管渠的数量主要根据输水量、事故时需保证的用水量、输水管渠长度、当地有无其他水源和用水量增长等情况而定。供水不许间断时，输水管渠一般不宜少于两条。当输水量小、输水管长或有其他水源可以利用时，可考虑单管渠输水另加调节水池的方案。

输水管渠的输水方式可分成两类：第一类是水源低于给水区，例如取用江河原水时，需要采用泵站加压输水，根据地形高差、管线长度和水管承压能力等情况，有时需在输水途中设置多级加压泵站；第二类是水源位置高于给水区，例如取用蓄水库水时，有可能采用重力管渠输水。

远距离输水时，一般情况往往是加压和重力输水两者的结合形式。有时虽然水源低于给水区，但个别地段也可借重力自流输水，水源高于给水区时，个别地段也有可能采用加压输水，如图 2.3 所示，在 1、3 处设泵站加压，上坡部分如 1～2 和 3～4 段用压力管，下坡部分根据地形采用无压或有压管渠，以节省投资。

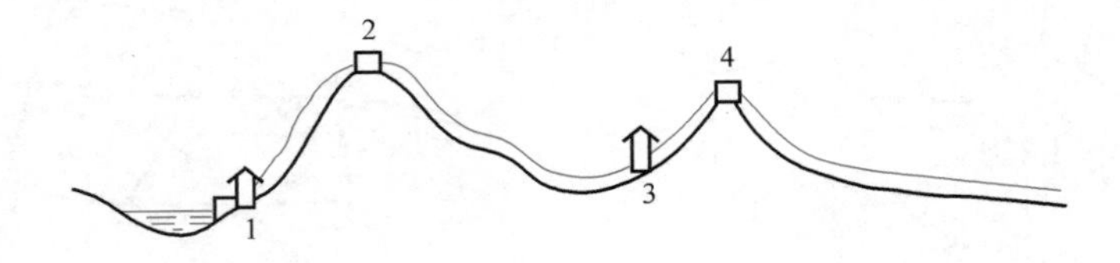


图 2.3　重力管和压力管相结合输水

1、3—泵站；2、4—高位水池

为避免输水管渠局部损坏而导致输水量降低过多，可在平行的 2 条或 3 条输水管渠之间设置连接管，并装置必要的阀门，以缩小事故检修时的断水范围。

输水管的最小坡度应大于 1∶5$D$，$D$ 为管径，以“mm”计。输水管线坡度小于 1∶1000 时，应每隔 0.5～1km 装置排气阀。即使在平坦地区，埋管时也应做成上升和下降的坡度，以便在管坡顶点设排气阀，管坡低处设泄水阀。排气阀一般以每千米设一个为宜，在管线起伏处适当增设。管线埋深应按当地条件决定，在严寒地区敷设的管线应注意防止冰冻。

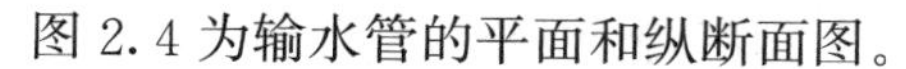

图 2.4 为输水管的平面和纵断面图。

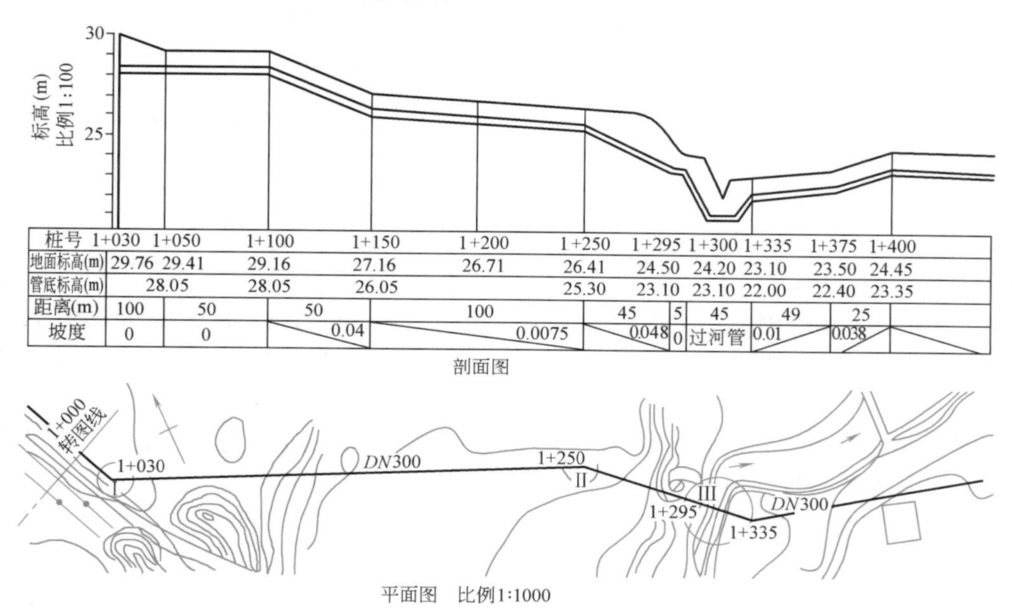


图 2.4　输水管平面和纵断面图

### 2.3.3　给水管网定线

城市给水管网定线是指在地形平面图上确定管线的走向和位置。定线时一般只限于管网的干管以及干管之间的连接管，不包括从干管到用户的分配管和进户管。图 2.5 中，实线表示干管，管径较大，用以输水到各地区。虚线表示分配管，它们的作用是从干管取水供给用户和消火栓，管径较小，常由城市消防流量决定所需最小的管径。

由于给水管线一般敷设在街道下，就近供水给两侧用户，所以管网的形状常随城市的总平面布置图而定。

城市给水管网定线取决于城市平面布置，供水区的地形，水源和调节构筑物位置，街区和用户（特别是大用户）的分布，河流、铁路、桥梁等的位置等。管网定线的工作要点如下：

干管延伸方向应和供水泵站输水到水池、水塔、大用户的水流方向基本一致，如图 2.5 中的箭头方向所示。循水流方向以最短的距离布置一条或数条干管，干管位置应从用水量较大的街区通过。干管的间距，可根据街区情况，采用 500～800m。从经济上来说，给水管网的布置采用一条干管接出许多支管，形成树状网，费用最省，但从供水可靠

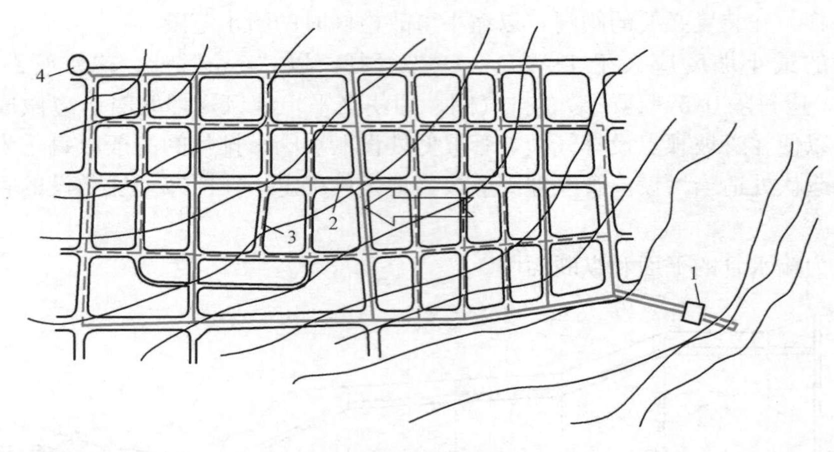


图 2.5　城市管网布置示意图

1—水厂；2—干管；3—分配管；4—高地水库

性着想，以布置几条接近平行的干管并形成环状网为宜。

干管和干管之间的连接管使管网形成了环状网。连接管的作用在于局部管线损坏时，可以通过它重新分配流量，从而缩小断水范围，提高供水管网系统的可靠性。连接管的间距可根据街区的大小决定，一般在 800～1000m 左右。

干管一般按城市规划道路定线，但尽量避免在高级路面或重要道路下通过，以减小今后检修时的困难。管线在道路下的平面位置和标高，应符合城市或厂区地下管线综合设计的要求，给水管线和建筑物、铁路以及其他管道的水平净距，均应参照有关规定。

综合考虑上述要求，城市管网将是树状网和若干环组成的环状网相结合的形式，管线应尽可能均匀地分布于整个给水区域。

给水管网中还须安排其他一些管线和附属设备，例如在供水范围内的道路下需敷设分配管，以便把干管的水送到用户和消火栓。最小分配管直径为 100mm，大城市采用 150～200mm，主要原因是通过消防流量时，分配管中的水头损失不致过大，以免火灾地区的水压过低。

城市内的工厂、学校、医院等用水均从分配管接出，再通过房屋进水管接到用户；一般建筑物用一条进水管；用水要求较高的建筑物或建筑物群，可在不同部位接入两条或数条进水管，以增加供水的可靠性。

城镇生活饮用水给水管网，严禁与非生活饮用水的管网连接，严禁与单位自备供水系统直接连接。生活饮用水管道应尽量避免通过毒物污染及腐蚀性地区，如必须通过时，应采取保护措施。

穿越河底的管道应避开锚地，应有检修和防止冲刷破坏的保护设施。管道的埋设深度应满足防洪标准要求，并在其相应洪水的冲刷深度以下，且至少应大于 1m。管道埋设在通航河道时，应符合航运管理部门的技术规定，且管道埋设深度应在航道底设计高程 2m 以下。给水管道与铁路交叉时，其设计应按铁路行业技术规定执行。

当给水管网中需设置加压泵站时，其位置宜选择在用水集中地区。泵站周围应设置宽度不小于 10m 的绿化地带，并宜与城市绿化用地相结合。加压水泵一般不应从管网中直接抽水，以免影响周围地区水压，需通过水池或吸水井吸水。当从较大口径管道中提升较小水量而采用直接抽水时，应取得当地供水管理部门的同意。

## 2.4 排水管网系统规划布置

### 2.4.1 排水管网布置原则与形式

(1) 排水管网布置原则

1) 按照城市总体规划，结合当地实际情况布置排水管网，要进行多方案技术经济比较；

2) 先确定排水区域和排水体制，然后布置排水管网，应按从干管到支管的顺序进行布置；

3) 充分利用地形，采用重力流排除污水和雨水，并使管线最短、埋深最小；

4) 协调好与其他管道、电缆和道路等工程的关系，考虑好与企业内部管网的衔接；

5) 规划时要考虑到使管渠的施工、运行和维护方便；

6) 远近期规划相结合，考虑发展，尽可能安排分期实施。

(2) 排水管网布置形式

排水管网一般布置成树状网，根据地形不同，可采用两种基本布置形式——平行式和正交式。

平行式：排水干管与等高线平行，而主干管则与等高线基本垂直，如图 2.6 (a) 所示。平行式布置适应于城市地形坡度很大时，可以减少管道的埋深，避免设置过多的跌水井，改善干管的水力条件。

正交式：排水干管与地形等高线垂直相交，而主干管与等高线平行敷设，如图 2.6 (b) 所示。正交式适应于地形平坦略向一边倾斜的城市。

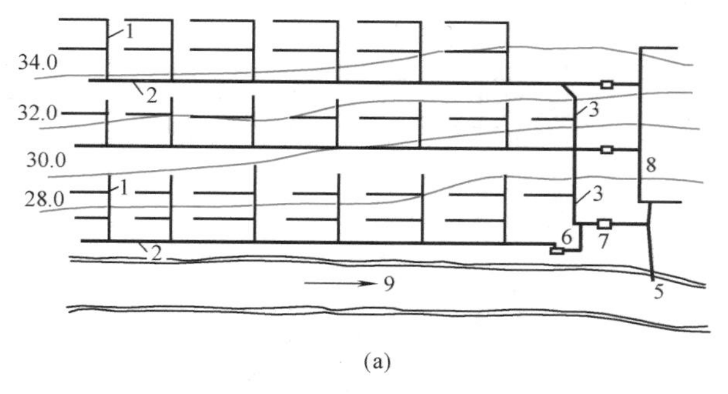

(a)

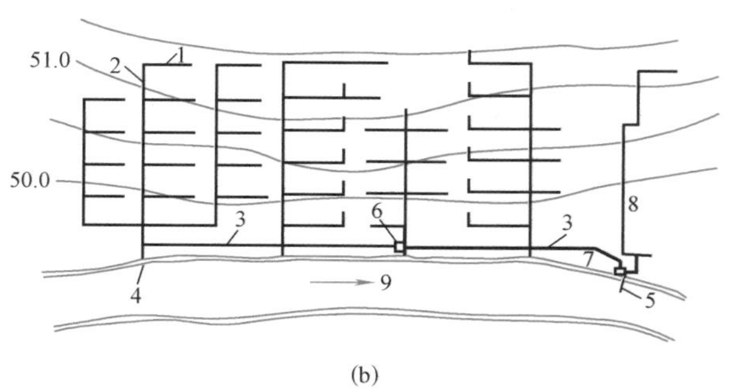

(b)

图 2.6 排水管网的布置基本形式

(a) 平行式布置；(b) 正交式布置

1—支管；2—干管；3—主干管；4—溢流口；5—出口渠渠头；6—泵站；7—污水处理厂；8—污水灌溉管；9—河流

由于各城市地形差异很大，大中城市不同区域的地形条件也不相同，排水管网的布置要紧密结合各区域地形特点和排水体制进行，同时要考虑排水管渠流动的特点，即大流量干管坡度小，小流量支管坡度大。实际工程往往结合上述两种布置形式，构成丰富的具体布置形式，如图 2.7 所示。

(3) 排水管道的连接方式

由于排水管网一般依靠重力进行排水，管道的连接方式是保证管网中水流畅通和管道

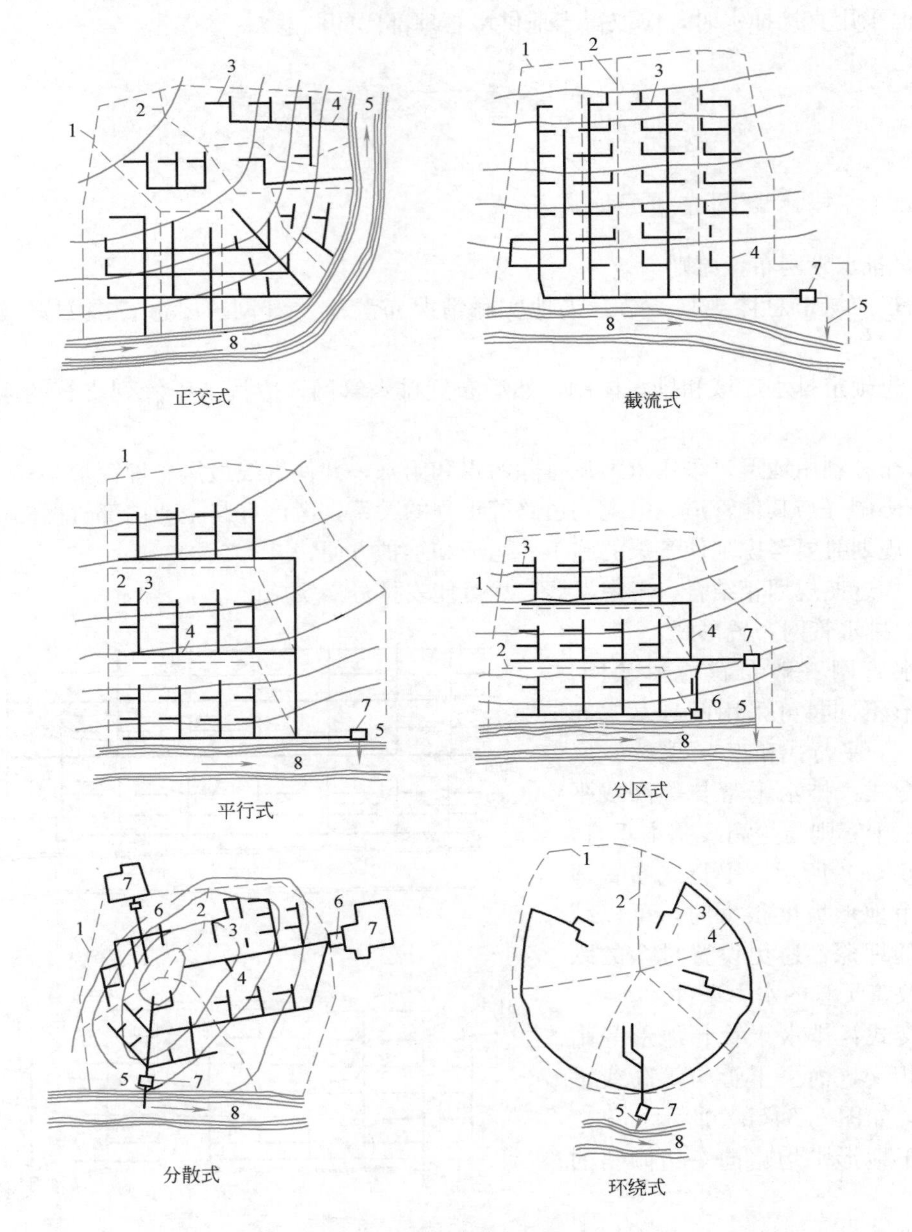


图2.7　排水管网布置方案

1—城市边界；2—排水流域分界线；3—支管；4—干管、主干管；5—出水口；6—泵站；7—处理厂；8—河流

运行安全的重要因素。排水管网中的管道交汇、直线管道中的管径变化、方向的改变以及管道高程变化，均需要设置合理的连接方式。排水管道的连接主要采用检查井和跌水井等连接井方式，通常亦统称为窨井。检查井的主要功能是在管道交汇、直线管道中的管径变化、方向的改变处设置，保证衔接通畅，方便清通和维护，图2.8（a）即为连接不同管径的管道交汇的检查井构造示例。跌水井的主要功能是管道高程变化的连接和较大水流落差的消能，防止管道被强力冲刷而损坏，如图2.8（b）和图2.8（c）所示。

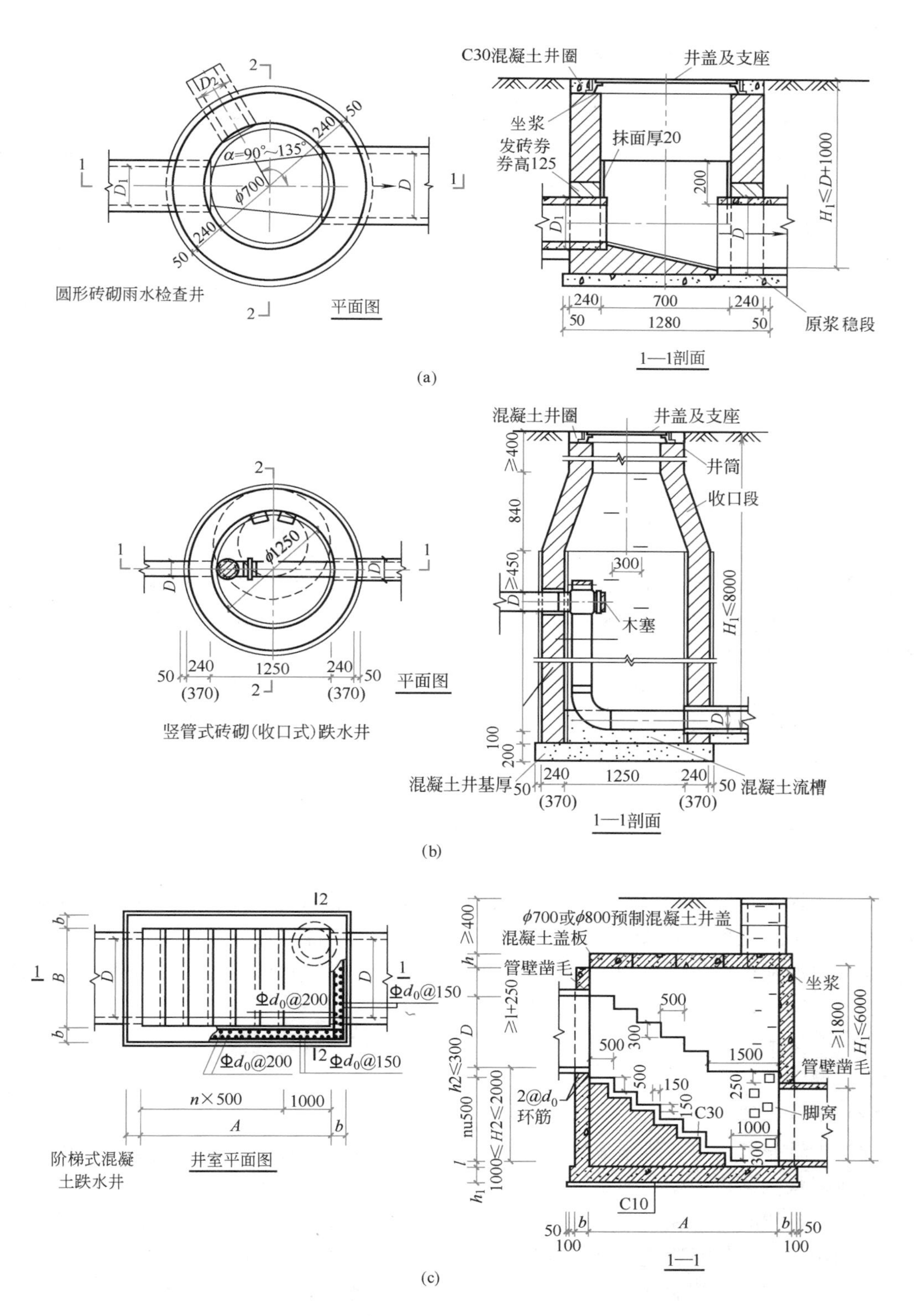


图 2.8 窨井（单位：mm）

（a）连接不同管径的管道交汇检查井构造示例；（b）竖管式跌水井构造示例；（c）阶梯式跌水井构造示例

为了方便排水管网日常维护和清通，在直线排水管道中，也需要在一定的管道长度上设置检查井，不同功能的排水管道检查井的最大间距和常用间距见表 2.3。

**直线排水管道检查井间距**　　　　**表 2.3**

| 管别 | 管径或暗渠净高(mm) | 最大间距(m) | 常用间距(m) |
|---|---|---|---|
| 污水管道 | ≤400 | 40 | 20～30 |
| | 500～700 | 60 | 30～50 |
| | 800～1000 | 80 | 50～70 |
| | 1100～1500 | 100 | 65～80 |
| | 1600～2000 | 120 | 80～100 |
| 雨水管道<br>合流管道 | ≤400 | 50 | 30～40 |
| | 500～700 | 70 | 40～60 |
| | 800～1000 | 90 | 60～80 |
| | 1100～1500 | 120 | 80～100 |
| | >1500 | 120 | 100～120 |

### 2.4.2　污水管网布置

在进行城市污水管道的规划设计时，先要在城市总平面图上进行管道系统平面布置，也称定线。主要内容有：确定排水区界，划分排水流域；选择污水处理厂和出水口的位置；拟定污水干管及主干管的路线；确定需要提升的排水区域和设置泵站的位置等。平面布置得正确合理，可为设计阶段奠定良好基础，并使整个排水系统的投资节省。

污水管道平面布置，一般按先确定主干管、再定干管、最后定支管的顺序进行。在总体规划中，只决定污水主干管、干管的走向与平面位置。在详细规划中，还要决定污水支管的走向及位置。污水管网布置一般按以下步骤进行：

（1）划分排水区域与排水流域

排水区界是排水系统规划的界限，在排水区界内应根据地形和城市的竖向规划，划分排水流域。

流域边界应与分水线相符合。在地形起伏及丘陵地区，流域分界线与分水线基本一致。在地形平坦无显著分水线的地区，应使干管在最大埋深以内，让绝大部分污水自流排出。如有河流和铁路等障碍物贯穿，应根据地形情况、周围水体情况及倒虹管的设置情况等，通过方案比较，决定是否分为几个排水流域。

每一个排水流域应有一根或一根以上的干管，根据流域高程情况，可以确定干管水流方向和需要污水提升的地区。

（2）干管布置与定线

通过干管布置，将各排水流域的污水收集并输送到污水处理厂或排放口中。污水干管应布置成树状网络，根据地形条件，可采用平行式或正交式布置形式。

在进行定线时，要在充分掌握资料的前提下综合考虑各种因素，使拟定的路线能因地制宜地利用有利条件而避免不利条件。通常影响污水管平面布置的主要因素有：地形和水文地质条件；城市总体规划、竖向规划和分期建设情况；排水体制、线路数目；污水处理利用情况、处理厂和排放口位置；排水量大的工业企业和公建情况；道路和交通情况；地下管线和构筑物的分布情况。

地形是影响管道定线的主要因素。定线时应充分利用地形，在整个排水区域较低的地方，如集水线或河岸低处敷设主干管及干管，便于支管的污水自流接入。地形较复杂时，宜布置成几个独立的排水系统，如由于地表中间隆起而布置成两个排水系统。若地势起伏较大，宜布置成高低区排水系统，高区不宜随便跌水，利用重力排入污水处理厂，并减少管道埋深；个别低洼地区应局部提升。

污水主干管的走向与数目取决于污水处理厂和出水口的位置与数目。如大城市或地形平坦的城市，可能要建几个污水处理厂分别处理与利用污水，就需设几个主干管。小城市或地形倾向一方的城市，通常只设一个污水处理厂，则只需敷设一条主干管。若几个城镇合建污水处理厂，则需建造相应的区域污水管道系统。

污水干管一般沿城市道路布置。不宜设在交通繁忙的快车道下和狭窄的街道下，也不宜设在无道路的空地上，而通常设在污水量较大或地下管线较少一侧的人行道、绿化带或慢车道下。道路宽度超过 40m 时，可考虑在道路两侧各设一条污水管，以减少连接支管的数目及与其他管道的交叉，并便于施工、检修和维护管理。污水干管最好以排放大量工业废水的工厂（或污水量大的公共建筑）为起端，除了能较快发挥效用外，还能保证良好的水力条件。

某城市污水管网布置如图 2.9 所示。

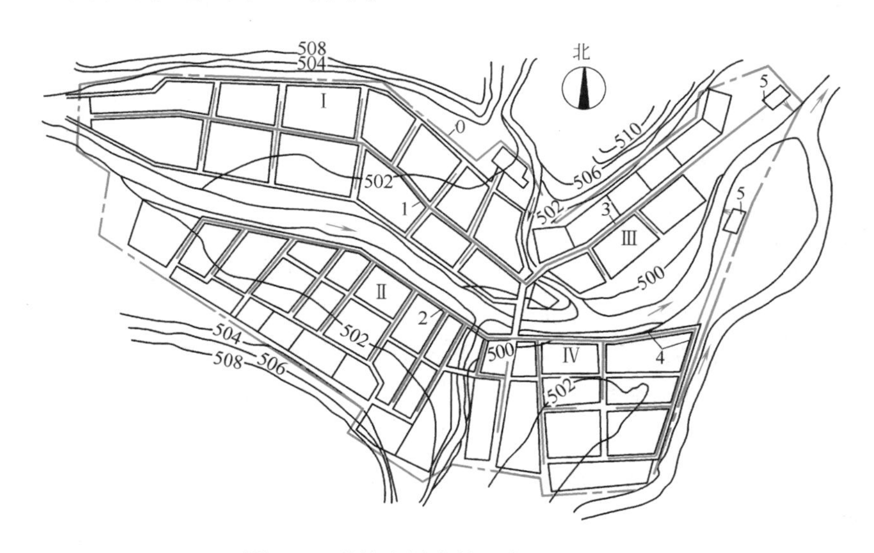


图 2.9　某城市污水管网布置平面图

0—排水区界；Ⅰ、Ⅱ、Ⅲ、Ⅳ—排水流域编号；1、2、3、4—各排水流域干管；5—污水处理厂

（3）支管布置与定线

污水支管的平面布置取决于地形及街区建筑特征，并应便于用户接管排水。当街区面积不太大，街区污水管网可采用集中出水方式时，街道支管敷设在服务街区较低侧的街道下，如图 2.10（a）所示，称为低边式布置；当街区面积较大且地形平坦时，宜在街区四周的街道敷设污水支管，如图 2.10（b）所示，建筑物的污水排出管可与街道支管连接，称为围坊式；街区已按规定确定，街区内污水管网按各建筑的需要设计，组成一个系统，再穿过其他街区并与所穿过街区的污水管网相连，如图 2.10（c）所示，称为穿坊式布置。

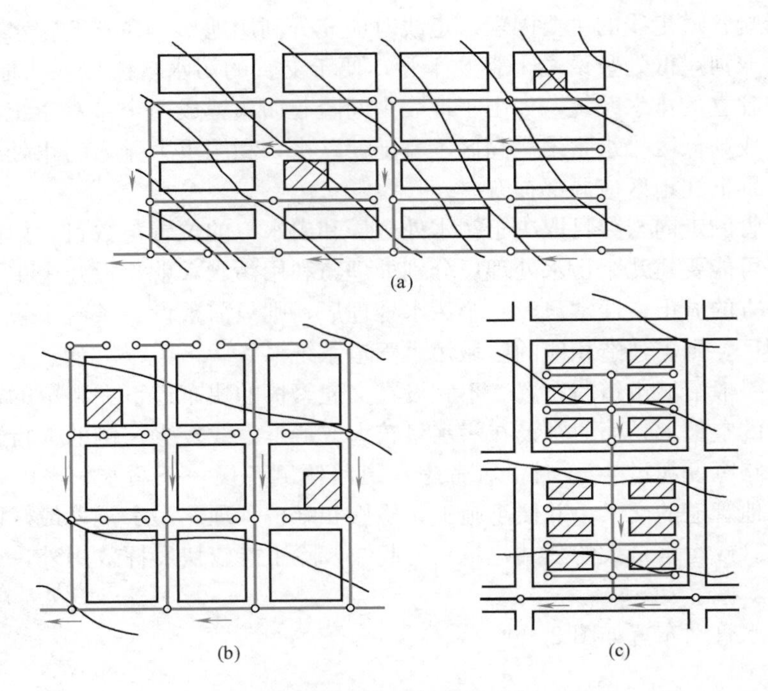


图 2.10　污水支管布置形式

(a) 低边式；(b) 围坊式；(c) 穿坊式

### 2.4.3　雨水管渠布置

随着城市化进程和路面普及率的提高，地面的存水、滞洪能力大大下降，雨水的径流量增大很快，通过建立一定的雨水贮留系统，一方面可以避免水淹之害，另一方面可以利用雨水作为城市水源，缓解用水紧张。

城市雨水管渠系统是由雨水口（图 2.11）、雨水管渠、检查井、出水口等构筑物组成的整套工程设施。城市雨水管渠规划布置的主要内容有：确定排水流域与排水方式，进行雨水管渠的定线；确定雨水泵房、雨水调蓄池、雨水排放口的位置。

雨水管渠系统的布置，要求使雨水能顺畅及时地从城镇和厂区内排出去。一般可从以下几个方面进行考虑：

（1）充分利用地形，就近排入水体。规划雨水管线时，首先按地形划分排水区域，进行管线布置。根据地面标高和河道水位，划分自排区和强排区。自排区利用重力流自行将雨水排入河道；强排区需设雨水泵站提升后排入河道。根据分散和直捷的原则，多采用正交式布置，使雨水管渠尽量以最短的距离重力流排入附近的池塘、河流、湖泊等水体中。只有当水体位置较远且地形较平坦或地形不利的情况下，才需要设置雨水泵站。一般情况下，当地形坡度较大时，雨水干管宜布置在地形低处或溪谷线上。当地形平坦时，雨水干管宜布置在排水流域的中间，以便尽可能扩大重力流排除雨水的范围。

（2）尽量避免设置雨水泵站。由于暴雨形成的径流量大，雨水泵站的投资也很大，且雨水泵站在一年中运转时间短，利用率低，所以应尽可能靠重力流排水。但在一些地形平坦、地势较低、区域较大或受潮汐影响的城市，在必须设置雨水泵站的情况下，把经过泵

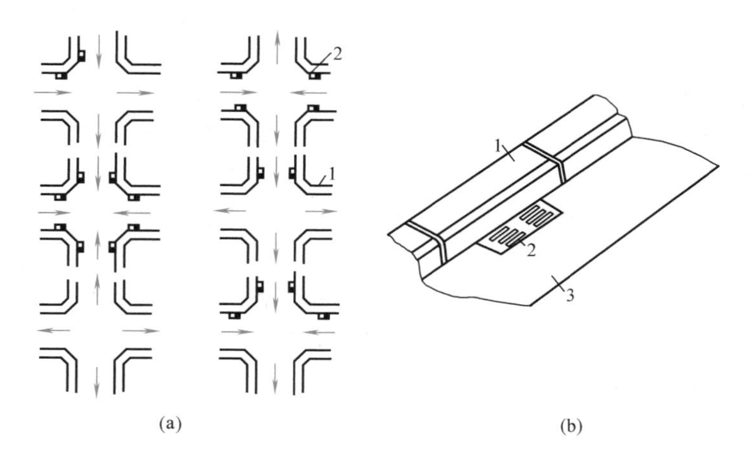


(a) (b)

图 2.11 雨水口布置

(a) 雨水口在道路上的布置；(b) 道路边雨水口布置

1—路边石；2—雨水口；3—道路路面

站排泄的雨水径流量减少到最小限度。

(3) 结合街区及道路规划布置。道路通常是街区内地面径流的集中地，所以道路边沟最好低于相邻街区地面标高，尽量利用道路两侧边沟排除地面径流。雨水管渠应平行于道路敷设，宜布置在人行道或草地下，不宜设在交通量大的干道下。

(4) 雨水管渠采用明渠和暗管相结合的形式。在城市市区，建筑密度较大，交通频繁地区，应采用暗管排雨水，尽管造价高，但卫生情况较好，养护方便，不影响交通；在城市郊区或建筑密度低、交通量小的地方，可采用明渠，以节省工程费用，降低造价。在受到埋深和出口深度限制的地区，可采用盖板明渠排除雨水。

(5) 雨水出口的设置。雨水出口的布置有分散和集中两种布置形式。当出口的水体离流域很近，水体的水位变化不大，洪水位低于流域地面标高，出水口的建筑费用不大时，宜采用分散出口，以便雨水就近排放，使管线较短，减小管径。反之，则可采用集中出口。

(6) 调蓄水体的布置。充分利用地形，选择适当的河湖水面和洼地作为调蓄池，以调节洪峰，降低沟道设计流量，减少泵站的设置数量。必要时，可以开挖池塘或人工河，以达到调节径流的目的。调蓄水体的布置应与城市总体规划相协调，把调蓄水体与景观规划、消防规划结合起来，亦可以把贮存的水量用于市政绿化和农田灌溉。

(7) 城市中靠近山麓建设的中心区、居住区、工业区，除了应设雨水管道外，应考虑在规划地区周围设置排洪沟，以拦截从分水岭以内排泄的洪水，避免洪水灾害。

### 2.4.4 废水综合治理和区域排水系统

城市污水和工业废水是造成水体污染的一个重要污染源。实践证明，对废水进行综合治理并纳入水污染防治体系，是解决水污染的重要途径。

废水综合治理应当对废水进行全面规划和综合治理。做好这一工作是与很多因素有关的，如要求有合理的生产布局和城市区域功能规划；要合理利用水体、土壤等自然环境的自净能力；严格控制废水和污染物的排放量；做好区域性综合治理及建立区域排水系统等。

合理的工业布局，有利于合理开发和利用自然资源，达到既保证自然资源的充分利用，并获得最佳的经济效果，又能使自然资源和自然环境免受破坏，减少废水及污染物的排放量。合理的生产布局也有利于区域污染的综合防治。合理地规划居住区、商业区、工业区等，使产生废水和污染物的单位尽量布置在水源的下游，同时应搞好水源保护和污水处理工程规划等。

各地区的水体、土壤等自然环境都不同程度地对污染物具有稀释、转化、扩散、净化等能力，而污水最终出路是要排放到外部水体或灌溉农田及绿地，所以应当充分发挥和合理利用自然环境的自净能力。例如，由生物氧化塘、贮存湖和污水灌溉田等组成的土地处理系统便是一种节省能源和合理利用水资源的经济有效方法，它又是生态系统物质循环和能量交换的一种经济高效的技术手段。

严格控制废水及污染物的排放量。防治废水污染，不是消极处理已产生的废水，而是控制和消除产生废水的源头。如尽量做到节约用水、废水重复使用及采用闭路循环系统、发展不用水或少用水或采用无污染或少污染生产工艺等，以减少废水及污染物的排放量。

发展区域性废水及水污染综合整治系统。区域是按照地理位置、自然资源和社会经济发展情况划定的，可以在更大范围内统筹安排经济、社会和环境的发展关系。区域规划有利于对废水的所有污染源进行全面规划和综合整治。

将两个以上城镇地区的污水统一排除和处理的系统，称作区域（或流域）排水系统。这种系统是以一个大型区域污水处理厂代替许多分散的小型污水处理厂，可以降低污水处理厂的基本建设和运行管理费用，而且能有效地防止工业和人口稠密地区的地面水污染，改善和保护环境。实践证明，生活污水和工业废水的混合处理效果以及控制的可靠性方面，大型区域污水处理厂比分散的小型污水处理厂高。所以，区域排水系统是由局部单项治理发展至区域综合治理，是控制水污染、改善和保护环境的新发展。要解决好区域综合治理应运用系统工程学的理论和方法以及现代计算技术，对复杂的各种因素进行系统分析，建立各种模拟试验和数学模拟方法，寻找污染控制的设计和管理的最优化方案。

图 2.12 为某地区的区域排水系统的平面示意图。区域内有 6 座已建和新建的城镇，在已建的城镇中均分别建了污水处理厂。按区域排水系统的规划，废除了原建的各城镇污水处理厂，用一个区域污水处理厂处理全区域排出的污水，并根据需要设置了泵站。区域排水系统的干管、主干管、泵站、污水处理厂等，分别称为区域干管、主干管、泵站、污水处理厂等。

区域排水系统具有下列优点：污水处理厂数量少，处理设施大型化集中化，每单位水量的基建和运行管理费用低，因而比较经济；污水处理厂占地面积小，节省土地；水质、水量变化小，有利于运行管理；河流等水资源利用与污水排放的体系合理化，而且可能形成统一的水资源管理体系等。区域排水系统的缺点有：当排入大量工业废水时，有可能使污水处理发生困难；工程设施规模大，组织与管理要求高，而且一旦污水处理厂运行管理不当，对整体河流水质影响较大。

在排水系统规划时，是否选择区域排水系统，应根据环境保护的要求，通过技术经济比较确定。

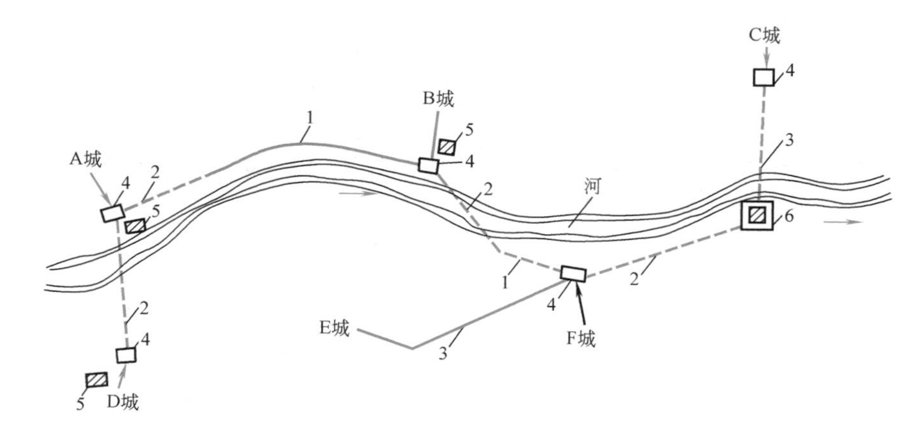


图 2.12 区域排水系统平面示意图

1—区域主干管；2—压力管道；3—新建城市污水干管；

4—泵站；5—废除的城镇污水处理厂；6—区域污水处理厂

## 思 考 题

1. 给水排水工程规划的任务是什么？规划期限如何划分？
2. 给水排水工程规划要遵循哪些原则？工作程序如何？
3. 城市用水量一般包括哪些部分？请分别举例说明。
4. 表达用水量变化有哪两种方法？它们分别是如何表达的？
5. 在城市用水量预测计算的常用方法之中，哪些方法需要有历史用水量资料？
6. 为什么城市越小，用水量变化越大？你认为还有哪些因素影响用水量变化系数？
7. 给水管网规划布置应遵循哪些基本原则？
8. 给水管网布置的两种基本形式是什么？试比较它们的优缺点。
9. 你认为输水管定线时可能遇到哪些问题？如何处理？
10. 为保证安全供水，应采用什么输水方案？
11. 给水管网定线时保证经济性和安全性的方法有哪些？
12. 排水管网布置应遵循哪些原则？
13. 排水管网布置的两种基本形式是什么？它们各适于何种地形条件？

# 第3章　给水排水管网水力学基础

## 3.1　给水排水管网水流特征

### 3.1.1　管网中的流态分析

在水力学中，水在圆管中的流动有层流、紊流及介于两者之间的过渡流三种流态，可以根据雷诺数 $Re$ 进行判别，其表达式如下：

$$Re=\frac{VD}{\nu} \tag{3.1}$$

式中　$V$——管内平均流速（m/s）；

$D$——管径（m）；

$\nu$——水的运动黏滞系数，当水温为 10℃时，$\nu=1.308\times10^{-6}\mathrm{m^2/s}$，当水温为 30℃时，$\nu=0.804\times10^{-6}\mathrm{m^2/s}$，当水温为 50℃时，$\nu=0.556\times10^{-6}\mathrm{m^2/s}$。

当 $Re$ 小于 2000 时为层流，当 $Re$ 大于 4000 时为紊流，当 $Re$ 介于 2000 到 4000 之间时，水流状态不稳定，属于过渡流态。不同流态下的水流阻力特性不同，在水力计算时应进行流态判别。

紊流流态又分为三个阻力特征区：阻力平方区（又称粗糙管区）、过渡区和水力光滑管区。在阻力平方区，管渠水头损失与流速平方成正比，在水力光滑管区，管渠水头损失约与流速的 1.75 次方成正比，而在过渡区，管渠水头损失与流速的 1.75～2.0 次方成正比。三个阻力特征区的划分和判别，主要与雷诺数 $Re$、管径（或水力半径）及管壁粗糙度有关。

在对给水排水管网进行水力计算时均按紊流考虑，因为绝大多数情况下管渠中的水流处于紊流流态。给水排水管网中流速一般在 0.5～1.5m/s 之间，管径一般在 0.1～1.0m 之间，水温一般在 5～25℃之间，水的动力黏滞系数在 $1.52\sim0.89\times10^{-6}\mathrm{m^2/s}$ 之间。经计算得水流雷诺数一般约在 33000～1680000 之间，显然处于紊流状态。但是，经计算表明，在给水排水常用管道材料的直径与粗糙度范围内，阻力平方区与过渡区的流速界限在 0.6～1.5m/s 之间，过渡区与光滑区的流速界限则在 0.1m/s 以下。因此，给水排水管网中多数管道的水流状态处于紊流过渡区和阻力平方区，部分管道中的流态因流速很小而可能处于紊流光滑管区，管渠水头损失与流速的 1.75～2.0 次方成正比。在管道水头损失计算中，应根据管道中水的流态确定管道的摩阻系数，将有助于提高管网水力计算的准确性。

### 3.1.2　恒定流与非恒定流

由于用水量和排水量的经常性变化，给水排水管网中的水流经常处于非恒定流状态，特别是雨水排水及合流制排水管网中，流量骤涨骤落，水力因素随时间快速变化，属于明显的非恒定流。但是，非恒定流的水力计算比较复杂，在管网工程设计和水力计算时，一般按恒定流（又称稳定流）计算。

### 3.1.3 均匀流与非均匀流

给水排水管网中的水流不但是非恒定流，且都是非均匀流，即水流参数既随时间变化，也随空间变化。特别是排水管网的明渠流或非满管流，通常都是非均匀流。

对于满管流动的水力计算，可以将水头损失计算分为沿程水头损失和局部水头损失，长距离等截面满管流为均匀流，其水头损失为沿程水头损失，而局部的分叉、转弯与变截面等造成的非均匀流水头损失为局部水头损失。在给水排水管网中，由于管道长度较大，沿程水头损失一般远大于局部水头损失，所以在计算时一般忽略局部水头损失，或将局部阻力转换成等效长度的管道沿程水头损失进行计算。

对于非满管流或渠流，只要长距离截面不变，也可以近似为均匀流，按沿程水头损失公式进行水力计算，对于短距离或特殊情况下的非均匀流动则运用水力学理论按缓流或急流计算。

### 3.1.4 压力流与重力流

压力流输水通过具有较大承压能力的管道进行，水流在运动中的阻力主要依靠水泵产生的压能克服，管道阻力大小只与管道内壁粗糙程度、管道长度和流速有关，与管道埋设深度和坡度等无关。重力流输水系统依靠地形高差，通过管道或渠道由高处流向低处，水流的阻力主要依靠水的位能克服，水位沿水流方向降低，称为水力坡降。

给水排水管网根据工程需要和条件，可以采取压力流输水或重力流输水两种方式。给水管网基本上采用压力流输水方式，如果地形条件允许，也经常采用重力流输水以降低输水成本。排水管网一般采用重力流输水方式，要求管渠的埋设高程随着水流水力坡度下降。

关于管渠断面形状，由于圆管的水力条件和结构性能好，在给水排水管网中采用最多，在埋于地下时，圆管能很好地承受土壤的压力。除圆管外，明渠或暗渠一般只能用于重力流输水，其断面形状有多种，以梯形和矩形居多。

### 3.1.5 水流的水头与水头损失

水头是指单位质量的流体所具有的机械能，一般用符号 $h$ 或 $H$ 表示，常用单位为米水柱（$mH_2O$），简写为米（m）。水头分为位置水头、压力水头和流速水头三种形式。位置水头是指因为流体的位置高程所得到的机械能，又称位能，用流体所处的高程来度量，用符号 $Z$ 表示；压力水头是指流体因为具有压力而携带的机械能，又称压能，根据压力进行计算，即 $P/\gamma$（式中 $P$ 为计算断面上的压力，$\gamma$ 为流体的重力密度）；流速水头是指因为流体的流动速度而具有的机械能，又称动能，根据流速进行计算，即 $v^2/2g$（式中 $v$ 为计算断面平均流速，$g$ 为重力加速度）。

位置水头和压力水头属于势能，流速水头属于动能。流体在流动的过程中，三种形式的水头（机械能）总是处于不断转换之中。给水排水管网中的位置水头和压力水头较之流速水头一般大得多，为了简化计算，流速水头往往可以忽略不计。

水在流动中受固定边界面的影响（包括摩擦与限制作用），导致断面流速分布不均匀，相邻流层间产生切应力，即流动阻力。流体克服流动阻力所消耗的机械能，即为水头损失。

当流体受固定边界限制做均匀流动时，流动阻力中只有沿程不变的切应力，称为沿程阻力。由沿程阻力所产生的水头损失称为沿程水头损失。当流体的固定边界发生突然变化，引起流速分布发生变化，从而集中发生在较短范围的阻力称为局部阻力。由局部阻力所引起的水头损失称为局部水头损失。

## 3.2　管渠水头损失计算

### 3.2.1　沿程水头损失计算

管渠沿程水头损失通常用谢才（Chezy）公式计算，其形式为：

$$h_f=\frac{v^2}{C^2R}l \tag{3.2}$$

式中　$h_f$——沿程水头损失（m）；

$v$——过水断面平均流速（m/s）；

$C$——谢才系数；

$R$——过水断面水力半径（m），即断面面积除以湿周。对于圆管满流，$R=0.25D$，$D$为直径（m）；

$l$——管渠长度（m）。

对于圆管满流，沿程水头损失一般采用下述达西—韦伯（Darcy-Weisbach）公式计算：

$$h_f=\lambda\frac{l}{D}\frac{v^2}{2g} \tag{3.3}$$

式中　$D$——管段直径（m）；

$g$——重力加速度（$m/s^2$）；

$\lambda$——沿程阻力系数，$\lambda=\frac{8g}{C^2}$。

谢才系数$C$或沿程阻力系数$\lambda$与水流流态有关，是上述公式在实际工程技术中正确地得到应用的关键。为了正确使用上述公式进行不同条件和不同流态的水力计算，科学工作者开展了长期的科学研究，发表了关于谢才系数$C$或沿程阻力系数$\lambda$值的计算公式。目前国内外使用较广泛的公式如下。

（1）柯尔勃洛克—怀特（Colebrook-White）公式

柯尔勃洛克—怀特公式适于各种流态，是适用性和计算精度最高的公式之一，公式为：

$$C=-17.7\lg\left(\frac{e}{14.8R}+\frac{C}{3.53Re}\right) \tag{3.4}$$

或

$$\frac{1}{\sqrt{\lambda}}=-2\lg\left(\frac{e}{3.7D}+\frac{2.51}{Re\sqrt{\lambda}}\right) \tag{3.5}$$

式中 $Re$——雷诺数；

$e$——管壁当量粗糙度（m），常用管材的 $e$ 值见表 3.1。

式（3.4）和式（3.5）为隐函数形式，不便于手工计算和应用，可以简化为式（3.6）和式（3.7）的显函数形式，以方便直接计算和应用。显然，式（3.6）和式（3.7）的计算精度比式（3.4）和式（3.5）会有所降低。

$$C=-17.7\lg\left(\frac{e}{14.8R}+\frac{4.462}{Re^{0.875}}\right) \tag{3.6}$$

或

$$\frac{1}{\sqrt{\lambda}}=-2\lg\left(\frac{e}{3.7D}+\frac{4.462}{Re^{0.875}}\right) \tag{3.7}$$

**常用管材内壁当量粗糙度 $e$（mm）** **表 3.1**

| 管壁材料 | 光滑 | 平均 | 粗糙 |
|---|---|---|---|
| 玻璃拉成的材料 | 0 | 0.003 | 0.006 |
| 钢、PVC 或 AC | 0.015 | 0.03 | 0.06 |
| 有覆盖的钢 | 0.03 | 0.06 | 0.15 |
| 镀锌管、陶土管 | 0.06 | 0.15 | 0.3 |
| 铸铁或水泥衬里 | 0.15 | 0.3 | 0.6 |
| 预应力混凝土或木管 | 0.3 | 0.6 | 1.5 |
| 铆接钢管 | 1.5 | 3 | 6 |
| 脏的污水管道或结瘤的给水主管线 | 6 | 15 | 30 |
| 毛砌石头或土渠 | 60 | 150 | 300 |

（2）海曾—威廉（Hazen-Williams）公式

海曾—威廉公式适于较光滑的圆管满管紊流计算，主要用于给水管道水力计算，公式为：

$$\lambda=\frac{13.16gD^{0.13}}{C_{\mathrm{w}}^{1.852}q^{0.148}} \tag{3.8}$$

式中 $q$——流量（$m^3/s$）；

$C_{\mathrm{w}}$——海曾—威廉系数，其值见表 3.2。

代入式（3.3）得：

$$h_{\mathrm{f}}=\frac{10.67q^{1.852}}{C_{\mathrm{w}}^{1.852}D^{4.87}}l \tag{3.9}$$

实际上，表 3.2 中的海曾—威廉系数主要适用于水力过渡区中 $v=0.9$ m/s 的一个较窄流速范围。为了正确使用海曾—威廉公式，应进一步理解和修正海曾—威廉系数 $C_{\mathrm{w}}$，方法如下：

海曾—威廉系数 $C_w$ 值 表3.2

| 管道材料 | $C_w$ | 管道材料 | $C_w$ |
|---|---|---|---|
| 塑料管 | 150 | 新铸铁管、涂沥青或水泥的铸铁管 | 130 |
| 石棉水泥管 | 120～140 | 使用5年的铸铁管、焊接钢管 | 120 |
| 混凝土管、焊接钢管、木管 | 120 | 使用10年的铸铁管、铆接钢管 | 110 |
| 水泥衬里管 | 120 | 使用20年的铸铁管 | 90～100 |
| 陶土管 | 110 | 使用30年的铸铁管 | 75～90 |

由公式（3.8）可以得出：

$$C_w=\frac{14.23}{\lambda^{0.54}v^{0.08}D^{0.09}} \tag{3.10}$$

所以，在管径不变时，海曾—威廉系数与流速 $v$ 的0.08次方成反比，即：

$$\frac{C_w}{C_{w0}}=\left(\frac{v_0}{v}\right)^{0.08} \tag{3.11}$$

式中 $v_0=0.9$m/s；

$C_{w0}$——表3.2中推荐值；

$v$——实际流速；

$C_w$——与 $v$ 对应的海曾—威廉系数。

在管道水力计算中，当管道流速变化时，修正海曾—威廉系数，将提高沿程水头损失计算的正确性。当流速在 $v=0.9$m/s 的临近范围内，传统推荐的 $C_w$ 值是合理的；当流速在距 $v=0.9$m/s 较远时，应进行 $C_w$ 值的修正。

设有3种管道，当流速 $v=0.9$m/s 时，其海曾—威廉系数分别为100、120和140，当这些管道中流速降低为 $v=0.45$m/s 和升高为 $v=1.8$m/s 时，$C_w$ 值的变化见表3.3。

海曾—威廉系数 $C_w$ 值修正 表3.3

| 流速(m/s) | 海曾—威廉 $C$ 值 | | |
|---|---|---|---|
| 0.90 | 100 | 120 | 140 |
| 0.45 | 106 | 127 | 148 |
| 1.80 | 94 | 113 | 132 |

掌握海曾—威廉 $C$ 值的变化情况，可更加科学地进行管网水力计算，具有工程应用价值。

（3）曼宁（Manning）公式

曼宁引入管渠粗糙系数 $n$，称为曼宁粗糙系数，并给出了谢才系数 $C$ 的计算公式，称为曼宁公式，适用于明渠、非满管流或较粗糙的管道水力计算，公式为：

$$C=\frac{1}{n}R^{1/6} \tag{3.12}$$

式中 $C$——谢才系数；

$R$——水力半径；

$n$——曼宁粗糙系数，见表3.4。

将曼宁公式（3.12）分别代入谢才公式（3.2）和达西-韦伯公式（3.3），分别得到：

$$h_f=\frac{n^2v^2}{R^{4/3}}l \tag{3.13}$$

和

$$h_f=\frac{10.29n^2q^2}{D^{5.333}}l \tag{3.14}$$

**常用管材曼宁粗糙系数 *n*** **表 3.4**

| 管壁材料 | $n$ | 管壁材料 | $n$ |
|---|---|---|---|
| 铸铁管、陶土管 | 0.013 | 浆砌砖渠道 | 0.015 |
| 混凝土管、钢筋混凝土管 | 0.013～0.014 | 浆砌块石渠道 | 0.017 |
| 水泥砂浆抹面渠道 | 0.013～0.014 | 干砌块石渠道 | 0.020～0.025 |
| 石棉水泥管、钢管 | 0.012 | 土明渠 | 0.025～0.030 |

由公式（3.13），令 $i=h_f/l$，可以得出：

$$v=\frac{1}{n}R^{2/3}i^{1/2} \tag{3.15}$$

该公式即为广泛应用于明渠均匀流和非满管均匀流的水力计算公式。

（4）巴甫洛夫斯基（Н. Н. Павловский）公式

巴甫洛夫斯基将曼宁公式中的常数指数 1/6 改进为曼宁粗糙系数 $n$ 和水力半径 $R$ 的函数，提高了曼宁公式的精确度，适用于明渠、非满管流或较粗糙的管道水力计算，公式为：

$$C=\frac{1}{n}R^{y} \tag{3.16}$$

式中 $y=2.5\sqrt{n}-0.13-0.75\sqrt{R}(\sqrt{n}-0.10)$；

$n$——曼宁粗糙系数。

将公式（3.16）代入式（3.2）得：

$$h_f=\frac{n^2v^2}{R^{2y+1}}l \tag{3.17}$$

### 3.2.2 沿程水头损失计算公式的比较与选用

沿程水头损失计算公式都是在一定的实验基础上建立起来的，由于实验条件的差别，各公式的适用条件和计算精度有所不同。对上述几个计算公式进行分析比较如下：

（1）谢才公式和达西-韦伯氏公式为管渠水力计算的经典公式，已经成为给水排水管网水力计算的基本公式，谢才系数 $C$ 和达西-韦伯氏阻力系数 $\lambda$ 的科学计算和应用是管网水力计算正确性的关键。

（2）柯尔勃洛克—怀特公式适用于较广的流态范围，可以认为其具有较高的精确度。其缺点是计算过程比较繁琐和费时，但在应用计算机进行计算时，已经不存在任何困难。

（3）巴甫洛夫斯基公式是对曼宁公式的修正和改进，其计算结果的准确性得到了进一步的提高。该公式具有较宽的适用范围，特别是对于较粗糙的管道和较大范围的水流流态，仍能保持较准确的计算结果，最佳适用范围为 $1.0\leqslant e\leqslant 5.0$mm。与柯尔勃洛克—怀特公式类似，其缺点是计算过程比较烦琐，人工计算困难。

（4）曼宁公式简捷明了，应用方便，特别适用于较粗糙的非满管流和明渠均匀流的水力计算，最佳适用范围为 $0.5 \leqslant e \leqslant 4.0$mm。

（5）海曾—威廉公式特别适用于给水管网的水力计算，应用广泛，具有较高的计算精度。

正确选用沿程水头损失计算公式，具有重要经济价值和工程意义。实践证明，不同的计算公式所产生的计算结果具有较大的差别。如果公式选用不当，可能导致设计者选用不合理的管径和水泵扬程等，造成不应有的经济损失，降低工程投资效益。

### 3.2.3　局部水头损失计算

局部水头损失用下式计算：

$$h_m = \zeta \frac{v^2}{2g} \tag{3.18}$$

式中　$h_m$——局部水头损失（m）；

$\zeta$——局部阻力系数，见表3.5。

局部阻力系数 $\zeta$　　表3.5

| 局部阻力设施 | $\zeta$ | 局部阻力设施 | $\zeta$ |
|---|---|---|---|
| 全开闸阀 | 0.19 | 90°弯头 | 0.9 |
| 50%开启闸阀 | 2.06 | 45°弯头 | 0.4 |
| 截止阀 | 3～5.5 | 三通转弯 | 1.5 |
| 全开蝶阀 | 0.24 | 三通直流 | 0.1 |

大量的计算表明，给水排水管网中的局部水头损失一般不超过沿程水头损失的5%，所以，在给水排水管网水力计算中，常忽略局部水头损失的影响，不会造成大的计算误差。

### 3.2.4　水头损失公式的指数形式

将水头损失计算公式写成指数形式，有利于统一计算公式的表达形式，简化给水排水管网的水力计算，也便于计算机程序设计和编程。沿程水头损失计算公式的指数形式为：

$$h_f = \frac{kq^n}{D^m} l \tag{3.19}$$

或：

$$h_f = aq^n l \tag{3.20}$$

或：

$$h_f = s_f q^n \tag{3.21}$$

式中　$k$、$n$、$m$——指数公式的参数。由不同的计算公式转化的指数公式，具有各自对应的参数计算值，见表3.6；

$a$——管道比阻，即单位管长的摩阻系数，$a = \frac{k}{D^m}$；

$s_f$——管道摩阻系数，$s_f=al=\frac{kl}{D^m}$。

**沿程水头损失指数公式的参数** **表 3.6**

| 参　数 | 海曾—威廉公式 | 曼宁公式 |
| --- | --- | --- |
| $k$ | $\frac{10.67}{C_w^{1.852}}$ | $10.29n_M^2$ |
| $n$ | 1.852 | 2.0 |
| $m$ | 4.87 | 5.333 |

注：本表通过曲线拟合求得，适用范围 $T=10\sim25℃$，$D=0.1\sim1.0m$，$v=0.5\sim2.5m/s$。

局部水头损失公式也可以写成指数形式：

$$h_m=s_mq^n \tag{3.22}$$

式中　$s_m$——局部阻力系数。

沿程水头损失与局部水头损失之和为：

$$h_g=h_f+h_m=(s_f+s_m)q^n=s_gq^n \tag{3.23}$$

式中　$s_g$——管道阻力系数，$s_g=s_f+s_m$。

## 3.3　非满流管渠水力计算

在城市排水管网中，污水排水管道一般采用非满管流设计，雨水排水管网一般采用满管流设计，如图 3.1 所示。但是，在两者的运行过程中，大多数时间内，均处于非满管流状态，其设计和运行条件和工况校核均需要进行非满管流的水力计算。

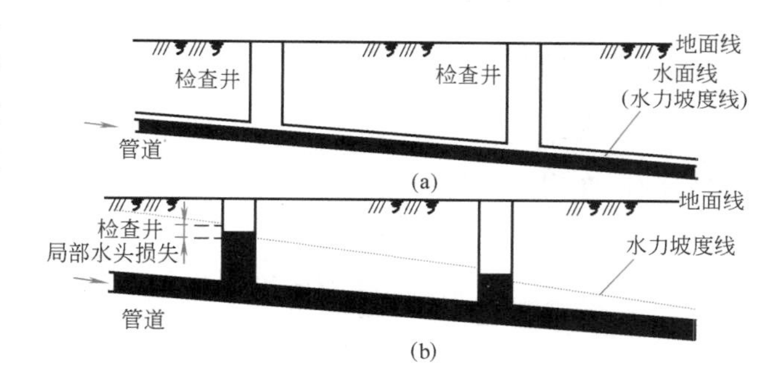


图 3.1　圆形管道非满管流和满管流示意图

(a) 非满管流；(b) 满管流

圆形管道中的非满流具有自由表面，依靠管道的底面坡度所形成的重力从高的一端流到低的一端。非满流管道水力计算的目的在于确定管道的流量、流速、断面尺寸、充满度和坡度之间的水力关系，得出科学合理的工程设计方案。

### 3.3.1　非满流管道水力计算公式

前已述及，对于非满管或明渠均匀流的水头损失，通常采用公式（3.15）计算。将公式（3.15）代入管渠流量公式：

$$q=A\cdot v \tag{3.24}$$

得：

$$q=\frac{A}{n}R^{\frac{2}{3}}I^{\frac{1}{2}} \tag{3.25}$$

式中 $A$——过水断面面积（$m^2$）；

$I$——水力坡度，对于均匀流，为管渠底坡。

对于非满流圆形管道，过水断面面积 $A$ 及水力半径 $R$ 是管道直径和水流充满度的函数，即：

$$A=A(D,y) \tag{3.26}$$

$$R=R(D,y) \tag{3.27}$$

式中 $D$——管道直径（m）；

$y$——管道内水深（m），$y/D$ 为充满度。

由式（3.25），可得：

$$q=\frac{1}{n}A(D,y)R^{\frac{2}{3}}(D,y)I^{\frac{1}{2}} \tag{3.28}$$

这就是非满流管道水力计算的基本公式。从此式可以看出，式中有 $q$、$D$、$y$ 和 $I$ 共 4 个变量，如果已知其中任意三个，就可以求出另一个。

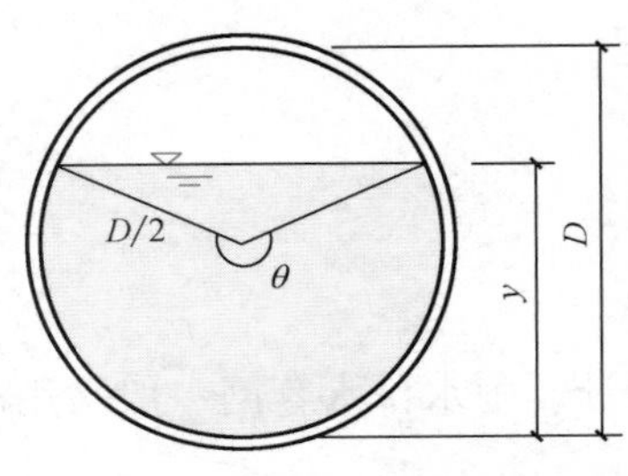

图 3.2 圆形管道充满度示意图

如图 3.2 所示，圆形管道的管径为 $D$，管内水深为 $y$，充满度为 $y/D$，由管中心到水面线两端的夹角为 $\theta$，可以得出计算公式：

$$\cos\frac{\theta}{2}=1-\frac{2y}{D} \tag{3.29}$$

式中，$\theta$ 的单位为弧度。或

$$y/D=\left(1-\cos\frac{\theta}{2}\right)/2 \tag{3.30}$$

和

$$\theta=2\cos^{-1}\left(1-\frac{2y}{D}\right) \tag{3.30a}$$

过水断面面积：

$$A=\frac{D^2}{8}(\theta-\sin\theta) \tag{3.31}$$

湿周：

$$\chi=\frac{D}{2}\theta \tag{3.32}$$

水力半径：

$$R=\frac{A}{\chi}=\frac{D}{4}\left(\frac{\theta-\sin\theta}{\theta}\right) \tag{3.33}$$

设该管道的坡度为 $I$，满管流时的过水断面面积、水力半径、流量和流速分别为 $A_0$、$R_0$、$q_0$ 和 $v_0$，则有 $A_0=\pi D^2/4$ 和 $R_0=D/4$，由公式（3.15）和式（3.25），可得 $v_0=\frac{1}{n}R_0^{\frac{2}{3}}I^{\frac{1}{2}}$ 和 $q_0=\frac{A_0}{n}R_0^{\frac{2}{3}}I^{\frac{1}{2}}$，并可推导出不同充满度下的水力半径 $R$、过水断面面积 $A$、流量 $q$ 和流速 $v$ 与满管流的过水断面面积 $A_0$、水力半径 $R_0$、流量 $q_0$ 和流速 $v_0$ 的比值关系，计算公式如下：

$$\frac{R}{R_0}=1-\frac{\sin\theta}{\theta} \tag{3.34}$$

$$\frac{A}{A_0}=\frac{\theta-\sin\theta}{2\pi} \tag{3.35}$$

$$\frac{v}{v_0}=\left(\frac{R}{R_0}\right)^{\frac{2}{3}}=\left(1-\frac{\sin\theta}{\theta}\right)^{\frac{2}{3}} \tag{3.36}$$

$$\frac{q}{q_0}=\frac{A}{A_0}\left(\frac{R}{R_0}\right)^{\frac{2}{3}}=\frac{(\theta-\sin\theta)^{\frac{5}{3}}}{2\pi\theta^{\frac{2}{3}}} \tag{3.37}$$

式中 $A_0$——满流过水断面面积（$m^2$）；

$R_0$——满流水力半径（m）；

$q_0$——满流流量（$m^3/s$）；

$v_0$——满流流速（m/s）。

上列公式计算结果列入表 3.7，并绘制图 3.3，供设计计算时查询和参考。

圆形管渠非满流水力计算表　　**表 3.7**

| $\frac{y}{D}$ | $\frac{A}{A_0}$ | $\frac{R}{R_0}$ | $\frac{q}{q_0}$ | $\frac{v}{v_0}$ |
|---|---|---|---|---|
| 0.05 | 0.019 | 0.130 | 0.005 | 0.257 |
| 0.10 | 0.052 | 0.254 | 0.021 | 0.401 |
| 0.15 | 0.094 | 0.372 | 0.049 | 0.517 |
| 0.20 | 0.142 | 0.482 | 0.088 | 0.615 |
| 0.25 | 0.196 | 0.587 | 0.137 | 0.701 |
| 0.30 | 0.252 | 0.684 | 0.196 | 0.776 |
| 0.35 | 0.312 | 0.774 | 0.263 | 0.843 |
| 0.40 | 0.374 | 0.857 | 0.337 | 0.902 |
| 0.45 | 0.436 | 0.932 | 0.417 | 0.954 |
| 0.50 | 0.500 | 1.000 | 0.500 | 1.000 |
| 0.55 | 0.564 | 1.060 | 0.586 | 1.039 |
| 0.60 | 0.626 | 1.111 | 0.672 | 1.072 |
| 0.65 | 0.688 | 1.153 | 0.756 | 1.099 |
| 0.70 | 0.748 | 1.185 | 0.837 | 1.120 |
| 0.75 | 0.804 | 1.207 | 0.912 | 1.133 |
| 0.80 | 0.858 | 1.217 | 0.977 | 1.140 |
| 0.85 | 0.906 | 1.213 | 1.030 | 1.137 |
| 0.90 | 0.948 | 1.192 | 1.066 | 1.124 |
| 0.95 | 0.981 | 1.146 | 1.075 | 1.095 |
| 1.00 | 1.000 | 1.000 | 1.000 | 1.000 |

由表 3.7 和图 3.3 可见，当充满度$\frac{y}{D}=0.94$时，管中流量最大，为满管流流量的 1.08 倍；当充满度$\frac{y}{D}=0.81$时，管中流速最大，为满管流流速的 1.14 倍。

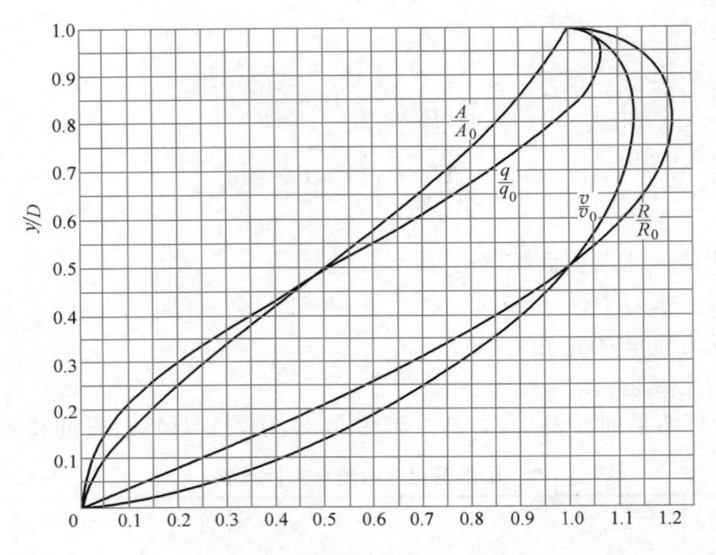


图3.3　非满流圆管水力特性

当流量 $q$、管径 $D$、坡度 $I$ 和粗糙系数 $n$ 已知时，由式（3.25）、式（3.31）和式（3.33），可以推导得出管中心到水面线两端的夹角隐函数计算式，可以近似设定夹角 $\theta$ 的初值，采用迭代法计算。公式如下：

$$\theta=\left[\frac{(\theta-\sin\theta)^{5/3}D^{8/3}I^{1/2}}{20.16\cdot nq}\right]^{3/2} \tag{3.38}$$

由式（3.38）可以得出直接计算管道的水力坡度的计算公式：

$$I=\left[\frac{20.16\cdot nq\theta^{2/3}}{(\theta-\sin\theta)^{5/3}D^{8/3}}\right]^{2} \tag{3.39}$$

## 3.3.2　非满流管道水力计算方法

非满流管渠水力计算中，共有6个参数，即流量 $q$、管径 $D$、水力坡度 $I$、充满度 $y/D$、流速 $v$ 和管渠的粗糙系数 $n$。粗糙系数 $n$ 与管渠材料有关，一般都是已知的。其余5个参数中，只要已知其中任意3个参数，另外2个参数可以通过上述水力计算公式求解。工程设计中，经常需要进行下列情况的参数计算。

（1）已知流量 $q$、管径 $D$、水力坡度 $I$，求充满度 $y/D$ 和流速 $v$。

**【例3.1】**　已知某污水管道设计流量为 $q=0.1\text{m}^3/\text{s}$，根据地形条件设定采用水力坡度 $I=0.007$，初拟采用管径 $D=0.4\text{m}$ 的钢筋混凝土管，粗糙系数 $n=0.014$，求其充满度 $y/D$ 和流速 $v$。

**【解】**

1）解析计算法：

由公式（3.38），得

$$\theta=\left[\frac{(\theta-\sin\theta)^{5/3}D^{8/3}I^{1/2}}{20.16\cdot nq}\right]^{3/2}=\left[\frac{(\theta-\sin\theta)^{5/3}\times0.4^{8/3}\times0.007^{1/2}}{20.16\times0.014\times0.1}\right]^{3/2}$$

$$=[0.2575\times(\theta-\sin\theta)^{5/3}]^{3/2}$$

可写成非线性方程：

$$f(\theta)=\theta^{2/3}-0.2575\times(\theta-\sin\theta)^{5/3}=0$$

$f(\theta)$ 的一阶导数：

$$\frac{\mathrm{d}f(\theta)}{\mathrm{d}\theta}=\frac{2}{3}\theta^{(-1/3)}-0.2575\times\frac{5}{3}(\theta-\sin\theta)^{2/3}(1-\cos\theta)$$

$$=\frac{2}{3}\theta^{(-1/3)}-0.42917\times(\theta-\sin\theta)^{2/3}(1-\cos\theta)$$

采用牛顿迭代法求解 $\theta$ 的计算式如下：

$$\theta^{(k+1)}=\theta^{(k)}-\alpha f(\theta^{(k)})\Big/\left(\frac{\mathrm{d}f(\theta)}{\mathrm{d}\theta}\bigg|_{\theta=\theta^{(k)}}\right)$$

式中，$k$ 为迭代次数，$\alpha$ 为迭代修正系数。

设初值 $\theta^{(0)}=3.0$（弧度），$\alpha$ 取 0.5，开始迭代计算，收敛条件为 $f(\theta^{(k+1)})$ 计算值小于 0.001。迭代计算过程和结果见表 3.8。

**管中心到水面线两端的夹角 $\theta$ 迭代计算表** **表 3.8**

| $k$ | $\theta^{(k)}$ | $f(\theta^{(k)})$ | $\mathrm{d}f(\theta)/\mathrm{d}\theta\big\|_{\theta=\theta^{(k)}}$ | $\frac{\alpha f(\theta)}{\mathrm{d}f(\theta)/\mathrm{d}\theta}\big\|_{\theta=\theta^{(k)}}$ |
|---|---|---|---|---|
| 0 | 3.0 | 0.59735 | −1.2580 | −0.237421 |
| 1 | 3.2374 | 0.27348 | −1.4601 | −0.093652 |
| 2 | 3.3310 | 0.13376 | −1.5217 | −0.043953 |
| 3 | 3.3750 | 0.06632 | −1.5466 | −0.021442 |
| 4 | 3.3964 | 0.03304 | −1.5578 | −0.010605 |
| 5 | 3.4070 | 0.01649 | −1.5631 | −0.005275 |
| 6 | 3.4123 | 0.00823 | −1.5657 | −0.002631 |
| 7 | 3.4149 | 0.00411 | −1.5669 | −0.001314 |
| 8 | 3.4163 | 0.00205 | −1.5675 | −0.000656 |
| 9 | 3.4169 | 0.00102 | −1.5679 | −0.000328 |
| 10 | 3.4172 | — | — | — |

所以，管中心到水面线两端的夹角为 $\theta=3.417$。

由公式（3.30），得充满度 $y/D=0.5687$；

水力半径 $R=R_0(1-\sin\theta/\theta)=0.108$；

流速 $v=R^{2/3}I^{1/2}/n=0.108^{2/3}\times0.007^{1/2}/0.014=1.355\text{m/s}$。

2）图表计算法

由管径 0.4m 和水力坡度 0.007，得满管流的流速 $v_0$ 和流量 $q_0$ 分别如下：

$v_0=R_0{}^{2/3}I^{1/2}/n=(0.25\times0.4)^{2/3}\times0.007^{1/2}/0.014=1.29\text{m/s}$

$q_0=A_0v_0=0.785D^2v_0=0.785\times0.4^2\times1.29=0.162\text{m}^3/\text{s}$

$\frac{q}{q_0}=0.1/0.162=0.62$

查表3.7，得充满度$\frac{y}{D}=0.56$和$\frac{v}{v_0}=1.05$

所以，流速$v=1.29\times1.05=1.36\text{m/s}$

（2）已知流量$q$、管径$D$、充满度$y/D$，求水力坡度$I$和流速$v$。

**【例3.2】**　采用上例数据，当设计管径由0.36m改为0.4m标准管径后，在充满度不变条件下，水力坡度将小于0.007，可以减小管道下游的埋深，试计算水力坡度。

**【解】**

1）解析计算法

已知$D=0.4\text{m}$，$y/D=0.65$，$q=0.1\text{m}^3/\text{s}$

$\theta=2\cos^{-1}(1-2y/D)=2\cos^{-1}(1-2\times0.65)=3.751$弧度

由公式（3.39）

$$I=\left[\frac{20.16\cdot nq\theta^{2/3}}{(\theta-\sin\theta)^{5/3}D^{8/3}}\right]^2=0.063^2=0.004$$

2）图表计算法

由充满度0.65查表3.7得，$q/q_0=0.756$，$q_0=0.1/0.756=0.132\ \text{m}^3/\text{s}$，当管径为0.4m时

$$I=\frac{10.29n^2q_0^2}{D^{5.333}}=\frac{10.29\times0.013^2\times0.132^2}{0.4^{5.333}}=0.004$$

（3）已知流量$q$、水力坡度$I$、充满度$y/D$和粗糙系数$n$，求管径$D$。

**【例3.3】**　选用钢筋混凝土排水管，$n=0.013$，设计流量为$q=0.1\text{m}^3/\text{s}$，充满度$y/D=0.65$，最大水力坡度$I=0.007$，求最小设计管径$D$。

**【解】**

1）解析计算法

$$\theta=2\cos^{-1}(1-2y/D)=2\cos^{-1}(1-2\times0.65)=3.751\text{弧度}$$

由公式（3.38），得

$$D=3.0845\times\left[\frac{nq\theta^{2/3}}{(\theta-\sin\theta)^{5/3}I^{1/2}}\right]^{3/8}=0.0657^{3/8}=0.36\text{m}$$

2）图表计算法

由充满度0.65查表3.7得，$q/q_0=0.756$，$q_0=0.1/0.756=0.132\text{m}^3/\text{s}$

设管径为$D$，则满管流时的水力半径$R_0=D/4$，水流断面面积$A_0=\pi D^2/4$，流速$v_0={R_0}^{2/3}I^{1/2}/n$；由$q_0=A_0v_0$，得

$$D=1.548(nq_0)^{\frac{3}{8}}/I^{\frac{3}{16}}=1.548\times(0.013\times0.132)^{\frac{3}{8}}/0.007^{\frac{3}{16}}=0.36\text{m}$$

工程设计中宜采用标准管径，可取$D=0.4\text{m}$。

## 3.4　管道的水力等效简化

在给水排水管网水力计算过程中，为了计算方便，经常采用水力等效原理，将局部管

网简化成为一种较简单的形式。如多条管道串联或并联工作时，可以将其等效为单条管道；管道沿线分散的出流或者入流可以等效转换为集中的出流或入流；泵站多台水泵并联工作可以等效为单台水泵等。

水力等效简化原则是：经过简化后，等效的管网对象与原来的实际对象具有相同的水力特性。如两条并联管道简化成一条后，在相同的总输水流量下，应具有相同的水头损失。

### 3.4.1　串联或并联管道的简化

两条或两条以上管道串联使用，设它们的长度和直径分别为 $l_1$、$d_1$，$l_2$、$d_2$，…，$l_N$、$d_N$，如图 3.4 所示，则可以将它们等效为一条直径为 $d$，长度为 $l=l_1+l_2+\cdots+l_N$ 的管道。根据水力等效原则有：

$$\frac{kq^n l}{d^m}=\sum_{i=1}^{N}\frac{kq^n l_i}{d_i^m} \tag{3.40}$$

经变换，得：

$$d=\left(\frac{l}{\sum_{i=1}^{N}\frac{l_i}{d_i^m}}\right)^{\frac{1}{m}} \tag{3.41}$$

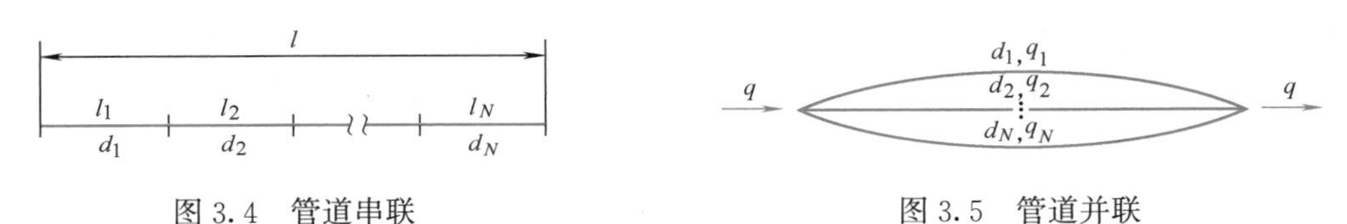


图 3.4　管道串联　　图 3.5　管道并联

两条或两条以上管道并联使用，它们的长度相等，设为 $l$，并设它们的直径和流量分别为 $d_1$、$q_1$，$d_2$、$q_2$，…，$d_N$、$q_N$，如图 3.5 所示，可以将它们等效为一条直径为 $d$ 长度为 $l$ 的管道，输送流量 $q=q_1+q_2+\cdots+q_N$，则有：

$$\frac{kq^n l}{d^m}=\frac{kq_1^n l}{d_1^m}=\frac{kq_2^n l}{d_2^m}=\cdots=\frac{kq_N^n l}{d_N^m} \tag{3.42}$$

经变换，有：

$$d=\left(\sum_{i=1}^{N}d_i^{\frac{m}{n}}\right)^{\frac{n}{m}} \tag{3.43}$$

特别是当并联管道直径相同时，有：

$$d=(N)^{\frac{n}{m}}d_i \tag{3.44}$$

**【例 3.4】**　两条相同直径管道并联使用，管径分别为 $DN200$、$DN300$、$DN400$、$DN500$、$DN600$、$DN700$、$DN800$、$DN900$、$DN1000$ 和 $DN1200$，试计算等效管道直径。

**【解】**　采用曼宁公式计算水头损失，$n=2$，$m=5.333$，计算结果见表 3.9，如两条 $DN500$ 管道并联，等效管道直径为：

$$d=(N)^{\frac{n}{m}}d_i=2^{\frac{2}{5.333}}\times500=648\text{mm}$$

双管并联等效管道直径 表 3.9

| 双并联管直径(mm) | 200 | 300 | 400 | 500 | 600 | 700 | 800 | 900 | 1000 | 1200 |
|---|---|---|---|---|---|---|---|---|---|---|
| 等效管道直径(mm) | 259 | 389 | 519 | 648 | 778 | 908 | 1037 | 1167 | 1297 | 1556 |

### 3.4.2 沿线均匀出流的简化

给水管网中的配水管沿线向用户供水，其中沿线用户用水流量为 $q_l$，向管道下游的转输流量为 $q_t$，如图 3.6 所示。假设沿线出流是均匀的，则管道内任意断面 $x$ 上的流量可以表示为：

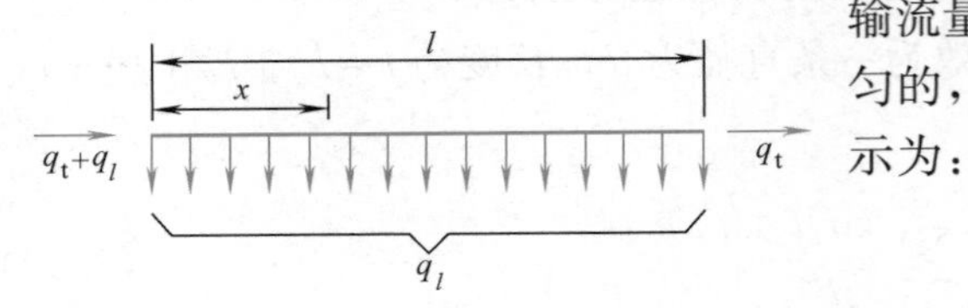


图 3.6 管道沿线出流

$$q_x=q_t+\frac{l-x}{l}q_l$$

沿程水头损失计算如下：

$$h_f=\int_0^l\frac{k\left(q_t+\frac{l-x}{l}q_l\right)^n}{d^m}dx=k\frac{(q_t+q_l)^{n+1}-q_t^{n+1}}{(n+1)d^mq_l}l$$

为了简化计算，现将沿线流量 $q_l$ 分为两个集中流量，分别转移到管道的起端和末端，假设转移到末端的沿线流量为 $\alpha q_l$（$\alpha$ 称为流量折算系数），其余沿线流量转移到起端，则通过管道的流量为 $q=q_t+\alpha q_l$，根据水力等效原则，应有：

$$h_f=k\frac{(q_t+q_l)^{n+1}-q_t^{n+1}}{(n+1)d^mq_l}l=k\frac{(q_t+\alpha q_l)^n}{d^m}l \tag{3.45}$$

令 $n=2$，$\gamma=q_t/q_l$，代入式（3.45）可以求得：

$$\alpha=\sqrt{\gamma^2+\gamma+\frac{1}{3}}-\gamma \tag{3.46}$$

从式（3.46）可见，流量折算系数 $\alpha$ 只和 $\gamma$ 值有关，在管网末端的管道，因转输流量为零，即 $\gamma=0$，代入式（3.46），得：

$$\alpha=\sqrt{1/3}=0.577$$

在管网起端的管道，转输流量远大于沿线流量，$\gamma\to\infty$，流量折算系数 $\alpha\to0.50$。

由此表明，管道沿线出流的流量可以近似地一分为二，平均分配到两个端点上，由此造成的计算误差在工程上是允许的。

### 3.4.3 局部水头损失计算的简化

给水排水管网中的局部水头损失一般占总水头损失的比例较小，通常可以忽略不计。但在一些特殊情况下，局部水头损失必须进行计算。为了简化计算，可以将局部水头损失等效于一定长度的管道（称为当量管）的沿程水头损失，从而可以与沿程水头损失合并计算。

设某管道直径为 $D$，管道上的局部阻力设施的阻力系数为 $\zeta$，令其局部水头损失与当量管的沿程水头损失相等，有：

$$\zeta \frac{v^2}{2g}=\lambda \frac{l_d}{D}\frac{v^2}{2g}=\frac{v^2}{C^2R}l_d$$

经简化后有：

$$l_d=\frac{D\zeta}{\lambda}=\frac{D\zeta}{8g}C^2 \tag{3.47}$$

式中　$l_d$——当量管长度（m）。

**【例 3.5】**　某管道直径 $D=0.6$m，管壁粗糙系数 $n=0.013$，管道中有 3 个 45°弯头，2 个闸阀，2 个直流三通，试计算当量管长度。

**【解】**　查表 3.5，该管道上总的局部阻力系数为：

$$\zeta=3\times0.4+2\times0.19+2\times0.1=1.78$$

采用曼宁公式计算谢才系数：

$$C=\frac{\sqrt[6]{R}}{n}=\frac{\sqrt[6]{0.25\times0.6}}{0.013}=56.07$$

于是，当量管长度为：

$$l_d=\frac{D\zeta}{8g}C^2=\frac{0.6\times1.78}{8\times9.81}\times56.07^2=42.8\text{m}$$

## 3.5　水泵与泵站水力特性

### 3.5.1　水泵水力特性公式及其参数计算

水泵是给水排水管网中的加压与提升设备，所提供的能量用扬程表示，扬程即水泵提供给单位质量水的机械能。水泵的流量、扬程、功率和效率之间的对应关系是给水排水管网水力特性分析和计算的组成部分，从水泵样本中可以查到其曲线图形或数据表格形式，通过数学分析，可将水泵水力特性写成数学公式形式，将有利于在给水排水管网分析计算中应用。

（1）额定转速泵水力特性公式

给水排水管网中一般使用额定转速的离心水泵，这类水泵在固定转速下运行时，它的流量与扬程关系接近于抛物线，为便于与水头损失计算的指数公式统一，一般可写成如下形式：

$$h_p=h_e-s_pq_p^n \tag{3.48}$$

式中　$h_p$——水泵扬程（m）；

$q_p$——水泵流量（$m^3/s$）；

$h_e$——水泵静扬程（m）；

$s_p$——水泵内阻系数；

$n$——与水头损失计算指数公式相同的指数。

参数 $h_e$ 和 $s_p$ 由曲线拟合计算，即从水泵样本中查得若干组（至少2组，且应分散于效率较高的区域）不同的（$q_p$，$h_p$）值，代入公式（3.48）中，得到线性方程组，根据最小二乘法原理，可以给出确定两个参数的公式：

$$h_e=\frac{\sum h_{pi}\sum q_{pi}^{2n}-\sum h_{pi}q_{pi}^{n}\sum q_{pi}^{n}}{N\sum q_{pi}^{2n}-(\sum q_{pi}^{n})^2} \tag{3.49}$$

$$s_p=\frac{Nh_e-\sum h_{pi}}{\sum q_{pi}^{n}} \tag{3.50}$$

式中 $N$——数据组数。

**【例3.6】** 从水泵样本中查得300S58型水泵的流量与扬程关系见表3.10，试用最小二乘法求其水力特性公式（$n=1.852$）中的参数 $h_0$ 和 $s_p$。

**300S58型水泵流量与扬程关系** **表3.10**

| 流量($m^3/h$) | 576 | 792 | 972 |
|---|---|---|---|
| 扬程(m) | 63.0 | 58.0 | 50.0 |

**【解】** 由表3.10中数据：

$$\sum q_{pi}^{n}=\left(\frac{576}{3600}\right)^{1.852}+\left(\frac{792}{3600}\right)^{1.852}+\left(\frac{972}{3600}\right)^{1.852}=0.1826$$

$$\sum q_{pi}^{2n}=\left(\frac{576}{3600}\right)^{3.704}+\left(\frac{792}{3600}\right)^{3.704}+\left(\frac{972}{3600}\right)^{3.704}=0.01262$$

$$\sum h_{pi}=63.0+58.0+50.0=171.0$$

$$\sum h_{pi}q_{pi}^{n}=63.0\times\left(\frac{576}{3600}\right)^{1.852}+58.0\times\left(\frac{792}{3600}\right)^{1.852}+50.0\times\left(\frac{972}{3600}\right)^{1.852}=10.05$$

根据最小二乘法有：

$$h_e=\frac{\sum h_{pi}\sum q_{pi}^{2n}-\sum h_{pi}q_{pi}^{n}\sum q_{pi}^{n}}{N\sum q_{pi}^{2n}-(\sum q_{pi}^{n})^2}=\frac{171.0\times0.01262-10.05\times0.1826}{3\times0.01262-0.1826\times0.1826}=71.48$$

$$s_p=\frac{Nh_e-\sum h_{pi}}{\sum q_{pi}^{n}}=\frac{3\times71.48-171.0}{0.1826}=237.9$$

即300S58型水泵水力特性为：

$$h_p=71.48-237.9q_p^{1.852}\text{ m}$$

部分常用型号水泵的水力特性公式参数见表3.11。

（2）调速水泵水力特性公式

部分常用型号水泵的水力特性公式参数　　表 3.11

| 水泵型号 | $n$ | $h_e$ | $s_p$ | 水泵型号 | $n$ | $h_e$ | $s_p$ |
|---|---|---|---|---|---|---|---|
| 100S90 | 2.0 | 102.51 | 26240 | 300S32 | 2.0 | 43.00 | 236.4 |
| | 1.852 | 103.42 | 16060 | | 1.852 | 43.79 | 202.5 |
| 150S50 | 2.0 | 59.23 | 5088 | 300S58 | 2.0 | 70.47 | 275.6 |
| | 1.852 | 60.14 | 3522 | | 1.852 | 71.48 | 237.9 |
| 150S78 | 2.0 | 90.63 | 6728 | 300S90 | 2.0 | 101.07 | 268.0 |
| | 1.852 | 91.66 | 4596 | | 1.852 | 101.97 | 229.6 |
| 200S42 | 2.0 | 56.57 | 2395 | 350S44 | 2.0 | 60.19 | 136.3 |
| | 1.852 | 57.68 | 1774 | | 1.852 | 61.38 | 125.5 |
| 200S63 | 2.0 | 79.04 | 2721 | 350S75 | 2.0 | 93.29 | 168.5 |
| | 1.852 | 80.33 | 2021 | | 1.852 | 94.69 | 154.4 |
| 200S95 | 2.0 | 110.83 | 2838 | 500SS35 | 2.0 | 51.40 | 54.47 |
| | 1.852 | 111.82 | 2067 | | 1.852 | 52.66 | 53.83 |
| 250S39 | 2.0 | 48.14 | 533.0 | 500S59 | 2.0 | 87.87 | 95.34 |
| | 1.852 | 48.86 | 428.5 | | 1.852 | 90.07 | 94.23 |
| 250S65 | 2.0 | 77.71 | 685.9 | 500S98 | 2.0 | 146.80 | 159.0 |
| | 1.852 | 78.66 | 552.2 | | 1.852 | 150.49 | 157.2 |

根据比例律，水泵在变速情况下工作时，水力特性公式可表示为：

$$h_p=\left(\frac{r}{r_0}\right)^2 h_e-s_p q_p^n \tag{3.51}$$

式中　$r_0$——水泵额定转速（r/min）；

$r$——水泵工作转速（r/min）。

从式（3.51）可以看出，水泵在变速工作时，从理论上看，改变转速只会影响水泵的静扬程，而不会改变水泵的内阻。而且，水泵静扬程与转速比的平方成正比。

（3）考虑吸水和压水管路阻力后的水泵水力特性公式

将吸水和压水管路与水泵作为整体看待，则水泵扬程为：

$$h_p=h_e-s_p q_p^n-s_g q_p^n=h_e-(s_p+s_g)q_p^n \tag{3.52}$$

式中　$s_g$——吸水和压水管路总摩阻系数。

从式（3.52）可以看出，吸、压水管路的阻力与水泵内部的阻力一样，都具有降低水泵有效扬程的作用，可以理解为，静扬程 $h_e$ 就是水泵提供的能量，而 $s_p q_p^n$ 和 $s_g q_p^n$ 分别为水泵内部和外部吸、压水管道上消耗的能量（即水头损失），如图 3.7 所示。

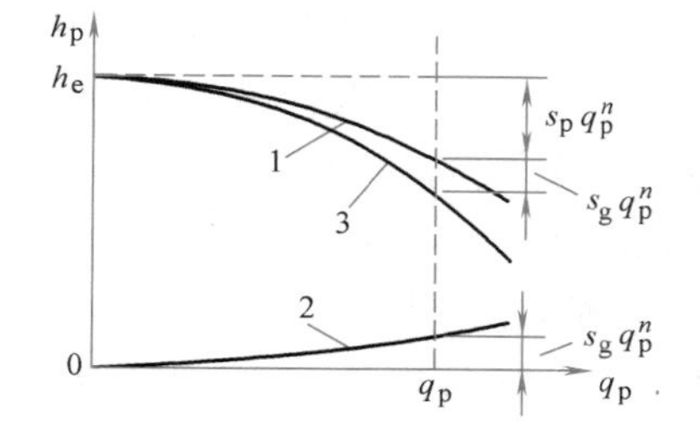

图 3.7　考虑吸压水管路阻力后的水泵水力特性

1—水泵水力特性；2—吸压水管路水力特性；3—考虑吸压水管路后的水泵水力特性

## 3.5.2　并联水泵水力特性公式

给水排水管网中的水泵多数以并联形式工作，以便通过水泵的台数组合适应流量的变化。实现并联工作的水泵必须具有相近的工作扬程范围，特别是高效区的扬程范围应接近。

当多台水泵组合成泵站后，对给水排水管网而言，泵站表现出整体的水力特性。泵站的水力特性不但综合了组合成泵站的各台工作水泵的水力特性，而且也综合了泵站内部管道系统的水力特性。真实的情况是比较复杂的，但一般可以认为，泵站的水力特性仍表现出如公式（3.48）的模式。

（1）同型号水泵并联

两台以上同型号水泵并联工作时，每台泵的工作流量相等，所以其水力特性为：

$$h_p = h_e - \frac{s_p}{N^n} q_p^n \tag{3.53}$$

其中　$N$——并联工作水泵台数。

如3台300S58型水泵并联工作的水力特性为：

$$h_p = 71.48 - \frac{237.9}{3^{1.852}} q_p^{1.852} = 71.48 - 31.10 q_p^{1.852}$$

如果考虑吸、压水管路的阻力 $s_g$，则多台水泵并联的水力特性为：

$$h_p = h_e - \frac{s_p + s_g}{N^n} q_p^n \tag{3.54}$$

（2）不同型号水泵并联工作

两台以上水泵并联工作，如果它们的型号不同，则它们的工作流量不等，其水力特性曲线不能直接由叠加得到，但可以采用最小二乘法求得。具体方法是：

1）查水泵样本，确定每台泵工作的高效扬程范围，找出它们共同的高效扬程段；

2）在共同的高效扬程段内取2个以上不同的扬程值，最好使它们均布于高效扬程段内，分别查各型号水泵的样本或通过已求出的单台泵水力特性公式，求出各个扬程值时每台水泵的流量，并将同一扬程下的每台泵流量相加，得出各扬程值对应的总流量；

3）以上述各个扬程值及对应总流量为数据，采用最小二乘法计算出水泵并联的水力特性公式参数，其具体方法与求单台泵水力特性公式参数相同。

若要考虑吸水和压水管路的阻力，则在上述第2）步求每台水泵扬程前，先从每台泵水力特性曲线上扣除吸压水管路摩阻系数，如图3.7所示，再求每台泵流量。

**【例3.7】** 某泵站有3台水泵并联工作，分别为300S58型1台，500S59型2台，其中一台以90%转速调速工作；300S58型水泵吸水管直径为 $DN500$，压水管为 $DN400$，500S59型水泵吸水管为 $DN700$，压水管为 $DN600$；吸水管局部阻力系数共计1.52（吸水口一个、闸阀一个、偏心异径管一个），压水管局部阻力系数共计1.62（异径管一个、闸阀一个、止回阀一个）；吸水和压水管路均不计沿程水头损失。试求泵站水力特性公式。

**【解】** 采用曼宁公式计算水头损失，$n=2$，先求出300S58和500S59两型号水泵的水力特性公式参数，直接查表3.10得300S58和500S59型水泵的水力特性公式分别为：

$$h_p = 70.47 - 275.6 q_p^2$$

$$h_p = 87.87 - 95.34 q_p^2$$

只计局部阻力，则吸、压水管道的摩阻为：$s_g = \sum \frac{8\xi}{\pi^2 g d^4} = 0.08263 \sum \frac{\xi}{d^4}$，对于300S58和500S59型水泵的吸、压水管，摩阻分别为：

$$s_g = 0.08263 \sum \frac{\xi}{d^4} = 0.08263 \times \left(\frac{1.52}{0.5^4} + \frac{1.62}{0.4^4}\right) = 7.24$$

$$s_g=0.08263\sum\frac{\xi}{d^4}=0.08263\times\left(\frac{1.52}{0.7^4}+\frac{1.62}{0.6^4}\right)=1.56$$

于是，包含吸压水管阻力后，300S58 型水泵、500S59 型水泵及 500S59 型水泵以 90%转速工作时的水力特性分别为：

$$h_p=70.47-(275.6+7.24)q_p^2=70.47-282.8q_p^2$$

$$h_p=87.87-(95.34+1.56)q_p^2=87.87-96.90q_p^2$$

$$h_p=87.87\times0.9^2-96.90q_p^2=71.17-96.90q_p^2$$

在高效段内分别取扬程值 65m、60m、55m，代入上述 3 式，求得每台泵流量及总流量见表 3.12。

不同扬程下泵站流量　　表 3.12

| 泵站扬程(m) | 65 | 60 | 55 |
|---|---|---|---|
| 300S58 型水泵流量($m^3/s$) | 0.139 | 0.192 | 0.234 |
| 500S59 型水泵流量($m^3/s$) | 0.486 | 0.536 | 0.582 |
| 500S59 型水泵(90%转速)流量($m^3/s$) | 0.252 | 0.340 | 0.409 |
| 泵站流量($m^3/s$) | 0.877 | 1.068 | 1.225 |

由此可以求得 $h_e=75.27$，$s_p=13.43$，即泵站水力特性公式为：

$$h_p=75.27-13.43q_p^2$$

## 思考题

1. 在给水排水管网中，沿程水头损失一般与流速（或流量）的多少次方成正比？为什么？

2. 为什么给水排水管网中的水流实际上是非恒定流，而水力计算时却按恒定流对待？

3. 如果沿程水头损失计算不准确，你认为可能是哪些原因？

4. 对于非满流而言，管渠充满度越大过流能力越大吗？为什么？

5. 在进行管道沿线均匀出流简化时，如果将一条管道划分为较短的多条管段，误差会减小吗？

6. 在管道直径未确定时，能将局部水头损失简化为当量长度管道沿程水头损失吗？为什么？

7. 水泵调速工作时，水泵转速不同会影响水泵内阻吗？

8. 多台同型号水泵并联（不考虑泵站内部管道阻力）时，工作泵台数不同会影响泵站静扬程吗？

## 习　题

1. 已知某管道直径为 500mm，长度为 1000m，管壁当量粗糙度为 1.25mm，流速为 1.2m/s，水温为 20℃，试分别用海曾—威廉公式、柯尔勃洛克—怀特公式、巴甫洛夫斯基公式和曼宁公式计算沿程水头损失。

2. 某管道直径为700mm，长度为800m，海曾—威廉粗糙系数为105，管道上有45°弯头2个、直流三通6个、全开闸阀2个，输水流量为480L/s，试分别计算沿程水头损失（用海曾—威廉公式）和局部水头损失，并计算出局部水头损失相当于沿程水头损失的百分比。

3. 排水管道采用铸铁管，曼宁粗糙系数为0.014，要求通过设计流量300.00L/s，根据地形水力坡度采用0.005，拟采用设计管径600mm，求相应的充满度和流速。

4. 某排水管道粗糙系数为0.014，设计流量195L/s，分别计算采用设计管径$DN$500、$DN$600和$DN$700在充满度为0.70时的水力坡度。

5. 给水管网中某管段，从起端流入流量为277.8L/s，沿线配水共计28.8L/s（假定均匀出流），试计算流量折算系数$\alpha$。

6. 某泵站3台水泵并联工作，表3.13给出了它们在不同扬程下的流量，如果不计泵站内部管道的阻力，试求泵站水力特性公式（$n$=2.0）。

**某泵站中水泵流量**　　　　**表3.13**

| 泵站扬程(m) | 55 | 50 | 45 | 40 |
|---|---|---|---|---|
| 1号泵站流量($m^3$/h) | 184 | 216 | 244 | 270 |
| 2号泵站流量($m^3$/h) | 398 | 487 | 562 | 628 |
| 3号泵站流量($m^3$/h) | 778 | 1018 | 1212 | 1379 |

# 第4章　给水排水管网模型

## 4.1　给水排水管网模型方法

给水排水管网是一类大规模复杂管道网络系统，为便于规划、设计和运行管理，应将其简化和抽象为便于用图形和数据表达、分析的数学模型，称为给水排水管网模型。给水排水管网模型主要表达管网系统中各组成部分的拓扑关系和水力特性，将管网简化和抽象为管段和节点两类元素，并赋予工程属性，以便用水力学和数学分析理论进行分析计算和表达。

管网简化是从实际管网系统中删减一些比较次要的组成部分，使分析和计算集中于主要对象；管网抽象是忽略分析对象的一些具体特征，而将它们视为模型中的元素，只考虑它们的拓扑关系和水力特性。

给水排水管网的简化包括管线的简化和附属设施的简化，根据简化的目的不同，简化的步骤、内容和结果也不完全相同。本节介绍简化的一般原则与方法。

### 4.1.1　给水排水管网的简化

（1）简化原则

将给水排水管网简化为管网模型，把工程实际转化为数学问题，将计算结果应用到实际的工程系统中去。要保证最终应用具有科学性和准确性，管网简化必须满足下列原则。

1）宏观等效原则。此原则即为对给水排水管网某些局部简化以后，要保持其功能，各元素之间的关系不变。

宏观等效的原则要根据应用的要求与目的不同来灵活掌握。例如，当简化目标是确定水塔高度或泵站扬程时，两条并联的输水管可以简化为一条管道，而当简化目标是设计出输水管的直径时，则不能将其简化为一条管道。

2）小误差原则。简化必然带来模型与实际系统的误差，需要将误差控制在一定允许范围内，应满足工程对模型精度要求。

（2）管线简化的一般方法

1）删除次要管线（如管径较小的支管、配水管、出户管等），保留主干管线和干管线。当系统规模较小或计算精度要求高时，可以将较小管径的管线定为干管线，当系统规模大或计算精度要求低时，可以将较大管径的管线定为次要管线。另外，如采用计算机进行计算时，可以将更多的管线定为计算管线。计算管线定得越多，则计算工作量越大，但计算结果越精确。反之，计算管线越少，计算越简单，计算误差也越大，但易于进行手工计算。

2）当管线交叉点很近时，可以将其合并为同一交叉点。相近交叉点合并后可以减少管线的数目，使系统简化。特别对于给水管网，为了施工便利和减小水流阻力，管线交叉处往往用两个三通管件代替四通管件（实际工程中很少使用四通），不必将两个三通认为是两个交叉点，而应简化为一个四通交叉点。

3）将全开的阀门去掉，将管线从全闭阀门处切断。所以，全开和全闭的阀门都不必在简化的系统中出现，只有调节阀、减压阀等需要保留。

4）并联的管线可以简化为单管线，其直径采用水力等效原则计算。

5）在可能的情况下，将大系统拆分为多个小系统，分别进行分析计算。

图4.1（a）所示给水管网，简化后如图4.1（b）所示。

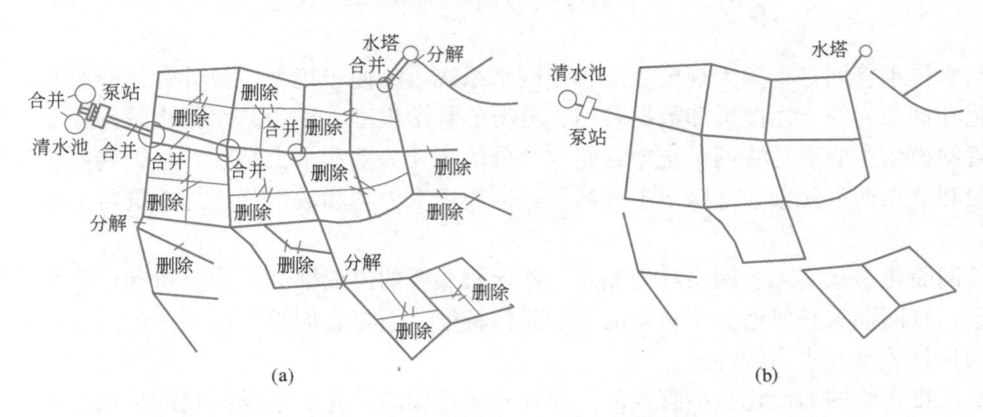


图4.1　给水管网简化示意图

（3）附属设施简化的一般方法

给水排水管网的附属设施包括泵站、调节构筑物（水池、水塔等）、消火栓、减压阀、跌水井、雨水口、检查井等，均可进行简化。具体措施包括：

1）删除不影响全局水力特性的设施，如全开的闸阀、排气阀、泄水阀、消火栓等。

2）将同一处的多个相同设施合并，如同一处的多个水量调节设施（清水池、水塔、均和调蓄池等）合并，并联或串联工作的水泵或泵站合并等。

### 4.1.2　给水排水管网模型元素

经过简化的给水排水管网需要进一步抽象，使之成为仅由管段和节点两类元素组成的管网模型。在管网模型中，管段与节点相互关联，即管段的两端为节点，节点之间通过管段连通。

（1）管段

管段是管线和泵站等简化后的抽象形式，它只能输送水量，管段中间不允许有流量输入或输出，但水流经管段后可因加压或者摩擦损失产生能量改变。管段中间的流量可以运用水力等效的原则折算到管段的两端节点上，通常给水管网将管段沿线配水流量一分为二平均转移到管段两端节点上，而排水管网将管段沿线收集水量折算到管段起端节点上。相对而言，给水管网的处理方法误差较小，而排水管网的处理，由于以较大的起点流量为管段设计依据，因此更为安全。

泵站、减压阀、跌水井及阀门等改变水流能量或具有阻力的设施不能置于节点上，因为它们符合管段的抽象特征，而与节点的抽象不相符合。即使这些设施的实际位置可能就在节点上，或者靠近节点，也必须认为它们处于管段上。如排水管网的管渠在流入检查井时如果跌水，应该认为跌水是在管段末端完成的，而不应该认为是在节点上完成的，又如给水或排水的泵站，一般都是从水池吸水，则吸水井处为节点，泵站内的水泵和连接管道简化后置于管段上。

泵站、减压阀、跌水井、非全开阀门等则应设于管段上，因为对它们的功能抽象与管段类似，即只引起水的能量变化而没有流量的增加或者损失。

（2）节点

节点是管线交叉点、端点或大流量出入点的抽象形式。节点只能传递能量，不能改变水的能量，即节点上水的能量（水头值）是唯一的，但节点可以有流量的输入或输出，如用水的输出、排水的收集或水量调节等。

当管线中间有较大的集中流量时，无论是流出或流入，应在集中流量点处划分管段，设置节点，因为大流量的位置改变会造成较大的水力计算误差。同理，沿线出流或入流的管线较长时，应将其分成若干条管段，以避免将沿线流量折算成节点流量时出现较大误差。

（3）管段和节点的属性

管段和节点的属性包括构造属性、拓扑属性和水力属性三个方面。构造属性是拓扑属性和水力属性的基础，水力属性是管段和节点在系统中的水力特征的表现，拓扑属性是管段与节点之间的关联关系。构造属性通过系统设计确定，主要包括管网构件的几何尺寸、地理位置及高程数据等。水力属性则运用水力学理论进行分析和计算。

管段的构造属性有：

1）管段长度，简称管长，一般以“m”为单位；

2）管段直径，简称管径，一般以“m”或“mm”为单位，非圆管可以采用当量直径表示；

3）管段粗糙系数，表示管道内壁粗糙程度，与管道材料有关。

管段的拓扑属性有：

1）管段方向，是一个设定的固定方向（不一定是水流方向，也不一定是泵站的加压方向，但当泵站加压方向确定时一般取其方向）；

2）起端节点，简称起点；

3）终端节点，简称终点。

管段的水力属性有：

1）管段流量：是一个带符号值，正值表示流向与管段方向相同，负值表示流向与管段方向相反，单位常用“$m^3/s$”或“L/s”；

2）管段流速：即水流通过管段的速度，也是一个带符号值，其方向与管段流量相同，常用单位为“m/s”；

3）管段扬程：即管段上通过水泵传递给水流的能量增加值，也是一个带符号值，正值表示泵站加压方向与管向相同，负值表示泵站加压方向与管段方向相反，单位常用“m”；

4）管段摩阻：表示管段对水流阻力的大小；

5）管段压降：表示水流从管段起点输送到终点后，其机械能的减小量，通常忽略流速水头，称为压降，亦为压力水头的降低量，常用单位为“m”。

节点的构造属性有：

1）节点高程，即节点所在地点的地面标高，单位为“m”；

2）节点位置，可用平面坐标（$x$，$y$）表示。

节点的拓扑属性有：

1）与节点关联的管段及其方向；

2）节点的度，即与节点关联的管段数。

节点的水力属性有：

1）节点流量，即从节点流入或流出管网的流量，是带符号值，正值表示流出节点，负值表示流入节点，单位常用“$m^3/s$”或“L/s”；

2）节点水头，表示流过节点的单位重量的水流所具有的机械能，一般采用与节点高程相同的高程体系，单位为“m”，对于非满流，节点水头即管渠内水面高程；

3）自由水头，仅对有压流，指节点水头高出地面高程的那部分能量，单位为“m”。

### 4.1.3　管网模型的标识

将给水排水管网简化和抽象为管网模型后，应该对其进行标识，以便于以后的分析和计算。标识的内容包括：节点与管段的命名或编号；管段方向与节点流量的方向设定等。

（1）节点和管段编号

节点和管段编号或命名可以用任意符号。为了便于计算机程序处理，通常采用正整数进行编号，如1，2，3，……。同时，编号应尽量连续，以便于用程序顺序操作。采用连续编号的另一个优点是最大的管段编号就是管网模型中的管段总数，最大的节点编号就是管网模型中的节点总数。

为了区分节点和管段编号，一般在节点编号两边加上小括号，如（1），（2），（3），……；而在管段编号两边加上中括号，如［1］，［2］，［3］，……。

（2）管段方向的设定

管段的一些属性是有方向性的，如流量、流速、压降等，它们的方向都是根据管段的设定方向而定的，即管段设定方向总是从起点指向终点。

需要特别说明的是，管段设定方向不一定等于管段中水的流向，因为有些管段中的水流方向是可能发生变化的，而且有时在计算前还无法确定流向，必须先假定一个方向，如果实际流向与设定方向不一致，则采用负值表示。也就是说，当管段流量、流速、压降等为负值时，表明它们的方向与管段设定方向相反。

从理论上讲，管段方向的设定可以任意，但为了不出现太多的负值，一般应尽量使管段的设定方向与流向一致。

（3）节点流量的方向设定

节点流量的方向，总是假定以流出节点为正，在管网模型中通常以一个离开节点的箭头标示。如果节点流量实际上为流入节点，则认为节点流量为负值。如给水管网的水源供水节点，或排水管网中的大多数节点，它们的节点流量都为负。

以图4.2所示的管网模型为例，经过标识的管网模型如图4.3所示。

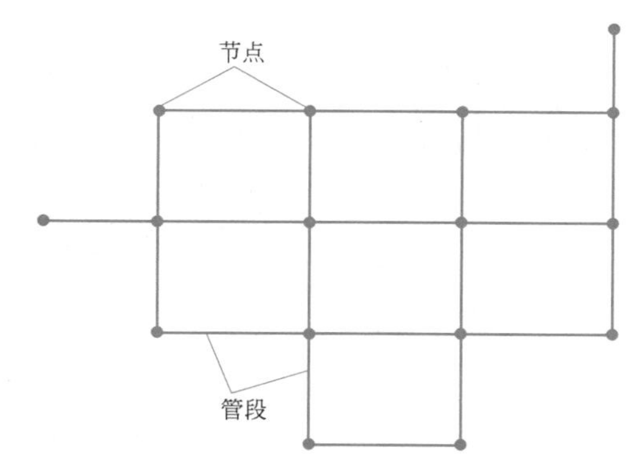


图 4.2 由节点和管段组成的管网模型

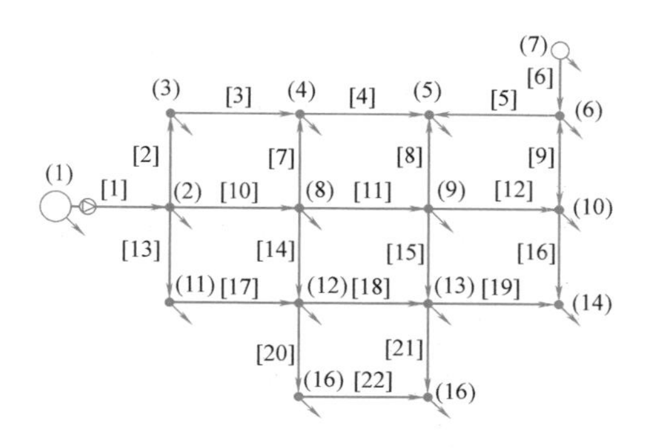


图 4.3 管网图的节点与管段编号

## 4.2 管网模型的拓扑特性

管网模型用于描述、模拟或表达给水排水管网的拓扑特性和水力特性。管网模型的拓扑特性即为节点与管段的关联关系，其分析方法采用数学中的图论方法。

### 4.2.1 管网图的基本概念

图论（Graph Theory）是数学的一个分支，用于表达和研究科学领域中事物之间关联关系，其方法是将一个系统抽象为由点和边两类元素构成的图，点表示事物，边表示事物之间的联系。图论理论和方法被广泛应用于具有网络结构特征的系统分析和计算，如物流组织、交通运输、工程规划等问题。本节将图论的概念与理论引入到给水排水管网模型的分析与计算，管网中的节点和管段分别与图论中的点和边相对应，构成管网的构造元素，作为管网的主要研究对象，在本书中称为管网图论。

（1）管网图的表示

管网图的表示一般有以下两种方法：

1）几何表示法：在平面上画上点（为清楚起见，一般画成小的实心圆或空心圆圈）表示节点，在相联系的节点之间画上直线段或曲线段表示管段，所构成的图形表示一个管网图。

几何表示是一种形象的方法，通常在人工分析管网问题时采用。由于管网图来源于管网布置的形状，所以容易在概念上产生混淆，一定要注意区别。因管网图只是表示管网的拓扑关系，所以不必在意节点的位置、管段的长度等要素的构造属性，也就是说，管网图中的节点的位置和管段长度等不必与实际情况相符，转折或弯曲的管段也可以画成直线，管段也可以拉长或缩短，只要节点和管段的关联关系不变。

图 4.4 和图 4.5 分别为一个树状管网图和环状管网图的几何表示。

2）集合表示法：设有节点集合 $V=\{v_1, v_2, v_3, \cdots, v_n\}$ 和管段集合 $E=\{e_1, e_2, e_3, \cdots, e_m\}$，且任一管段 $e_k=(v_i, v_j)\in E$ 与节点 $v_i\in V$ 和 $v_j\in V$ 关联，则集合 $V$ 和 $E$ 构成一个管网图，记为 $G(V, E)$。$N=|V|$ 为管网图的节点数，$M=|E|$ 为管网图的管段数，节点 $v_i$、$v_j$ 称为管段 $e_k$ 的端点，称为管段 $e_k=(v_i, v_j)$ 与节点 $v_i$ 或 $v_j$ 相互关联，

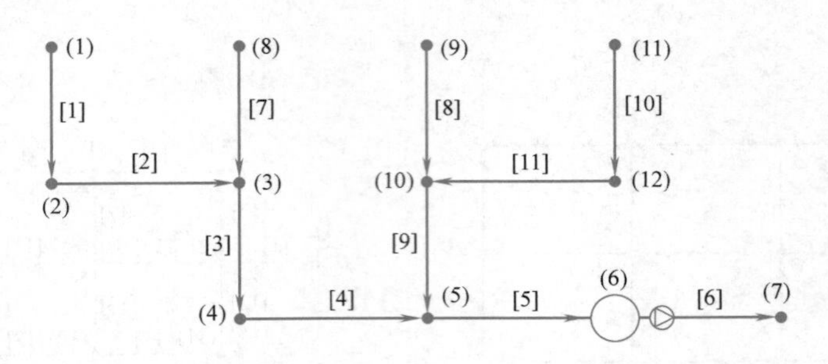


图4.4　树状管网示意图

称节点 $v_i$ 与 $v_j$ 为相邻节点。

以图4.4所示管网图为例，该管网图的集合表示为 $G$（$V$，$E$），节点集合为：

$V=\{1,2,3,4,5,6,7,8,9,10,11,12\}$；

管段集合为：

$E=\{(1,2),(2,3),(3,4),(4,5),(5,6),(6,7),(8,3),(9,10),(10,5),(11,12),(12,10)\}$。

管网图的节点数为 $N$（$G$）=12，管段数 $M$（$G$）=11。

对于管网图 $G$（$V$，$E$），与节点 $v$ 相关联的管段组成的集合称为节点 $v$ 的关联集，记为 $S$（$v$），或简记为 $S_v$，它用于表示管网图的节点与管段的关联关系。图4.5所示图中，各节点关联集为：$S_1=\{1\}$、$S_2=\{1, 2, 4\}$、$S_3=\{2, 3, 5\}$、$S_4=\{3, 6\}$、$S_5=\{4, 7\}$、$S_6=\{5, 7, 8\}$、$S_7=\{6, 8\}$。

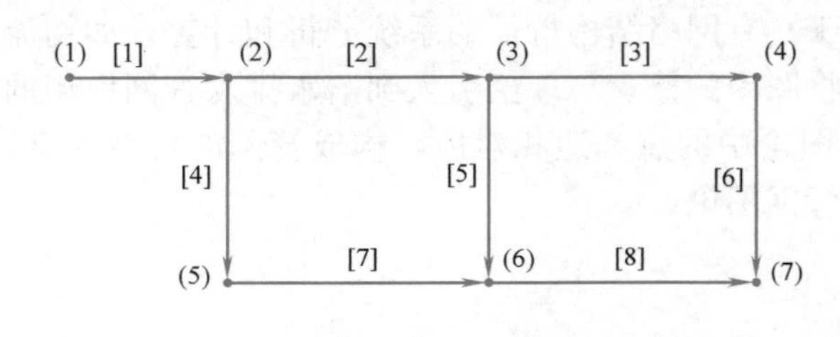


图4.5　环状管网示意图

（2）有向图

在管网图 $G$（$V$，$E$）中，关联任意管段 $e_k=(v_i,v_j)\in E$ 的两个节点 $v_i\in V$ 和 $v_j\in V$ 是有序的，即 $e_k=(v_i,v_j)\neq(v_j,v_i)$，所以管网图 $G$ 为有向图，为表明管段的方向，记 $e_k=(v_i\rightarrow v_j)$，节点 $v_i$ 称为起点，节点 $v_j$ 称为终点。在用几何图形直观地表示管网图时，管段画成带有箭头的线段，如图4.4所示。图4.4所示管网图也可用集合表示为 $G$（$V$，$E$），其中：

$V=\{1,2,3,4,5,6,7,8,9,10,11,12\}$；

$E=\{(1\rightarrow2),(2\rightarrow3),(3\rightarrow4),(4\rightarrow5),(5\rightarrow6),(6\rightarrow7),(8\rightarrow3),(9\rightarrow10),(10\rightarrow5),(11\rightarrow12),(12\rightarrow10)\}$。

在管网模型中，常用各管段的起点集合和终点集合来表示管网图。所谓起点集合，即由各管段起始节点编号组成的集合，记为 $F$；所谓终点集合，即由各管段终到节点编号组成的集合，记为 $T$。仍以图4.4所示管网为例，管网图的起点集合和终点集合分别为：

$F=\{1,2,3,4,5,6,8,9,10,11,12\}$；

$T=\{2,3,4,5,6,7,3,10,5,12,10\}$。

（3）连通图

图论中有关连通图和非连通图的定义是：若图 $G$（$V$，$E$）中任意两个顶点均通过一系列边且顶点相连通，即从一个顶点出发，经过一系列相关联的边和顶点，可以到达其余任一顶点，则称图 $G$ 为连通图，如图 4.6（a）所示，否则称图 $G$ 为非连通图，如图 4.6（b）所示。

一个非连通图 $G$（$V$，$E$）总可以分为若干个相互连通的部分，称为图 $G$ 的连通分支，图 $G$ 的连通分支数记为 $P$。显然，对于连通图 $G$，$P=1$。如图 4.6（b）所示非连通图，$P=3$。

管网图一般都是连通图，但有时为了进行特定的分析处理，可能从管网图中删除一些管段，使管网图成为非连通图。以图 4.4 所示枝状管网图为例，若删除任意一条管段，该管网图就不再连通。

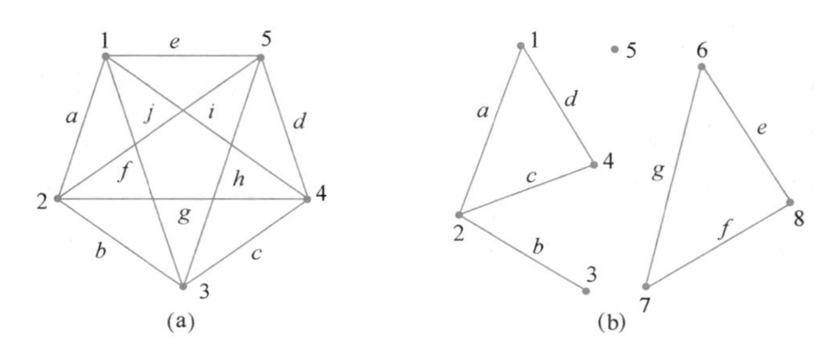


图 4.6　连通图与非连通图

### 4.2.2　路径和回路

（1）路径和回路

在管网图 $G$（$V$，$E$）中，从节点 $v_0$ 到 $v_k$ 的不重复节点与管段交替的有限非零序列 $v_0e_0v_1e_1\cdots e_kv_k$ 所经过的管段集称为路径。路径所含管段数 $k$ 称为路径的长度，$v_0$ 与 $v_k$ 分别称为路径的起点和终点，路径的方向由节点 $v_0$ 走向 $v_k$。路径用集合简记为：$R_{v_0,v_k}=\{e_1,e_2,\cdots,e_k\}$。管段是路径的特例，其起点和终点就是自己的两个端点。

如图 4.7 所示，从起点 1 到终点 7 的一条路径为 $R_{1,7}=\{1,4,7,8\}$。

在管网图 $G$（$V$，$E$）中，起点与终点重合的路径称为回路，在管网中称为环，记为 $R_k$，$k$ 为环的编号，环的方向一般设定为顺时针方向为正，逆时针方向为负。含有不同管段的环的集合称为完全环，不包围任何节点或管段的环称为基本环或自然环。

如图 4.7 所示，$R_1=\{2,5,7,4\}$、$R_2=\{2,3,6,8,7,4\}$、$R_3=\{3,6,8,5\}$的集合为完全环，其中 $R_1$ 和 $R_3$ 称为基本环或自然环。这里的完全环、自然环和基本环在图论中分别称为完全回路、自然回路和基本回路。

管网图中由一个以上环组成的环又称为大环。根据管网图中是否含有环，可将管网分为环状管网和树状管网两种基本形式。

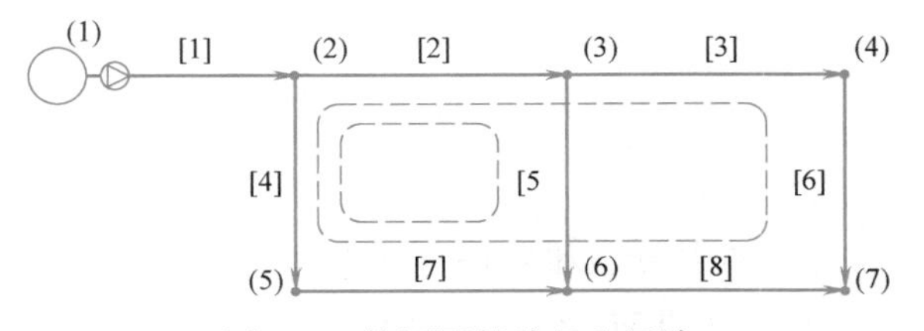


图 4.7　管网图的路径和回路

（2）环状管网

含有一个及以上环的管网称之为环

状管网。对于一个环状管网图，设节点数为 $N$，管段数为 $M$，连通分支数为 $P$，内环数为 $L$，则它们之间存在一个固定的关系，用欧拉公式表示：

$$L+N=M+P \tag{4.1}$$

特别地，对于一个连通的管网图，欧拉公式为：

$$M=L+N-1 \tag{4.2}$$

（3）树状管网

无回路且连通的管网图 $G$（$V$，$E$）定义为树状管网，用符号 $T$（$V$，$E$）表示，组成树状管网的管段称为树枝。排水管网和小型的给水管网通常采用树状管网，如图 4.8 所示。

树状管网具有如下性质：

1）在树状管网中，任意删除一条管段，将使管网图成为非连通图。

2）在树状管网中，任意两个节点之间必然存在且仅存在一条路径。

3）在树状管网的任意两个不相同的节点间加上一条管段，则出现一个回路。

4）由于不含回路（$L=0$），树状管网的节点数 $N$ 与树枝数 $M$ 关系为：

$$M=N-1 \tag{4.3}$$

如果从连通的管网图 $G$（$V$，$E$）中删除若干条管段后，使之成为树状管网，则该树状管网称为原管网图 $G$ 的生成树。生成树包含了连通管网图的全部节点和部分管段。

在构成生成树时，被保留的管段称为树枝，被删除的管段称为连枝。对于画在平面上的管网图，其连枝数等于环数 $L$。删除连枝要满足两个条件：

1）保持原管网图的连通性；

2）必须破坏所有的环或回路。

如图 4.9 所示管网图，实线为树枝，构成生成树，虚线为连枝。

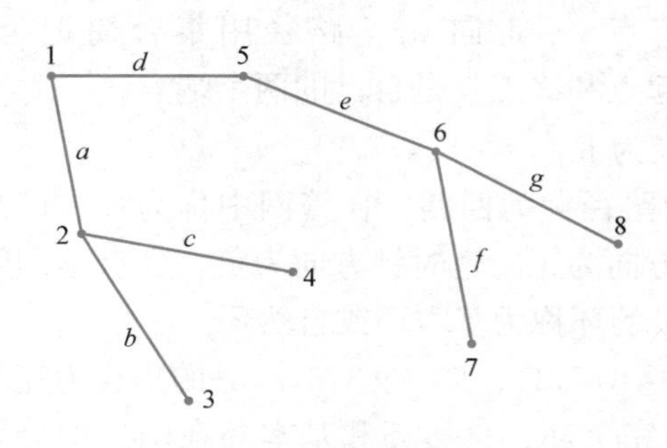


图 4.8　树状管网

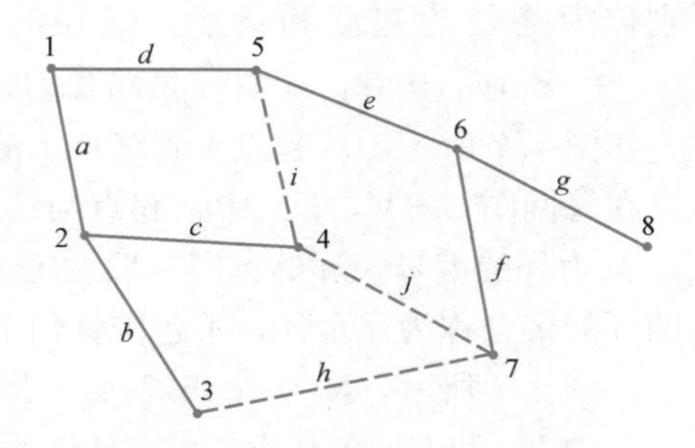


图 4.9　生成树

## 4.2.3　关联矩阵和回路矩阵

（1）关联矩阵

管网图中节点和管段的连接关系可以用矩阵表示。设具有方向的管网图 $G$（$V$，$E$）有 $N$ 个节点和 $M$ 条管段，令：

$$a_{ij}=\begin{cases}1 & \text{若边}\ j\ \text{与点}\ i\ \text{关联，且点}\ i\ \text{为边}\ j\ \text{的起点}\\ -1 & \text{若}\ j\ \text{与点}\ i\ \text{关联，且点}\ i\ \text{为边}\ j\ \text{的终点}\\ 0 & \text{若边}\ j\ \text{与点}\ i\ \text{不关联}\end{cases} \tag{4.4}$$

则由元素 $a_{ij}$（$i=1, 2, \cdots, N$，$j=1, 2, \cdots, M$）构成的一个 $N\times M$ 阶矩阵，称为有向管网图 $G$ 的关联矩阵，记作 $\mathbf{A}$。

以图 4.10 所示的有向管网图为例，其关联矩阵为：

$$A=\text{节点}\begin{matrix}\\ (1)\\(2)\\(3)\\(4)\\(5)\\(6)\\(7)\\(8)\end{matrix}\overset{\text{管段}}{\begin{matrix}[1] & [2] & [3] & [4] & [5] & [6] & [7] & [8] & [9]\\ \end{matrix}}\begin{bmatrix}-1 & 1 & 0 & 0 & 1 & 0 & 0 & 0 & 0\\ 0 & -1 & 1 & 0 & 0 & 1 & 0 & 0 & 0\\ 0 & 0 & -1 & -1 & 0 & 0 & 1 & 0 & 0\\ 0 & 0 & 0 & 0 & -1 & 0 & 0 & 1 & 0\\ 0 & 0 & 0 & 0 & 0 & -1 & 0 & -1 & 1\\ 0 & 0 & 0 & 0 & 0 & 0 & -1 & 0 & -1\\ 1 & 0 & 0 & 0 & 0 & 0 & 0 & 0 & 0\\ 0 & 0 & 0 & 1 & 0 & 0 & 0 & 0 & 0\end{bmatrix} \tag{4.5}$$

关联矩阵特征：

1）由于矩阵中列代表管段与节点的关联关系，而每条管段仅可能有起点、终点两个端点，因此每列中非零元素个数必为 2，且非零元素符号相反。

2）矩阵中存在大量为 0 的元素，图的规模越大，非零元素所占比例越小，这时所形成的矩阵称之为大型稀疏矩阵。

（2）回路矩阵

设有 $N$ 条管段的管网图 $G$ 中有 $L$ 个含有不同管段的回路 $C_i$，$i=1, 2, \cdots, L$，称为图 $G$ 的完全回路，存在回路矩阵

$$B=[b_{ij}]_{L\times N}$$

$$b_{ij}=\begin{cases}1\text{，当边}\ e_j\ \text{在回路}\ c_i\ \text{中}\\ 0\text{，当边}\ e_j\ \text{不在回路}\ c_i\ \text{中}\end{cases} \tag{4.6}$$

称为管网图 $G$ 的完全回路矩阵。如图 4.7 所示，其完全回路矩阵为

$$B=\text{回路}\begin{matrix}\\(1)\\(2)\\(3)\end{matrix}\overset{\text{管段}}{\begin{matrix}1 & 2 & 3 & 4 & 5 & 6 & 7 & 8\end{matrix}}\begin{vmatrix}0 & 1 & 0 & 1 & 1 & 0 & 1 & 0\\ 0 & 0 & 1 & 0 & 1 & 1 & 0 & 1\\ 0 & 1 & 1 & 1 & 0 & 1 & 1 & 1\end{vmatrix} \tag{4.7}$$

对应于管网图 $G$ 中一棵生成树和其对应的连枝 $i$ 所构成的回路 $C_i$ 称为管网图 $G$ 的基本回路，基本回路数等于连枝数 $l$。存在基本回路矩阵

$$B_{\mathrm{f}}=[b_{ij}]_{l\times N}$$

$$b_{ij}=\begin{cases}1,\text{当边 } e_j \text{ 在回路 } c_i \text{ 中}\\0,\text{当边 } e_j \text{ 不在回路 } c_i \text{ 中}\end{cases} \tag{4.8}$$

如图4.7所示，对应于连枝［7］和［8］的基本回路矩阵为

$$B_{\mathrm{f}}=\begin{matrix}\\(1)\\(2)\end{matrix}\begin{matrix}\begin{matrix}2&3&4&5&6&7&8\end{matrix}\\\begin{vmatrix}1&0&1&1&0&1&0\\0&1&0&1&1&0&1\end{vmatrix}\end{matrix} \tag{4.9}$$

基本回路是相互独立的回路，亦可称为自然回路。

在有向图中，上述回路矩阵的矩阵元素应带有方向，一般用“1”表示正方向，用“−1”表示负方向。依图4.7中的管段方向，且规定顺时针方向为正，逆时针方向为负，可写成有向图的基本回路矩阵：

$$B_{\mathrm{f}}=\begin{matrix}\\(1)\\(2)\end{matrix}\begin{matrix}\begin{matrix}2&3&4&5&6&7&8\end{matrix}\\\begin{vmatrix}1&0&-1&1&0&-1&0\\0&1&0&-1&1&0&-1\end{vmatrix}\end{matrix} \tag{4.10}$$

## 4.3 管网水力学基本方程组

质量和能量守恒定律用于描述各类物质及其运动规律，也是给水排水管网中水流运动的基本规律。质量守恒定律主要体现在节点上的流量平衡；能量守恒定律主要体现在管段的动能与压能消耗和传递规律。

### 4.3.1 节点流量方程组

在管网模型中，所有节点都与一条或多条管段相关联。对于管网模型中的任意节点 $j$，根据质量守恒定律，流入节点的所有流量之和应等于流出节点的所有流量之和，可以表示为：

$$\sum_{i\in S_j}(\pm q_i)+Q_j=0 \qquad j=1,2,3,\cdots,N \tag{4.11}$$

式中 $q_i$——管段 $i$ 的流量；

$Q_j$——节点 $j$ 的流量；

$S_j$——节点 $j$ 的关联集；

$N$——管网模型中的节点总数；

$\sum_{i\in S_j}(\pm q_i)$——表示对节点 $j$ 关联集中管段进行有向流量求和，当管段方向指向该节点时取负号，否则取正号，即管段流量流出节点时取正值，流入节点时取负值。

该方程称为节点的流量连续性方程，简称节点流量方程。管网模型中所有 $N$ 个节点方程联立，组成节点流量方程组，简称节点方程组。

在写节点方程时要注意以下几点：

1）管段流量求和时要注意方向，应按管段的设定方向考虑（指向节点取负号，反之取正号），而不是按实际流向考虑，因为管段流向与设定方向不同时，流量本身为

负值；

2）节点流量总假定流出节点为正值，流入节点的流量为负值；

3）管段流量和节点流量应具有同样的单位，一般采用“L/s”或“$m^3/s$”作为流量单位。

如图 4.10 所示给水管网模型，可列出以下节点流量方程组：

$$\left.\begin{aligned}-q_1+q_2+q_5+Q_1&=0\\-q_2+q_3+q_6+Q_2&=0\\-q_3-q_4+q_7+Q_3&=0\\-q_5+q_8+Q_4&=0\\-q_6-q_8+q_9+Q_5&=0\\-q_7-q_9+Q_6&=0\\q_1+Q_7&=0\\q_4+Q_8&=0\end{aligned}\right\}\tag{4.12}$$

某排水管网模型如图 4.11 所示，可列出以下节点流量方程组：

$$\left.\begin{aligned}q_1+Q_1&=0\\-q_1+q_2+Q_2&=0\\-q_2+q_3+Q_3&=0\\-q_3-q_7+q_4+Q_4&=0\\-q_4+q_5+Q_5&=0\\-q_6+Q_6&=0\\q_6+Q_7&=0\\-q_6-q_8+q_7+Q_8&=0\\q_8+Q_9&=0\end{aligned}\right\}\tag{4.13}$$

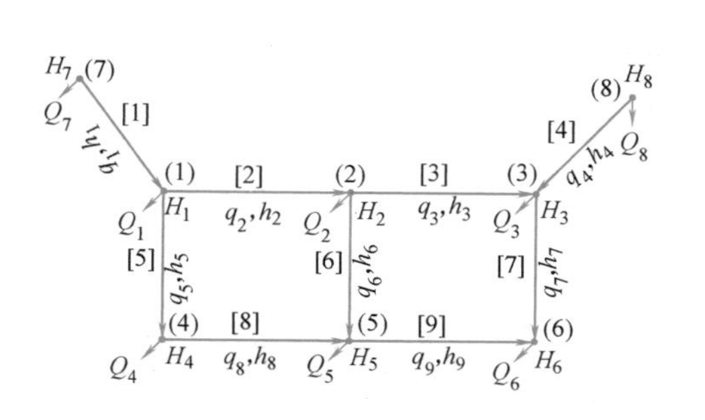


图 4.10　某给水管网模型

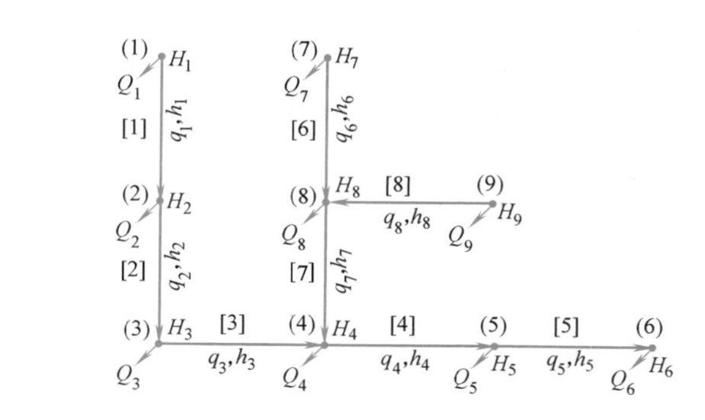


图 4.11　某排水管网模型

以图 4.10 所示给水管网模型为例，节点流量方程组的矩阵形式如下：

$$\begin{bmatrix} -1 & 1 & 0 & 0 & 1 & 0 & 0 & 0 & 0 \\ 0 & -1 & 1 & 0 & 0 & 1 & 0 & 0 & 0 \\ 0 & 0 & -1 & -1 & 0 & 0 & 1 & 0 & 0 \\ 0 & 0 & 0 & 0 & -1 & 0 & 0 & 1 & 0 \\ 0 & 0 & 0 & 0 & 0 & -1 & 0 & -1 & 1 \\ 0 & 0 & 0 & 0 & 0 & 0 & -1 & 0 & -1 \\ 1 & 0 & 0 & 0 & 0 & 0 & 0 & 0 & 0 \\ 0 & 0 & 0 & 1 & 0 & 0 & 0 & 0 & 0 \end{bmatrix} \cdot \begin{vmatrix} q_1 \\ q_2 \\ q_3 \\ q_4 \\ q_5 \\ q_6 \\ q_7 \\ q_8 \\ q_9 \end{vmatrix} + \begin{vmatrix} Q_1 \\ Q_2 \\ Q_3 \\ Q_4 \\ Q_5 \\ Q_6 \\ Q_7 \\ Q_8 \end{vmatrix} = 0 \quad (4.14)$$

可以简写为：

$$A\overline{q}+\overline{Q}=\overline{0} \quad (4.15)$$

式中　$A$——管网图的关联矩阵；

$\overline{q}=|q_1 q_2 q_3 \cdots q_M|^T$——管段流量列向量；

$\overline{Q}=|Q_1 Q_2 Q_3 \cdots Q_N|^T$——节点流量列向量。

### 4.3.2　管段压降方程组

在管网模型中，所有管段都与两个节点关联，根据能量守恒规律，任意管段 $i$ 两端节点水头之差，应等于该管段的压降，可以表示为：

$$H_{Fi}-H_{Ti}=h_i \qquad i=1,2,3,\cdots,M \quad (4.16)$$

式中　$F_i$，$H_{F_i}$——管段 $i$ 的起点编号和起点节点水头；

$T_i$，$H_{T_i}$——管段 $i$ 的终点编号和终点节点水头；

$h_i$——管段 $i$ 的压降；

$M$——管网模型中的管段总数。

该方程称为管段的压降方程。管网模型中所有 $M$ 条管段的压降方程联立，组成管段压降方程组。

在列管段压降方程时要注意以下几点：

1）应按管段的设定方向判断起点和终点，而不是按实际流向判断，因为管段流向与设定方向相反时，管段压降本身为负值；

2）管段压降和节点水头应具有同样的单位，一般采用“m”。

图 4.10 所示的给水管网模型，可列出以下管段压降方程组：

$$\left.\begin{aligned} H_7-H_1&=h_1 \\ H_1-H_2&=h_2 \\ H_2-H_3&=h_3 \\ H_8-H_3&=h_4 \\ H_1-H_4&=h_5 \\ H_2-H_5&=h_6 \\ H_3-H_6&=h_7 \\ H_4-H_5&=h_8 \\ H_5-H_6&=h_9 \end{aligned}\right\} \quad (4.17)$$

图 4.11 所示的排水管网模型，可列出以下管段压降方程组：

$$\left.\begin{aligned}H_1-H_2&=h_1\\H_2-H_3&=h_2\\H_3-H_4&=h_3\\H_4-H_5&=h_4\\H_5-H_6&=h_5\\H_7-H_8&=h_6\\H_8-H_4&=h_7\\H_9-H_8&=h_8\end{aligned}\right\}\tag{4.18}$$

图 4.10 所示给水管网模型的管段压降方程组的矩阵形式如下：

$$\begin{bmatrix}-1&0&0&0&0&0&1&0\\1&-1&0&0&0&0&0&0\\0&1&-1&0&0&0&0&0\\0&0&-1&0&0&0&0&1\\1&0&0&-1&0&0&0&0\\0&1&0&0&-1&0&0&0\\0&0&1&0&0&-1&0&0\\0&0&0&1&-1&0&0&0\\0&0&0&0&1&-1&0&0\end{bmatrix}\cdot\begin{vmatrix}H_1\\H_2\\H_3\\H_4\\H_5\\H_6\\H_7\\H_8\end{vmatrix}=\begin{vmatrix}h_1\\h_2\\h_3\\h_4\\h_5\\h_6\\h_7\\h_8\\h_9\end{vmatrix}\tag{4.19}$$

可以简写为：

$$A^T\overline{H}=\overline{h}\tag{4.20}$$

式中 $A$——管网图的关联矩阵；

$\overline{H}=|H_1H_2H_3\cdots H_N|^T$——节点水头列向量；

$\overline{h}=|h_1h_2h_3\cdots h_M|^T$——管段压降列向量。

### 4.3.3 环能量方程组

在管网模型中，所有的环路都是由封闭的管段组成，规定回路中的管段流量和水头损失的方向以顺时针为正，逆时针为负，则各管段的水头损失的代数和一定等于 0。可以表示为：

$$\sum_{i\in k}h_i=\sum_{i\in k}(H_{F_i}-H_{T_i})=0\tag{4.21}$$

式中 $k$——管网中的环的编号；

$i$——第 $k$ 环中的管段编号；

$F_i$，$H_{F_i}$——管段 $i$ 的起点编号和起点节点水头；

$T_i$，$H_{T_i}$——管段 $i$ 的终点编号和终点节点水头；

$h_i$——管段 $i$ 的压降。

该方程称为环能量方程。管网模型中所有 $L$ 个环的能量方程联立，组成环能量方程组，简称环方程组。

图 4.10 所示的给水管网模型，可列出以下环能量方程组：

$$\begin{cases} h_2-h_5+h_6-h_8=(H_1-H_2)-(H_1-H_4)+(H_2-H_5)-(H_4-H_5)=0 \\ h_3-h_6+h_7-h_9=(H_2-H_3)-(H_2-H_5)+(H_3-H_6)-(H_5-H_6)=0 \end{cases} \tag{4.22}$$

方程组的矩阵形式如下：

$$\begin{bmatrix} 1 & 0 & 0 & -1 & 1 & 0 & -1 & 0 \\ 0 & 1 & 0 & 0 & -1 & 1 & 0 & -1 \end{bmatrix} \begin{bmatrix} h_2 \\ h_3 \\ h_4 \\ h_5 \\ h_6 \\ h_7 \\ h_8 \\ h_9 \end{bmatrix} = \begin{bmatrix} 0 \\ 0 \end{bmatrix} \tag{4.23}$$

可以简写为：

$$B\bar{h}=0 \tag{4.24}$$

式中　　$B$——管网图的回路矩阵；

$\bar{h}=|h_1 h_2 h_3 \cdots\cdots h_M|^T$——管段压降列向量。

## 思　考　题

1. 为何要将给水排水管网模型化？通过哪两个步骤进行模型化？
2. 模型化的给水排水管网由哪两类元素构成？它们各有何特点和属性？
3. 节点流量和管段流量可以是负值吗？如果是负值，代表什么意义？
4. 图论中的图与几何图形有何不同？
5. 构成生成树的方案是唯一的吗？为什么？
6. 什么是给水排水管网关联矩阵和回路矩阵？
7. 为什么要建立管网水力方程组？矩阵方程的系数矩阵元素有什么规律？

## 习　题

1. 某给水管网图如图 4.12 所示，试给出两种不同的生成树方案。
2. 某排水管网图如图 4.13 所示，试对其节点和管段编号，并写出恒定流基本方程组。
3. 写成图 4.12 的关联矩阵和回路矩阵。

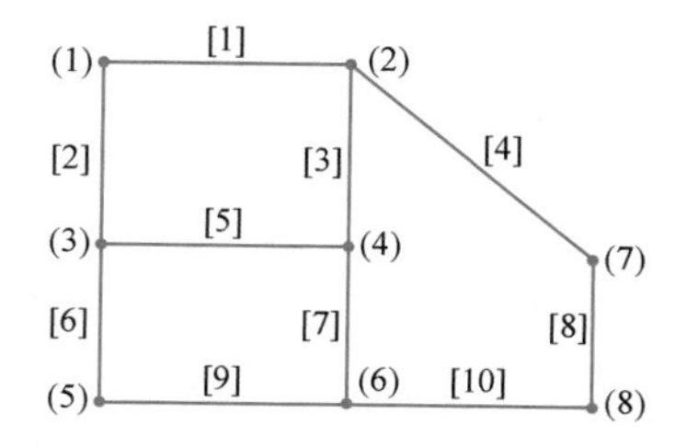


图 4.12　某给水管网图

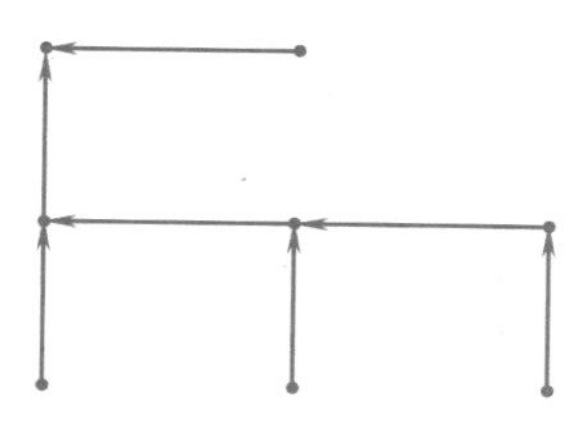

图 4.13　某排水管网图

# 第 5 章　给水管网水力水质分析和计算

## 5.1　给水管网水力特性分析

在管网恒定流状态下，管网水力分析就是求解恒定流方程组，是在已知给水管网部分水力参数条件下，求解管网中其余水力参数。管网水力分析是解决给水管网工程设计、运行调度和维护管理等各种工程应用问题的基础。

管网恒定流方程组是进行管网水力分析的基本方程组，通过求解，可以得到管网中的管段流量、流速和节点水头等水力分析计算结果，用于管网规划设计和运行模拟状态分析。

### 5.1.1　管段水力特性

管段水力特性是指管段流量与水头之间的关系，包括管段上各种具有固定阻力的设施影响，可以表示为：

$$h_i = s_i q_i |q_i|^{n-1} - h_{ei} \qquad i=1,2,3,\cdots,M \tag{5.1}$$

式中　$h_i$——管段压降，即水流通过该管段产生的能量损失，可认为是管段两端测压管水头降低量（$mH_2O$）；

$q_i$——管段流量（$m^3/s$）；

$s_i$——管段阻力系数，反映管段对水流的阻力大小，应为该管段上的管道、管件、阀门、泵站等所有设施阻力系数之和；

$h_{ei}$——管段扬程，反映管段上泵站提供给水流的总能量，即泵站静扬程（m），如果管段上未设泵站，则 $h_{ei}=0$；

$n$——管段阻力指数，应与水头损失计算公式一致；

$M$——管段总数。

式中考虑了管段流量可能为负值（当管段流向与管段设定方向不一致时）的情况，管段水头损失的方向应与流量方向一致。当管段流量为正时，$s_i q_i |q_i|^{n-1}$ 即 $s_i q_i^n$。

管段阻力系数可以用下列综合公式计算：

$$s_i = s_{fi} + s_{mi} + s_{pi} \qquad i=1,2,3,\cdots,M \tag{5.2}$$

式中　$s_{fi}$——管段 $i$ 之管道摩阻系数；

$s_{mi}$——管段 $i$ 之管道局部阻力系数；

$s_{pi}$——管段 $i$ 上泵站内部阻力系数。

将式（5.1）代入管段能量方程组（式 4.16）得：

$$H_{Fi} - H_{Ti} = s_i q_i |q_i|^{n-1} - h_{ei} \qquad i=1,2,3,\cdots,M \tag{5.3}$$

其中 $s_i$、$h_{ei}$、$n$ 必须为已知量，对于不设泵站且忽略局部阻力的管段，管段能量方程可以简化为：

$$H_{Fi}-H_{Ti}=s_{fi}q_i|q_i|^{n-1} \qquad i=1,2,3,\cdots,M \qquad (5.4)$$

### 5.1.2 管网恒定流方程组求解条件

(1) 节点流量或压力必须有一个已知

数学方程组可解的基本条件就是方程数与未知量数相等，即每个方程只能对应求解一个未知量。在管网水力分析中，每个节点方程只能对应求解一个节点上的未知量。因此，若节点水头已知，则节点流量可作为未知量求解，反之，若节点流量已知，则节点水头可作为未知量求解。若两者均已知，将导致矛盾方程组；若两者均未知，将导致方程组无解。

已知节点水头而未知节点流量的节点称为定压节点，节点流量而未知节点水头的节点称为定流节点。若管网中节点总数为 $N$，定压节点数为 $R$，则定流节点数为 $N-R$。

以管网中水塔所在节点为例，当水塔高度未确定时，应给定水塔供水流量，即已知节点流量，该节点为定流节点，通过水力分析可以求解出节点压力，从而确定水塔高度；当水塔高度已经确定时，即已知该节点水头，该节点为定压节点，通过水力分析可以求解出节点流量，从而可以确定水塔的供水量。

在给水管网水力分析时，若定压节点数 $R>1$，称为多定压节点管网水力分析问题，若定压节点数 $R=1$，称为单定压节点管网水力分析问题。

(2) 管网中至少有一个定压节点

方程数和未知量相等只是方程组可解的必要条件，而不是充分条件。作为充分条件，要求管网中至少有一个定压节点，亦称为管网压力基准点。管网中无定压节点（$R=0$）时，整个管网的节点压力将没有参照基准压力，管网压力无确定解。

### 5.1.3 管网恒定流方程组求解方法

(1) 树状管网水力计算

对于树状管网，在管网规划布置方案、管网节点用水量和各管段管径决定以后，各管段的流量是唯一确定的，与管段流量对应的管段水头损失、管段流速及节点压力可以一次计算完成。

(2) 环状管网水力计算

在环状管网中，各管段实际流量必须满足节点流量方程和环能量方程的条件，所以，环状管网中的管段流量、水头损失、管段流速和节点压力尚不能确定，需要通过环状管网水力计算才能得到。环状管网的水力计算方法是将节点流量方程组和环能量方程组转换成节点压力方程组或环校正流量方程组，通过求解方程组得到环状管网的水力参数。

求解环状管网恒定流方程组的两种基本方法为解环方程组和解节点方程组。

1) 解环方程组

解环方程组的基本方法是先进行管段流量初分配，使节点流量连续性条件得到满足，然后，在保持节点流量连续性不被破坏的条件下，通过施加环校正流量，使各环的能量方程得到满足。解环方程是以环校正流量为未知量，解环能量方程组，未知量和方程数目与环数相等。一般规定，顺时针方向的环校正流量为正，逆时针方向的环校正流量为负。

2）解节点方程组

解节点方程组以节点水头为未知量，首先拟定各节点水头初值（定压节点水头为已知节点压力），使环能量方程条件得到满足，但节点的流量连续性是不满足的。解节点方程的方法是给各定流节点的初始压力施加一个增量（正值为提高节点水头，负值为降低节点水头），通过求解节点压力增量，使节点流量连续性方程得到满足。

## 5.2　树状管网水力分析

城市和工业给水管网在建设初期可以采用树状管网，以后随着城市和用水量的发展，可根据需要逐步连接成环状管网并建设多水源。树状管网计算比较简化，其原因是管段流量可以由节点流量连续性方程组直接解出，而不用求解非线性的能量方程组。

前已述及，对于树状管网，在管网规划布置方案、管网节点用水量和各管段管径决定以后，各管段的流量是唯一确定的，与管段流量对应的管段水头损失、管段流速及节点压力可以一次计算完成。

树状管网水力分析计算分两步，第一步用流量连续性条件计算管段流量，并计算出管段压降；第二步根据管段能量方程和管段压降，从定压节点出发推求各节点水头高度。

求管段流量一般采用逆推法，就是从管网末端的节点开始逐步推向管网始端的节点，按此顺序用节点流量连续性方程求管段流量时，都只有一个未知量，因而可以直接解出。求节点水头一般从定压节点开始，根据管段能量方程求得节点管段水头损失，逐步推算相邻的节点压力。下面以实例来说明具体计算方法。

**【例 5.1】** 某城市树状给水管网系统如图 5.1 所示，节点（1）处为水厂清水池，向整个管网供水，管段［1］上设有泵站，其水力特性参数分别为：$s_{p1}=311.1$，$h_{e1}=42.6$，$n=1.852$（流量单位：$m^3/s$，水头单位：m）。根据清水池高程设计，节点（1）水头为 $H_1=7.80m$，各节点流量、各管段长度与直径如图 5.1 所示，各节点地面标高见表 5.1，试计算各管段流量与流速、各节点水头与自由水压。

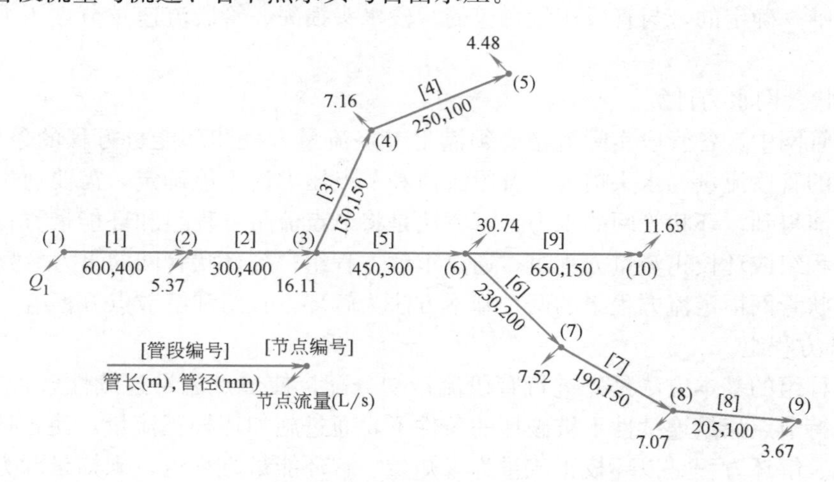


图 5.1　单定压节点树状管网水力分析

各节点地面标高 表 5.1

| 节点编号 | (1) | (2) | (3) | (4) | (5) | (6) | (7) | (8) | (9) | (10) |
|---|---|---|---|---|---|---|---|---|---|---|
| 地面标高(m) | 9.80 | 11.50 | 11.80 | 15.20 | 17.40 | 13.30 | 12.80 | 13.70 | 12.50 | 15.00 |

**【解】** 第一步：逆推法求管段流量

以定压节点（1）为始端节点，则从末端节点逆推到始端节点的顺序是：(10)、(9)、(8)、(7)、(6)、(5)、(4)、(3)、(2)，当然，也可以是（9）、(8)、(7)、(10)、(6)、(5)、(4)、(3)、(2)，或（5)、(4)、(10)、(9)、(8)、(7)、(6)、(3)、(2）等，按此逆推顺序求解各管段流量的过程见表 5.2。

逆推法求解管段流量 表 5.2

| 步骤 | 节点号 | 节点流量连续性方程 | 管段流量求解 | 管段流量(L/s) |
|---|---|---|---|---|
| 1 | (10) | $-q_9+Q_{10}=0$ | $q_9=Q_{10}$ | $q_9=11.63$ |
| 2 | (9) | $-q_8+Q_9=0$ | $q_8=Q_9$ | $q_8=3.67$ |
| 3 | (8) | $-q_7+q_8+Q_8=0$ | $q_7=q_8+Q_8$ | $q_7=10.74$ |
| 4 | (7) | $-q_6+q_7+Q_7=0$ | $q_6=q_7+Q_7$ | $q_6=18.26$ |
| 5 | (6) | $-q_5+q_6+q_9+Q_6=0$ | $q_5=q_6+q_9+Q_6$ | $q_5=60.63$ |
| 6 | (5) | $-q_4+Q_5=0$ | $q_4=Q_5$ | $q_4=4.48$ |
| 7 | (4) | $-q_3+q_4+Q_4=0$ | $q_3=q_4+Q_4$ | $q_3=11.64$ |
| 8 | (3) | $-q_2+q_3+q_5+Q_3=0$ | $q_2=q_3+q_5+Q_3$ | $q_2=88.38$ |
| 9 | (2) | $-q_1+q_2+Q_2=0$ | $q_1=q_2+Q_2$ | $q_1=93.75$ |

在求出管段流量后，利用最后一个节点（即定压节点（1））的流量连续性方程，可以求出定压节点流量，即：

$$q_1+Q_1=0$$
$$Q_1=-q_1=-93.75\text{L/s}$$

根据管段流量计算结果选用管径，计算管段流速及压降见表 5.3。计算公式与算例如下：

管段水头损失采用海曾—威廉公式计算（粗糙系数按旧铸铁管取 $C=100$），如：

$$h_{f1}=\frac{10.67q_1^{1.852}l_1}{C^{1.852}D_1^{4.87}}=\frac{10.67\times(93.75/1000)^{1.852}\times600}{100^{1.852}\times(400/1000)^{4.87}}=1.37\text{m}$$

泵站扬程按水力特性公式计算：

$$h_{p1}=h_{e1}-s_{p1}q_1^n=42.6-311.1\times(93.75/1000)^{1.852}=38.72\text{m}$$

管段流速及压降计算 表 5.3

| 管段编号 $i$ | [1] | [2] | [3] | [4] | [5] | [6] | [7] | [8] | [9] |
|---|---|---|---|---|---|---|---|---|---|
| 管段长度 $l_i$(m) | 600 | 300 | 150 | 250 | 450 | 230 | 190 | 205 | 650 |
| 管段直径 $D_i$(mm) | 400 | 400 | 150 | 100 | 300 | 200 | 150 | 100 | 150 |
| 管段流量 $q_i$(L/s) | 93.75 | 88.38 | 11.64 | 4.48 | 60.63 | 18.26 | 10.74 | 3.67 | 11.63 |
| 管段流速 $v_i$(m/s) | 0.75 | 0.70 | 0.66 | 0.57 | 0.86 | 0.58 | 0.61 | 0.47 | 0.66 |
| 水头损失 $h_{fi}$(m) | 1.37 | 0.61 | 0.85 | 1.75 | 1.86 | 0.74 | 0.93 | 0.99 | 3.69 |

续表

| 管段编号 $i$ | [1] | [2] | [3] | [4] | [5] | [6] | [7] | [8] | [9] |
|---|---|---|---|---|---|---|---|---|---|
| 泵站扬程 $h_{pi}$(m) | 38.72 | — | — | — | — | — | — | — | — |
| 管段压降 $h_i$(m) | −37.35 | 0.61 | 0.85 | 1.75 | 1.86 | 0.74 | 0.93 | 0.99 | 3.69 |

第二步：求节点水头

以定压节点（1）为始端节点的管段顺推到管网末端节点的管段顺序为：[1]、[2]、[3]、[4]、[5]、[6]、[7]、[8]、[9]，当然，也可以是[1]、[2]、[3]、[4]、[5]、[9]、[6]、[7]、[8]，或[1]、[2]、[5]、[6]、[7]、[8]、[9]、[3]、[4]等，按此顺推顺序求解各定流节点水头的过程见表5.4。

**顺推法求解节点水头**　　**表5.4**

| 步骤 | 树枝管段号 | 管段能量方程 | 节点水头求解 | 节点水头(m) |
|---|---|---|---|---|
| 1 | [1] | $H_1-H_2=h_1$ | $H_2=H_1-h_1$ | $H_2=45.15$ |
| 2 | [2] | $H_2-H_3=h_2$ | $H_3=H_2-h_2$ | $H_3=44.54$ |
| 3 | [3] | $H_3-H_4=h_3$ | $H_4=H_3-h_3$ | $H_4=43.69$ |
| 4 | [4] | $H_4-H_5=h_4$ | $H_5=H_4-h_4$ | $H_5=41.94$ |
| 5 | [5] | $H_3-H_6=h_5$ | $H_6=H_3-h_5$ | $H_6=42.68$ |
| 6 | [6] | $H_6-H_7=h_6$ | $H_7=H_6-h_6$ | $H_7=41.94$ |
| 7 | [7] | $H_7-H_8=h_7$ | $H_8=H_7-h_7$ | $H_8=41.01$ |
| 8 | [8] | $H_8-H_9=h_8$ | $H_9=H_8-h_8$ | $H_9=40.02$ |
| 9 | [9] | $H_6-H_{10}=h_9$ | $H_{10}=H_6-h_9$ | $H_{10}=38.99$ |

最后计算各节点自由水压，见表5.5。

**节点自由水压计算**　　**表5.5**

| 节点编号 $i$ | 1 | 2 | 3 | 4 | 5 | 6 | 7 | 8 | 9 | 10 |
|---|---|---|---|---|---|---|---|---|---|---|
| 地面标高(m) | 9.80 | 11.50 | 11.80 | 15.20 | 17.40 | 13.30 | 12.80 | 13.70 | 12.50 | 15.00 |
| 节点水头(m) | 7.80 | 45.15 | 44.54 | 43.69 | 41.94 | 42.68 | 41.94 | 41.01 | 40.02 | 38.99 |
| 自由水压(m) | — | 33.65 | 32.74 | 28.48 | 24.54 | 29.38 | 29.14 | 27.31 | 27.52 | 23.99 |

为了便于使用，水力分析结果应标示在管网图上，如图5.2所示。

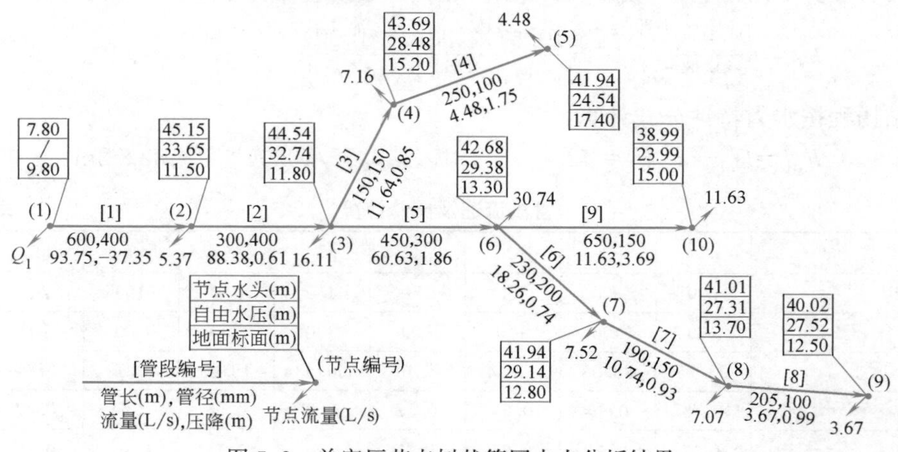

图5.2　单定压节点树状管网水力分析结果

上述计算过程可以在图上直接进行，这样更直观，也不易出错。

# 5.3 管网环方程组水力分析和计算

## 5.3.1 管网环能量方程组

(1) 基本环能量方程组

如图 5.3 所示给水管网中存在两个基本环，该两个环的带有回路方向的管段集合为：

$$\begin{cases} L_1=\{2,-5,6,-8\} \\ L_2=\{3,-6,7,-9\} \end{cases} \tag{5.5}$$

它们的环能量方程组可以写成以管段流量 $q_i$（$i=1$，2，…，9）为变量的非线性方程组：

$$\begin{cases} s_2q_2^n-s_5q_5^n+s_6q_6^n-s_8q_8^n=0 \\ s_3q_3^n-s_6q_6^n+s_7q_7^n-s_9q_9^n=0 \end{cases} \tag{5.6}$$

如果初始分配一组管段流量 $q_i^{(0)}$，不能满足上述环方程组，则每个环中分别存在管段水头损失闭合差 $\Delta h_l$，$l$ 为环的编号，$l=1$，2。即：

$$\begin{cases} s_2q_2^{(0)n}-s_5q_5^{(0)n}+s_6q_6^{(0)n}-s_8q_8^{(0)n}=\Delta h_1^{(0)} \\ s_3q_3^{(0)n}-s_6q_6^{(0)n}+s_7q_7^{(0)n}-s_9q_9^{(0)n}=\Delta h_2^{(0)} \end{cases} \tag{5.7}$$

对每个环的管段流量施加一个相同的校正流量 $\Delta q_l$，如图 5.4 所示，可以消除闭合差 $\Delta h_1^{(0)}$ 和 $\Delta h_2^{(0)}$。上述环能量方程组即成为已知初始管段流量 $q_i^{(0)}$ 和以环校正流量 $\Delta q_1$ 和 $\Delta q_2$ 为未知变量的非线性方程组：

$$\begin{cases} F_1(\Delta q_1,\Delta q_2)=s_2(q_2^{(0)}+\Delta q_1)^n-s_5(q_5^{(0)}-\Delta q_1)^n+ \\ \qquad s_6(q_6^{(0)}+\Delta q_1-\Delta q_2)^n-s_8(q_8^{(0)}-\Delta q_1)^n=0 \\ F_2(\Delta q_1,\Delta q_2)=s_3(q_3^{(0)}+\Delta q_2)^n-s_6(q_6^{(0)}-\Delta q_2+\Delta q_1)^n+ \\ \qquad s_7(q_7^{(0)}+\Delta q_2)^n-s_9(q_9^{(0)}-\Delta q_2)^n=0 \end{cases} \tag{5.8}$$

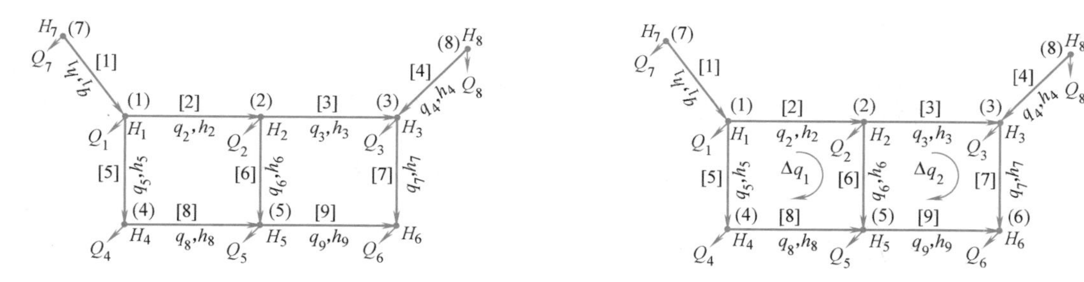

图 5.3　给水管网示意图

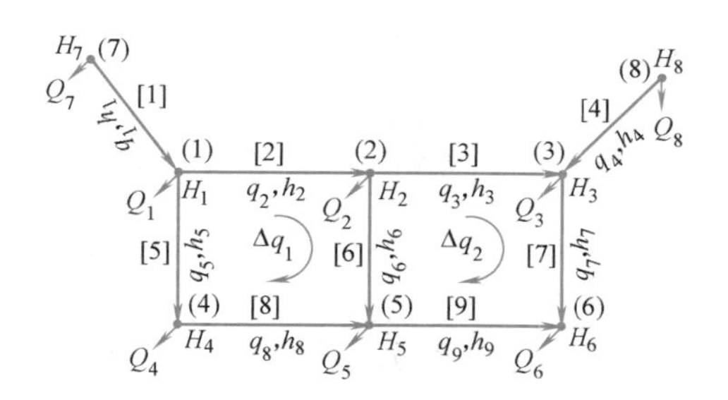

图 5.4　环校正流量示意图

式中　$\Delta q_1$，$\Delta q_2$——分别为环 1 和 2 的环校正流量；

$F_1$，$F_2$——分别为环 1 和 2 的环校正流量 $\Delta q_1$ 和 $\Delta q_2$ 的非线性函数，只与本环及相邻环的环校正流量有关。

显然，当 $\Delta q_1$ 和 $\Delta q_2$ 为 0 时，由式（5.7），得

$$\begin{cases} F_1(0,0)=\Delta h_1^{(0)} \\ F_2(0,0)=\Delta h_2^{(0)} \end{cases} \tag{5.9}$$

用泰勒公式将式（5.8）展开，得

$$\begin{cases} F_1(\Delta q_1,\Delta q_2)=F_1(0,0)+\left[\dfrac{\partial F_1}{\partial \Delta q_1}\Delta q_1+\dfrac{\partial F_1}{\partial \Delta q_2}\Delta q_2\right]+ \\ \quad \dfrac{1}{2}\left[\dfrac{\partial^2 F_1}{\partial \Delta q_1^2}\Delta q_1^2+\dfrac{\partial^2 F_1}{\partial \Delta q_2^2}\Delta q_2^2\right]+\cdots+\dfrac{1}{n!}\left[\dfrac{\partial^n F_1}{\partial \Delta q_1^n}\Delta q_1^n+\dfrac{\partial^n F_1}{\partial \Delta q_2^n}\Delta q_2^n\right]=0 \\ F_2(\Delta q_1,\Delta q_2)=F_2(0,0)+\left[\dfrac{\partial F_2}{\partial \Delta q_1}\Delta q_1+\dfrac{\partial F_2}{\partial \Delta q_2}\Delta q_2\right]+ \\ \quad \dfrac{1}{2}\left[\dfrac{\partial^2 F_2}{\partial \Delta q_1^2}\Delta q_1^2+\dfrac{\partial^2 F_2}{\partial \Delta q_2^2}\Delta q_2^2\right]+\cdots+\dfrac{1}{n!}\left[\dfrac{\partial^n F_2}{\partial \Delta q_1^n}\Delta q_1^n+\dfrac{\partial^n F_2}{\partial \Delta q_2^n}\Delta q_2^n\right]=0 \end{cases} \tag{5.10}$$

忽略展开式中的高次项，并由 $F_1$（$\Delta q_1$，$\Delta q_2$）$=0$ 和 $F_2$（$\Delta q_1$，$\Delta q_2$）$=0$，可以得到关于 $\Delta q_1$ 和 $\Delta q_2$ 的线性方程组：

$$\begin{cases} \dfrac{\partial F_1}{\partial \Delta q_1}\Delta q_1+\dfrac{\partial F_1}{\partial \Delta q_2}\Delta q_2=-F_1(0,0)=-\Delta h_1^{(0)} \\ \dfrac{\partial F_2}{\partial \Delta q_1}\Delta q_1+\dfrac{\partial F_2}{\partial \Delta q_2}\Delta q_2=-F_2(0,0)=-\Delta h_2^{(0)} \end{cases} \tag{5.11}$$

改写成矩阵方程如下：

$$\begin{bmatrix} \dfrac{\partial F_1}{\partial \Delta q_1} & \dfrac{\partial F_1}{\partial \Delta q_2} \\ \dfrac{\partial F_2}{\partial \Delta q_1} & \dfrac{\partial F_2}{\partial \Delta q_2} \end{bmatrix}\begin{bmatrix} \Delta q_1 \\ \Delta q_2 \end{bmatrix}=\begin{bmatrix} -\Delta h_1^{(0)} \\ -\Delta h_2^{(0)} \end{bmatrix} \tag{5.12}$$

对式（5.8）求一阶偏微分，得

$$\begin{cases} \dfrac{\partial F_1}{\partial \Delta q_1}=ns_2(q_2^{(0)}+\Delta q_1)^{n-1}-ns_5(q_5^{(0)}-\Delta q_1)^{n-1}(-1)+ \\ \qquad ns_6(q_6^{(0)}+\Delta q_1-\Delta q_2)^{n-1}-ns_8(q_8^{(0)}+\Delta q_1)^{n-1}(-1) \\ \dfrac{\partial F_1}{\partial \Delta q_2}=ns_6(q_6^{(0)}+\Delta q_1-\Delta q_2)^{n-1}(-1) \\ \dfrac{\partial F_2}{\partial \Delta q_1}=-ns_6(q_6^{(0)}-\Delta q_2+\Delta q_1)^{n-1} \\ \dfrac{\partial F_2}{\partial \Delta q_2}=ns_3(q_3^{(0)}+\Delta q_2)^{n-1}-ns_6(q_6^{(0)}-\Delta q_2+\Delta q_1)^{n-1}(-1)+ \\ \qquad ns_7(q_7^{(0)}+\Delta q_2)^{n-1}-ns_9(q_9^{(0)}-\Delta q_2)^{n-1}(-1) \end{cases} \tag{5.13}$$

在环校正流量初值点（$\Delta q_1^{(0)}=0$，$\Delta q_2^{(0)}=0$）处，则有

$$\begin{cases}\dfrac{\partial F_1}{\partial \Delta q_1}=ns_2(q_2^{(0)})^{n-1}+ns_5(q_5^{(0)})^{n-1}+ns_6(q_6^{(0)})^{n-1}+\\ \qquad ns_8(q_8^{(0)})^{n-1}=n\sum\limits_{i\in R_1}(s_iq_i^{(0)\,n-1})\\ \dfrac{\partial F_1}{\partial \Delta q_2}=-ns_6(q_6^{(0)})^{n-1}\\ \dfrac{\partial F_2}{\partial \Delta q_1}=-ns_6(q_6^{(0)})^{n-1}\\ \dfrac{\partial F_2}{\partial \Delta q_2}=ns_3(q_3^{(0)})^{n-1}+ns_6(q_6^{(0)})^{n-1}+ns_7(q_7^{(0)})^{n-1}+\\ \qquad ns_9(q_9^{(0)})^{n-1}=n\sum\limits_{i\in R_2}(s_iq_i^{(0)\,n-1})\end{cases}\tag{5.14}$$

方程（5.12）可以改写为：

$$\begin{bmatrix}n\sum\limits_{i\in R_1}(s_iq_i^{(0)\,n-1}) & -ns_6(q_6^{(0)})^{n-1}\\ -ns_6(q_6^{(0)})^{n-1} & n\sum\limits_{i\in R_2}(s_iq_i^{(0)\,n-1})\end{bmatrix}\begin{bmatrix}\Delta q_1\\ \Delta q_2\end{bmatrix}=\begin{bmatrix}-\Delta h_1^{(0)}\\ -\Delta h_2^{(0)}\end{bmatrix}\tag{5.15}$$

求解该线性方程组，可以得到 $\Delta q_1$ 和 $\Delta q_2$，如果在初始分配管段流量 $q_i^{(0)}$ 上施加环校正流量 $\Delta q_1$ 和 $\Delta q_2$，得到新的管段流量

$$q_i^{(1)}=q_i^{(0)}\pm\Delta q_l,\qquad i\in R_l\tag{5.16}$$

即可以消除环中水头损失闭合差 $\Delta h_1^{(0)}$ 和 $\Delta h_2^{(0)}$。

但是，由于方程（5.11）中忽略了泰勒展开式的高次项，继续会有误差存在，需要多次迭代计算方程（5.15），不断校正管段流量，使水头损失闭合差不断减小，直至闭合差接近于 0。不断校正管段流量的过程，称为管网流量平差，简称管网平差。管段流量校正公式为

$$q_i^{(k+1)}=q_i^{(k)}\pm\Delta q_l^{(k)},\qquad i\in R_l\tag{5.17}$$

式中，$k$ 为迭代计算次数。

对于有 $L$ 个基本环的管网，式（5.8）可以扩展为：

$$\begin{cases}F_1(\Delta q_1,\Delta q_2,\cdots\Delta q_L)=0\\ F_2(\Delta q_1,\Delta q_2,\cdots,\Delta q_L)=0\\ \qquad\vdots\\ F_L(\Delta q_1,\Delta q_2,\cdots,\Delta q_L)=0\end{cases}\tag{5.18}$$

在环校正流量初值点（$\Delta q_1^{(0)}=0$，$\Delta q_2^{(0)}=0$，…，$\Delta q_L^{(0)}=0$）处，用泰勒公式将式（5.18）展开，忽略高次项，得到线性方程组：

$$\begin{cases}\dfrac{\partial F_1^{(0)}}{\partial \Delta q_1}\Delta q_1+\dfrac{\partial F_1^{(0)}}{\partial \Delta q_2}\Delta q_2+\cdots+\dfrac{\partial F_1^{(0)}}{\partial \Delta q_L}\Delta q_L=-F_1(0,0,\cdots,0)\\ \dfrac{\partial F_2^{(0)}}{\partial \Delta q_1}\Delta q_1+\dfrac{\partial F_2^{(0)}}{\partial \Delta q_2}\Delta q_2+\cdots+\dfrac{\partial F_2^{(0)}}{\partial \Delta q_L}\Delta q_L=-F_2(0,0,\cdots,0)\\ \vdots \\ \dfrac{\partial F_L^{(0)}}{\partial \Delta q_1}\Delta q_1+\dfrac{\partial F_L^{(0)}}{\partial \Delta q_2}\Delta q_2+\cdots+\dfrac{\partial F_L^{(0)}}{\partial \Delta q_L}\Delta q_L=-F_L(0,0,\cdots,0)\end{cases} \tag{5.19}$$

式中，$F_l(0, 0, \cdots, 0)$ 称为初分配管段流量下的环水头闭合差，记为：

$$\begin{aligned}\Delta h_l^{(0)}&=F_l(0,0,\cdots,0)=\sum_{i\in R_l}(\pm h_i^{(0)})\\&=\sum_{i\in R_l}\pm(s_iq_i^{(0)}|q_i^{(0)}|^{n-1}-h_{ei}),l=1,2,\cdots,L\end{aligned} \tag{5.20}$$

将线性方程组式（5.19）表示成矩阵形式为：

$$\boldsymbol{F}^{(0)}\cdot\overline{\Delta \boldsymbol{q}}=-\overline{\Delta \boldsymbol{h}}^{(0)} \tag{5.21}$$

式中　$\overline{\Delta \boldsymbol{h}}^{(0)}=\{\Delta h_1^{(0)},\Delta h_2^{(0)},\cdots,\Delta h_L^{(0)}\}^T$——环水头闭合差向量；

$\overline{\Delta \boldsymbol{q}}=\{\Delta q_1,\Delta q_2,\cdots,\Delta q_L\}^T$——环校正流量向量；

$\boldsymbol{F}^{(0)}=\left\{\dfrac{\partial F_l^{(0)}}{\partial \Delta q_j},l=1,2,3,\cdots,L,j=1,2,3,\cdots,L\right\}$——系数矩阵。

由环水头闭合差函数求导得：

$$\frac{\partial F_l^{(0)}}{\partial \Delta q_j}=\begin{cases}\sum\limits_{i\in R_l}(ns_i|q_i^{(0)}|^{n-1})=\sum\limits_{i\in R_l}z_i^{(0)}, & l=j\text{，系数矩阵的对角元素}\\ -ns_i|q_i^{(0)}|^{n-1}=-z_i^{(0)}, & i\text{ 为相邻环 }l\text{ 和 }j\text{ 的公共管段}\\ 0, & l\neq j\text{ 且环 }l\text{ 和 }j\text{ 不相邻}\end{cases} \tag{5.22}$$

其中 $z_i^{(0)}$ 称为管段 $i$ 的阻尼系数。

以图 5.3 所示管网为例，可以写出如下线性化的环能量方程组：

$$\begin{bmatrix}z_2^{(0)}+z_6^{(0)}+z_8^{(0)}+z_5^{(0)} & -z_6^{(0)}\\ -z_6^{(0)} & z_3^{(0)}+z_7^{(0)}+z_9^{(0)}+z_6^{(0)}\end{bmatrix}\cdot\begin{bmatrix}\Delta q_1\\ \Delta q_2\end{bmatrix}=-\begin{bmatrix}\Delta h_1^{(0)}\\ \Delta h_2^{(0)}\end{bmatrix} \tag{5.23}$$

（2）虚环能量方程

如果有数条管段形成一条路径，将这些管段的能量守恒方程相加，导出新的能量守恒方程，称为路径能量方程。

图 5.3 中，如果将管段［1］、［2］、［3］和［4］的能量方程相加，可导出从节点（7）到节点（8）之间一条路径的能量方程，即：

$$H_7-H_8=h_1+h_2+h_3-h_4 \tag{5.24}$$

为了便于利用环能量方程表达路径能量问题，在每两个定压节点之间，可以构造一个虚拟的环，称为虚环。关于虚环的假设如下：

1）在管网中增加一个虚节点，作为虚定压节点，编码为 0，它供应两个定压节点的流量；虚节点的压力定义为零；

2）从虚定压节点到每个定压节点增设一条虚管段，并假设该管段将流量输送到实际的定压节点，该虚管段无阻力，但虚拟设一个泵站，泵站扬程为所关联定压节点水头，泵站也无阻力，即虚管段能量方程为：

$$H_0-H_{Ti}=h_i=-H_{Ti} \tag{5.25}$$

式中，$T_i$——定压节点；

$H_{Ti}$——与虚管段 $i$ 关联的定压节点水头。

3）定压节点流量改由虚管段供应，其节点流量改为零，成为已知量，其节点水头假设为未知量，因此，不再将它们作为定压节点，管网成为以虚节点为已知压力节点的单定压节点管网。

若原管网有 $R$ 个定压节点，通过以上假设，增加 $R$ 条虚管段，同时也就产生 $R-1$ 个虚环。

以图 5.3 所示管网为例，若节点（7）和（8）为两个定压节点，按上述假设，增设了一个虚节点（0）和两条虚管段［10］和［11］，构成一个虚环，如图 5.5 所示。原定压节点（7）和（8）的流量改为零，成为已知量，节点水头作为未知量，由虚管段能量方程确定，所以节点（7）和节点（8）不再作为定压节点。原管网成为单定压节点管网。

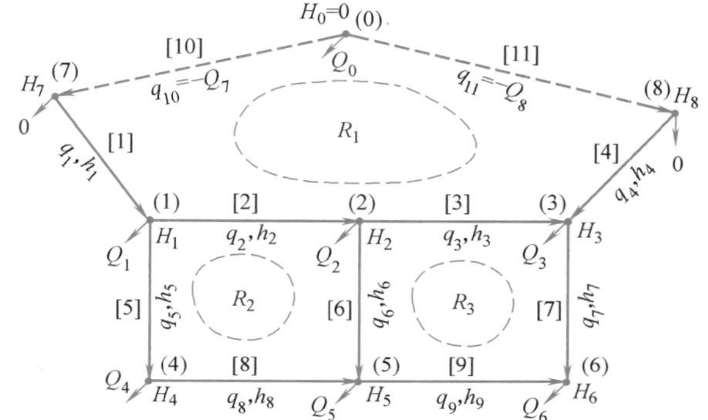

图 5.5 多定压节点管网虚环的构成

作为单定压节点管网，图 5.5 所示管网的环能量方程为：

$$\left.\begin{aligned}-h_1-h_2-h_3+h_4-h_{10}+h_{11}=0\\h_2-h_5+h_6-h_8=0\\h_3-h_6+h_7-h_9=0\end{aligned}\right\} \tag{5.26}$$

根据假设，$h_{10}=-H_7$，$h_{11}=-H_8$，所以式（5.26）中第一个虚环能量方程就是式（5.24）所表示的定压节点间路径能量方程。设虚环后，管网的环数或环方程数为：

$$L'=L+R-1 \tag{5.27}$$

代入管段水力特性关系式，式（5.26）所列环能量方程组为：

$$\left.\begin{aligned}H_7-H_8-s_1|q_1|^{n-1}q_1-s_2|q_2|^{n-1}q_2-s_3|q_3|^{n-1}q_3+s_4|q_4|^{n-1}q_4+h_{e1}=0\\s_2|q_2|^{n-1}q_2-s_5|q_5|^{n-1}q_5+s_6|q_6|^{n-1}q_6-s_8|q_8|^{n-1}q_8=0\\s_3|q_3|^{n-1}q_3-s_6|q_6|^{n-1}q_6+s_7|q_7|^{n-1}q_7-s_9|q_9|^{n-1}q_9=0\end{aligned}\right\} \tag{5.28}$$

应用前述环状管网的校正流量计算公式（5.16），可以求解包括虚环的多水源环状管网水力方程组。

### 5.3.2 环能量方程组求解

以环校正流量为未知量的环能量方程组经过线性化转换后，可以采用解线性方程组算法求解。下面介绍两种常用算法：牛顿—拉夫森算法和哈代—克罗斯算法。

（1）牛顿—拉夫森算法

牛顿—拉夫森算法就是通过线性化转换求解环能量方程组式（5.18），通过迭代计算逐步逼近环能量方程组最终解的方法，其步骤如下：

1）拟定满足节点流量连续性方程组的各管段流量初值 $q_i^{(k)}$（$i=1, 2, \cdots, M$），$k=0$，并给定环水头闭合差的最大允许值 $e_h$（手工计算时一般取 $e_h=0.1\sim0.5$m，计算机计算时一般取 $e_h=0.01\sim0.1$m）；

2）由式（5.20）计算各环水头闭合差 $\Delta h_l^{(k)}$（$l=1, 2, \cdots, L$）；

3）判断各环水头闭合差是否均小于最大允许闭合差，即 $|\Delta h_l^{(k)}|<e_h$，$l=1, 2, \cdots, L$，如果满足，则求解环方程组结束，转7）进行后续计算，否则继续下步；

4）计算系数矩阵 $F^{(k)}$，其元素按式（5.22）计算；

5）解线性方程组式（5.21），得环校正流量 $\Delta q_l$，（$l=1, 2, \cdots, L$）；

6）将环校正流量施加到环内所有管段，得到新的管段流量 $q_i^{(k+1)}$。管段流量迭代计算公式为：

$$q_i^{(k+1)}=q_i^{(k)}+\Delta q_j-\Delta q_l, i=1,2,\cdots,M \tag{5.29}$$

式中　$\Delta q_j$——第 $j$ 环的校正流量（当管段 $i$ 在第 $j$ 环中为顺时针方向）；

$\Delta q_l$——第 $l$ 环的校正流量（当管段 $i$ 在第 $l$ 环中为逆时针方向）。

返回2)；

7）计算管段压降、流速，用顺推法求各节点水头，最后计算节点自由水压，计算结束。

**【例5.2】** 某给水管网如图5.6所示，节点流量、管段长度、管段直径、初分配管段流量数据也标注于图中，节点地面标高见表5.6，节点（8）为定压节点，已知其节点水头为 $H_8=41.50$m，采用海曾—威廉公式计算水头损失，$C=110$，试进行管网水力分析，最大允许闭合差 $e_h=0.1$m，求各管段流量、流速、压降，各节点水头和自由水压。

**节点地面标高**　　**表5.6**

| 节点编号 | 2 | 3 | 4 | 6 | 7 | 8 |
|---|---|---|---|---|---|---|
| 地面标高（m） | 18.80 | 19.10 | 22.00 | 18.30 | 17.30 | 17.50 |

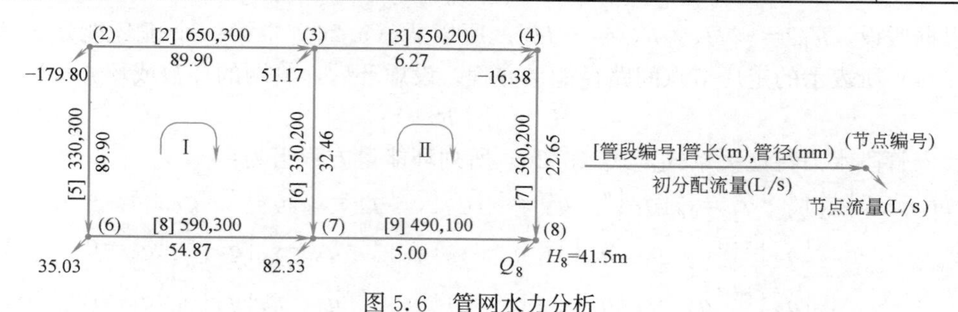


图5.6　管网水力分析

**【解】** 该管网为两个环，管段初分配流量已经完成，有关数据见表5.7。

**初分配流量下的管段数据计算**　　**表5.7**

| 管段编号 $i$ | 2 | 3 | 5 | 6 | 7 | 8 | 9 |
|---|---|---|---|---|---|---|---|
| 管段长度 $l_i$(m) | 650 | 550 | 330 | 350 | 360 | 590 | 490 |
| 管段直径 $D_i$(m) | 0.300 | 0.200 | 0.300 | 0.200 | 0.200 | 0.300 | 0.100 |
| 管段阻力系数 $s_i$ | 404.4 | 2465.2 | 205.3 | 1568.8 | 1613.6 | 367.1 | 64224.6 |
| 初分配管段流量 $q_i^{(0)}$($m^3$/s) | 0.08990 | 0.00627 | 0.08990 | 0.03246 | 0.02265 | 0.05487 | 0.00500 |
| 管段压降 $h_i^{(0)}$(m) | 4.67 | 0.21 | 2.37 | 2.75 | 1.45 | 1.70 | 3.52 |
| 管段阻尼系数 $z_i^{(0)}$ | 96.21 | 62.03 | 48.82 | 156.90 | 118.56 | 57.38 | 1303.81 |

各环水头闭合差计算并判断如下：

$$\Delta h_1^{(0)}=h_2^{(0)}+h_6^{(0)}-h_8^{(0)}-h_5^{(0)}=4.67+2.75-1.70-2.37=3.35, |\Delta h_1^{(0)}|>e_h$$

$$\Delta h_2^{(0)}=h_3^{(0)}+h_7^{(0)}-h_9^{(0)}-h_6^{(0)}=0.21+1.45-3.52-2.75=-4.61, |\Delta h_2^{(0)}|>e_h$$

环水头闭合差不满足要求，需要进行环流量修正，先求系数矩阵：

$$\boldsymbol{F}^{(0)}=\begin{bmatrix} z_2^{(0)}+z_6^{(0)}+z_8^{(0)}+z_5^{(0)} & -z_6^{(0)} \\ -z_6^{(0)} & z_3^{(0)}+z_7^{(0)}+z_9^{(0)}+z_6^{(0)} \end{bmatrix}=\begin{bmatrix} 359.31 & -156.90 \\ -156.90 & 1641.30 \end{bmatrix}$$

解线性方程组：

$$\begin{bmatrix} 359.31 & -156.90 \\ -156.90 & 1641.30 \end{bmatrix}\cdot\begin{bmatrix} \Delta q_1 \\ \Delta q_2 \end{bmatrix}=-\begin{bmatrix} 3.35 \\ -4.61 \end{bmatrix}$$

得环校正流量解为：$\Delta q_1=-0.00845$，$\Delta q_2=0.00200$，施加该环流量，得到新的管段流量，重新计算有关管段数据，见表 5.8。

**第一次施加环流量后的管段数据计算** **表 5.8**

| 管段编号 $i$ | 2 | 3 | 5 | 6 | 7 | 8 | 9 |
|---|---|---|---|---|---|---|---|
| 管段阻力系数 $s_i$ | 404.4 | 2465.2 | 205.3 | 1568.8 | 1613.6 | 367.1 | 64224.6 |
| 原管段流量 $q_i^{(0)}$($m^3/s$) | 0.08990 | 0.00627 | 0.08990 | 0.03246 | 0.02265 | 0.05487 | 0.00500 |
| 施加环校正流量 $\Delta q_k$($m^3/s$) | −0.00845 | 0.00200 | 0.00845 | −0.01045 | 0.00200 | 0.00845 | −0.00200 |
| 新的管段流量 $q_i^{(1)}$($m^3/s$) | 0.08145 | 0.00827 | 0.09835 | 0.02201 | 0.02465 | 0.06332 | 0.00300 |
| 管段压降 $h_i^{(1)}$(m) | 3.89 | 0.34 | 2.80 | 1.34 | 1.70 | 2.21 | 1.37 |
| 管段阻尼系数 $z_i^{(1)}$ | 88.45 | 76.14 | 52.73 | 112.75 | 127.72 | 64.64 | 845.75 |

重新计算各环水头闭合差并判断如下：

$$\Delta h_1^{(1)}=h_2^{(1)}+h_6^{(1)}-h_8^{(1)}-h_5^{(1)}=3.89+1.34-2.21-2.80=0.22,$$

$$|\Delta h_1^{(1)}|>e_h$$

$$\Delta h_2^{(1)}=h_3^{(1)}+h_7^{(1)}-h_9^{(1)}-h_6^{(1)}=0.34+1.70-1.37-1.34=-0.67,$$

$$|\Delta h_2^{(1)}|>e_h$$

闭合差已经大大减小，但仍不满足要求，需要再次修正系数矩阵，得到新的线性方程组：

$$\begin{bmatrix} 318.57 & -112.75 \\ -112.75 & 1162.36 \end{bmatrix}\cdot\begin{bmatrix} \Delta q_1 \\ \Delta q_2 \end{bmatrix}=-\begin{bmatrix} 0.22 \\ -0.67 \end{bmatrix}$$

解此方程组得：$\Delta q_1=-0.00050$，$\Delta q_2=0.00053$，对各管段施加该环校正流量，得到新的管段流量，重新计算有关管段数据，见表 5.9。

**第二次施加环校正流量后的管段数据计算** **表 5.9**

| 管段编号 $i$ | 2 | 3 | 5 | 6 | 7 | 8 | 9 |
|---|---|---|---|---|---|---|---|
| 管段阻力系数 $s_i$ | 404.4 | 2465.2 | 205.3 | 1568.8 | 1613.6 | 367.1 | 64224.6 |
| 原管段流量 $q_i^{(1)}$($m^3/s$) | 0.08145 | 0.00827 | 0.09835 | 0.02201 | 0.02465 | 0.06332 | 0.00300 |
| 施加环校正流量 $\Delta q_k$($m^3/s$) | −0.00050 | 0.00053 | 0.00050 | 0.00103 | 0.00053 | 0.00050 | −0.00053 |
| 新的管段流量 $q_i$($m^3/s$) | 0.08095 | 0.00880 | 0.09885 | 0.02098 | 0.02518 | 0.06382 | 0.00247 |
| 管段流速 $v_i$(m/s) | 1.15 | 0.26 | 1.40 | 0.68 | 0.80 | 0.90 | 0.31 |
| 管段压降 $h_i$(m) | 3.84 | 0.38 | 2.83 | 1.22 | 1.76 | 2.25 | 0.95 |

重新计算各环水头闭合差并判断如下：

$$\Delta h_1^{(2)}=h_2^{(2)}+h_6^{(2)}-h_8^{(2)}-h_5^{(2)}=3.84+1.22-2.25-2.83=-0.02,$$

$$|\Delta h_1^{(2)}|<e_h$$

$$\Delta h_2^{(2)}=h_3^{(2)}+h_7^{(2)}-h_9^{(2)}-h_6^{(2)}=0.38+1.76-0.95-1.22=-0.03,$$

$$|\Delta h_2^{(2)}|<e_h$$

各环水头闭合差已经满足要求。最后，计算管段流速，见表5.9，由节点（8）出发，用顺推法计算各节点水头和节点自由水压，见表5.10。

**节点水头和节点自由水压数据计算** **表5.10**

| 节点编号 | 2 | 3 | 4 | 6 | 7 | 8 |
|---|---|---|---|---|---|---|
| 地面标高（m） | 18.80 | 19.10 | 22.00 | 18.30 | 17.30 | 17.50 |
| 节点水头（m） | 47.43 | 43.64 | 43.26 | 44.60 | 42.35 | 41.50 |
| 自由水压（m） | 28.63 | 24.54 | 21.26 | 26.30 | 25.05 | 24.00 |

（2）哈代—克罗斯算法

在上述牛顿—拉夫森算法解环方程组时，需要反复多次求解$L$阶线性方程组，如果管网中环数$L$很大时，线性方程组的求解是很困难的，特别是采用手工计算时。为此，哈代—克罗斯（Hardy Cross）早在1936年就提出了一种简化求解算法。

分析系数矩阵$F^{(0)}$，发现它不但是一个对称正定矩阵，也是一个主对角优势稀疏矩阵，当$L$较大时，其大多数元素为零，主对角元素值是较大的正值，非主对角的不为零的元素都是较小的负值，因而，哈代—克罗斯算法提出，只保留主对角元素，忽略其他所有元素，则线性方程组可直接由下式求解：

$$\Delta q_k^{(1)}=-\frac{\Delta h_k^{(0)}}{\sum\limits_{i\in R_k} z_i^{(0)}}\quad k=1,2,\cdots,L \tag{5.30}$$

此式称为哈代—克罗斯平差公式，哈代—克罗斯算法又称为校正流量法。

哈代—克罗斯算法水力分析的步骤与牛顿—拉夫森算法基本相同，只是直接计算环校正流量公式（5.30），代替解线性方程组，下面举例说明。

**【例5.3】** 多定压节点管网如图5.7所示，节点（1）为清水池，节点水头12.00m，节点（5）为水塔，节点水头为48.00m，该两节点为定压节点，各管段长度、直径，各节点流量如图所示，各节点地面标高见表5.11，管段［1］上设有泵站，其水力特性如图所示，试进行水力分析，计算各管段流量与流速、各节点水头与自由水压（水头损失采用海曾—威廉公式计算，$C_W=110$）。

**各节点地面标高** **表5.11**

| 节点编号 | 1 | 2 | 3 | 4 | 5 | 6 | 7 | 8 |
|---|---|---|---|---|---|---|---|---|
| 地面标高(m) | 13.60 | 18.80 | 19.10 | 22.00 | 32.20 | 18.30 | 17.30 | 17.50 |

**【解】** 用哈代—克罗斯法进行多定压节点给水管网水力分析，必须先设置虚节点和虚管段，将多定压节点问题转化为单定压节点问题，本例有两个定压节点，因此要设一个虚节点（0）及从节点（0）到定压节点（1）和（5）的两条虚管段［10］和［11］，虚节点（0）是新的定压节点，节点水头为0.00m，节点（1）和（5）转化为定流节点，节点流量均为0.00L/s，虚管段均被认为是无阻力的，但设有泵站，泵站静扬程为原定压节点的节

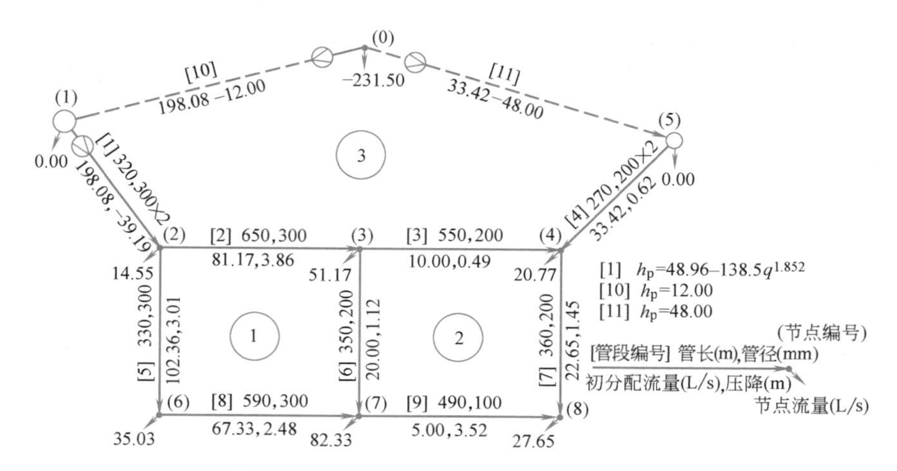


图 5.7 多定压节点管网水力分析

点水头，即分别为 12.00m 和 48.00m，如图 5.7 所示。由虚管段［10］和［11］与管段［1］、［2］、［3］和［4］构成一个环，称为虚环，编码为③。

经过以上假设，得到单定压节点管网，按图 5.7 中粗线确定生成树，连枝管段［3］、［6］和［9］的初分配流量分别为 10.00L/s、20.00L/s 和 5.00L/s，用逆推法求出其余管段流量，标于图中。

对管网中的环进行编码，依次为①、②和③，如图 5.7 所示。将海曾—威廉公式转换为指数形式，计算各管段的摩阻系数 $s$ 值，其中，管段［1］的 $s$ 值为 2 根 $DN$300 的并联等效管段的摩阻系数与泵站摩阻系数之和，管段［4］的 $s$ 值为 2 根 $DN$200 的并联等效管段的摩阻系数。

用哈代—克罗斯法进行平差计算（注意，流量总是以 L/s 列出，但计算水头损失时用 $m^3/s$），见表 5.12。经过两次平差，各环水头闭合差均小于 0.5m，最后计算管段流速，节点水头等，见表 5.13。计算结果同时用图 5.8 所示。

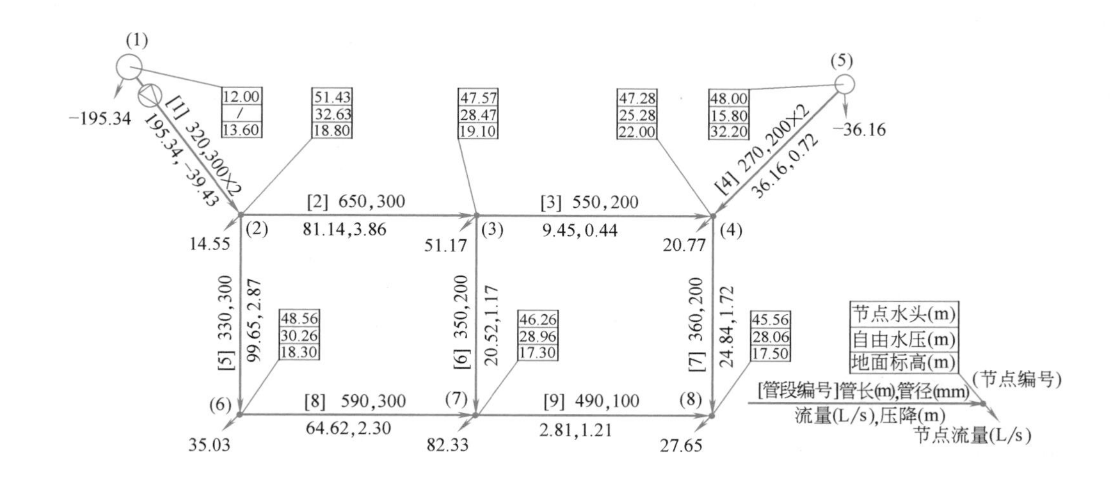


图 5.8 多定压节点管网水力分析结果

**哈代—克罗斯法平差计算**　　　　**表 5.12**

| 环号 | 管段编号 | $s$ | $h_e$ (m) | 流量初分配 | | | 第Ⅰ次平差 | | | 第Ⅱ次平差 | |
|---|---|---|---|---|---|---|---|---|---|---|---|
| | | | | $q$ (L/s) | $h$ (m) | $s\|q\|^{0.852}$ | $q$ (L/s) | $h$ (m) | $s\|q\|^{0.852}$ | $q$ (L/s) | $h$ (m) |
| 1 | 2 | 404.40 | 0.00 | 81.17 | 3.86 | 47.60 | 81.01 | 3.85 | 47.52 | 81.14 | 3.86 |
| | 6 | 1568.68 | 0.00 | 20.00 | 1.12 | 55.98 | 19.95 | 1.11 | 55.86 | 20.52 | 1.17 |
| | −8 | 367.07 | 0.00 | −67.33 | −2.48 | 36.85 | −65.71 | −2.37 | 36.09 | −64.62 | −2.30 |
| | −5 | 205.31 | 0.00 | −102.36 | −3.01 | 29.45 | −100.74 | −2.93 | 29.05 | −99.65 | −2.87 |
| | | | | | −0.51 | 169.88 | | −0.34 | 168.52 | | −0.14 |
| | | | | $\Delta q=-\dfrac{-0.51\times1000}{1.852\times169.88}=1.62$ | | | $\Delta q=-\dfrac{-0.34\times1000}{1.852\times168.52}=1.09$ | | | | |
| 2 | 3 | 2465.07 | 0.00 | 10.00 | 0.49 | 48.73 | 9.89 | 0.48 | 48.28 | 9.45 | 0.44 |
| | 7 | 1613.50 | 0.00 | 22.65 | 1.45 | 64.02 | 24.32 | 1.65 | 68.02 | 24.84 | 1.72 |
| | −9 | 64221.17 | 0.00 | −5.00 | −3.52 | 703.40 | −3.33 | −1.66 | 497.51 | −2.81 | −1.21 |
| | −6 | 1568.68 | 0.00 | −20.00 | −1.12 | 55.98 | −19.95 | −1.11 | 55.86 | −20.52 | −1.17 |
| | | | | | −2.70 | 872.13 | | −0.64 | 669.67 | | −0.22 |
| | | | | $\Delta q=-\dfrac{-2.70\times1000}{1.852\times872.13}=1.67$ | | | $\Delta q=-\dfrac{-0.64\times1000}{1.852\times669.67}=0.52$ | | | | |
| 3 | −10 | 0.00 | −12.00 | −198.08 | 12.00 | 0.00 | −196.30 | 12.00 | 0.00 | −195.34 | 12.00 |
| | 11 | 0.00 | 48.00 | 33.42 | −48.00 | 0.00 | 35.20 | −48.00 | 0.00 | 36.16 | −48.00 |
| | 4* | 337.23 | 0.00 | 33.42 | 0.62 | 18.64 | 35.20 | 0.69 | 19.48 | 36.16 | 0.72 |
| | −3 | 2465.07 | 0.00 | −10.00 | −0.49 | 48.73 | −9.89 | −0.48 | 48.28 | −9.45 | −0.44 |
| | −2 | 404.40 | 0.00 | −81.17 | −3.86 | 47.60 | −81.01 | −3.85 | 47.52 | −81.14 | −3.86 |
| | −1* | 193.98 | −48.86 | −198.08 | 39.19 | 48.83 | −196.30 | 39.35 | 48.45 | −195.34 | 39.43 |
| | | | | | −0.54 | 163.80 | | −0.29 | 163.73 | | −0.15 |
| | | | | $\Delta q=-\dfrac{-0.54\times1000}{1.852\times163.80}=1.78$ | | | $\Delta q=-\dfrac{-0.29\times1000}{1.852\times163.73}=0.96$ | | | | |

注：* 管段 [1] 和 [4] 为两条平行管道的等效管段。

**多定压节点管网水力分析结果**　　　　**表 5.13**

| 管段或节点编号 | 1* | 2 | 3 | 4* | 5 | 6 | 7 | 8 | 9 |
|---|---|---|---|---|---|---|---|---|---|
| 管段流量(L/s) | 195.34 | 81.14 | 9.45 | 36.14 | 99.65 | 20.52 | 24.84 | 64.62 | 2.81 |
| 管内流速(m/s) | 1.38 | 1.15 | 0.30 | 0.58 | 1.41 | 0.65 | 0.65 | 0.91 | 0.36 |
| 管段压降(m) | −39.43 | 3.86 | 0.44 | 0.72 | 2.87 | 1.17 | 1.72 | 2.30 | 1.21 |
| 节点水头(m) | 12.00 | 51.43 | 47.57 | 47.28 | 48.00 | 48.56 | 46.26 | 45.05 | — |
| 地面标高(m) | 13.60 | 18.80 | 19.10 | 22.00 | 32.20 | 18.30 | 17.30 | 17.50 | — |
| 自由水压(m) | — | 32.63 | 28.47 | 25.28 | 15.80 | 30.26 | 28.96 | 28.06 | — |

注：* 管段 [1] 和 [4] 为两条平行管道的等效管段。

## 5.4 管网节点方程组水力分析和计算

### 5.4.1 给水管网节点压力方程组

由管段水头损失的指数公式（3.23），将管段流量表达为节点压力的函数：

$$q_{j\mathrm{k}}=\left(\frac{H_j-H_\mathrm{k}}{s_{j\mathrm{k}}}\right)^{\frac{1}{n}}=s_{j\mathrm{k}}^{-\frac{1}{n}}(H_j-H_\mathrm{k})^{\frac{1}{n}} \tag{5.31}$$

式中 $j$——节点编号；

$k$——与节点 $j$ 邻接的节点号；

$s_{jk}$——管段 $jk$ 的摩阻系数。

将上式代入节点流量方程式（4.11），可以写出各节点的压力方程如下：

$$\sum_{k\in j}[\pm s_{jk}^{-\frac{1}{n}}(H_j-H_k)^{\frac{1}{n}}]+Q_j=0 \tag{5.32}$$

设节点压力初值 $H_j^{(0)}$ 和 $H_k^{(0)}$，则存在节点校正压力 $\Delta H_j$ 和 $\Delta H_k$，使

$$\begin{cases}H_j=H_j^{(0)}+\Delta H_j\\H_k=H_k^{(0)}+\Delta H_k\end{cases} \tag{5.33}$$

方程（5.32）可改写为以节点校正压力 $\Delta H_j$ 和 $\Delta H_k$ 为未知参数的节点校正压力方程：

$$G_j(\Delta H_j,\Delta H_k)=\sum_{k\in j}\left[\pm s_{jk}^{-\frac{1}{n}}\left((H_j^{(0)}+\Delta H_j)-(H_k^{(0)}+\Delta H_k)\right)^{\frac{1}{n}}\right]+Q_j=0 \tag{5.34}$$

式中 $G_j$（$\Delta H_j$，$\Delta H_k$）——节点 $j$ 的流量函数，它是各定流节点上压力增量 $\Delta H_j$ 和 $\Delta H_k$ 的非线性函数。

以图 5.9 所示管网为例，已知条件是管段长度、管段直径、节点流量和至少一个节点压力。可以采用节点校正压力方程（5.33）表达管网水力状态。

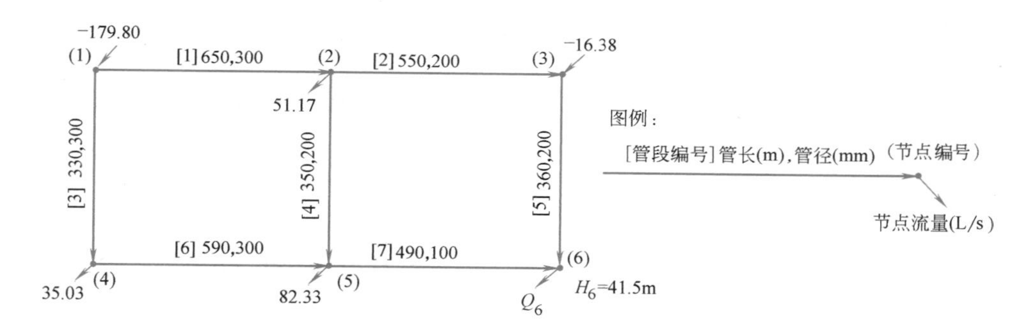


图 5.9 管网节点压力法水力分析示例图

已知节点（6）的节点水头为 $H_6=41.50$m，为定压节点，作为建立管网节点校正压力方程组的压力边界条件（或管网压力基准点）。节点（1）～（5）为定流节点，节点流量已知，节点压力为待求变量。可以写出管网节点流量矩阵方程如下：

$$\begin{bmatrix}1&0&1&0&0&0&0\\-1&1&0&1&0&0&0\\0&-1&0&0&1&0&0\\0&0&-1&0&0&1&0\\0&0&0&-1&0&-1&1\end{bmatrix}\begin{bmatrix}q_1\\q_2\\q_3\\q_4\\q_5\\q_6\\q_7\end{bmatrix}+\begin{bmatrix}Q_1\\Q_2\\Q_3\\Q_4\\Q_5\end{bmatrix}=\begin{bmatrix}0\\0\\0\\0\\0\end{bmatrix} \tag{5.35}$$

应当指出，对于节点（6），同样存在节点流量方程：

$$-q_5-q_7+Q_6=0 \tag{5.36}$$

但该方程一定是节点（1）～（5）的节点流量方程的代数和，即方程（5.36）为非独立方程。所以，由式（5.35）求解得出的管段流量 $q_1$～$q_7$ 必然满足节点（1）～（6）的节点流量方程。

为了建立管网节点校正压力方程组，将管段流量 $q_i$ 的管段编码 $i$ 改为以管段起端和终端节点编号 $jk$ 表达，则管段流量 $q_1$～$q_7$ 依次改为 $q_{12}$，$q_{23}$，$q_{14}$，$q_{25}$，$q_{36}$，$q_{45}$，$q_{56}$。由式（5.34），可以建立节点校正压力方程组如下：

$$\begin{cases} G_1(\Delta H_1,\Delta H_2,\Delta H_4)=s_{12}^{-\frac{1}{n}}\Big((H_1^{(0)}+\Delta H_1)-(H_2^{(0)}+\Delta H_2)\Big)^{\frac{1}{n}}+ \\ \qquad s_{14}^{-\frac{1}{n}}\Big((H_1^{(0)}+\Delta H_1)-(H_4^{(0)}+\Delta H_4)\Big)^{\frac{1}{n}}+Q_1=0 \\ G_2(\Delta H_1,\Delta H_2,\Delta H_3,\Delta H_5)=-s_{12}^{-\frac{1}{n}}\Big((H_1^{(0)}+\Delta H_1)-(H_2^{(0)}+\Delta H_2)\Big)^{\frac{1}{n}}+ \\ \qquad s_{23}^{-\frac{1}{n}}\Big((H_2^{(0)}+\Delta H_2)-(H_3^{(0)}+\Delta H_3)\Big)^{\frac{1}{n}}+ \\ \qquad s_{25}^{-\frac{1}{n}}\Big((H_2^{(0)}+\Delta H_2)-(H_5^{(0)}+\Delta H_5)\Big)^{\frac{1}{n}}+Q_2=0 \\ G_3(\Delta H_2,\Delta H_3)=-s_{23}^{-\frac{1}{n}}\Big((H_2^{(0)}+\Delta H_2)-(H_3^{(0)}+\Delta H_3)\Big)^{\frac{1}{n}}+ \\ \qquad s_{36}^{-\frac{1}{n}}\Big((H_3^{(0)}+\Delta H_3)-H_6\Big)^{\frac{1}{n}}+Q_3=0 \\ G_4(\Delta H_1,\Delta H_4,\Delta H_5)=-s_{14}^{-\frac{1}{n}}\Big((H_1^{(0)}+\Delta H_1)-(H_4^{(0)}+\Delta H_4)\Big)^{\frac{1}{n}}+ \\ \qquad s_{45}^{-\frac{1}{n}}\Big((H_4^{(0)}+\Delta H_4)-(H_5^{(0)}+\Delta H_5)\Big)^{\frac{1}{n}}+Q_4=0 \\ G_5(\Delta H_2,\Delta H_4,\Delta H_5)=-s_{25}^{-\frac{1}{n}}\Big((H_2^{(0)}+\Delta H_2)-(H_5^{(0)}+\Delta H_5)\Big)^{\frac{1}{n}}- \\ \qquad s_{45}^{-\frac{1}{n}}\Big((H_4^{(0)}+\Delta H_4)-(H_5^{(0)}+\Delta H_5)\Big)^{\frac{1}{n}}+ \\ \qquad s_{56}^{-\frac{1}{n}}\Big((H_5^{(0)}+\Delta H_5)-H_6\Big)^{\frac{1}{n}}+Q_5=0 \end{cases} \tag{5.37}$$

将式（5.37）用泰勒公式展开，得

$$\begin{cases} G_1(\Delta H_1,\Delta H_2,\Delta H_4)=G_1(H_1^{(0)},H_2^{(0)},H_4^{(0)})+ \\ \qquad \left[\frac{\partial G_1}{\partial \Delta H_1}\Delta H_1+\frac{\partial G_1}{\partial \Delta H_2}\Delta H_2+\frac{\partial G_1}{\partial \Delta H_4}\Delta H_4\right]+ \\ \qquad \frac{1}{2}\left[\frac{\partial^2 G_1}{\partial \Delta H_1^2}\Delta H_1^2+\frac{\partial^2 G_1}{\partial \Delta H_2^2}\Delta H_2^2+\frac{\partial^2 G_1}{\partial \Delta H_4^2}\Delta H_4^2\right]+\cdots+ \\ \qquad \frac{1}{n!}\left[\frac{\partial^n G_1}{\partial \Delta H_1^n}\Delta H_1^n+\frac{\partial^n G_1}{\partial \Delta H_2^n}\Delta H_2^n+\frac{\partial^n G_1}{\partial \Delta H_4^n}\Delta H_4^n\right]=0 \end{cases}$$

$$
\begin{cases}
G_2(\Delta H_1, \Delta H_2, \Delta H_3, \Delta H_5) \\
= G_2(H_1^{(0)}, H_2^{(0)}, H_3^{(0)}, H_5^{(0)}) + \\
\quad \left[\dfrac{\partial G_2}{\partial \Delta H_1}\Delta H_1 + \dfrac{\partial G_2}{\partial \Delta H_2}\Delta H_2 + \dfrac{\partial G_2}{\partial \Delta H_3}\Delta H_3 + \dfrac{\partial G_2}{\partial \Delta H_5}\Delta H_5\right] + \cdots + \\
\quad \dfrac{1}{2}\left[\dfrac{\partial^2 G^2}{\partial \Delta H_1^2}\Delta H_1^2 + \dfrac{\partial^2 G^2}{\partial \Delta H_2^2}\Delta H_2^2 + \dfrac{\partial^2 G^2}{\partial \Delta H_3^2}\Delta H_3^2 + \dfrac{\partial^2 G^2}{\partial \Delta H_5^2}\Delta H_5^2\right] + \cdots + \\
\quad \dfrac{1}{n!}\left[\dfrac{\partial^n G_2}{\partial \Delta H_1^n}\Delta H_1^n + \dfrac{\partial^n G_2}{\partial \Delta H_2^n}\Delta H_2^n + \dfrac{\partial^n G_2}{\partial \Delta H_3^n}\Delta H_3^n + \dfrac{\partial^n G_2}{\partial \Delta H_5^n}\Delta H_5^n\right] = 0 \\
\vdots \\
G_5(\Delta H_2, \Delta H_4, \Delta H_5) = G_5(H_2^{(0)}, H_4^{(0)}, H_5^{(0)}) + \\
\qquad \left[\dfrac{\partial G_5}{\partial \Delta H_2}\Delta H_2 + \dfrac{\partial G_5}{\partial \Delta H_4}\Delta H_4 + \dfrac{\partial G_5}{\partial \Delta H_5}\Delta H_5\right] + \\
\qquad \dfrac{1}{2}\left[\dfrac{\partial^2 G_5}{\partial \Delta H_2^2}\Delta H_2^2 + \dfrac{\partial^2 G_5}{\partial \Delta H_4^2}\Delta H_4^2 + \dfrac{\partial^2 G_5}{\partial \Delta H_5^2}\Delta H_5^2\right] + \cdots + \\
\qquad \dfrac{1}{n!}\left[\dfrac{\partial^n G_5}{\partial \Delta H_2^n}\Delta H_2^n + \dfrac{\partial^n G_5}{\partial \Delta H_4^n}\Delta H_4^n + \dfrac{\partial^n G_5}{\partial \Delta H_5^n}\Delta H_5^n\right] = 0
\end{cases}
\tag{5.38}
$$

忽略展开式中的高次项，可以得到关于 $\Delta H_1$，$\Delta H_2$，…，$\Delta H_5$ 的节点校正压力线性方程组：

$$
\begin{cases}
\dfrac{\partial G_1}{\partial \Delta H_1}\Delta H_1 + \dfrac{\partial G_1}{\partial \Delta H_2}\Delta H_2 + \dfrac{\partial G_1}{\partial \Delta H_4}\Delta H_4 = G_1(H_1, H_2, H_4) - \\
\qquad\qquad G_1(H_1^{(0)}, H_2^{(0)}, H_4^{(0)}) = -\Delta Q_1^{(0)} \\
\dfrac{\partial G_2}{\partial \Delta H_1}\Delta H_1 + \dfrac{\partial G_2}{\partial \Delta H_2}\Delta H_2 + \dfrac{\partial G_2}{\partial \Delta H_3}\Delta H_3 + \dfrac{\partial G_2}{\partial \Delta H_5}\Delta H_5 \\
= G_2(H_1, H_2, H_3, H_5) - G_2(H_1^{(0)}, H_2^{(0)}, H_3^{(0)}, H_5^{(0)}) = -\Delta Q_2^{(0)} \\
\vdots \\
\dfrac{\partial G_5}{\partial \Delta H_2}\Delta H_2 + \dfrac{\partial G_5}{\partial \Delta H_4}\Delta H_4 + \dfrac{\partial G_5}{\partial \Delta H_5}\Delta H_5 \\
= G_5(H_2, H_4, H_5) - G_5(H_2^{(0)}, H_4^{(0)}, H_5^{(0)}) = -\Delta Q_5^{(0)}
\end{cases}
\tag{5.39}
$$

式中，$\Delta Q_1^{(0)}$，$\Delta Q_2^{(0)}$，…，$\Delta Q_5^{(0)}$ 依次为节点（1）～(5）在初始节点压力 $H_i^{(0)}$ 条件下的节点流量闭合差，其最终值应等于0。

式（5.39）可以改写成矩阵方程组如下：

$$\begin{bmatrix} \frac{\partial G_1}{\partial \Delta H_1} & \frac{\partial G_1}{\partial \Delta H_2} & 0 & \frac{\partial G_1}{\partial \Delta H_4} & 0 \\ \frac{\partial G_2}{\partial \Delta H_1} & \frac{\partial G_2}{\partial \Delta H_2} & \frac{\partial G_2}{\partial \Delta H_3} & 0 & \frac{\partial G_2}{\partial \Delta H_5} \\ 0 & \frac{\partial G_3}{\partial \Delta H_2} & \frac{\partial G_3}{\partial \Delta H_3} & 0 & 0 \\ \frac{\partial G_4}{\partial \Delta H_1} & 0 & 0 & \frac{\partial G_4}{\partial \Delta H_4} & \frac{\partial G_4}{\partial \Delta H_5} \\ 0 & \frac{\partial G_5}{\partial \Delta H_2} & 0 & \frac{\partial G_5}{\partial \Delta H_4} & \frac{\partial G_5}{\partial \Delta H_5} \end{bmatrix} \begin{bmatrix} \Delta H_1 \\ \Delta H_2 \\ \Delta H_3 \\ \Delta H_4 \\ \Delta H_5 \end{bmatrix} = - \begin{bmatrix} \Delta Q_1^{(0)} \\ \Delta Q_2^{(0)} \\ \Delta Q_3^{(0)} \\ \Delta Q_4^{(0)} \\ \Delta Q_5^{(0)} \end{bmatrix} \tag{5.40}$$

对式（5.37）中的第 1 方程求一阶偏微分，得

$$\begin{aligned} \frac{\partial G_1}{\partial \Delta H_1} &= \frac{1}{n} s_{12}^{-\frac{1}{n}} \Big( (H_1^{(0)} + \Delta H_1) - (H_2^{(0)} + \Delta H_2) \Big)^{\frac{1}{n}-1} + \\ & \quad \frac{1}{n} s_{14}^{-\frac{1}{n}} \Big( (H_1^{(0)} + \Delta H_1) - (H_4^{(0)} + \Delta H_4) \Big)^{\frac{1}{n}-1} \\ &= \frac{1}{n s_{12} \left| q_{12}^{(0)} \right|^{n-1}} + \frac{1}{n s_{14} \left| q_{14}^{(0)} \right|^{n-1}} \end{aligned} \tag{5.41}$$

$$\frac{\partial G_1}{\partial \Delta H_2} = -\frac{1}{n} s_{12}^{-\frac{1}{n}} \Big( (H_1^{(0)} + \Delta H_1) - (H_2^{(0)} + \Delta H_2) \Big)^{\frac{1}{n}-1} = -\frac{1}{n s_{12} \left| q_{12}^{(0)} \right|^{n-1}} \tag{5.42}$$

$$\frac{\partial G_1}{\partial \Delta H_4} = -\frac{1}{n} s_{14}^{-\frac{1}{n}} \Big( (H_1^{(0)} + \Delta H_1) - (H_4^{(0)} + \Delta H_4) \Big)^{\frac{1}{n}-1} = -\frac{1}{n s_{14} \left| q_{14}^{(0)} \right|^{n-1}} \tag{5.43}$$

式中 $q_{12}^{(0)}$，$q_{14}^{(0)}$——在节点压力初值条件下的管段流量。

同理，对其余方程求一阶偏微分，可得节点校正压力方程组（5.40）的系数矩阵元素，

$$\frac{\partial G_j}{\partial \Delta H_k} = \begin{cases} \sum\limits_{k \in S_j} \left( \frac{1}{n s_{jk} \left| q_{jk}^{(0)} \right|^{n-1}} \right), & \text{系数矩阵的主对角元素}, S_j \text{— 节点 } j \text{ 的关联集} \\ -\frac{1}{n s_{jk} \left| q_{jk}^{(0)} \right|^{n-1}}, & \text{节点 } j \text{ 和 } k \text{ 衔接,第 } j \text{ 行第 } k \text{ 列元素及其对称元素} \\ 0, & \text{节点 } j \text{ 和 } k \text{ 不衔接,第 } j \text{ 行第 } k \text{ 列元素及其对称元素} \end{cases} \tag{5.44}$$

令，

$$c_{jk}^{(0)} = \frac{1}{n s_{jk} \left| q_{jk}^{(0)} \right|^{n-1}} \tag{5.45}$$

则有

$$\frac{\partial G_j^{(0)}}{\partial \Delta H_k} = \begin{cases} \sum\limits_{k \in S_j} c_{jk}^{(0)} \\ -c_{jk}^{(0)} \\ 0 \end{cases} \tag{5.46}$$

图 5.9 所示管网的节点校正压力矩阵方程为：

$$\begin{bmatrix} c_{12}^{(0)}+c_{14}^{(0)} & -c_{12}^{(0)} & 0 & -c_{14}^{(0)} & 0 \\ -c_{12}^{(0)} & c_{12}^{(0)}+c_{23}^{(0)}+c_{25}^{(0)} & -c_{23}^{(0)} & 0 & -c_{25}^{(0)} \\ 0 & -c_{23}^{(0)} & c_{23}^{(0)}+c_{36}^{(0)} & 0 & 0 \\ -c_{14}^{(0)} & 0 & 0 & c_{14}^{(0)}+c_{45}^{(0)} & -c_{45}^{(0)} \\ 0 & -c_{25}^{(0)} & 0 & c_{45}^{(0)} & c_{25}^{(0)}+c_{45}^{(0)}+c_{56}^{(0)} \end{bmatrix} \cdot \begin{bmatrix} \Delta H_1 \\ \Delta H_2 \\ \Delta H_3 \\ \Delta H_4 \\ \Delta H_5 \end{bmatrix}$$

$$=-\begin{bmatrix} \Delta Q_1^{(0)} \\ \Delta Q_2^{(0)} \\ \Delta Q_3^{(0)} \\ \Delta Q_4^{(0)} \\ \Delta Q_5^{(0)} \end{bmatrix} \tag{5.47}$$

求解节点压力方程组的方法与解环方程方法类似，它是以节点水头（定压节点除外）为未知量，将节点流量方程组转换成节点压力方程组。从初始节点压力 $H_i^{(0)}$ 开始，用迭代计算方法求解方程组（5.47），可以得到节点校正压力 $\Delta H_1 \sim \Delta H_5$，使节点流量闭合差 $\Delta Q_1 \sim \Delta Q_5$ 收敛到趋近于 0 的条件，由此可得各管段流量 $q_i$。

### 5.4.2　节点校正压力方程组求解

节点校正压力方程组经过线性化后，可以采用解线性方程组的算法求解。与解环方程类似，也可采用牛顿—拉夫森算法和节点压力平差算法求解节点压力方程组。

（1）牛顿—拉夫森算法

牛顿—拉夫森算法直接求解线性化的方程组（5.47），并通过迭代计算逐步逼近原方程组最终解，其步骤如下：

1）拟定定流节点水头初值 $H_j^{(0)}$（$j$ 为定流节点），并给定节点流量闭合差的最大允许值 $e_q$（手工计算时一般取 $e_q=0.1\text{L/s}$，计算机计算时一般取 $e_q=0.01\sim0.1\text{L/s}$）；

2）由式（5.39）计算各定流节点流量闭合差 $\Delta Q_j^{(0)}$（$j$ 为定流节点）；

3）判断各定流节点流量闭合差是否均小于最大允许闭合差，即 $|\Delta Q_j^{(0)}| \leqslant e_q$（$j$ 为定流节点）均成立，如果满足，则解节点方程组结束，转 7）进行后续计算，否则继续下步；

4）按式（5.46）计算系数矩阵元素；

5）解线性方程组式（5.47），得定流节点水头增量 $\Delta H_j$（$j$ 为定流节点）；

6）将定流节点水头增量施加到相应节点上，得到新的节点水头，作为新的初值（迭代值），转第 2）步重新计算，节点水头迭代计算公式为：

$$H_j^{(0)}+\Delta H_j \longrightarrow H_j^{(0)} \quad j\text{ 为定流节点} \tag{5.48}$$

7）计算管段流速、节点自由水压，计算结束。

（2）节点压力平差算法

牛顿—拉夫森算法需要反复多次求解线性方程组，一般适于计算机程序计算，当管网的节点数很大值时，手工计算十分困难。类似于哈代—克罗斯算法，可以忽略系数矩阵的全部非主对角元素，得到一种简便的计算方法——节点压力平差法，或称为校正压力法。

忽略系数矩阵的全部非主对角元素后，由式（5.47）可导出下式：

$$\Delta H_j = -\frac{\Delta Q_j^{(0)}}{\sum\limits_{i \in S_j} c_{ij}^{(0)}} \quad j \text{ 为定流节点} \tag{5.49}$$

此式称为节点压力平差公式，可以逐步减小或消除节点流量闭合差，平差计算的步骤与牛顿—拉夫森法求解节点方程算法相同。

设管网中管段总数为 $M$，未知压力节点数为 $N$，节点压力平差计算步骤如下：

1）确定已知节点压力，设定未知压力节点的初始压力 $H_i^{(0)}$；

2）用当前节点压力 $H_i$ 计算各管段水头损失和管段流量；

$$h_j = H_{Fj} - H_{Tj} \text{ 和 } q_j = (h_j / s_j)^{1/n}, \ (j=1,2,\cdots,M);$$

3）计算各节点流量闭合差：$\Delta Q_i = \sum\limits_{j \in S_i} q_j + Q_i$，$(i=1,2,\cdots,N)$；

4）计算节点校正压力：$\Delta H_i = -\dfrac{\Delta Q_i}{\sum\limits_{j \in S_i} c_{ij}}$，$(i=1,2,\cdots,N)$；

5）如果任一节点校正压力 $\Delta H_i^{(k)} > \varepsilon$，计算新的节点压力：$H_i^{(k+1)} = H_i^{(k)} + \Delta H_i^{(k)}$，$(i=1, 2, \cdots, N, k$ 为迭代计算次数)，返回 2)；

6）如果 $\Delta H_i^{(k)} < \varepsilon$，平差计算完成，求管段流量和节点自由压力。

**【例 5.4】** 如图 5.10 所示管网中共有 8 个节点和 11 根管段，各管段长度、直径和各节点流量如图中标示，各节点地面标高见表 5.15。节点（1）和（5）为水源节点，已知节点流量如图 5.10 所示，水源节点入流量用负的节点流量表示。节点（8）为管网末端最不利压力节点，要求供水自由压力为 20m。采用节点压力平差方法计算各管段流量与流速、各节点水头与自由水压，并确定水源节点（1）和（5）的泵站扬程和水塔高度，（水头损失采用海曾—威廉公式计算，$C_w = 110$）。

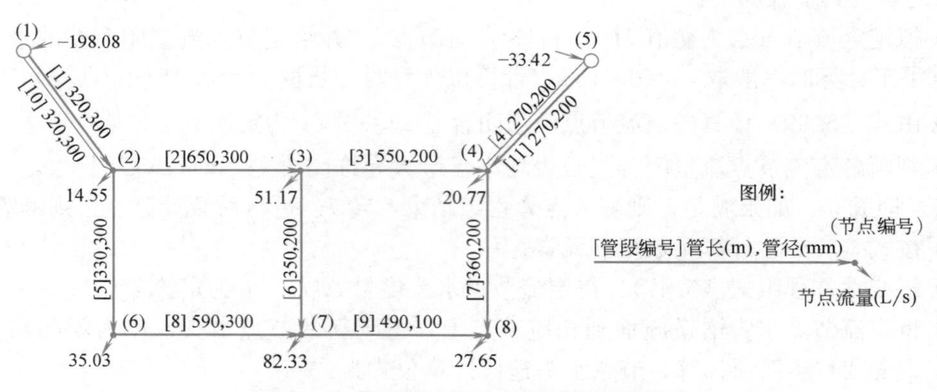


图 5.10 管网节点压力平差基本条件图示

**【解】** 节点（8）为管网末端最不利压力节点，要求供水自由压力为 20m，其地面标高为 17.50m，所以，节点（8）为已知压力节点，计算节点压力为地面标高与自由压力之和，为 $H_8 = 37.50$m。

以 $H_8 = 37.50$m 为基础，初始设定其余节点的压力如下：

$H_7 = 39$m，$H_4 = 39$m，$H_3 = 40$m，$H_6 = 42$m，$H_2 = 43$m，$H_1 = 46$m，$H_5 = 40$m

初始节点压力设定的自由度很大，一般只要保证管段具有比较合理的水力坡度，即可保证计算过程收敛。

管网节点压力平差计算的基础数据为节点流量、管段长度和直径、节点地面标高和最不利节点 8 的初始压力，分别见表 5.14 和表 5.15。

**管网管段数据** **表 5.14**

| 管段编号 | 1 | 2 | 3 | 4 | 5 | 6 | 7 | 8 | 9 | 10 | 11 |
|---|---|---|---|---|---|---|---|---|---|---|---|
| 上节点号 | 1 | 2 | 3 | 5 | 2 | 3 | 4 | 6 | 7 | 1 | 5 |
| 下节点号 | 2 | 3 | 4 | 4 | 6 | 7 | 8 | 7 | 8 | 2 | 4 |
| 管段长度(m) | 320 | 650 | 550 | 270 | 330 | 350 | 360 | 590 | 490 | 320 | 270 |
| 管段直径(mm) | 300 | 300 | 200 | 200 | 300 | 200 | 200 | 300 | 100 | 300 | 200 |

**管网节点数据** **表 5.15**

| 节点编号 | 1 | 2 | 3 | 4 | 5 | 6 | 7 | 8 |
|---|---|---|---|---|---|---|---|---|
| 地面标高(m) | 13.60 | 18.80 | 19.10 | 22.00 | 32.20 | 18.30 | 17.30 | 17.50 |
| 节点流量(L/s) | −198.08 | 14.55 | 51.17 | 20.77 | −33.42 | 35.03 | 82.33 | 27.65 |
| 节点初始压力(m) | 46 | 43 | 40 | 39 | 40 | 42 | 39 | 37.50 |

由海曾—威廉公式的指数形式，管段摩阻系数 $s_i$ 计算结果见表 5.16。

**管段摩阻系数计算结果** **表 5.16**

| 管段号 $i$ | 1 | 2 | 3 | 4 | 5 | 6 | 7 | 8 | 9 | 10 | 11 |
|---|---|---|---|---|---|---|---|---|---|---|---|
| $s_i$ | 199.1 | 404.4 | 2465.2 | 1210.2 | 205.3 | 1568.8 | 1613.58 | 367.1 | 64224.6 | 199.1 | 1210.2 |

由初始设定节点的压力为起始条件，应用节点压力平差公式（5.49）和上述节点压力平差计算步骤，进行节点压力平差计算。为了计算过程的稳定性，节点压力的校正公式采用

$$H_i^{(k)}=H_i^{(k-1)}+0.5\Delta H_i^{(k-1)} \tag{5.50}$$

计算过程和结果数据见表 5.17。

**管网节点压力平差计算过程数据** **表 5.17**

| 平差计算次数：$k=1$ | | | | | | | | | | | |
|---|---|---|---|---|---|---|---|---|---|---|---|
| 编号 $i$ | 1 | 2 | 3 | 4 | 5 | 6 | 7 | 8 | 9 | 10 | 11 |
| $q_i$ | 0.1038 | 0.0708 | 0.0147 | 0.0216 | 0.0564 | 0.0188 | 0.0231 | 0.0746 | 0.0032 | 0.1038 | 0.0216 |
| $\Delta Q_i$ | 0.0095 | −0.0611 | 0.0091 | −0.0130 | 0.0060 | 0.0417 | −0.0000 | 0.0000 | | | |
| $\Delta H_i$ | −0.254 | 0.7587 | −0.2946 | 0.3282 | −0.2576 | −0.949 | 0.002 | 0.000 | | | |
| $H_i^{(k)}$ | 45.873 | 43.379 | 39.853 | 39.164 | 39.871 | 41.526 | 39.001 | 37.500 | | | |
| $\Delta Q_{max}=0.0611$ | | | | | | | | | | | |
| 平差计算次数：$k=2$ | | | | | | | | | | | |
| 编号 $i$ | 1 | 2 | 3 | 4 | 5 | 6 | 7 | 8 | 9 | 10 | 11 |
| $q_i$ | 0.0939 | 0.0772 | 0.0120 | 0.0179 | 0.0787 | 0.0172 | 0.0244 | 0.068 | 0.0032 | 0.0939 | 0.0179 |
| $\Delta Q_i$ | −0.0257 | −0.0176 | 0.0003 | 0.0008 | 0.0027 | 0.0216 | 0.0045 | 0.0000 | | | |
| $\Delta H_i$ | 0.631 | 0.233 | −0.009 | −0.018 | −0.099 | −0.576 | −0.170 | 0.000 | | | |
| $H_i^{(k)}$ | 46.188 | 43.496 | 39.848 | 39.155 | 39.822 | 41.237 | 38.916 | 37.500 | | | |

续表

| $\Delta Q_{max}=0.0257$ | | | | | | | | | | | |
|---|---|---|---|---|---|---|---|---|---|---|---|
| 平差计算次数：$k=3$ | | | | | | | | | | | |
| 编号 $i$ | 1 | 2 | 3 | 4 | 5 | 6 | 7 | 8 | 9 | 10 | 11 |
| $q_i$ | 0.0979 | 0.0787 | 0.0121 | 0.0174 | 0.0876 | 0.0181 | 0.0243 | 0.0649 | 0.0031 | 0.0979 | 0.0174 |
| $\Delta Q_i$ | −0.0069 | −0.0124 | 0.0027 | 0.0000 | 0.0014 | 0.0119 | 0.0053 | 0.0000 | | | |
| $\Delta H_i$ | 0.175 | 0.173 | −0.085 | −0.001 | −0.048 | −0.329 | −0.197 | 0.000 | | | |
| $H_i^{(k)}$ | 46.276 | 43.528 | 39.806 | 39.155 | 39.798 | 41.073 | 38.818 | 37.500 | | | |
| $\Delta Q_{max}=0.0124$ | | | | | | | | | | | |
| 平差计算次数：$k=4\sim10$，…… | | | | | | | | | | | |
| 平差计算次数：$k=11$ | | | | | | | | | | | |
| 编号 $i$ | 1 | 2 | 3 | 4 | 5 | 6 | 7 | 8 | 9 | 10 | 11 |
| $q_i$ | 0.0989 | 0.0828 | 0.0113 | 0.0168 | 0.0997 | 0.0203 | 0.0241 | 0.0645 | 0.0026 | 0.0989 | 0.0168 |
| $\Delta Q_i$ | −0.001 | −0.001 | −0.000 | 0.0002 | 0.0002 | −0.000 | 0.0000 | 0.0000 | | | |
| $\Delta H_4$ | 0.018 | 0.016 | 0.003 | −0.004 | −0.005 | 0.007 | −0.001 | 0.0000 | | | |
| $H_i^{(k)}$ | 46.499 | 43.756 | 39.737 | 39.126 | 39.749 | 40.879 | 38.580 | 37.500 | | | |
| $\Delta Q_{max}=0.0011$ | | | | | | | | | | | |

$\Delta Q_{max}$ 满足计算收敛条件，管网节点压力平差计算完成。

管段流量、流速和水头损失计算结果，见表5.18。

**管段流量、流速和水头损失计算结果　　表5.18**

| 管段编号 $i$ | 1 | 2 | 3 | 4 | 5 | 6 | 7 | 8 | 9 | 10 | 11 |
|---|---|---|---|---|---|---|---|---|---|---|---|
| 流量 $q_i$ | 0.0989 | 0.0828 | 0.0113 | 0.0168 | 0.0997 | 0.0203 | 0.0241 | 0.0645 | 0.0026 | 0.0989 | 0.0168 |
| 流速 $v_i$ | 1.399 | 1.173 | 0.359 | 0.533 | 1.412 | 0.648 | 0.767 | 0.914 | 0.336 | 1.399 | 0.533 |
| $h_{fi}$ | 2.742 | 4.017 | 0.610 | 0.622 | 2.876 | 1.156 | 1.625 | 2.298 | 1.079 | 2.742 | 0.622 |

节点地面标高、节点水头、节点自由压力计算结果，见表5.19。

**节点地面标高、节点水头的节点自由压力计算结果　　表5.19**

| 节点编号 $i$ | 1 | 2 | 3 | 4 | 5 | 6 | 7 | 8 |
|---|---|---|---|---|---|---|---|---|
| 地面标高(m) | 13.6 | 18.8 | 19.1 | 22.0 | 32.2 | 18.3 | 17.3 | 17.5 |
| 节点水头 $H_i^{(k)}$ | 46.499 | 43.756 | 39.737 | 39.126 | 39.749 | 40.879 | 38.580 | 37.500 |
| 自由压力(m) | 32.907 | 24.963 | 20.639 | 17.125 | 7.547 | 22.583 | 21.281 | 20.000 |

从表5.19知，节点（4）的自由压力仅为17.125m，不满足20m最小压力要求，是最不利压力节点。应该将所有节点压力提高2.875m，使全部节点自由压力满足20m最小压力要求。由此可以计算得出，节点（1）的泵站出口有效压力应为 $32.907+2.875=35.782$m，节点（5）的水塔高度应为 $7.547+2.875=10.422$m。

## 5.5　给水管网水质控制和管理

维护管网水质也是管网建设和运行管理工作的任务之一。有些地区管网中出现水的浊度及色度增高、气味发臭等水质恶化问题，其原因除了出厂水水质不够清洁外，还可能由于水管中的积垢在水流冲击下脱落，管线末端的水流停滞，或管网边远地区的余氯不足而致细菌繁殖等原因引起。随着供水科学技术的发展和用户对水质的重视，配水管网系统中的水质变化和保障技术已成为供水管网设计和运行管理工作的重要组成部分。

为保持管网的正常水量或水质，除了提高出厂水水质外，可采取以下措施：

(1) 通过给水栓、消火栓和放水管，定期放去管网中的部分“死水”，并冲洗管道；

(2) 长期未用的管线或管线末端，在恢复使用时必须冲洗干净；

(3) 管线延伸过长时，应在管网中途加氯，以提高管网边缘地区的余氯浓度，防止细菌繁殖；

(4) 定期对金属管道清垢、刮管和衬涂内壁，以保证管线输水能力和水质洁净；

(5) 无论在新敷管线竣工后，或旧管线检修后均应冲洗消毒。消毒之前先用高速水流冲洗水管，然后用 20～30mg/L 的漂白粉溶液浸泡 24h 以上，再用清水冲洗，同时连续测定排出水的浊度和细菌，直到合格为止；

(6) 定期清洗水塔、水池和屋顶高位水箱；

(7) 在管网的运行调度中，重视管网的水质检测，消除管网中水流滞留时间过长等影响水质的不利因素。

### 5.5.1 给水管网水质变化影响因素

给水管网系统中的化学和生物反应给水质带来不同程度的影响，会导致水质变差，亦称为管网水质的“二次污染”。导致水质变差的主要因素有水源水质、输水管道渗漏、管道的腐蚀和管壁上金属的腐蚀、贮水设备中残留或产生的污染物质、消毒剂与有机物和无机物之间的化学反应产生的消毒副产物、细菌的再生长和病原体的寄生、由悬浮物导致的混浊度等。

配水系统中影响水质的另一主要因素是水在管网系统中停留的时间过长。在管网中，可以从不同的水源通过不同的时间和管道路径将水输送给用户，而水的输送时间与管网水质的变化有着密切关系。我们可以通过管网合理设计、管道的及时维修和更换、调整管道布置和系统运行的科学调度来保护和改善管网水质，保障水质的安全性。

城市给水部门必须负责检验水源水、净化构筑物出水、出厂水和管网水的水质，应在水源、出厂水和居民经常用水点采样。城市供水管网的水质检验采样点数，一般应按每两万供水人口设一个采样点计算。供水人口超过 100 万时，按上述比例计算出的采样点数可酌量减少。人口在 20 万以下时，应酌量增加。在水质易受污染的地点和管网系统陈旧部分供水区域，应加强水质检测与控制。在每一采样点上每月采样检验应不少于两次，细菌学指标、浑浊度和肉眼可见物为必检项目，其他指标可根据当地水质情况和需要选定。对水源水、出厂水和部分有代表性的管网末端水，至少每半年进行一次常规检验项目的全分析。当检测指标连续超标时，应查明原因，采取有效措施，防止对人体健康造成危害。凡与饮用水接触的输配水设备、水处理材料和防护材料，均不得污染水质。

当在水中加氯消毒后，氯与管壁材料发生反应，特别是在老化和没有保护层的铸铁管或钢管中，由于铁的腐蚀或者生物膜上的有机物质氧化，会消耗大量的氯气，管网中的余氯会发生额外的损失。此类反应的反应速率一般很高，氯的半衰期会减少到几小时，并且它会随着管道的使用年数增长和材料的腐蚀而不断加剧。管道内壁耗氯量的常用测定方法是在无入流的一段管道的进出口位置分别检测其余氯量。

氯化物的衰减速度比自由氯慢，但同样也会产生少量的氯化副产物。但是，在一定的pH和氯氨存在的条件下，氯氨的分解会生成氮，可能导致水中富营养化。目前已经有些方法来处理管网系统中氯损失率过大的问题，包括：(1) 可以使用一种更加稳定的化合型消毒物质，例如氯化物；(2) 可以更换管道材料和冲洗管道；(3) 通过运行调度减小水在管网系统中的滞留时间，消除管网中的严重滞留管段；(4) 尽可能降低处理后水中有机化合物的浓度。

管道腐蚀会带来水的异味、帮助病原微生物的滞留、降低管道的输水能力，并最后导致管道泄漏或堵塞。管道腐蚀的主要种类如下：

(1) 均衡腐蚀：是指材料腐蚀量和腐蚀产物基本上是等量的；

(2) 凹点腐蚀：指局部的、不均匀的腐蚀过程，在管壁上形成凹陷，最终导致管道穿孔泄漏；

(3) 结节腐蚀：在凹陷周围，会形成结节物，大量的结节物会减小管道的直径，增加硬度，并且促进生物膜的生长；

(4) 生物腐蚀：在管壁材料和附着在上面的微生物之间发生生物腐蚀，pH的变化、生物膜生长和水中溶解氧都会增加生物腐蚀的速度。

许多物理、化学和生物因素都会影响到腐蚀的发生和腐蚀速率。在铁质管道中，水在停滞状态下会促使结节腐蚀和凹点腐蚀产生和加剧；一般来说，对所有的化学反应，腐蚀速率都会随着温度的提高而加快。水中pH较低时会促进腐蚀，当pH小于5时，铜和铁的腐蚀都相当快。当pH大于9时，这两种金属通常不会被腐蚀。pH处于这两者之间时，如果在管壁上没有防腐保护层，腐蚀就会发生。碳酸盐和重碳酸盐碱度为水中pH的变化提供了缓冲空间，它同样也会在管壁形成一层碳酸盐保护层，并防止水泥管中钙的溶解。溶解氧和可溶解的含铁化合物发生反应形成可溶性的含铁氢氧化物。这种状态的铁就会导致结节的形成及铁锈水的出现。所有可溶性固体在水中表现为离子的聚合体，它会提高导电性及电子的转移，因此会促进电化学腐蚀。吸附在管壁上的生物膜细菌会导致pH和溶解氧的变化并促进电化学腐蚀。氧化铁细菌会产生可溶性的含铁氢氧化物。

一般有三种方法可以控制腐蚀：调整水质、涂衬保护层和更换管道材料。调整pH是控制腐蚀最直接的形式，因为它直接影响到电化学腐蚀和碳酸钙的溶解，也会直接影响水泥管道中钙的溶解。同样，大量的化学防腐剂也会帮助在管壁表面形成保护层。石灰和苏打灰可以用来促进碳酸钙在管壁的沉淀，无机磷酸盐和硅酸钠也会形成保护层。对于不同的管道系统，这些防腐剂的剂量和效果也是不同的，必须通过实际测试决定。

### 5.5.2　给水管网水质数学模型

给水管网系统中应建立水质监测制度，用于监测管网水质在时间和空间上的变化。水质监测数据可以用于管网水质管理，了解在配水系统中发生的水质变化和系统水质数学模型的校正。

仅仅使用监控数据很难了解管网水质变化的全部内容，即使在中型城市也会有上千千米长度的给水管道，全部监测显然是不可能的。管网水质数学模型是对管网水质管理的一种技术手段，可以有效地模拟计算水中物质在时间和空间上的变化。例如：某一水源流入的水量，水在系统中的滞留时间，消毒剂的浓度和损失率，消毒剂副产物的浓度和产生率，系统中附着细菌和自由细菌的数量等。这些模型也可以用于发现一系列与管网水质相关的问题，调整系统的设计和运行方案，评估配水系统的安全性和降低管网水质恶化的风险。

应用管网水质模型进行配水系统的水质分析，是一种有效的掌握污染物运动的管网水质管理工具，管网水质模型包括模拟水中浊度、余氯量、生物膜生长和三氯甲烷（THM）变化及形成模型等。将水力和水质模型结合成计算机软件包，在已知的水力条件下，可以模拟计算多种溶解物质随时间的变化状态和过程。

（1）反应方程式和物质浓度

在一定的反应速率条件下，溶解性物质是以相同的流速随着流体运动，并发生物质浓度的变化，可用下列公式表示：

$$\frac{\partial C_i}{\partial t}=-u_i\frac{\partial C_i}{\partial x}+r(C_i) \tag{5.51}$$

式中 $C_i$——管段 $i$ 中的浓度；

$u_i$——管段 $i$ 中的流速；

$r$——与浓度有关的反应速率。

在管道交汇节点处，假设流体在节点上的混合是完全的和瞬时的。因此，节点出流中的物质浓度只与入流中物质浓度有关。对于节点 $k$ 处的某种物质的浓度，计算公式如下：

$$C_k=\frac{\sum\limits_{j\in l_k}Q_jC_j+Q_{k,\mathrm{ext}}C_{k,\mathrm{ext}}}{\sum\limits_{j\in l_k}Q_j+Q_{k,\mathrm{ext}}} \tag{5.52}$$

式中 $C_k$——节点 $k$ 处的物质浓度；

$l_k$——流向节点 $k$ 的管段集合；

$C_j$——从管段 $j$ 流入节点 $k$ 的水流中的物质浓度；

$Q_j$——管段 $j$ 中的流量；

$Q_{k,\mathrm{ext}}$——在节点 $k$ 的外部入流；

$C_{k,\mathrm{ext}}$——节点 $k$ 外部入流中的物质浓度。

在管网的调节构筑物中，大多数水质模型都假设构筑物中物质浓度是完全混合的，水中物质的浓度变化公式如下：

$$\frac{\partial(V_\mathrm{s}C_\mathrm{s})}{\partial t}=\sum_{i\in l_\mathrm{s}}Q_iC_{i\mid x=L_i}-\sum_{j\in \mathrm{o_s}}Q_jC_\mathrm{s}-r(C_\mathrm{s}) \tag{5.53}$$

式中 $V_\mathrm{s}$——构筑物内在时间 $t$ 的储水量；

$C_\mathrm{s}$——水中的物质浓度；

$Q_i$——入流量；

$Q_j$——出流量；

$l_\mathrm{s}$——流入构筑物的管段集合；

$O_\mathrm{s}$——流出构筑物的管段集合。

当一种物质流进管道或停留在构筑物中时，就会和水发生反应，反应速率可用式

(5.54) 描述。

$$r=kC^{n} \tag{5.54}$$

式中 $k$——反应常数;

$n$——反应级数。

氯在水中的衰减反应为一级反应,即 $r=-kC$。

求解公式(5.52)和公式(5.53)时,首先须有如下条件:

起始条件:每一管道和贮水设备中的 $C_i$ 和 $C_s$ 在时间为0时的初值。

边界条件:每个节点的 $C_{k,\text{ext}}$,$Q_{k,\text{ext}}$ 的值。

水力条件:水量调节构筑物的容量和管段的流量之间的数学关系。

(2) 管网水质动态模拟计算方法

管网水质动态模型主要研究管道和附属构筑物中的水质变化和影响因素,可以直观描述管网水质的分布状态。

水质动态模型的求解方法一般采用时间驱动欧拉法。该方法把管段分解为一系列固定的、相互关联和制约的离散体积元素,以固定的时间步长修正管网水质的现状,记录各体积元素在边界上的变化或通过体积元素的物质通量。在求解计算时,假设管网水力模型可以决定每一管段在时间步长上的流速和流向。在该时间步长中,则假定每一管道的水流状态保持不变,水中物质的迁移和反应速率保持不变。在确定水力时间步长时应考虑流速和流向变化稳定程序,一般可采用0.1h左右。各体积元素中的污染物质首先发生反应和完全混和、并转移到下一单元水体中。管道中的反应完成以后,每一节点的物质混合浓度可以计算得出。

(3) 管网水质数学模拟基础数据

1) 水力学数据

水质模型以水力模型的结果作为它的输入数据,动态模型需要每一管道的水流状态变化和容器的储水体积变化等水力学数据,这些数值可以通过管网水力分析计算得到。大多数管网水质模拟软件包都将水质和水力模拟计算合而为一,因为管网水质模拟计算需要水力模型提供的流向、流速、流量等数据,因此水力模型会直接影响到水质模型的应用。

2) 水质数据

动态模型计算需要初始的水质条件。有两种方法可以确定这些条件,一是使用现场检测结果,检测数据经常用来校正模型。现场检测可以得到取样点的水质数据,其他点的水质数据可以通过插值方法计算得到。当使用这种方法时,对容器设备中的水质条件必须要有很好的估计,这些数值会直接影响到水质模拟计算的结果。另外一种方法是在重复水力模拟条件下,以管网进水水质为边界条件,管网内部节点水质的初始条件值可以设为任意值,进行长时段的水力和水质模拟计算,直到系统的水质变化为一周期模式。应该注意的是,水质变化周期与水力周期是不同的。对初始条件和边界条件的准确估计可以缩短模拟系统达到稳定的时间。

3) 反应速率数据

水中物质的反应速率数据主要依赖于被模拟的物质特性,这些数据会随着不同的水源、处理方法以及管线条件而不同。实验结果表明,测得的水中余氯量与时间成自然对数关系。反应速率为曲线上对应点的斜率。

瓶实验还可以估计水中三氯甲烷（THM）的一级增长率，这个实验应有足够长的时间，以至THM的浓度达到不变，这就是THM形成的最大估计值。THM的浓度与时间成自然对数曲线，对应点上的曲线斜率就是THM的增长率。

（4）给水管网水质数学模型校正

模型的校正是调整模型变量，使模型结果与实际观测结果尽可能地吻合。因为水质模型需要水力模型提供管道水流的情况，因此，一个准确校核的水力模型是非常必要的。在水质模拟计算中，保守物质不随水流移动而发生变化。在节点处，物质的浓度和水的流经时间可以通过流入节点的水量和水质的完全混合方程计算得出。

在管网系统中，非保守物质与水中其他物质发生反应，浓度随时间发生变化，需要通过实验和观测数据来确定反应方式和参数，需要通过实地调查分析来估计和确定数据值。

在水质数学模型的校正工作中，可以采用容易识别的保守示踪剂测定试验进行。所用的化学物质一般有氟化物、氯化钙、氯化钠、氯化锂。示踪剂的选择一般根据化学品管理的规定、使用效果、费用、投加方法和分析装置而定。示踪剂浓度的模拟计算值和实际测定值达到基本一致时，即可表明水质模型得到了正确的校正结果。如两者之间仍存在较大的差距，则需要对模型进一步修正。许多统计和直接观测技术可以和示踪剂数据一起被用于调整水力及水质模型参数，使模拟计算结果与观测数据能够较好地吻合。

### 5.5.3 给水管网水力停留时间和水质安全评价

给水管网内的水力停留时间、流速变化和管网水力特性是对管网水质产生影响的主要因素。氯在管网中的消耗速度与时间有关。如果水在管网内的停留时间过长，就会使水的质量下降，在管道中产生锈蚀和生物膜。因此，水在管网内的停留时间可以作为评价管网水质安全可靠性的重要依据。模拟计算水在管网中的停留时间，是一个管网水质动态实时模拟和评价的有效途径和方法。

（1）给水管网“水龄”计算

水在管网中的停留时间是指水从水源节点流至各节点的流经时间，也被称为节点“水龄”。停留时间的长短表明各节点上水的新鲜程度，是该节点上的水质安全性的重要参数。水源节点上的水的停留时间为零（h）。

图5.11 管段上水质变化方向

如图5.11所示，设节点$i$上水的停留时间为$t_i$，水从节点$i$经管段$ij$流至其下游节点$j$，则水在管段$ij$中的流经时间$t_{pij}$为

$$t_{pij}=l_{ij}/v_{ij} \tag{5.55}$$

式中 $l_{ij}$——管段长度（m）；

$v_{ij}$——管段$ij$中的水流速度（m/s）。

管段$ij$中的水在节点$j$的停留时间为$t_i$与$t_{pij}$之和，即

$$t_j=t_i+t_{pij} \tag{5.56}$$

管段$ij$中的水在节点$j$上的余氯浓度为

$$C_j=C_i\exp(kt_{pij}) \tag{5.57}$$

实际上，管网中各节点的水的停留时间和水中的物质浓度是随时间变化的，管段下游节

点 $j$ 的水流停留时间和物质浓度是在与之连接的各上游节点上前一时刻的数据基础上计算求得的。在进行动态模拟计算时，应采用统一的时间步长，设为 $\Delta t$。模拟计算从 $t=0$ 开始，然后，每间隔 $\Delta t$ 的时间进行一次模拟计算，模拟计算的时间依次为 0，$\Delta t$，$2\Delta t$，$3\Delta t$，$4\Delta t$，…，$n\Delta t$，$(n+1)\Delta t$，……。因此，在 $n\Delta t$ 时刻，各管段水流中的物质浓度 $C_{ij}^n$ 可取其两端节点上物质浓度的平均值，即

$$C_{ij}^n=0.5(C_i^n+C_j^n) \tag{5.58}$$

在 $(n+1)\Delta t$ 时刻，各管段中的物质浓度为

$$C_{ij}^{n+1}=C_{ij}^n\exp(k\Delta t) \tag{5.59}$$

各管段中的平均水流停留时间为

$$t_{ij}=0.5(t_i+t_j) \tag{5.60}$$

当流向节点 $j$ 的管段不只一根时，则设定所有流到节点 $j$ 的水中物质在节点 $j$ 完全混合。

在 $(n+1)\Delta t$ 时刻，节点 $j$ 上水流停留时间可采用到达该节点的水流的加权平均停留时间，各管段在 $\Delta t$ 时段内流向节点 $j$ 的流量 $q_{ij}^n\Delta t$ 为该流量的停留时间的权值，表达如下式

$$t_j^{n+1}=\sum_{i\in j}(q_{ij}^n\Delta t\cdot t_{\mathrm{p}ij}^n)/\sum_{i\in j}(q_{ij}^n\Delta t) \tag{5.61}$$

此刻，在节点 $j$ 的水中物质浓度为

$$C_j^{n+1}=\sum_{i\in j}(C_{ij}^n q_{ij}^n\Delta t)/\sum_{i\in j}(q_{ij}^n\Delta t) \tag{5.62}$$

式中　$i$——所有流向节点 $j$ 的管段的起点编号，$i\in j$ 表示由 $i$ 流向 $j$ 的管段集合；

$n$——时段编号；

$q_{ij}$——管段 $ij$ 的流量。

利用上述方法，可以模拟计算管网中任意节点或管段在任意时刻的水流停留时间和物质的浓度。

在模拟计算的开始时刻，$t=0$，$n=0$，管网中各节点和管段的水流停留时间和物质的浓度必须设定初始值，是不可能符合实际情况的。但是，当模拟计算若干时段后，即当 $n\Delta t$ 值大于最大的节点水流停留时间 $t_{j\max}$ 时，模拟计算的结果将会逐步接近实际情况。当然，模拟计算结果的可靠程度仍取决于管网水力计算和水质反应速率常数的正确性。

（2）给水管网水质安全性评价

在水厂内加氯后，经过给水干管和配水管输送过程中，由于氯和管道材料以及水中杂质发生化学反应而消耗氯，氯的消耗速度为一级反应：

$$\mathrm{d}C/\mathrm{d}t=-kC \tag{5.63}$$

式中　$k$——反应速度常数。

将上式中余氯浓度 $C$ 对反应时间积分，时间从 0 到 $t$，浓度从 $C_0$ 到 $C$，得

$$C=C_0\exp(-kt) \tag{5.64}$$

式中　$C_0$——$t=0$ 时的余氯浓度（mg/L）；

$k$——余氯消耗速度常数（$h^{-1}$），$k$ 值因管道材料不同而异，一般 $k=(5\sim10)\times10^{-3}$。对于一个特定的配水系统，$k$ 值可以通过水质监测数据计算求得。

在计算管网内的余氯变化时，上述反应时间 $t$ 如用管网内停留时间 $T$ 代替，则达到允

许余氯浓度 $C_a$（mg/L）时的停留时间 $T_a$ 为

$$T_a = 1/k\ln(C_0/C_a) \tag{5.65}$$

允许停留时间 $T_a$ 值可以作为评价水质安全性的指标。从上述的水流停留时间和物质的浓度模拟计算中，如果任一节点或管段的水流停留时间超过 $T_a$ 值，应视为水质安全性降低。

应该指出的是，为了保证管网中的水量和水压，在管道工程设计时，一般总希望尽量放大管径，但从水质安全性考虑，宜将管径缩小，因此在确定管径之前须加以比较。此外，调整水压并不能改变停留时间，所以对已敷设的管网，为了保证水质，只有采取加强消毒的措施。

水质安全性指标还有病毒、有机物、金属离子等有毒害物质，在水中的浓度必须严格管理和控制。可以通过管网的水质监测和模拟计算进行监控，保证用户用水的安全可靠性。

## 思 考 题

1. 分别就不设泵站和设泵站的管段，说明其水力特性由哪些因素确定？

2. 给水管网水力分析的前提条件有哪些？为什么必须已知至少一个节点的水头？

3. 对于多定压节点管网，如果只用各节点流量连续性方程和各环能量方程可进行水力分析吗？为什么？进行虚环假设有何意义？为什么说虚环能量方程实际上就是定压节点间路径能量方程？

4. 结合一个实例，比较一下解环方程和解节点方程方法的未知数数目，一般情况下哪种方法未知数更多？解节点方程虽然未知数较多，但仍被广泛采用，为什么？

5. 单定压节点树状管网水力分析计算有何特点？为什么说其计算比较简单？

6. 你认为牛顿—拉夫森算法可能出现不收敛的情况吗？解环方程时，为什么说流量初分配得越准确，则计算工作量越少？

7. 为什么说哈代—克罗斯平差算法是水力分析的最简单方法？它也是最高效的方法吗？

8. 为什么说平差的过程实际上是闭合差在管网中传递且相互抵消的过程？对于解环方程时的环水头闭合差是如此，对于解节点方程时的节点流量闭合差也是如此吗？

9. 给水管网水质模型是以水力模型为基础的，你认为关于水力模型的哪些假设会给水质模拟计算造成误差？

10. 管网中节点的“水龄”可以通过哪些方法改变？

## 习 题

1. 对于【例 5.3】，管段水头损失改用曼宁公式计算，取 $n_M=0.012$，将水塔高度提高 0.5m，即节点（5）水头改为 48.50m，其余数据不变，试用改进哈代—克罗斯平差算法进行水力分析计算，求出各管段流量、流速及各节点水头与自由水压。

2. 有一个小型给水系统，由 3 座不同高度的水塔向用户供水，各水塔水面高程、各管

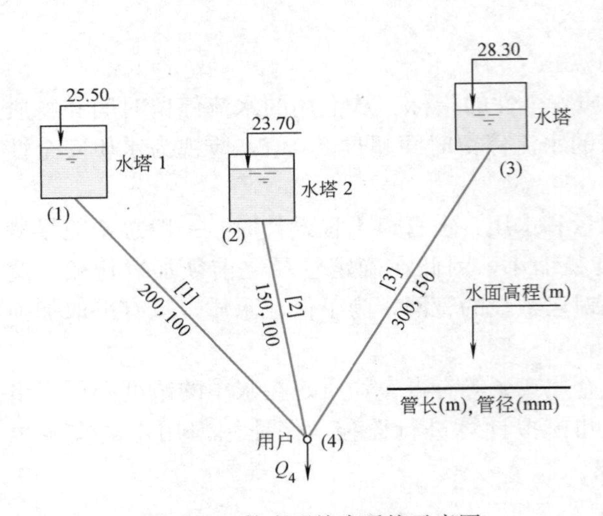


图 5.12　某小型给水系统示意图

段长度和管径如图 5.12 所示，各管段管材粗糙系数均为 $C_w=100$，试列出该系统管网恒定流方程组，并进行以下计算：

1）当节点（4）水头为 20.00m 时各水塔的供水量和用户的用水量；

2）当用户用水量为多少时，1 座水塔供水，1 座水塔进水，另一座水塔不供水也不进水？

3）当用户用水量为 50.00L/s 时，节点（4）的水头为多少（请用节点流量平差算法计算）？

3. 推导：(1) 给水管网节点压力方程组和矩阵方程；(2) 环校正流量的方程组和矩阵方程。

# 第6章　给水管网工程设计

## 6.1　设计用水量计算

### 6.1.1　最高日设计用水量

（1）最高日设计用水量定额

设计用水量定额是确定设计用水量的主要依据，它可影响给水系统中供水设施的规模、工程投资、工程扩建的期限及安全供水保障。应结合现状和规划资料并参照类似地区或企业的用水情况，确定用水量定额。

城市生活用水和工业用水的增长速度，在一定程度上是有规律的，但如对生活用水采取节约用水措施，对工业用水采取计划用水、提高工业用水重复利用率等措施，可以影响用水量的增长速度，在确定设计用水量定额时应考虑这种措施。

居民生活用水定额和综合用水定额，应根据当地国民经济和社会发展规划和水资源充沛程度，在现有用水定额基础上，结合给水专业规划和给水工程发展条件综合分析确定。

1）居民生活用水

城市居民生活用水量由城市人口、每人每日平均生活用水量和城市给水普及率等因素确定。这些因素随城市规模的大小而变化。通常，住房条件较好、给水排水设备较完善、居民生活水平相对较高的大城市，生活用水量定额也较高。

我国幅员辽阔，各城市的水资源和气候条件不同，生活习惯各异，所以人均用水量有较大的差别。即使用水人口相同的城市，因城市地理位置和水源等条件不同，用水量也可以相差很多。一般说来，我国东南地区、沿海经济开发特区和旅游城市，因水源丰富，气候较好，经济比较发达，用水量普遍高于水源缺乏及气候寒冷的地区。

影响生活用水量的因素很多，设计时，如缺乏实际用水量资料，则居民生活用水定额和综合生活用水定额可参照《室外给水设计标准》GB 50013—2018的规定，见表1.1～表1.4。

2）工业企业生产用水和生活用水

工业生产用水一般是指工业企业在生产过程中用于冷却、空调、制造、加工、净化和洗涤方面的用水。在城市给水中，工业用水占很大比例。生产用水中，冷却用水是大量的，特别是火力发电、冶金和化工等工业。空调用水则以纺织、电子仪表和精密机床生产等工业用得较多。

工矿企业门类很多，生产工艺多种多样，用水量的增长与国民经济发展计划、工业企业规划、工艺的改革和设备的更新等密切相关，因此通过工业用水调查以获得可靠的资料是非常重要的。

设计年限内生产用水量的预测，可以根据工业用水的以往资料，按历年工业用水增长率推算未来的水量，或根据单位工业产值的用水量、工业用水量增长率与工业产值的关系，或单位产值用水量与用水重复利用率的关系加以预测。

工业用水指标一般以万元产值用水量表示。不同类型的工业万元产值用水量不同，如果城市中用水单耗指标较大的工业多，则万元产值的用水量也高；即使同类工业部门，由于管理水平提高、工艺条件改革和产品结构的变化，尤其是工业产值的增长，单耗指标会逐年降低。提高工业用水重复利用率，重视节约用水等可以降低工业用水单耗。随着工业的发展，工业用水量也随之增长，但用水量增长速度比不上产值的增长速度。工业用水的单耗指标由于水的重复利用率提高而有逐年下降趋势。由于高产值、低单耗的工业发展迅速，因此万元产值的用水量指标在很多城市有较大幅度的下降。

有些工业企业的规划，往往不是以产值为指标，而以工业产品的产量为指标，这时，工业企业的生产用水量标准，应根据生产工艺过程的要求确定或是按单位产品计算用水量，如每生产一吨钢的用水量，或按每台设备每天用水量计算可参照有关工业用水量定额。生产用水量通常由企业的工艺部门提供。在缺乏资料时，可参考同类型企业用水指标。在估计工业企业生产用水量时，应按当地水源条件、工业发展情况、工业生产水平，预估将来可能达到的重复利用率。

工业企业内工作人员生活用水量和淋浴用水量应根据企业、工厂或车间性质决定，一般采用每人每班 25L，高温车间采用每人每班 35L，淋浴时间在下班后一小时内进行。

3）消防用水

消防用水只在火灾发生时使用，历时短暂，但用水量大，在城市用水量中占有一定的比例，尤其是中小城市，所占比例较大。消防用水量、水压和火灾延续时间等，均有严格的规范规定，应按照现行的《建筑设计防火规范》GB 50016—2014（2018 年版）和《消防给水及消火栓系统技术规范》GB 50974—2014 等执行。

4）其他用水

浇洒道路和绿化用水量应根据路面种类、绿化面积、气候和土壤等条件确定。浇洒道路用水量一般为 2.0～3.0L/(m$^2$·d)，浇洒绿化用水量可采用 1.0～3.0L/(m$^2$·d)。

城市供水管网漏失水量可按上述除消防用水外计算的最高日用水量的 10%计算。未预见水量可按上述除消防用水外全部流量的 8%～12%计算。

（2）最高日设计用水量计算

城市最高日设计用水量为设计年限内给水系统的最高日全部用水，包括综合生活用水，工业企业生产用水和职工生活用水，消防用水，浇洒道路和绿地用水以及未预见水量和管网漏失水量，但不包括工业自备水源所供应的水量。

设计用水量应先分项计算，最后进行汇总。由于消防用水量是偶然发生的，不累积到设计总用水量中，仅作为设计校核使用。计算步骤如下：

1）城市最高日综合生活用水量（包括公共设施生活用水量）为：

$$Q_1=\sum\frac{q_{1i}N_{1i}}{1000}\quad (\mathrm{m^3/d}) \tag{6.1}$$

式中　$q_{1i}$——城市各用水分区的最高日综合生活用水量定额［L/(人·d)］，见表 1.3；

$N_{1i}$——设计年限内城市各用水分区的计划人口数。

一般地，城市应按房屋卫生设备类型不同，划分成不同的用水区域，分别选定用水量定额，使计算更准确。城市计划人口数往往并不等于实际居民人数，所以应按实际情况考虑用水普及率，计算实际用水人数。

2）工业企业生产用水量为：

$$Q_2=\sum q_{2i}B_{2i}(1-f_i) \quad (\mathrm{m^3/d}) \tag{6.2}$$

式中 $q_{2i}$——各工业企业最高日生产用水量定额［$\mathrm{m^3}$/万元，$\mathrm{m^3}$/产量单位或$\mathrm{m^3}$/(生产设备单位·d)］；

$B_{2i}$——各工业企业产值［万元/d，或产量、产品单位/d，或生产设备数量，生产设备单位］；

$f_i$——各工业企业生产用水重复利用率。

3）工业企业职工的生活用水和淋浴用水量：

$$Q_3=\sum\frac{q_{3ai}N_{3ai}+q_{3bi}N_{3bi}}{1000} \quad (\mathrm{m^3/d}) \tag{6.3}$$

式中 $q_{3ai}$——各工业企业车间职工生活用水量定额［L/(人·班)］；

$q_{3bi}$——各工业企业车间职工淋浴用水量定额［L/(人·班)］；

$N_{3ai}$——各工业企业车间最高日职工生活用水总人数；

$N_{3bi}$——各工业企业车间最高日职工淋浴用水总人数。

注意，$N_{3ai}$和$N_{3bi}$应计算全日各班人数之和，不同车间用水量定额不同时，应分别计算。

4）浇洒道路和绿化用水量：

$$Q_4=\frac{q_{4a}N_{4a}f_4+q_{4b}N_{4b}}{1000} \quad (\mathrm{m^3/d}) \tag{6.4}$$

式中 $q_{4a}$——城市浇洒道路用水量定额［L/(m$^2$·次)］；

$q_{4b}$——城市绿化用水量定额［L/(m$^2$·d)］；

$N_{4a}$——城市最高日浇洒道路面积（m$^2$）；

$f_4$——城市最高日浇洒道路次数；

$N_{4b}$——城市最高日绿化用水面积（m$^2$）。

5）未预见水量和管网漏失水量：

$$Q_5=(0.18\sim0.22)(Q_1+Q_2+Q_3+Q_4) \quad (\mathrm{m^3/d}) \tag{6.5}$$

6）消防用水量：

$$Q_6=q_6f_6 \quad (\mathrm{L/s}) \tag{6.6}$$

式中 $q_6$——消防用水量定额（L/s）；

$f_6$——同时火灾次数。

7）最高日设计用水量：

$$Q_d=Q_1+Q_2+Q_3+Q_4+Q_5 \quad (\mathrm{m^3/d}) \tag{6.7}$$

**【例6.1】** 某城镇规划人口80000人，其中老市区人口33000人，自来水普及率95%，新市区人口47000人，自来水普及率100%，老市区房屋卫生设备较差，最高日综合生活用水量定额采用260L/(人·d)，新市区房屋卫生设备比较先进和齐全，最高日综合生活用水量定额采用350L/(人·d)；主要用水工业企业及其用水资料见表6.1；城市浇洒道路面积为7.5hm²，用水量定额采用1.5L/(m²·次)，每天浇洒1次，大面积绿化面积13hm²，用水量定额采用2.0L/(m²·d)。试计算最高日设计用水量。

**某城镇主要用水工业企业用水量计算资料**　　**表6.1**

| 企业代号 | 工业产值(万元/d) | 生产用水 | | 生产班制 | 每班职工人数 | | 每班淋浴人数 | |
|---|---|---|---|---|---|---|---|---|
| | | 定额($m^3$/万元) | 复用率(%) | | 一般车间 | 高温车间 | 一般车间 | 污染车间 |
| F01 | 16.67 | 300 | 40 | 0～8,8～16,16～24 | 310 | 160 | 170 | 230 |
| F02 | 15.83 | 150 | 30 | 7～15,15～23 | 155 | 0 | 70 | 0 |
| F03 | 8.20 | 40 | 0 | 8～16 | 20 | 220 | 20 | 220 |
| F04 | 28.24 | 70 | 55 | 1～9,9～17,17～1 | 570 | 0 | 0 | 310 |
| F05 | 2.79 | 120 | 0 | 8～16 | 110 | 0 | 110 | 0 |
| F06 | 60.60 | 200 | 60 | 23～7,7～15,15～23 | 820 | 0 | 350 | 140 |
| F07 | 3.38 | 80 | 0 | 8～16 | 95 | 0 | 95 | 0 |

**【解】** 城市最高日综合生活用水量（包括公共设施生活用水量）为：

$$Q_1=\sum\frac{q_{1i}N_{1i}}{1000}=\frac{260\times33000\times0.95+350\times47000\times1}{1000}=24600\text{m}^3/\text{d}$$

工业企业生产用水量$Q_2$计算见表6.2，工业企业职工的生活用水和淋浴用水量$Q_3$计算见表6.3。

**工业企业生产用水量计算**　　**表6.2**

| 企业代号 | 工业产值(万元/d) | 生产用水 | | 生产用水量($m^3$/d) | 企业代号 | 工业产值(万元/d) | 生产用水 | | 生产用水量($m^3$/d) |
|---|---|---|---|---|---|---|---|---|---|
| | | 定额($m^3$/万元) | 复用率(%) | | | | 定额($m^3$/万元) | 复用率(%) | |
| F01 | 16.67 | 300 | 40 | 3000.6 | F05 | 2.79 | 120 | 0 | 334.8 |
| F02 | 15.83 | 150 | 30 | 1662.2 | F06 | 60.60 | 200 | 60 | 4848.0 |
| F03 | 8.20 | 40 | 0 | 328.0 | F07 | 3.38 | 80 | 0 | 270.4 |
| F04 | 28.24 | 70 | 55 | 889.6 | 合计($Q_2$) | | | | 11333.6 |

**工业企业职工的生活用水和淋浴用水量计算**　　**表6.3**

| 企业代号 | 生产班制 | 每班职工人数 | | 每班淋浴人数 | | 职工生活与淋浴用水量($m^3$/d) | | |
|---|---|---|---|---|---|---|---|---|
| | | 一般车间 | 高温车间 | 一般车间 | 污染车间 | 生活用水 | 淋浴用水 | 小计 |
| F01 | 0～8,8～16,16～24 | 310 | 160 | 170 | 230 | 40.1 | 61.8 | 101.9 |
| F02 | 7～15,15～23 | 155 | 0 | 70 | 0 | 7.8 | 5.6 | 13.4 |
| F03 | 8～16 | 20 | 220 | 20 | 220 | 8.2 | 14.0 | 22.2 |
| F04 | 1～9,9～17,17～1 | 570 | 0 | 0 | 310 | 42.8 | 55.8 | 98.6 |
| F05 | 8～16 | 110 | 0 | 110 | 0 | 2.8 | 4.4 | 7.2 |
| F06 | 23～7,7～15,15～23 | 820 | 0 | 350 | 140 | 61.5 | 67.2 | 128.7 |
| F07 | 8～16 | 95 | 0 | 95 | 0 | 2.4 | 3.8 | 6.2 |
| 合计($Q_3$) | | | | | | | | 378.2 |

注：职工生活用水量定额为：一般车间25L/(人·班)，高温车间35L/(人·班)；职工淋浴用水量定额为：一般车间40L/(人·班)，污染车间60L/(人·班)。

浇洒道路和绿化用水量：

$$Q_4=\frac{q_{4a}N_{4a}f_4+q_{4b}N_{4b}}{1000}=\frac{1.5\times75000\times1+2.0\times130000}{1000}=372.5\text{m}^3/\text{d}$$

未预见水量和管网漏失水量（取 20%）：

$$Q_5=0.20\times(Q_1+Q_2+Q_3+Q_4)=0.20\times(24600+11333.6+378.2+372.5)$$
$$=7336.9\text{m}^3/\text{d}$$

采用消防用水量定额为 35L/s，同时火灾次数为 2，则消防用水量为：

$$Q_6=q_6f_6=35\times2=70\text{L/s}$$

最高日设计用水量：

$$Q_d=Q_1+Q_2+Q_3+Q_4+Q_5=24600+11333.6+378.2+372.5+7336.9$$
$$=44021.2\text{m}^3/\text{d}$$

取：$Q_d=45000\text{m}^3/\text{d}$

### 6.1.2 设计用水量变化及其调节计算

（1）最高日用水量变化曲线

最高日用水量的变化曲线是给水管网工程设计的重要依据。在设计工作中，可以依据当地历史实测资料或相近地区实测资料近似地确定最高日总用水量的时变化系数，或者逐项计算各类最高日用水量在各小时的分布量，累计计算和绘制最高日时用水量变化曲线。在缺乏设计数据资料时，可参考下列规定和经验计算确定。

1）《室外给水设计标准》GB 50013—2018 规定，城市供水时变化系数、日变化系数应根据城市性质、城市规模、国民经济与社会发展和城市供水系统现状供水曲线和日用水变化分析确定；在缺乏实际用水资料情况下，最高日城市综合用水的时变化系数宜采用 1.2～1.6，日变化系数宜采用 1.1～1.5；

2）工业企业内工作人员的生活用水时变化系数为 2.5～3.0，淋浴用水量按每班延续用水 1 小时确定变化系数；

3）工业生产用水量一般变化不大，可以在最高日的工作时段内均匀分配。

图 6.1 为某城市最高日实测用水量变化曲线，其中，（1）为小时平均供水量比率，（2）为小时供水量比率曲线，（3）为泵站小时供水量比率曲线。从图 6.1 中看出，该城市最高日用水有两个高峰，一个在 8 点～12 点，另一个高峰在 16 点～20 点，这也是我国一般的大、中型城市的普遍规律。最高时是 8 点～9 点，最高时用水量为全天用水量的 5.92%，时变化系数为 1.42。

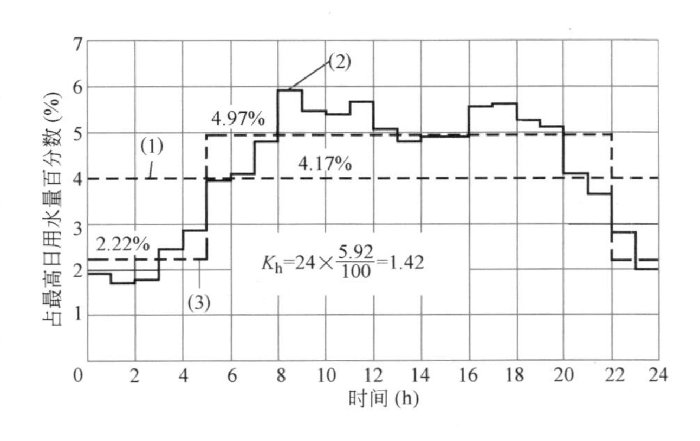

图 6.1 某城市最高日用水量变化曲线

确定最高日用水量变化曲线以后，可以计算最高时用水量，即：

$$Q_h=\frac{K_h Q_d}{24}\quad(m^3/h) \tag{6.8}$$

如前例，最高日用水量为$Q_d=45000m^3/d$，若时变化系数$K_h=1.42$，则最高时用水量为：

$$Q_h=\frac{K_h Q_d}{24}=\frac{1.42\times45000}{24}=2663m^3/h$$

（2）泵站供水流量计算

城市给水系统中，一般由供水泵站从一个或多个自来水厂的清水池吸水井加压后通过管网向用户供水，满足用户在任何时间的用水量需求。

当管网中不设置水塔或水池等流量调节设施时，供水泵站的供水流量比率曲线与用水量比率曲线重合，如图6.1中曲线（2）所示，各供水泵站的设计流量等于管网用水量。

当给水管网中设置水塔或高位水池时，可以通过技术经济比较确定供水泵站的供水流量曲线。泵站的设计流量曲线尽量接近用水曲线，以减小水塔或高位水池的调节容积，一般各级供水量可以取相应时段用水量的平均值，可以分为若干级差，分级数量可按供水规模和流量变化情况确定。

如图6.1中曲线（3）所示，泵站供水曲线设定为两级，第一级为从22点到5点，供水量比率为2.22%，第二级为从5点到22点，供水量比率为4.97%，日总供水量为：2.22%×7+4.97%×17=100%。在管网中设置水塔或水池，调节管网用水量的变化，可以降低供水泵站的设计规模，也能降低管网造价。

从图6.1所示的用水量曲线（2）和泵站供水曲线（3）可以看出水塔或水池的流量调节作用，供水量高于用水量时，多余的水进入水塔或水池内贮存，相反，当供水量低于用水量时，则从水塔或高位水池流出以补泵站供水量的不足。尽管各城市的具体情况有差别，水塔或水池在管网内的位置可能不同，但水塔或水池的流量调节作用并不因此而变化。

当最高日设计用水量为$45000m^3/d$时，若管网中不设水塔或水池，供水泵站最大小时设计供水流量为：

$45000\times5.92\%=2664m^3/h$或$45000\times5.92\%\times1000\div3600=740L/s$；

如果管网中设置水塔或高位水池，供水泵站设计高峰供水流量和低峰设计供水量分别为：

$45000\times4.97\%\times1000\div3600=620L/s$，

和

$45000\times2.22\%\times1000\div3600=277.5L/s$；

水塔或高位水池的设计供水流量为：

$45000\times(5.92-4.97)\%\times1000\div3600=120L/s$；

水塔或高位水池的最大进水流量（21～22点，称为最大转输时）为：

$45000\times(4.97-3.65)\%\times1000\div3600=165L/s$。

（3）管网调节流量计算

城市给水系统中，取水和给水处理设施按最高日平均时流量设计和运行，水厂各小时出水量占最高日供水量比率等于100%÷24=4.17%，如图6.1中曲线（1）所示；如果管网中不设置水塔或水池调节设施，供水泵站供水流量等于管网用水量，泵站供水量比率如图 6.1 中曲线（2）所示；如果管网中设置有水塔或水池调节设施时，供水泵站可在当日最高时用水量和最低时用水量之间供水量状态工作，如图 6.1 中曲线（3）所示。

为了协调给水处理流量、管网用户用水量和供水泵站流量之间存在的流量差值，可以在供水泵站之前建造清水池和在管网中设置水塔或水池等流量调节设施，保障供水系统运行稳定，满足所有用户在任何时间得到安全可靠的供水服务。为此，需要进行清水池和水塔或水池等流量调节设施的合理设计，科学计算和确定它们的调节容积。流量调节设施的调节容积计算用【例 6.2】说明。

**【例 6.2】** 按图 6.1 所示用水曲线和泵站供水曲线，分别计算管网中设水塔和不设水塔时的清水池调节容积，以及水塔调节容积。

**【解】** 用表 6.4 所示列表法进行计算。第（1）列数据为时间序列，以 1 小时为时间间隔；第（2）列数据为各小时给水处理供水量，即小时流量为日流量的 4.17%（其中几个数据为 4.16%，是为了满足 100%的总和不变）；第（3）列数据为在设置水塔情况下的泵站小时供水量，分为二级供水量，分别为 2.22%和 4.97%（其中几个数据为 4.96%，是为了满足 100%的总和不变）；第（4）列数据为不设置水塔情况下的泵站小时供水量（等于管网用水量）。

当管网中设置水塔时，清水池调节容积计算见表 6.4 中第 5、6 列，设第（2）列数据为 $Q_2$，第（3）列数据为 $Q_3$，第 5 列为调节流量 $Q_2-Q_3$，第 6 列为调节流量累计值 $\sum(Q_2-Q_3)$，其最大值为 9.74，最小值为−3.89，则调节容积为：9.74%−(−3.89%)＝13.63%。

当管网中不设水塔时，清水池调节容积计算见表 6.4 中第 7、8 列，设第（4）列数据为 $Q_4$，第 7 列为调节流量 $Q_2-Q_4$，第 8 列为调节流量累计值 $\sum(Q_2-Q_4)$，其最大值为 10.40，最小值为−4.06，则清水池调节容积为：10.40%−(−4.06%)＝14.46%。

水塔调节容积计算见表 6.4 中第 9、10 列，其中，第 9 列为调节流量 $Q_3-Q_4$，第 10 列为调节流量累计值 $\sum(Q_3-Q_4)$，其最大值为 2.43，最小值为−1.78，则水塔调节容积为：2.43%−(−1.78%)＝4.21%。

**清水池与水塔调节容积计算表** **表 6.4**

| 小时 | 给水处理供水量(%) | 供水泵站供水量(%) | | 清水池调节容积计算(%) | | | | 水塔调节容积计算(%) | |
|---|---|---|---|---|---|---|---|---|---|
| | | 设置水塔 | 不设水塔 | 设置水塔 | | 不设水塔 | | | |
| (1) | (2) | (3) | (4) | (2)-(3) | Σ | (2)-(4) | Σ | (3)-(4) | Σ |
| 0～1 | 4.17 | 2.22 | 1.92 | 1.95 | 1.95 | 2.25 | 2.25 | 0.30 | 0.30 |
| 1～2 | 4.17 | 2.22 | 1.70 | 1.95 | 3.90 | 2.47 | 4.72 | 0.52 | 0.82 |
| 2～3 | 4.16 | 2.22 | 1.77 | 1.94 | 5.84 | 2.39 | 7.11 | 0.45 | 1.27 |
| 3～4 | 4.17 | 2.22 | 2.45 | 1.95 | 7.79 | 1.72 | 8.83 | −0.23 | 1.04 |
| 4～5 | 4.17 | 2.22 | 2.87 | 1.95 | 9.74 | 1.30 | 10.13 | −0.65 | 0.39 |
| 5～6 | 4.16 | 4.97 | 3.95 | −0.81 | 8.93 | 0.21 | 10.34 | 1.02 | 1.41 |
| 6～7 | 4.17 | 4.97 | 4.11 | −0.80 | 8.13 | 0.06 | 10.40 | 0.86 | 2.27 |
| 7～8 | 4.17 | 4.97 | 4.81 | −0.80 | 7.33 | −0.64 | 9.76 | 0.16 | 2.43 |
| 8～9 | 4.16 | 4.97 | 5.92 | −0.81 | 6.52 | −1.76 | 8.00 | −0.95 | 1.48 |

续表

| 小时 | 给水处理供水量(%) | 供水泵站供水量(%) | | 清水池调节容积计算(%) | | | | 水塔调节容积计算(%) | |
|---|---|---|---|---|---|---|---|---|---|
| | | 设置水塔 | 不设水塔 | 设置水塔 | | 不设水塔 | | | |
| (1) | (2) | (3) | (4) | (2)-(3) | Σ | (2)-(4) | Σ | (3)-(4) | Σ |
| 9～10 | 4.17 | 4.96 | 5.47 | −0.79 | 5.73 | −1.30 | 6.70 | −0.51 | 0.97 |
| 10～11 | 4.17 | 4.97 | 5.40 | −0.80 | 4.93 | −1.23 | 5.47 | −0.43 | 0.54 |
| 11～12 | 4.16 | 4.97 | 5.66 | −0.81 | 4.12 | −1.50 | 3.97 | −0.69 | −0.15 |
| 12～13 | 4.17 | 4.97 | 5.08 | −0.80 | 3.32 | −0.91 | 3.06 | −0.11 | −0.26 |
| 13～14 | 4.17 | 4.97 | 4.81 | −0.80 | 2.52 | −0.64 | 2.42 | 0.16 | −0.10 |
| 14～15 | 4.16 | 4.96 | 4.62 | −0.80 | 1.72 | −0.46 | 1.96 | 0.34 | 0.24 |
| 15～16 | 4.17 | 4.97 | 5.24 | −0.80 | 0.92 | −1.07 | 0.89 | −0.27 | −0.03 |
| 16～17 | 4.17 | 4.97 | 5.57 | −0.80 | 0.12 | −1.40 | −0.51 | −0.60 | −0.63 |
| 17～18 | 4.16 | 4.97 | 5.63 | −0.81 | −0.69 | −1.47 | −1.98 | −0.66 | −1.29 |
| 18～19 | 4.17 | 4.96 | 5.28 | −0.79 | −1.48 | −1.11 | −3.09 | −0.32 | −1.61 |
| 19～20 | 4.17 | 4.97 | 5.14 | −0.80 | −2.28 | −0.97 | −4.06 | −0.17 | −1.78 |
| 20～21 | 4.16 | 4.97 | 4.11 | −0.81 | −3.09 | 0.05 | −4.01 | 0.86 | −0.92 |
| 21～22 | 4.17 | 4.97 | 3.65 | −0.80 | −3.89 | 0.52 | −3.49 | 1.32 | 0.40 |
| 22～23 | 4.17 | 2.22 | 2.83 | 1.95 | −1.94 | 1.34 | −2.15 | −0.61 | −0.21 |
| 23～24 | 4.16 | 2.22 | 2.01 | 1.94 | 0.00 | 2.15 | 0.00 | 0.21 | 0.00 |
| 累计 | 100.00 | 100.00 | 100.00 | 调节容积=13.63 | | 调节容积=14.46 | | 调节容积=4.21 | |

（4）清水池和水塔容积设计

清水池中除了贮存调节用水量以外，还贮存消防用水量和给水处理系统生产自用水量，因此，清水池设计有效容积为：

$$W=W_1+W_2+W_3+W_4 \tag{6.9}$$

式中 $W_1$——清水池调节容积（$m^3$）；

$W_2$——消防贮备水量（$m^3$），按2小时室外消防用水量计算；

$W_3$——给水处理系统生产自用水量（$m^3$），一般取最高日用水量的5%～10%；

$W_4$——安全贮备水量（$m^3$）。

在缺乏资料时，一般清水池容积可按最高日用水量的10%～20%设计。工业用水可按生产用水要求确定清水池容积。

清水池应设计成相等容积的两只，如仅有一只，则应分格或采取适当措施，以便清洗或检修时不间断供水。

水塔除了贮存调节用水量以外，还需贮存室内消防用水量，因此，水塔设计有效容积为：

$$W=W_1+W_2 \tag{6.10}$$

式中 $W_1$——水塔调节容积（$m^3$）；

$W_2$——室内消防贮备水量（$m^3$），按10分钟室内消防用水量计算。

在资料缺乏时，水塔容积可按最高日用水量的 2.5%～3%至 5%～6%计算，城市用水量大时取低值。工业用水可按生产工艺要求确定水塔容积。

# 6.2 设计流量分配与管径设计

## 6.2.1 节点设计流量计算

（1）用水流量的分配

上节已经计算出给水管网最高日最高时用水流量 $Q_h$，这是一个总流量，为了进行给水管网的细部设计，必须将这一流量分配到系统中去，就是要将最高日用水流量分配到管网图的每条管段和各个节点上去。分配的原则如下：

1）将用户分为两类，一类称为集中用水户，另一类称为分散用水户。所谓集中用水户是从管网中一个点取得用水，且用水流量较大的用户，其用水流量称为集中流量，如工业企业、事业单位、大型公共建筑等用水均可以作为集中流量；分散用水户则是从管段沿线取得用水，且流量较小的用户，其用水流量称为沿线流量，如居民生活用水、浇路或绿化用水等。集中流量的取水点一般就是管网的节点，或者说，用集中流量的地方，应该作为节点；沿线流量则认为是从管段的沿线均匀流出。

2）集中流量一般根据集中用水户在最高日的用水量及其时变化系数应逐个计算，即：

$$q_{ni}=\frac{K_{hi}Q_{di}}{86.4} \tag{6.11}$$

式中 $q_{ni}$——第 $i$ 个集中用水户的集中流量（L/s）；

$Q_{di}$——第 $i$ 个集中用水户最高日用水量（$m^3/d$）；

$K_{hi}$——第 $i$ 个集中用水户最高日用水量时变化系数。

按式（6.11）计算的集中流量总体上是偏大的，因为不同用户的用水高峰时间可能不同，如该项用水最高时与管网最高时不同，则计算值应适当减小。

3）沿线流量一般按管段配水长度分配计算，或按配水管段的供水面积分配计算，即：

$$q_{mi}=q_l l_{mi}=\frac{Q_h-\sum q_{ni}}{\sum l_{mi}}l_{mi} \tag{6.12}$$

或：

$$q_{mi}=q_A A_i=\frac{Q_h-\sum q_{ni}}{\sum A_i}A_i \tag{6.13}$$

式中 $q_{mi}$——各管段沿线流量（L/s）；

$l_{mi}$——各管段沿线配水长度（m）；

$q_l=\frac{Q_h-\sum q_{ni}}{\sum l_{mi}}$——按管段配水长度分配沿线流量的比流量［L/(s・m)］；

$A_i$——各管段供水面积（$m^2$）；

$q_A=\frac{Q_h-\sum q_{ni}}{\sum A_i}$——按管段供水面积分配沿线流量的比流量［L/(s・$m^2$)］。

需要指出，为了提高计算精度和合理性，在按管段配水长度分配沿线流量时，应尽量准确地确定各管段配水长度，配水长度不一定是实际管长，输水管（两侧无用水）配水长度为零，单侧用水管段的配水长度取其实际长度的50%，只有部分管长配水的管段按实际比例确定配水长度，只有当管段两侧全部配水时管段的配水长度才等于其实际长度。

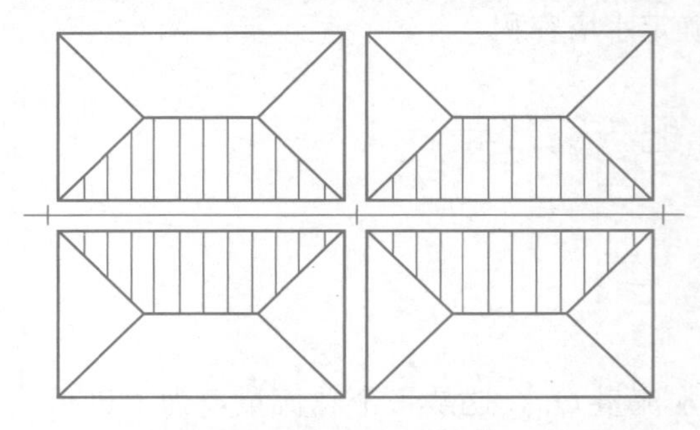

图6.2　管段的供水面积计算示意图

管段的供水面积计算如图6.2所示。同样需要注意管段供水面积确定的合理性，当管段供水区域内用水密度较大时，其供水面积值可以适当调大，反之，当管段供水区域内用水密度较小时，其供水面积值可以适当调小。

4）所有集中流量和沿线流量计算完后，应核算流量平衡，即：

$$Q_{\mathrm{h}}=\sum q_{\mathrm{n}i}+\sum q_{\mathrm{m}i}\quad(\mathrm{L/s})\tag{6.14}$$

如果有较大误差，则应检查计算过程中的错误，如误差较小，可能是计算精确度误差（小数尾数四舍五入造成），可以直接调整某些集中流量或沿线流量，使流量达到平衡。

（2）节点设计流量计算

为了便于分析计算，规定所有流量只允许从节点处流出或流入，管段沿线不允许有流量进出。

集中流量可以直接加到所处节点上；沿线流量则可以按第3章论述的水力等效的原则，将它们转移到管段两端的节点上，具体方法是将沿线流量一分为二，平均分配到两端节点上；另外，供水泵站或水塔的供水流量也应从节点处进入系统，但其方向与用水流量方向不同，应作为负流量。节点设计流量是最高用水时集中流量、沿线流量（分配后）和供水设计流量之和，假定流出节点为正向，则用下式计算：

$$Q_j=q_{\mathrm{n}j}-q_{\mathrm{s}j}+\frac{1}{2}\sum_{i\in S_j}q_{\mathrm{m}i}\quad j=1,2,3,\cdots,N\tag{6.15}$$

式中　$N$——管网图的节点总数；

$Q_j$——节点$j$的节点设计流量（L/s）；

$q_{\mathrm{n}j}$——最高时位于节点$j$的集中流量（L/s）；

$q_{\mathrm{s}j}$——位于节点$j$的（泵站或水塔）供水设计流量（L/s）；

$q_{\mathrm{m}i}$——最高时管段$i$的沿线流量（L/s）；

$S_j$——节点$j$的关联集，即与节点$j$关联的所有管段编号的集合。

在计算完节点设计流量后，应验证流量平衡，因为供水设计流量应等于用水设计流量，而两者均只能从节点进出，显然有：

$$\sum Q_j=0\tag{6.16}$$

**【例6.3】** 某给水管网布置定线后，经过简化，得如图6.3所示管网图，管网中

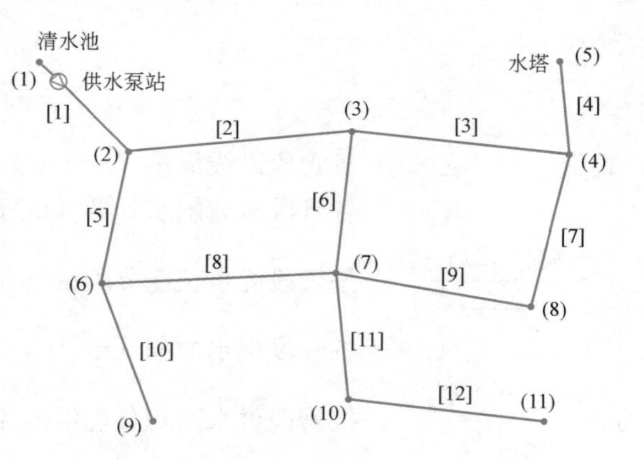


图6.3　某城市给水管网图

设置水塔，各管段长度和配水长度见表 6.5，最高时用水流量为 231.50L/s，其中集中用水流量见表 6.6，用水量变化曲线和泵站供水量曲线采用图 6.1 所示数据。试进行设计用水量分配并计算节点设计流量。

**各管段长度和配水长度** **表 6.5**

| 管段编号 | 1 | 2 | 3 | 4 | 5 | 6 | 7 | 8 | 9 | 10 | 11 | 12 |
|---|---|---|---|---|---|---|---|---|---|---|---|---|
| 管段长度(m) | 320 | 650 | 550 | 270 | 330 | 350 | 360 | 590 | 490 | 340 | 290 | 520 |
| 配水长度(m) | 0 | 650 | 550 | 0 | 165 | 350 | 180 | 590 | 490 | 150 | 290 | 360 |

**最高时集中用水流量** **表 6.6**

| 集中用水户名称 | 工厂 A | 火车站 | 宾馆 | 工厂 B | 学校 | 工厂 C | 工厂 D |
|---|---|---|---|---|---|---|---|
| 集中用水流量(L/s) | 8.85 | 14.65 | 7.74 | 15.69 | 16.20 | 21.55 | 12.06 |
| 所处位置节点编号 | 3 | 3 | 4 | 8 | 9 | 10 | 11 |

**【解】** 按管段配水长度进行沿线流量分配，先计算比流量 [L/(s·m)]：

$$q_l=\frac{Q_h-\sum q_{ni}}{\sum l_{mi}}=\frac{231.50-(8.85+14.65+7.74+15.69+16.20+21.55+12.06)}{650+550+165+350+180+590+490+150+290+360}$$
$$=0.0357\text{L/(s·m)}$$

从图 6.1 所示泵站供水曲线，得泵站设计供水流量为：

$$q_{s1}=231.50\times\frac{4.97\%}{5.92\%}=194.35\text{L/s}$$

水塔设计供水流量为：

$$q_{s5}=231.50-194.35=37.15\text{L/s}$$

各管段沿线流量分配与各节点设计流量计算见表 6.7，例如：

$$q_{m2}=q_l l_{m2}=0.0357\times650=23.21\text{L/s}$$

$$Q_{j1}=q_{n1}-q_{s1}+\frac{1}{2}(q_{m1})=0-194.35+0.5\times0=-194.35\text{L/s}$$

$$Q_{j4}=q_{n4}-q_{s4}+\frac{1}{2}(q_{m3}+q_{m4}+q_{m7})=7.74-0+0.5\times(19.63+0+6.43)=20.77\text{L/s}$$

节点设计流量计算的最后结果标于图 6.4 中。

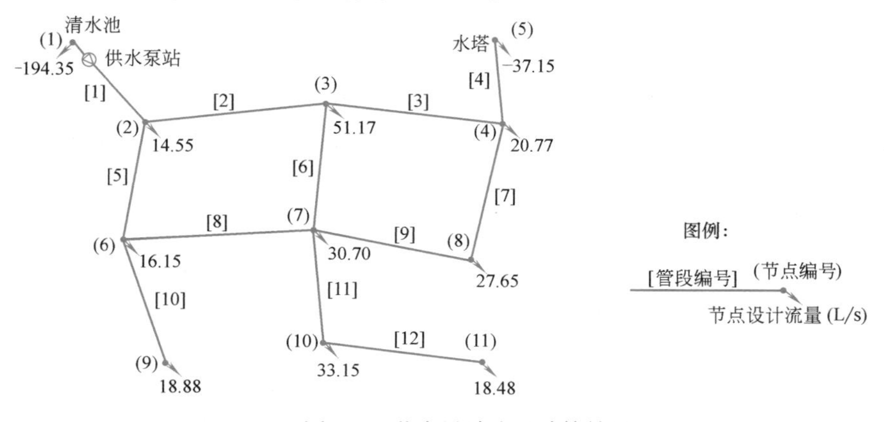


图 6.4 节点设计流量计算结果

最高时管段沿线流量分配与节点设计流量计算　　表6.7

| 管段或者节点编号 | 管段配水长度(m) | 管段沿线流量(L/s) | 节点设计流量计算(L/s) | | | |
|---|---|---|---|---|---|---|
| | | | 集中流量 | 沿线流量 | 供水流量 | 节点流量 |
| 1 | 0 | 0.00 | | 0.00 | 194.35 | −194.35 |
| 2 | 650 | 23.21 | | 14.55 | | 14.55 |
| 3 | 550 | 19.63 | 23.50 | 27.67 | | 51.17 |
| 4 | 0 | 0.00 | 7.74 | 13.03 | | 20.77 |
| 5 | 165 | 5.89 | | 0.00 | 37.15 | −37.15 |
| 6 | 350 | 12.50 | | 16.15 | | 16.15 |
| 7 | 180 | 6.43 | | 30.70 | | 30.70 |
| 8 | 590 | 21.06 | 15.69 | 11.96 | | 27.65 |
| 9 | 490 | 17.49 | 16.20 | 2.68 | | 18.88 |
| 10 | 150 | 5.35 | 21.55 | 11.60 | | 33.15 |
| 11 | 290 | 10.35 | 12.06 | 6.42 | | 18.48 |
| 12 | 360 | 12.85 | — | — | — | — |
| 合　计 | 3775 | 134.76 | 96.74 | 134.76 | 231.50 | 0.00 |

## 6.2.2　管段设计流量计算

在确定了节点设计流量之后，接着要利用节点流量连续性方程确定管段设计流量。管段设计流量是后面确定管段直径的主要依据。

(1) 树状管网管段流量计算

树状管网管段设计流量分配比较简单，在节点设计流量全部确定后，管段设计流量可以利用节点流量连续性方程组解出，因为，枝状管网的管段数为 $M=N-1$，节点流量连续性方程共 $N$ 个，其中有一个在节点设计流量分配计算时已经使用过了，只有 $N-1$ 个独立方程，正好可以求解 $M=N-1$ 个管段设计流量未知数。

(2) 环状管网管段流量计算

环状管网的管段设计流量分配比较复杂，有很大的自由度，即如果在管网图上确定一棵生成树，其连枝的流量可以任意给定，树枝流量则用逆树递推法求得。

然而，管段设计流量的分配方案涉及管网设计的经济性和供水可靠性，因为不同的管段设计流量分配方案将导致设计管径不同，建设费用也不同，运行时的能耗费用也不同，更重要的是，当某条管段出现事故时，其他管段替代它输送流量的能力也不同。所以，管段设计流量要在综合考虑管网经济性和供水可靠性的前提下，认真分析，合理分配。

管段设计流量分配通常应遵循下列原则：

1) 从一个或多个水源（指供水泵站或水塔等在最高时供水的节点）出发进行管段设计流量分配，使供水流量沿较短的距离输送到整个管网的所有节点上，这一原则体现了供水的目的性；

2) 在遇到要向两个或两个以上方向分配设计流量时，要向主要供水方向（如通向密集用水区或大用户的管段）分配较多的流量，向次要供水方向分配较少的流量，特别要注意不能出现逆向流（即从远离水源的节点向靠近水源的节点流动），这一原则体现了供水的经济性；

3）应确定两条或两条以上平行的主要供水方向，如从供水泵站至水塔或主要用水区域等，并且应在各平行供水方向上分配相接近的较大流量，垂直于主要供水方向的管段上也要分配一定的流量，使得主要供水方向上管段损坏时，流量可通过这些管段绕道通过，这一原则体现了供水的可靠性。

由于实际管网的管线复杂，用水流量的分布千差万别，上述原则要结合具体条件灵活运用。对设计流量分配方案应反复调整，在对已经分配的方案进行调整时，可以采取施加环流量的方法，不必重新分配。

**【例 6.4】** 对【例 6.3】所示管网进行管段设计流量分配。

**【解】** 节点设计流量已经在【例 6.3】中计算得出。观察管网图形，可以看出，有两条平行的主要供水方向，一条从供水泵站节点（1）出发，经过管段［1］、［2］、［3］和［4］通向水塔节点（5），另一条也是从供水泵站节点（1）出发，经过管段［1］、［5］、［8］和［11］通向水塔节点（10），先在图中将这两条线路标示出来。

首先应确定枝线管段的设计流量，它们可以根据节点流量连续性方程，用逆树递推法计算。如本例中的管段［1］、［4］、［10］、［12］和［11］的设计流量可以分别用节点（1）、（5）、（9）、（11）和（10）流量连续性方程确定。

然后，从节点（2）出发，分配环状管网设计流量，［2］和［5］管段均属于主要供水方向，因此两者可分配相同的设计流量，管段［6］虽为垂直主要供水方向的管段，但其设计流量不能太小，必须考虑到主要供水方向上管段［8］发生事故时，流量必须从该管段绕过。另外，管段［3］虽然位于主要供水方向上，但它与管段［9］及水塔共同承担（4）、（8）两节点供水，如果其设计流量太大，必然造成管段［9］逆向流动。

管段设计流量分配结果如图 6.5 所示。

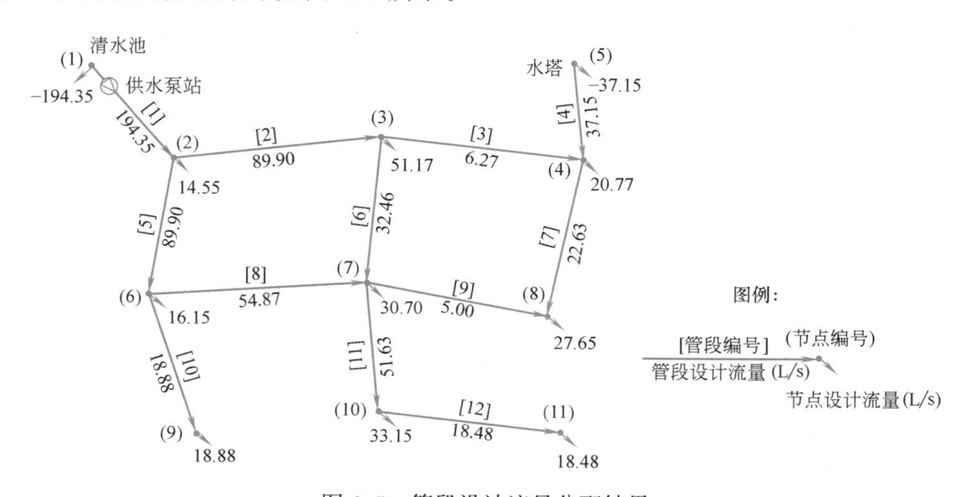


图 6.5　管段设计流量分配结果

### 6.2.3　管段直径设计

确定管段的直径是给水管网设计的主要内容之一，管径与设计流量的关系为：

$$q=Av=\frac{\pi D^2}{4}v \tag{6.17}$$

由此可得：

$$D=\sqrt{\frac{4q}{\pi v}} \tag{6.18}$$

式中　$D$——管段直径（m）；

$q$——管段设计流量（$m^3/s$）；

$A$——管段过水断面面积（$m^2$）；

$v$——设计流速（m/s）。

从式（6.18）可知，管径不但和管段设计流量有关，而且和设计流速的大小有关。如管段的设计流量已知，但是设计流速未定，管径还是无法确定。因此要确定管径必须先选定设计流速。

为了防止管网因水锤现象出现事故，最大设计流速不应超过2.5～3m/s；在输送浑浊的原水时，为了避免水中悬浮物质在水管内沉积，最低设计流速通常不得小于0.6m/s。可见，技术上允许的设计流速幅度是较大的。因此，需在上述流速范围内，根据当地的经济条件，考虑管网的造价和经营管理等费用，选定合适的设计流速。

设计流量已定时，管径和设计流速的平方根成反比。设计流量相同时，如果设计流速取得小，管径相应增大，此时管网造价增加，可是管段中的水头损失却相应减小，因此水泵所需扬程可以降低，经常的输水电费可以节约。相反，如果设计流速用得大些，管径虽然减小，管网造价有所下降，但因水头损失增大，经常的电费势必增加。因此，可以采用优化方法求得设计流速或管径的最优解，在数学上表现为求一定年限 $T$ 年（称为投资偿还期）内管网造价和管理费用（主要是电费）之和为最小的流速，称为经济流速，以此来确定的管径称为经济管径。

管径优化设计计算方法将在后续章节学习。下面简略给出优化设计概念和定性分析。

设管网建设投资的总造价为 $C$，每年的运行管理费用为 $Y$，则管网每年的折算费用为：

$$W=\frac{C}{T}+Y \tag{6.19}$$

其中 $Y$ 为每年运行管理费用，一般分两项计算：

$$Y=Y_1+Y_2=\frac{p}{100}C+Y_2 \tag{6.20}$$

式中　$Y_1$——管网每年折旧和大修费用，该项费用约与管网建设投资费用成比例；

$Y_2$——管网年运行费用，主要考虑泵站的年运行总电费，其他费用相对较少，可忽略不计；

$p$——管网年折旧和大修费率（%）。

由式（6.19）和式（6.20）得：

$$W=\left(\frac{1}{T}+\frac{p}{100}\right)C+Y_2 \tag{6.21}$$

式中 $C$ 和 $Y_2$ 都与管径和设计流速有关，前者随着管径的增加或设计流速的减小而增加，后者则随着管径的增加或设计流速的减小而减小，如图 6.6 和图 6.7 所示。

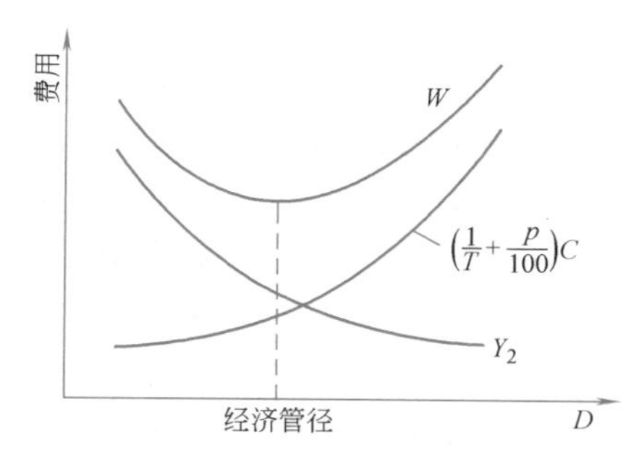


图 6.6 年折算费用和管径的关系

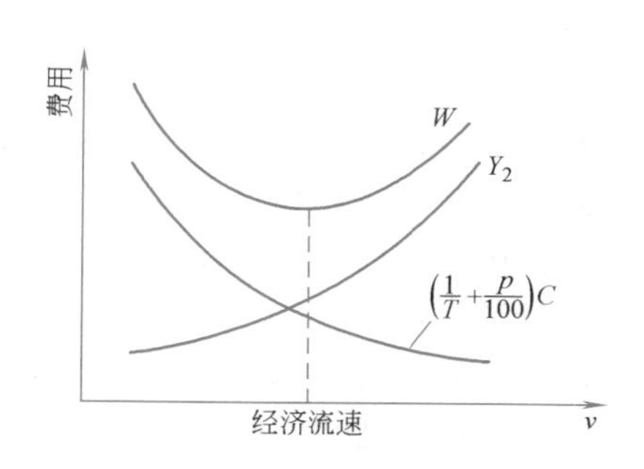


图 6.7 年折算费用和流速的关系

经济流速和经济管径与当地的管材价格、管线施工费用、电价等有关。

由于实际管网的复杂性，加之情况在不断变化，例如用水量不断增长，管网逐步扩展，许多经济指标如管材价格、电费等也随时变化，要从理论上计算管网造价和年管理费用相当复杂，且有一定的难度。在条件不具备时，设计中也可采用由各地统计资料计算出的平均经济流速，并用于计算近似经济管径，见表 6.8。

**平均经济流速** **表 6.8**

| 管径(mm) | 平均经济流速(m/s) | 管径(mm) | 平均经济流速(m/s) |
|---|---|---|---|
| 100～400 | 0.6～0.9 | ≥400 | 0.9～1.4 |

选取经济流速和确定管径时，可以考虑以下原则：

1）大管径可取较大的经济流速，小管径可取较小的经济流速；

2）从供水泵站到控制点（即供水压力要求较难满足的节点，可能有多个）的管线上的管段可取较小的经济流速，其余管段可取较大的经济流速，如输水管必位于供水泵站到控制点的管线上，所以输水管所取经济流速应较管网中的其他管段小；

3）管线造价（含管材价格、施工费用等）较高而电价相对较低时取较大的经济流速，反之取较小的经济流速；

4）重力供水时，各管段的经济管径或经济流速按充分利用地形高差来确定，即应使输水管渠和管网通过设计流量时的水头损失总和等于或略小于可以利用的标高差；

5）根据经济流速计算出的管径一般不符合市售标准管径时，可以选用相近的标准管径；

6）当管网有多个水源或设有对置水塔时，在各水源或水塔供水的分界区域，管段设计流量可能特别小，选择管径时要适当放大，因为当各水源供水流量比例变化或水塔转输（即进水）时，这些管段可能需要输送较大的流量；

7）重要的输水管，如从水厂到用水区域的输水管，或向远离主管网大用户供水的输水管，在未连成环状网且输水末端没有保证供水可靠性的贮水设施时，应采用平行双条管道，每条管道直径按设计流量的 50%确定。另外，对于较长距离的输水管，中间应设置两处以上的连通管（即将输水管分为三段以上），并安装切换阀门，以便事故时能够实现局部隔离，保证达到规范要求的 70%以上供水量要求。

## 6.3 泵站扬程与水塔高度设计

在根据管段设计流量和经济流速选定管段后，应确定泵站的设计扬程和水塔高度，以便进行泵站选泵、泵站设计和水塔设计。

由于在确定管段直径时没有考虑管网的能量平衡条件，所以，对环状管网而言，在给定节点设计流量和管径下，管段流量会按管网的水力特性进行分配，它们将不等于管段设计流量。树状管网或管网中的枝状管段的设计流量不会因为管径选择的不同而改变，而环状管网管段的设计流量只起确定管径的作用，不能用于计算泵站的扬程和水塔高度，必须先通过水力分析求出设计工况下管段的实际工作流量，然后才能正确地计算出泵站的扬程和水塔高度。

### 6.3.1 设计工况水力分析

给水管网的设计工况即最高日最高时用水工况，对此工况进行水力分析所得到的管段流量和节点水头等一般都是最大值，用它们确定泵站扬程和水塔高度通常是最安全的。但是，在泵站扬程和水塔高度未确定前，对设计工况的水力分析有两个前提条件不满足，需要进行预处理。

(1) 泵站所在管段的暂时删除

根据5.1节的论述，参与水力分析的管段，其水力特性必须是已知的，而根据管网模型理论的假设，泵站位于管段上，在泵站未设计之前，泵站的水力特性是未知的，泵站水力特性是其所在管段水力特性的一部分，所以其管段的水力特性也是未知的。为了进行水力分析，可以暂时将该管段从管网中删除，与之相关的管段能量方程暂时不予计算。但是，此管段的流量（即泵站的设计流量）已经确定，应将该流量合并到与之相关联的节点中，以保持管网的水力等效。

以图6.8所示管网在设计工况时的水力分析为例，节点（7）为水厂清水池，管段[1]上设有泵站，可以假想将管段[1]从管网中删除，其管段流量合并到节点（7）和（1），如图6.9所示。

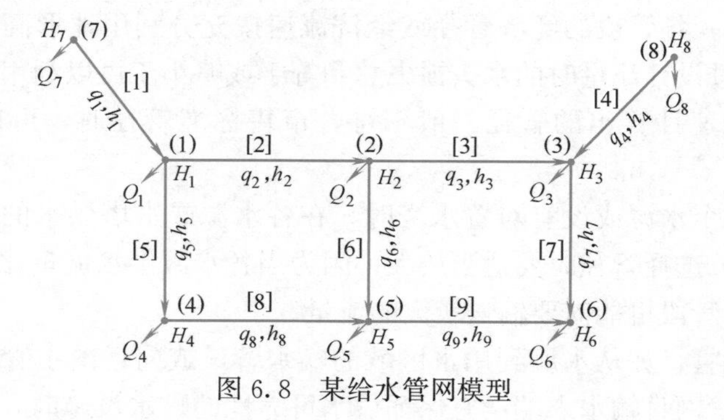


图6.8 某给水管网模型

(2) 假设控制点

按照管网水力分析的前提条件，管网中必须至少有一个定压节点，才能使恒定流方程组可解。但是，对于设计工况水力分析而言，由于泵站所在管段的暂时删除，则清水池所

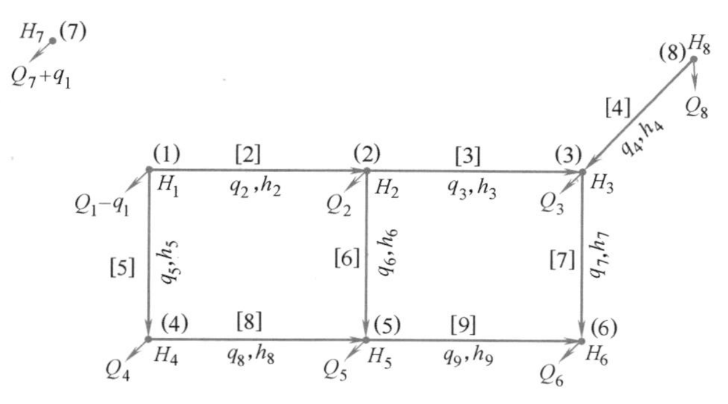


图 6.9 给水管网中管段的暂时删除

在的节点已经与管网分离（如图 6.9 中的节点 7），加之水塔的高度尚未确定，所以管网中没有一个已知节点水头的节点，即没有一个定压节点。

为了解决管网中无定压节点的问题，可以假设一个压力控制点，设定管网供水压力条件。

在管网中所有节点水头均为未知的情况下，恒定流基本方程组无确定解主要指的是节点水头无确定解，管段流量仍然是有解的，因而管段的压降也是确定的，节点水头的相对值是确定的。这时，可以将给水管网想象成一张刚性网，它的总体高程可高可低，但网中节点的相对高差是固定的。将这张刚性网逐渐放低，必然有一个节点首先接触到“地面”。如果“地面”是保证管网用户用水的最低压力界面，则这一“触地”节点的水头就应该等于“地面”高程，即用水最低压力高程。如果抬高这张网，使“触地”节点高出“地面”，则会造成不必要的能量浪费，因为节点水头是由泵站扬程提供的；如果降低这张网，使“触地”节点陷入“地面”，则其用水压力不能保证。

在此引入两个概念：

节点服务水头——即节点地面高程加上节点所连接用户的最低供水压力，就是“地面”的概念。对于城镇给水管网，设计规范规定了最低供水压力指标，即一层楼用户为 10m，二层楼用户为 12m，以后每增加一层，用水压力增加 4m，见表 6.9。有时，为了满足消防要求，此供水压力需要适当提高。对于工业给水管网或其他给水管网，参照相关标准确定最低供水压力。

**城镇居民生活用水压力标准** **表 6.9**

| 建筑楼层 | 1 | 2 | 3 | 4 | 5 | 6 | …… |
|---|---|---|---|---|---|---|---|
| 最低供水压力(m) | 10 | 12 | 16 | 20 | 24 | 28 | …… |

控制点——即给水管网用水压力最难满足的节点，就是前面“触地”节点的概念。在给水管网水力分析时，管段水力特性为已知，管网成为一张“刚性”网，只会有一个节点最先“触地”，因此只有一个控制点。

综上所述，在引入管网供水压力条件后，控制点的节点水头可以确定，成为已知量。所以，理论上可以用控制点作为定压节点。但在水力分析前无法确定哪个节点是控制点，因此可以随意假定一个节点为控制点，令其节点水头等于服务水头，则该节点成为定压节点。待水力分析完成后，再通过节点自由水压比较，找到用水压力最难满足的节点作为真正的控制点，称为最不利压力节点，并根据控制的服务水头调整所有节点水头。以下通过实例说明确定控制点的过程。

**【例 6.5】** 某给水管网如图 6.10 所示，水源、泵站和水塔位置及节点设计流量、管段长度、管段设计流量等数据标注于图中，节点地面标高及自由水压要求见表 6.10。

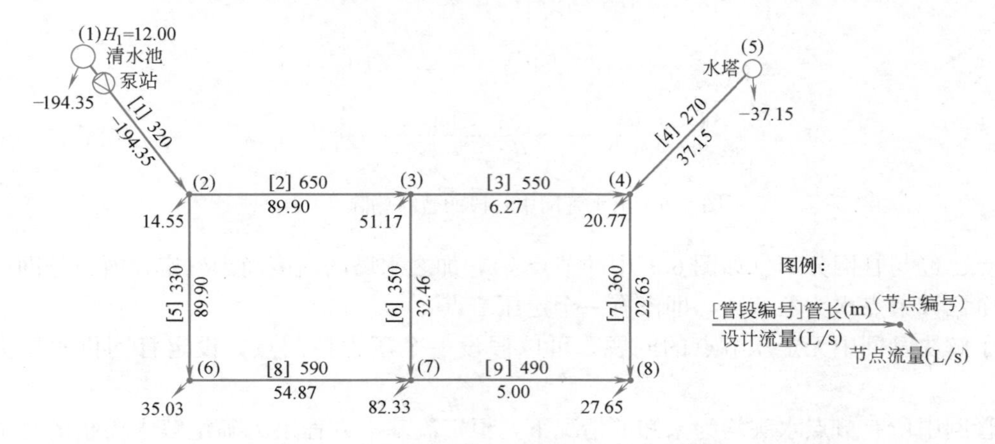


图 6.10　管网设计工况水力分析

（1）设计管段直径（标准管径为 100mm、200mm、300mm、400mm、500mm）；

（2）进行设计工况水力分析；

（3）确定控制点。

**某给水管网设计节点数据**　　　　**表 6.10**

| 节点编号 | 1 | 2 | 3 | 4 | 5 | 6 | 7 | 8 |
|---|---|---|---|---|---|---|---|---|
| 地面标高(m) | 13.60 | 18.80 | 19.10 | 22.00 | 32.20 | 18.30 | 17.30 | 17.50 |
| 要求自由水压(m) | — | 24.00 | 28.00 | 24.00 | — | 28.00 | 28.00 | 24.00 |
| 服务水头(m) | — | 42.80 | 47.10 | 46.00 | — | 46.30 | 45.30 | 41.50 |

**【解】**（1）管段直径设计

管段经济流速采用见表 6.11 第 3 行数据，其中管段［1］、［2］、［5］和［8］由于设计流量较大，采用较高的经济流速，管段［6］虽然流量不太大，但它是与主要供水方向垂直，对电费影响较小，所以也采用较高的经济流速，［4］、［7］管段设计流量中等，采用中等经济流速，［9］管段设计流量很小，采用较小的经济流速，［3］管段比较特殊，虽然设计流量很小，但考虑到水塔转输流量必须通过该管段，所以直接选取 200mm 管径，管段［1］、［4］为输水管，为了提高供水可靠性，采用并行双管。根据经济流速计算出管径后，按邻近原则选取标准管径，见表中第 5 行数据。

**某给水管网设计数据**　　　　**表 6.11**

| 管段编号 | 1 | 2 | 3 | 4 | 5 | 6 | 7 | 8 | 9 |
|---|---|---|---|---|---|---|---|---|---|
| 设计流量(L/s) | 194.35 | 89.90 | 6.27 | 37.15 | 89.90 | 32.46 | 22.63 | 54.87 | 5.00 |
| 经济流速(m/s) | 1.00 | 1.00 | 0.20 | 0.80 | 1.00 | 1.00 | 0.70 | 0.90 | 0.60 |
| 计算管径(mm) | 352×2 | 338 | — | 172×2 | 338 | 203 | 203 | 279 | 103 |
| 设计管径(mm) | 300×2 | 300 | 200 | 200×2 | 300 | 200 | 200 | 300 | 100 |

（2）设计工况水力分析

为了满足水力分析前提条件，将管段［1］暂时删除，其管段流量并到节点（2）上得 $Q_2=-194.35+14.55=-179.8$（L/s），同时，假定节点（8）为控制点，其节点水头等于服务水头，即 $H_8=41.50$m。水力分析按第5章论述的方法进行，采用哈代—克罗斯法平差，允许闭合差0.1m，使用海曾—威廉公式计算水头损失，$C_w=110$，计算过程不再详述，计算结果见表6.12。

**设计工况水力分析计算结果** **表6.12**

| 管段或节点编号 | 2 | 3 | 4 | 5 | 6 | 7 | 8 | 9 |
|---|---|---|---|---|---|---|---|---|
| 管段流量(L/s) | 81.08 | 8.77 | 37.15 | 98.72 | 21.14 | 25.13 | 63.69 | 2.50 |
| 管内流速(m/s) | 1.15 | 0.28 | 0.59 | 1.40 | 0.67 | 0.80 | 0.90 | 0.32 |
| 管段压降(m) | 3.86 | 0.38 | 0.75 | 2.82 | 1.24 | 1.76 | 2.24 | 0.97 |
| 节点水头(m) | 47.57 | 43.71 | 43.26 | 44.01 | 44.71 | 42.47 | 41.50 | — |
| 地面标高(m) | 18.80 | 19.10 | 22.00 | 32.20 | 18.30 | 17.30 | 17.50 | — |
| 自由水压(m) | 28.77 | 24.61 | 21.26 | — | 26.41 | 25.17 | 24 .00 | — |

（3）确定控制点

在水力分析时，假定节点（8）为控制点，但经过水力分析后，比较节点水头与服务水头，或比较节点自由水压与要求自由水压，显然节点（3）、（4）、（6）和（7）的用水压力要求不能满足，说明节点（8）不是真正的控制点。比较按假定控制点确定的节点水头与服务水头，可以得到各节点供压差额，差额最大的节点就是用水压力最难满足的节点，本例即节点（3），最大差额为3.39m，所有节点水头加上此值，可使用水压力要求全部得到满足，而管段压降未变，能量方程组仍满足，自由水压也应同时加上此值。计算过程见表6.13。

**控制点确定与节点水头调整** **表6.13**

| 节点编号 | 1 | 2 | 3 | 4 | 5 | 6 | 7 | 8 |
|---|---|---|---|---|---|---|---|---|
| 节点水头(m) | — | 47.57 | 43.71 | 43.26 | 44.01 | 44.71 | 42.47 | 41.50 |
| 服务水头(m) | — | 42.80 | 47.10 | 46.00 | — | 46.30 | 45.30 | 41.50 |
| 供压差额(m) | — | −4.77 | 3.39 | 2.74 | — | 1.59 | 2.83 | 0.00 |
| 节点水头调整(m) | 12.00 | 50.96 | 47.10 | 46.65 | 47.40 | 48.10 | 45.86 | 44.89 |
| 自由水压(m) | — | 32.16 | 28.00 | 24.65 | — | 29.80 | 28.56 | 27.39 |

### 6.3.2 泵站扬程设计

在完成设计工况水力分析以后，泵站扬程可以直接根据其所在管段的水力特性确定。设泵站位于管段 $i$，该管段起端节点水头为 $H_{Fi}$，终端节点水头为 $H_{Ti}$，该管段管道沿程水头损失为 $h_{fi}$，管道局部水头损失为 $h_{mi}$，则泵站扬程由两部分组成，一部用于提升水头，即 $H_{Ti}-H_{Fi}$，另一部用于克服管道水头损失，即 $h_{fi}+h_{mi}$，所以泵站扬程可用下式计算：

$$h_{pi}=(H_{Ti}-H_{Fi})+(h_{fi}+h_{mi}) \quad \text{(m)} \tag{6.22}$$

管道沿程水头损失可以根据管段设计流量（即泵站设计流量）和管径等计算，局部水头损失一般可以忽略不计，则上式可以写成：

$$h_{pi}=(H_{Ti}-H_{Fi})+\frac{kq_i^n}{D_i^m}l_i \quad (m) \tag{6.23}$$

有了泵站设计扬程和流量，则可以进行选泵和泵房设计。选择水泵的扬程一般要略高于泵站的扬程，因为还要考虑泵站内部连接管道的水头损失。

**【例 6.6】** 仍用【例 6.5】的数据，节点（1）处为清水池，其最低设计水位标高为12.00m，即节点（1）的水头 $H_1=12.00$m，试根据设计工况水力分析的结果，求[1]管段上泵站的设计扬程并选泵。

**【解】** 由【例 6.5】所给数据和计算结果，根据式（6.23）有：

$$h_{p1}=(H_2-H_1)+\frac{10.67}{C_w^{1.852}D_1^{4.87}}\left(\frac{q_1}{2}\right)^{1.852}l_1$$

$$=(50.96-12.00)+\frac{10.67}{110^{1.852}\times 0.3^{4.87}}\times\left(\frac{0.19435}{2}\right)^{1.852}\times 320=41.35\text{m}$$

为了选泵，估计泵站内部水头损失。一般水泵吸压水管道设计流速为1.2～2.0m/s，局部阻力系数可按5.0～8.0考虑，沿程水头损失较小，可以忽略不计，则泵站内部水头损失约为：

$$h_{pm1}=8.0\times\frac{2.0^2}{2\times 9.81}=1.63\text{m}$$

则水泵的扬程应为：

$H_p=41.35+1.63$m，取43m；

按2台泵并联工作考虑，单台水泵流量为：

$Q_P=194.35\div 2=97.2$L/s$=349.8$t/h，取350t/h。

查水泵样本，选取250S39型水泵3台，2用1备。

### 6.3.3 水塔高度设计

在完成设计工况水力分析后，水塔高度可随之确定。设水塔所在节点水头为 $H_j$，地面高程为 $Z_j$，即水塔高度为：

$$H_{Tj}=H_j-Z_j \quad (m) \tag{6.24}$$

为了安全起见，此式所确定的水塔高度应作为水塔水柜的最低水位离地面的高度。在考虑水塔转输（进水）条件时，水塔高度还应加上水柜设计有效水深。

**【例 6.7】** 仍用【例 6.5】的数据和水力分析结果，节点（5）处为水塔，求水塔高度。

**【解】** 由【例 6.5】所给数据和计算结果，根据式（6.24）有：

$$H_{T5}=H_5-Z_5=47.40-32.20=15.20\text{m}$$

## 6.4 管网设计校核

给水管网按最高日最高时用水流量进行设计，管段管径、水泵扬程和水塔高度等都是按此时的工况设计的，但在一些特殊的情况下，它们仍然不能保证安全供水。如管网出现事故造成部分管段损坏，管网提供消防用水，管网向水塔转输流量等情况，必须对它们相应的工况进行水力分析，校核管网在这些工况条件下能否满足供水流量与水压要求。

通过校核，可能需要修改管网中个别管段直径，也有可能需要另选合适的水泵或改变水塔的高度等。由于供水流量和压力是紧密联系的，所以，校核指标同时包括供水流量和压力要求两个方面。而为了校核进行水力分析有两种方法：一是假定供水流量要求可以满足，通过水力分析求出供水压力，校核其是否可以满足要求，称为水头校核法；二是假定供水压力要求可以满足，通过水力分析求出供水流量，校核其是否可以满足要求，称为流量校核法。

（1）消防工况校核

给水管网的设计流量未计入消防流量，当火灾发生在最高日最高时时，由于消防流量比较大，一般用户的用水量可能得不到满足。但消防时工况下，管网以保证消防用水为主，其他用户用水可以临时降低标准，但其他用户的用水会影响消防用水。所以，为了安全起见，要按最不利的情况——即最高时用水流量加上消防流量的工况进行消防校核，但节点服务水头只要求满足火灾处节点的灭火服务水头，而不必满足正常用水的服务水头。

消防流量计算时，若只考虑一处火灾，消防流量一般加在控制点上（最不利火灾点），若考虑两处或两处以上同时火灾，另外几处分别放在离供水泵站较远、靠近大用户、居民密集区或重要的工业企业附近的节点上。对于未发生火灾的节点，其节点流量与最高时相同。

灭火处节点服务水头按低压消防压力供水。

消防工况校核一般采用水头校核法，即先按上述方法确定各节点流量，通过水力分析，得到各节点水头，判断各灭火节点水头是否满足消防服务水头。

虽然消防时比最高时用水时所要求的服务水头较低，但因消防时通过管网的流量增大，各管段的水头损失相应增加，按最高用水时确定的水泵扬程有可能不够消防时的需要，这时须放大个别管段的直径，以减小水头损失。个别情况下因最高用水时和消防时的水泵扬程相差很大（多见于中小型管网），须设专用消防泵供消防时使用。

（2）水塔转输工况校核

在最高用水时，由泵站和水塔同时向管网供水，但在一天内泵站供水量大于用水量的一段时间里，多余的水经过管网送入水塔内贮存，这种情况称为水塔转输工况，水塔进水流量最大的情况称为最大转输工况。

对于前置水塔或网中水塔，转输进水一般不存在问题，只有当设对置水塔或靠近供水末端的网中水塔时，由于它们离供水泵站较远，转输水流的水头损失大，水塔进水可能会遇到困难。所以，水塔转输工况校核通常只是对对置水塔或靠近供水末端网中水塔管网的最大转输工况进行校核。

最大转输时间可以从用水量变化曲线和泵站供水曲线上查到，如图 6.6 中，最大转输发生在 21～22 点，此时，用水量为最高日用水量的 3.65％，水塔进水量为最高日用水量的 4.97％－3.65％＝1.32％。转输校核工况各节点流量按最大转输时的用水量求出，一般假定各节点流量随管网总用水量的变化成比例地增减，所以最大转输工况各节点流量可按下式计算：

$$\text{最大转输工况各节点流量}=\frac{\text{最大转输工程管网总用水量}}{\text{最高时工况管网总用水量}}\times\text{最高时工况各节点流量}$$

以图6.6所示管网用水情况为例，则有：

$$\text{最大转输工况各节点流量}=\frac{3.65\%}{5.92\%}\times\text{最高时工况各节点流量}$$

转输工况校核一般采用流量校核法，即将水塔所在节点作为定压节点，通过水力分析，得到该节点流量，判断是否满足水塔进水流量要求。

转输工况校核不满足要求时，应适当加大从泵站到水塔最短供水路线上管段的管径。

(3) 事故工况校核

管网主要管线损坏时必须及时检修，在检修期和恢复供水前，该管段停止输水，整个管网的水力特性必然改变，供水能力降低。国家有关规范规定，城市给水管网在事故工况下，必须保证70%以上用水量，工业企业给水管网也应按有关规定确定事故时供水比例。

一般按最不利事故工况进行校核，即考虑靠近供水泵站的主干管在最高时损坏的情况。节点压力仍按设计时的服务水头要求（即满足用户最低自由水压要求），当事故抢修时间短，且断水造成损失小时，节点压力要求可以适当降低。节点流量按下式计算：

$$\text{事故工况各节点流量}=\text{事故工况供水比例}\times\text{最高时工况各节点流量}$$

事故工况校核一般采用水头校核法，先从管网中删除事故管段，调低节点流量，通过水力分析，得到各节点水头，将它们与节点服务水头比较，全部高于服务水头为满足要求。

经过核算不能符合要求时，可以增加平行主干管条数或埋设双管。也可以从技术上采取措施，如加强当地给水管理部门的检修力量，缩短损坏的管道的修复时间；重要的和不允许断水的用户，可以采取贮备用水的保障措施。

## 6.5　给水管网分区设计

### 6.5.1　分区给水系统

分区给水是根据城市地形特点将整个给水系统分成若干个区，每区有独立的泵站和管网等，但各区之间有适当的联系，以保证供水可靠性和运行调度灵活性。分区给水的目的，从技术上是使管网的水压不超过管道可以承受的压力，以免损坏管道和附件，并可减少管网漏水量；在经济上可以降低供水动力费用。在给水区很大、地形高差显著或远距离输水时，分区给水具有重要的工程价值。图6.11表示给水区地形起伏、高差很大时采用的分区给水系统。其中图6.11（a）是由同一泵站内的低压和高压水泵分别供给低区②和高区①用水，这种形式称为并联分区。它的特点是各区用水分别供给，比较安全可靠；各区水泵集中在一个泵站内，管理方便；但增加了输水管长度和造价，又因到高区的水泵扬程高，需用耐高压的输水管。图6.11（b）中，高、低两区用水均由低区泵站2供给，但高区用水再由高区泵站4增压，这种形式叫作串联分区。大城市的管网往往由于城市面积大、管线延伸很长，而致管网水头损失过大，为了提高管网边缘地区的水压，而在管网中间设加压泵站或水库泵站加压，也是串联分区的一种形式。

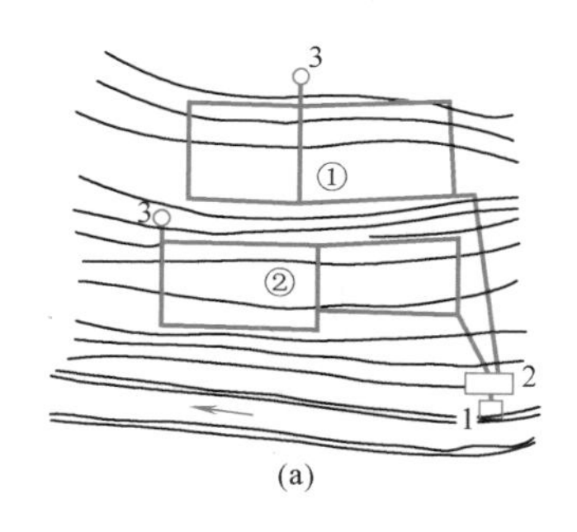


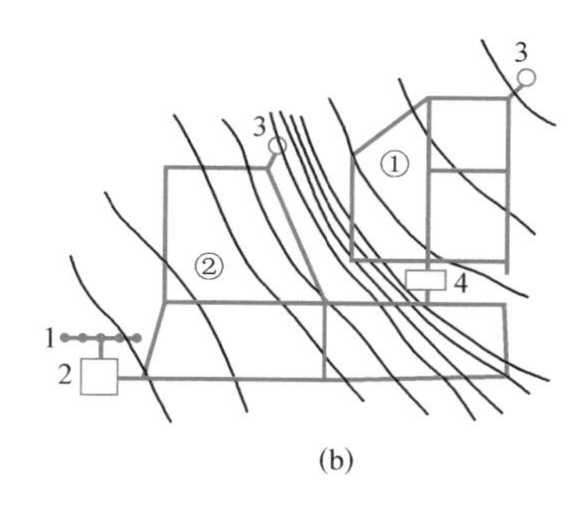


图 6.11 分区给水系统

（a）并联分区；（b）串联分区

①—高区；②—低区

1—取水构筑物；2—水处理构筑物和二级泵站；3—水塔或水池；4—高区泵站

图 6.12 表示远距离重力输水管，从水库 $A$ 输水至水池 $B$。为防止水管承受压力过高，将输水管适当分段（即分区），在分段处建造水池，以降低管网的水压，保证工作正常。这种输水管如不分段，且全线采用相同的管径，则水力坡度为 $i=\dfrac{\Delta Z}{L}$，这时部分管线所承受的压力很高，可是在地形高于水力坡线之外，例如 $D$ 点，又使管中出现负压，显然是不合理的。如将输水管分成 3 段，并在 $C$ 和 $D$ 处建造水池，则 $C$ 点附近水管的工作压力有所下降，$D$ 点也不会出现负压，大部分管线的静水压力将显著减小。这是一种重力给水分区系统。

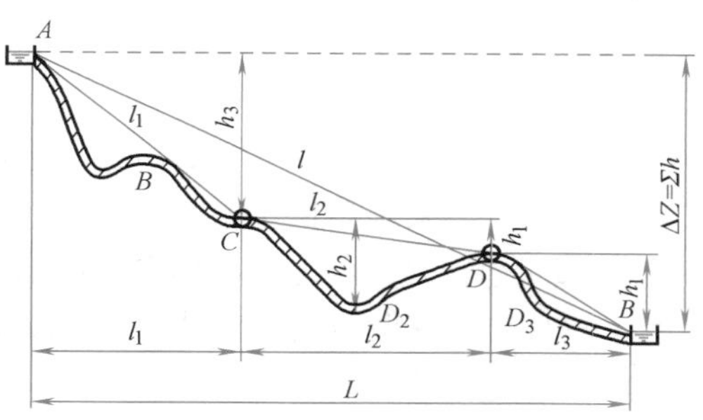


图 6.12 重力输水管分区

将输水管分段并在适当位置建造水池，不仅可以降低输水管的工作压力，并且可以降低输水管各点的静水压力，使各区的静水压不超过 $h_1$，$h_2$ 和 $h_3$，因此是经济合理的，水池应尽量布置在地形较高的地方，以免出现虹吸管段。

### 6.5.2 分区给水的能量分析

图 6.13 所示的给水区，假设地形从泵站起均匀升高。水由泵站经输水管供水到管网，这时管网中的水压以靠近泵站处为最高。设给水区的地形高差为 $\Delta Z$，管网要求的最小服务水头为 $H$，最高用水时管网的水头损失为 $\sum h$，则管网中最高水压等于：

$$H'=\Delta Z+H+\sum h \tag{6.25}$$

由于输水管的水头损失，泵站扬程 $H_p'$ 应大于 $H'$。

城市管网最小服务水头 $H$ 由房屋层数确定，管网的水头损失 $\sum h$ 根据管网水力计算决定，泵站扬程根据控制点所需最小服务水头和管网中的水头损失确定。除了控制点附近地区外，大部分给水区的管网水压高于实际所需的水压，多余的水压消耗在用户给水龙头的局部水头损失上，因此产生了能量浪费。

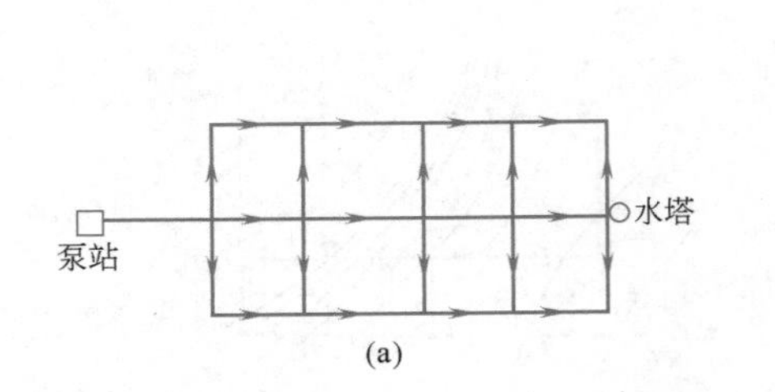


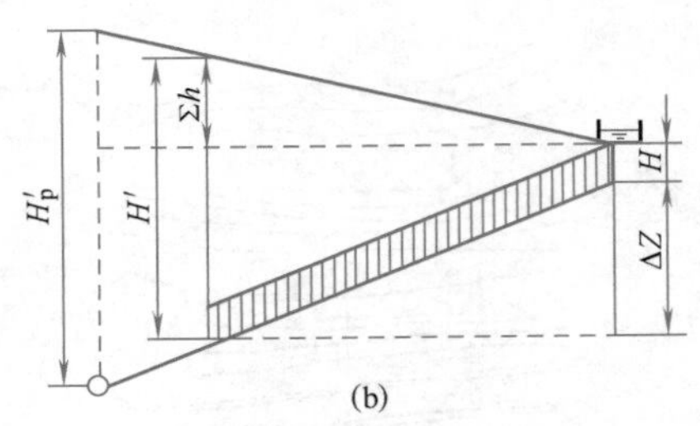


图 6.13 管网水压

(a) 平面图；(b) 高程图

(1) 输水管的输水能量分析

规模相同的给水系统，采用分区给水常可比未分区时减小泵站的总功率，降低输水能量费用。

以图 6.14 的输水管为例，各管段的流量 $q_{ij}$ 和管径 $D_{ij}$ 随着与泵站（设在节点 5 处）距离的增加而减小。未分区时泵站供水的能量等于：

$$E=\rho g q_{4\sim5} H \tag{6.26}$$

或

$$E=\rho g q_{4\sim5}(Z_1+H_1+\sum h_{ij}) \tag{6.27}$$

式中 $q_{4\sim5}$——泵站总供水量（L/s）；

$Z_1$——控制点地面高出泵站吸水井水面的高度（m）；

$H_1$——控制点所需最小服务水头；

$\sum h_{ij}$——从控制点到泵站的总水头损失（m）；

$\rho$——水的密度（kg/L）；

$g$——重力加速度（9.81m/s$^2$）。

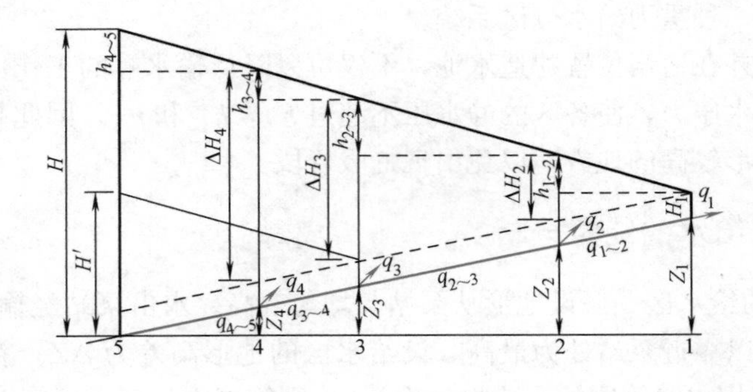


图 6.14 输水管系统

泵站供水能量 $E$ 由以下三部分组成：

1) 保证最小服务水头所需的能量：

$$E_1=\sum_{i=1}^{4}\rho g(Z_i+H_i)q_i=\rho g(H_1+Z_1)q_1+\rho g(H_2+Z_2)q_2+\rho g(H_3+Z_3)q_3 +\rho g(H_4+Z_4)q_4 \tag{6.28}$$

2）克服管道摩阻所需的能量：

$$E_2=\sum_{i=1}^{4}\rho g q_{ij}h_{ij}=\rho g q_{1\sim2}h_{1\sim2}+\rho g q_{2\sim3}h_{2\sim3}+\rho g q_{3\sim4}h_{3\sim4}+\rho g q_{4\sim5}h_{4\sim5} \quad (6.29)$$

3）未利用的能量，它是因各用水点的水压过剩而浪费的能量：

$$\begin{aligned}E_3=\sum_{i=2}^{4}\rho g q_i \Delta H_i=&\rho g(H_1+Z_1+h_{1\sim2}-H_2-Z_2)q_2+\\&\rho g(H_1+Z_1+h_{1\sim2}+h_{2\sim3}-H_3-Z_3)q_3+\\&\rho g(H_1+Z_1+h_{1\sim2}+h_{2\sim3}+h_{3\sim4}-H_4-Z_4)q_4\end{aligned} \quad (6.30)$$

式中　$\Delta H_i$——过剩压力。

单位时间内水泵的总能量等于上述三部分能量之和：

$$E=E_1+E_2+E_3 \quad (6.31)$$

实际上，总能量中只有保证最小服务水头的能量 $E_1$ 和输水过程中克服管道摩阻的能量 $E_2$ 得到有效利用，属于必须消耗的能量。而第三部分能量 $E_3$ 未能有效利用，这是未分区给水系统无法避免的缺点，因为泵站必须将全部流量按最远或位置最高处用户所需的水压输送。

未分区给水系统中供水能量利用的程度，可用必须消耗的能量占总能量的比例来表示，称为能量利用率：

$$\phi=\frac{E_1+E_2}{E}=1-\frac{E_3}{E} \quad (6.32)$$

从式（6.32）看出，为了提高输水能量利用率，只有设法降低 $E_3$ 值。

图 6.14 的输水管分区时，为了确定分区界线和各区的泵站位置，可绘制能量分配图，如图 6.15 所示。方法如下：将节点流量 $q_1$、$q_2$、$q_3$、$q_4$ 等值顺序按比例绘在横坐标上。各管段流量可从节点流量求出，例如管段 3～4 的流量 $q_{3\sim4}$ 等于$q_1+q_2+q_3$，泵站的供水量即管段 4～5 的流量 $q_{4\sim5}$ 等于 $q_1+q_2+q_3+q_4$。

在图 6.15 的纵坐标上按比例绘出各节点的地面标高 $Z_i$ 和所需最小服务水头 $H_i$，得到若干以 $q_i$ 为底、$H_i+Z_i$ 为高的矩形面积，这些面积的总和等于保证最小服务水头所需的能量，即图 6.15 中的 $E_1$ 部分。

为了供水到控制点 1，泵站的扬程应为：

$$H=H_1+Z_1+\sum h_{ij} \quad (6.33)$$

式中$\sum h_{ij}$ 为泵站到控制点的各管段水头损失总和，在纵坐标上再绘出各管段的水头损失 $h_1$、$h_2$、$h_3$、$h_4$ 等，纵坐标总高度为 $H$。

因此，每一管段流量 $q_{ij}$ 和相应水头损失 $h_{ij}$ 所形成的矩形面积总和，等于克服水管摩阻所需的能量，即图中的 $E_2$ 部分。

由于泵站总能量为 $q_{4\sim5}H$，所以除了 $E_1$ 和 $E_2$ 外，其余部分面积就是无法利用而浪费的能量。它等于以 $q_i$ 为底，过剩水压 $\Delta H_i$ 为高的矩形面积之和，在图 6.15 中用 $E_3$ 表示。

假定在图 6.14 节点 3 处设加压泵站，将输水管分成两区，泵站的扬程只需满足节点 3

处的最小服务水头，因此可从未分区时的 $H$ 降低到 $H'$。从图看出，此时过剩水压 $\Delta H_3$ 消失，$\Delta H_4$ 减小，因而减小了一部分未利用的能量。减小值如图 6.15 中阴影部分面积所示，等于：

$$(Z_1+H_1+h_{1\sim2}+h_{2\sim3}-Z_3-H_3)(q_3+q_4)=\Delta H_3(q_3+q_4) \tag{6.34}$$

图 6.16 为位于平地上的输水管线能量分配图。因沿线各点（0～13）的配水流量不均匀，从能量图上可以找出最大可能节约的能量为 $OAB3$ 矩形面积。因此加压泵站可考虑设在节点 3 处，节点 3 将输水管分成两区。

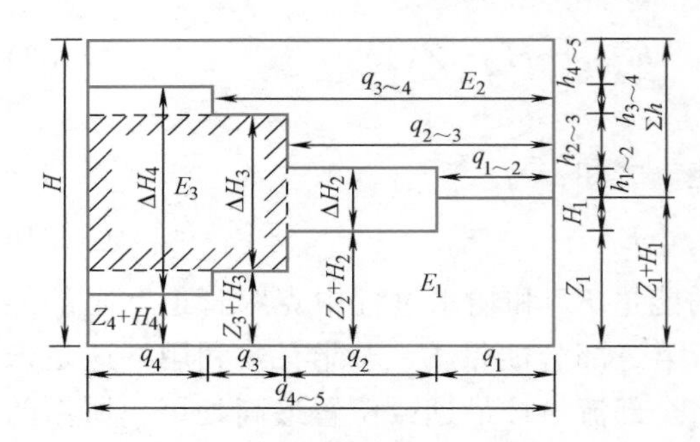


图 6.15　泵站供水能量分配图

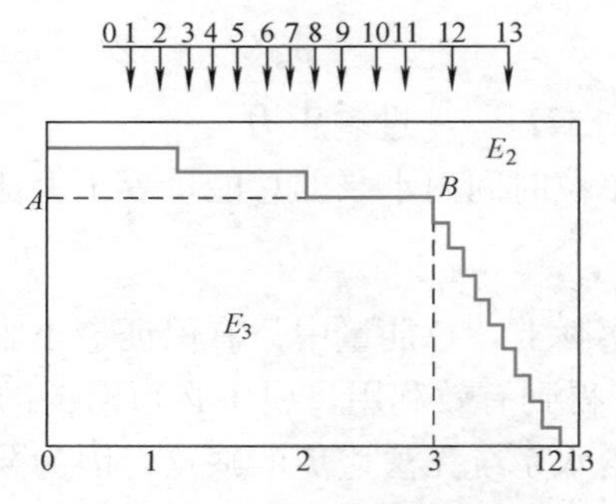


图 6.16　分区界线的确定

（2）管网供水能量分析

如图 6.11 所示城市给水管网，假定给水区地形从泵站起均匀升高，全区用水量均匀，要求的最小服务水头相同。设管网的总水头损失为 $\sum h$，泵站吸水井水面和控制点地面高差为 $\Delta Z$。未分区时，泵站的流量为 $Q$，扬程为：

$$H_{\mathrm{p}}=\Delta Z+H+\sum h \tag{6.35}$$

如果等分成为两区，则第 1 区管网的水泵扬程为：

$$H_1=\frac{\Delta Z}{2}+H+\frac{\sum h}{2} \tag{6.36}$$

如第 1 区的最小服务水头 $H$ 与泵站总扬程 $H_{\mathrm{p}}$ 相比极小时，则 $H$ 可以略去不计，得：

$$H_1=\frac{\Delta Z}{2}+\frac{\sum h}{2} \tag{6.37}$$

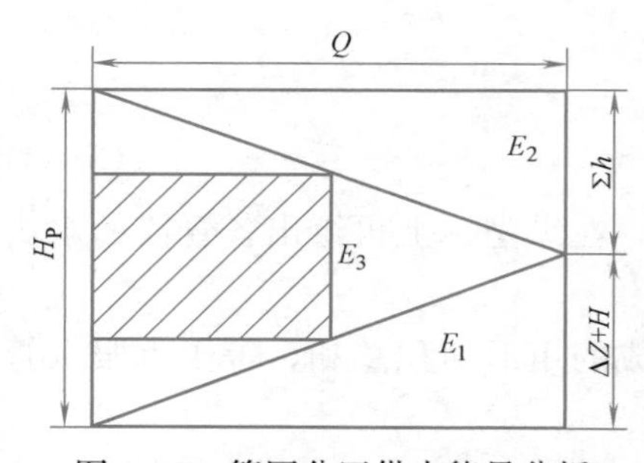


图 6.17　管网分区供水能量分析

第 2 区泵站能利用第 1 区的水压 $H$ 时，则该区的泵站扬程 $H_2$ 等于$\frac{\Delta Z}{2}+\frac{\sum h}{2}$。所以等分成两区后，所节约的能量为$\frac{Q}{2}\left(\frac{\Delta Z+H+\sum h}{2}\right)$，如图 6.17 的阴影部分矩形面积所示，即比不分区最多可以节约 1/4 的供水能量。

由此可见，对于沿线流量均匀分配的管网，最大可能节约能量为 $E_3$ 部分中的最大内接矩形面积，相当于将加压泵站设在给水区中部的情况。也就是分成相等的两区时，可使浪费的能量降低到最小。

依此类推，当给水系统分成 $n$ 区时，供水能量如下：

1）串联分区时，根据全区用水量均匀的假定，则各区的用水量分别为 $Q$，$\frac{n-1}{n}Q$，$\frac{n-2}{n}Q$，…，$\frac{Q}{n}$，各区的水泵扬程为$\frac{H_p}{n}=\frac{\Delta Z+\sum h}{n}$，分区后的供水能量为：

$$
\begin{aligned}
E_n &= Q\frac{H_p}{n}+\frac{n-1}{n}Q\frac{H_p}{n}+\frac{n-2}{n}Q\frac{H_p}{n}+\cdots+\frac{Q}{n}\frac{H_p}{n} \\
&= \frac{1}{n^2}[n+(n-1)+(n-2)+\cdots+1]QH_p \\
&= \frac{1}{n^2}\frac{n(n+1)}{2}QH_p=\frac{n+1}{2n}QH_p=\frac{n+1}{2n}E
\end{aligned}
\tag{6.38}
$$

式中 $E=QH_p$ 为未分区时供水所需总能量。

等分成两区时，$n=2$，代入式（6.39），得 $E_2=\frac{3}{4}QH$，即较未分区时节约 1/4 的能量。分区数越多，能量节约越多，但最多只能节约 1/2 的能量。

2）并联分区时，各区的流量等于$\frac{Q}{n}$，各区的泵站扬程分别为 $H_p$，$\frac{n-1}{n}H_p$，$\frac{n-2}{n}H_p$，…，$\frac{H_p}{n}$。

分区后的供水能量为：

$$
\begin{aligned}
E_n &= \frac{Q}{n}H_p+\frac{Q}{n}\frac{n-1}{n}H_p+\frac{Q}{n}\frac{n-2}{n}H_p+\cdots+\frac{Q}{n}\frac{H_p}{n} \\
&= \frac{1}{n^2}[n+(n-1)+(n-2)+\cdots+1]QH_p=\frac{n+1}{2n}E
\end{aligned}
\tag{6.39}
$$

从经济上来说，无论串联分区（式 6.38）或并联分区（式 6.39），分区后可以节省的供水能量相同。

在分区给水设计时，城市地形是决定分区形式的重要影响因素，当城市狭长时，采用并联分区较宜，增加的输水管长度不多，高、低两区的泵站可以集中管理，如图 6.18（a）所示。与此相反，城市垂直于等高线方向延伸时，串联分区更为适宜，如图 6.18（b）所示。

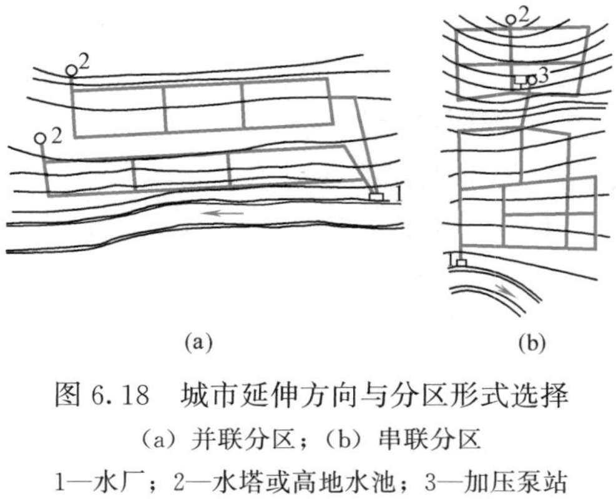

图 6.18　城市延伸方向与分区形式选择

（a）并联分区；（b）串联分区

1—水厂；2—水塔或高地水池；3—加压泵站

水厂位置往往影响到分区形式，如图 6.19（a）中，水厂靠近高区时，宜用并联分区。水厂远离高区时，采用串联分区较好，以免到高区的输水管过长，如图 6.19（b）所示。

在分区给水系统中，可以采用高地水池或水塔作为水量调节设备，水池标高应保证该区所需的水压。采用水塔或水池需通过方案比较后确定。

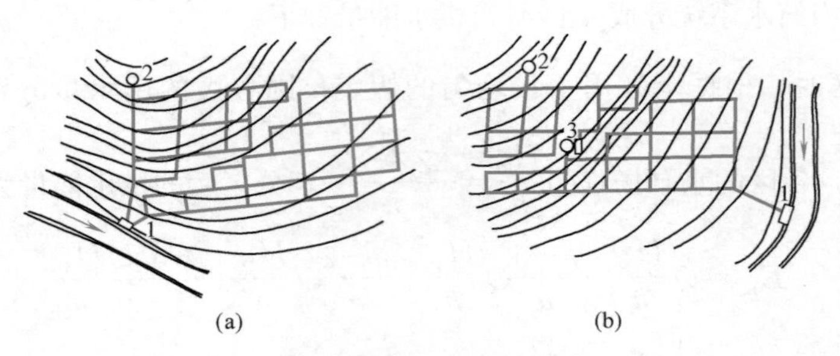


图 6.19　水厂位置与分区形式选择

（a）并联分区；（b）串联分区

1—水厂；2—水塔或高地水池；3—加压泵站

## 思考题

1. 影响用水量的因素有哪些？表 1.1～表 1.4 规定的生活用水定额考虑了哪些影响因素？

2. 为什么说最高日和最高时用水量都是平均流量的概念，它们分别是什么时间内的平均流量？计算它们有何意义？

3. 设计时为什么要分析用水量的变化？在 1 小时时段内实际用水流量是否保持不变？为什么在计算时不考虑 1 小时时段内的流量变化？

4. 你能证明调节容积计算公式（6.10）吗？为什么被调节的两个流量在一个变化周期内的总和必须相等？

5. 你认为要使节点设计流量分配比较合理，需要注意哪些问题？

6. 管段设计流量分配的目的是什么？树状管网管段设计流量分配有何特点？环状管网管段设计流量分配要考虑哪些原则？

7. 何为经济流速？它与哪些因素有关？为什么说平均经济流速是近似的经济流速？在设计管段直径时除了考虑经济性外，还要考虑哪些因素？

8. 在设计工况水力分析时为何要暂时删除泵站所在的管段和假设控制点？如何找到真正的控制点？为何真正的控制点是唯一的？

9. 管网设计校核时泵站所在管段还要删除吗？你能说明在各种工况校核时，哪些节点是定压节点，哪些节点是定流节点？

10. 分区供水有哪几种形式？在哪些情况下应该采用分区供水方式？

11. 泵站供水的能量有哪几部分组成？哪些部分可以通过分区供水得到降低？

12. 如何绘制泵站供水能量分配图？

## 习题

1. 某城市最高日用水量为 15000$m^3/d$，其各小时用水量见表 6.14，管网中设有水塔，二级泵站分两级供水，从前一日 22 点到清晨 6 点为一级，从 6 点到 22 点为另一级，每级供水量等于其供水时段用水量平均值。试绘制用水量变化曲线，并进行以下项目计算：

1）时变化系数；

2）泵站和水塔设计供水流量；

3）清水池和水塔调节容积。

**某城市最高日各小时用水量** **表 6.14**

| 小时 | 0～1 | 1～2 | 2～3 | 3～4 | 4～5 | 5～6 | 6～7 | 7～8 | 8～9 | 9～10 | 10～11 | 11～12 |
|---|---|---|---|---|---|---|---|---|---|---|---|---|
| 用水量($m^3$) | 303 | 293 | 313 | 314 | 396 | 465 | 804 | 826 | 782 | 681 | 705 | 716 |
| 小时 | 12～13 | 13～14 | 14～15 | 15～16 | 16～17 | 17～18 | 18～19 | 19～20 | 20～21 | 21～22 | 22～23 | 23～24 |
| 用水量($m^3$) | 778 | 719 | 671 | 672 | 738 | 769 | 875 | 820 | 811 | 695 | 495 | 359 |

2. 接上题，城市给水管网布置如图 6.20 所示，各管段长度与配水长度见表 6.15，各集中用水户最高时用水量见表 6.16。试进行设计用水量分配和节点设计流量计算。

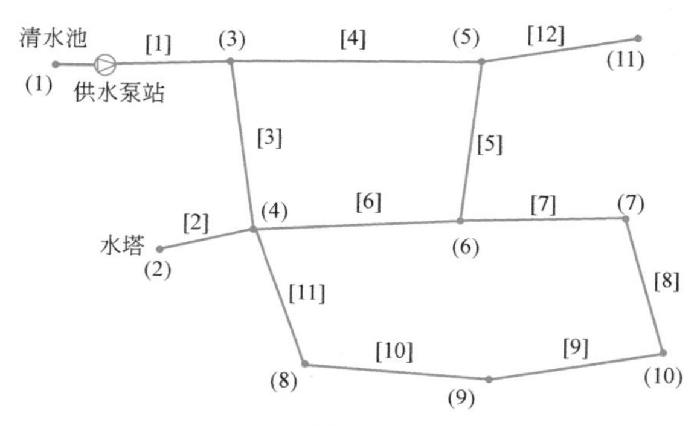


图 6.20 某城市给水管网图

**各管段长度与配水长度** **表 6.15**

| 管段编号 | 1 | 2 | 3 | 4 | 5 | 6 | 7 | 8 | 9 | 10 | 11 | 12 |
|---|---|---|---|---|---|---|---|---|---|---|---|---|
| 管段长度(m) | 320 | 160 | 650 | 770 | 530 | 500 | 420 | 430 | 590 | 520 | 550 | 470 |
| 配水长度(m) | 0 | 0 | 650 | 385 | 530 | 500 | 315 | 215 | 280 | 220 | 400 | 120 |

**最高时集中用水流量** **表 6.16**

| 集中用水户名称 | 火车站 | 学校 | 宾馆 | 医院 | 工厂 A | 工厂 B | 工厂 C |
|---|---|---|---|---|---|---|---|
| 集中用水流量(L/s) | 12.60 | 26.20 | 6.40 | 8.60 | 7.20 | 17.60 | 22.50 |
| 所处位置节点编号 | 2 | 6 | 6 | 5 | 8 | 10 | 11 |

3. 接上题，进行管段设计流量分配和管段直径设计。

4. 接上题，已知清水池最低水位标高 38.30m，各节点地面标高与用户要求自由水压见表 6.17，进行设计工况的水力分析计算，确定控制点，计算泵站扬程、水塔高度并选泵。

**节点设计数据** **表 6.17**

| 节点编号 | 1 | 2 | 3 | 4 | 5 | 6 | 7 | 8 | 9 | 10 | 11 |
|---|---|---|---|---|---|---|---|---|---|---|---|
| 地面标高(m) | 40.70 | 62.00 | 41.50 | 52.40 | 42.20 | 45.10 | 44.80 | 48.30 | 46.60 | 45.90 | 43.30 |
| 要求自由水压(m) | — | — | 24.00 | 24.00 | 24.00 | 28.00 | 24.00 | 24.00 | 24.00 | 24.00 | 20.00 |

5. 接上题，根据规范，本管网消防按同时一处火灾考虑，灭火流量为 15L/s，请进行消防工况校核，判断消防时水塔是供水还是进水？你选的水泵满足消防要求吗？有必要修改个别管径吗？

# 第7章　污水管网设计与计算

城镇污水由城镇综合生活污水和工业废水组成。综合生活污水由居民生活污水和公共建筑生活污水组成。居民生活污水指居民家庭日常生活中产生的污水，公共建筑污水指机关、学校、医院、办公楼、宾馆、商业建筑等产生的生活污水。工业废水是工业企业内产生的工业废水和生活污水。城镇污水管网的主要功能是收集和输送城镇区域中的生活污水和生产废水，输送到污水处理厂进行处理，防止环境污染。

污水管网设计的主要任务是：

（1）污水管网的布置和定位；

（2）污水管网总设计流量及管段设计流量计算；

（3）污水管网管段直径、埋深、衔接设计与水力计算；

（4）污水提升泵站设置与设计；

（5）污水管网施工图绘制等。

## 7.1　污水设计流量计算

### 7.1.1　设计污水量定额

城市污水主要来源于城市用水，因此，污水量定额与城市用水量定额之间有一定的比例关系，该比例称为排放系数。由于水在使用过程中的蒸发、形成工业产品、分流到其他水体或以其他排水方式排除等原因，部分生活污水或工业废水不再被收集到排水管道，在一般情况下，生活污水和工业废水的污水量大约为用水量的60％～80％，在天热干旱季节有时可低达50％。

但是，由于地下水和地面雨水可以通过管道的接口、裂隙等处进入排水管，雨水也可能从检查井口和错误接入的管道进入污水管，还有一些未包括在城市给水系统中的自备水源的企业或其他用户的排水也可能进入排水系统，使实际污水量增大。

《室外排水设计规范》GB 50014—2006（2016年版）规定，居民生活污水定额和综合生活污水定额应根据当地采用的用水定额，结合建筑内部给水排水设施水平和排水系统普及程度等因素确定，一般可按当地用水定额的80％～90％计算，即排放系数为0.8～0.9。工业企业的废水量及其总变化系数应根据工艺特点确定，并与国家现行的工业用水量有关规定协调。

工业废水量定额一般以单位产值、单位数量产品或单位生产设备所排出的废水量表示，对于具有标准生产工艺的工矿企业，可参照同行业单位产值、单位数量产品或单位生产设备的废水量标准。

国家和行业有关用水量或废水量定额一般给出一定取值范围，在选用时应对实际情况进行调查研究，要注意用水设备的改进、用水计量与价格的变化、工业用水重复利用率的提高、原材料品质的变化、生产工艺改进、管理水平及工人素质提高等对生产、生活废水量定额的影响。

在计算设计污水量时还应明确，污水管网是按最高日最高时污水排放流量进行设计的，选用污水量定额和确定变化系数，计算出最高日最高时污水流量。根据设计规范规定，污水设计流量计算与给水设计用水量计算方法是有差别的，其中主要的一点是，在计算居民生活用水量或综合生活用水量时，采用最高日用水量定额和相应的时变化系数，而在计算居民生活污水量或综合生活污水量时，采用平均日污水量定额和相应的总变化系数。

### 7.1.2 污水量的变化

与给水系统用水量一样，污水的排放量也随时间发生变化，同样有逐日变化和逐时变化的规律，如图 7.1 和图 7.2 所示。污水量的变化同样可以用变化系数和变化曲线来描述。图 7.2 中，$Q_P$ 为最高小时污水量，$Q_{av}$ 为平均小时污水量，$Q_{min}$ 为最低小时污水量。

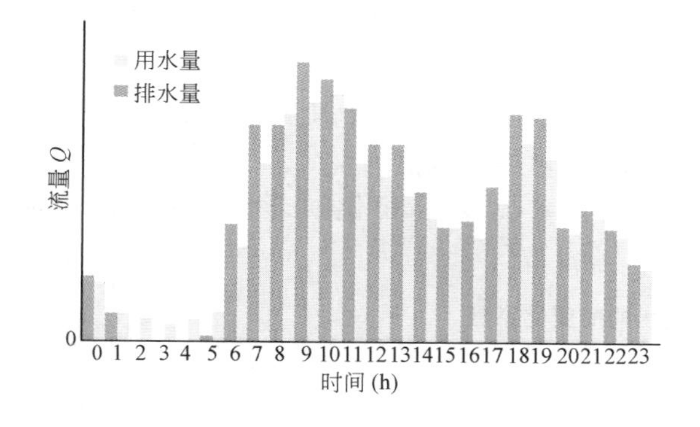


图 7.1 某城市一日用水量和排水量统计

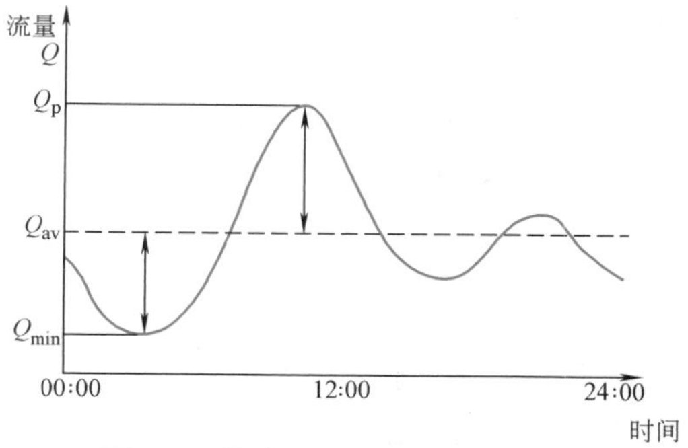

图 7.2 排水量日变化统计曲线图

为了确定污水管网的设计流量，必须确定污水量的变化系数。

污水量日变化系数 $K_d$：指设计年限内，最高日污水量与平均日污水量的比值；

污水量时变化系数 $K_h$：指设计年限内，最高日最高时污水量与该日平均时污水量的比值；

污水量总变化系数 $K_z$：指设计年限内，最高日最高时污水量与平均日平均时污水量的比值。

显然，按上述定义有：

$$K_z = K_d \cdot K_h \tag{7.1}$$

(1) 居民生活污水量变化系数

影响生活污水量变化的因素很多，如有历史资料，可通过统计计算求出总变化系数。在工程设计阶段，一般难以获得足够的数据来确定生活污水量变化系数。国内设计单位分析了一些城市的污水量实测数据，总变化系数 $K_z$ 的数值主要与排水系统中接纳的污水总量的大小有关。当管道所服务的用户增多或用户的用水量标准增大，污水流量也随即增大。这样，排水流量在时间分布上趋于均匀，使总变化系数减小。经过长期使用和调整以后，得到了生活污水总变化系数经验数值，《室外排水设计规范》GB 50014—2006（2016 年版）推荐使用，见表 7.1。

**综合生活污水量总变化系数 $K_z$**　　表 7.1

| 平均日流量(L/s) | 5 | 15 | 40 | 70 | 100 | 200 | 500 | ≥1000 |
|---|---|---|---|---|---|---|---|---|
| 总变化系数 $K_z$ | 2.3 | 2.0 | 1.8 | 1.7 | 1.6 | 1.5 | 1.4 | 1.3 |

注：1. 当污水平均日流量为中间数值时，总变化系数用内插法求得。
2. 当居住区有实际生活污水量变化资料时，可按实际数据采用。

表 7.1 中所列总变化系数 $K_z$ 取值范围为 1.3～2.3，可按下式计算：

$$K_z=\begin{cases}2.3 & Q_d\leqslant 5\\ \dfrac{2.7}{Q_d^{0.11}} & 5<Q_d<1000\\ 1.3 & Q_d\geqslant 1000\end{cases}\tag{7.2}$$

式中　$Q_d$——平均日污水流量（L/s）。

（2）工业废水量变化系数

工业废水量变化规律与产品种类和生产工艺有密切联系，一般需要通过实地调查研究和分析求得。

大部分工业产品的生产工艺本身与气候、温度关系不大，因此生产废水水量比较均匀，日变化系数较小，多数情形下，日变化系数 $K_d$ 可近似取值为 1。

表 7.2 列出了部分工业生产废水流量的时变化系数 $K_h$，可供缺乏实际调查资料时参考。

**部分工业生产废水的时变化系数**　　表 7.2

| 工业种类 | 冶金 | 化工 | 纺织 | 食品 | 皮革 | 造纸 |
|---|---|---|---|---|---|---|
| 时变化系数 $K_h$ | 1.0～1.1 | 1.3～1.5 | 1.5～2.0 | 1.5～2.0 | 1.5～2.0 | 1.3～1.8 |

（3）工业企业生活污水和淋浴污水量变化系数

工业企业生活污水量一般按每个工作班污水量定额计算，相应的变化系数按班内污水量变化给出，且与工业企业生活用水量变化系数基本相同，即一般车间采用 3.0，高温车间采用 2.5。

工业企业淋浴污水量也是按每个工作班污水量定额计算，每班考虑在 1h 之内使用，且不考虑 1h 之内的流量变化，即近似地认为均匀用水和排水。

### 7.1.3　污水设计流量计算

（1）居民生活污水设计流量

影响居民生活污水设计流量的主要因素有生活设施条件、设计人口和污水流量变化。在计算生活污水设计流量时，设计人口指的是排水系统在设计使用年限终期所服务的人口数量。如果排水工程系统是准备分期实施的，则还应明确各个分期时段内的服务人口数，用于计算各个分期时段内的污水量。

同一城市中可能存在着多个排水服务区域，其污水量标准不同，计算时要对每个区分别按照其规划目标，取用适当的污水量定额，按各区实际服务人口计算该区的生活污水设计流量。

居民生活污水设计流量 $Q_1$ 用下式计算：

$$Q_1 = K_{z1} \sum \frac{q_{1i} N_{1i}}{24 \times 3600} \ (\mathrm{L/s}) \tag{7.3}$$

式中　$q_{1i}$——各排水区域平均日居民生活污水量标准［L/(人·d)］；

$N_{1i}$——各排水区域在设计使用年限终期所服务的人口数；

$K_{z1}$——生活污水量的总变化系数，可由表 7.1 查得或采用式（7.2）计算确定，其中平均日污水流量 $Q_d$ 由下式计算：

$$Q_d = \sum \frac{q_{1i} N_{1i}}{24 \times 3600} \ (\mathrm{L/s}) \tag{7.4}$$

由于 $K_{z1}$ 是基于平均日污水量的，所以 $q_{1i}$ 必须采用平均日污水量定额，按照设计规范，$q_{1i}$ 按平均日人均用水量定额（见表 1.2）的 80%～90%确定。

（2）公共建筑污水设计流量

公共建筑的污水量可与居民生活污水量合并计算，此时应选用综合生活污水量定额，也可以单独计算。公共建筑排放的污水量比较集中，例如公共浴室、旅馆、医院、学校住宿区、洗衣房、餐饮娱乐中心等。若有条件获得充分的调查资料，则可以分别计算这些公共建筑各自排出的生活污水量。其污水量可参照《建筑给水排水设计标准》GB 50015—2019 中有关公共建筑生活用水量定额和小时变化系数确定。

公共建筑污水设计流量 $Q_2$ 用下式计算：

$$Q_2 = \sum \frac{q_{2i} N_{2i} K_{h2i}}{3600 T_{2i}} \ (\mathrm{L/s}) \tag{7.5}$$

式中　$q_{2i}$——各公共建筑最高日污水量标准［L/(用水单位·d)］；

$N_{2i}$——各公共建筑在设计使用年限终期所服务的用水单位数；

$K_{h2i}$——各公共建筑污水量时变化系数；

$T_{2i}$——各公共建筑最高日排水小时数（h）。

（3）工业废水设计流量

工业废水的设计流量 $Q_3$ 用下式计算：

$$Q_3 = \sum \frac{K_{3i} q_{3i} N_{3i} (1 - f_{3i})}{3.6 T_{3i}} \ (\mathrm{L/s}) \tag{7.6}$$

式中　$q_{3i}$——各工矿企业废水量定额（$m^3$/单位产值、$m^3$/单位数量产品或 $m^3$/单位生产设备）；

$N_{3i}$——各工矿企业最高日生产产值（如万元）、生产产品数量（如件、台、吨等）或生产设备数量（如台、套等）；

$T_{3i}$——各工矿企业最高日生产小时数（h）；

$f_{3i}$——各工矿企业生产用水重复利用率；

$K_{3i}$——各工矿企业废水量的时变化系数。

对于产品种类繁多、工序复杂的综合企业，应分别以各类产品或设备的废水定额计算汇总。

（4）工业企业生活污水量和淋浴污水设计流量

工业企业生活污水和淋浴污水的设计流量 $Q_4$ 用下式计算：

$$Q_4=\sum\left(\frac{q_{4ai}N_{4ai}K_{h4ai}}{3600T_{4ai}}+\frac{q_{4bi}N_{4bi}}{3600}\right)\ (\mathrm{L/s}) \tag{7.7}$$

式中 $q_{4ai}$——各工矿企业车间职工生活用水量定额［L/(人·班)］，一般车间采用25L/(人·班)，高温车间采用35L/(人·班)；

$q_{4bi}$——各工矿企业车间职工淋浴用水量定额［L/(人·班)］；

$N_{4ai}$——各工矿企业车间最高日职工生活用水总人数；

$N_{4bi}$——各工矿企业车间最高日职工淋浴用水总人数；

$T_{4ai}$——各工矿企业车间最高日每班工作小时数（h）；

$K_{h4ai}$——各工矿企业车间最高日职工生活污水量班内变化系数，一般车间采用3.0，高温车间采用2.5。

(5) 城市污水设计总流量

城市污水设计总流量一般采用直接求和的方法进行计算，即直接将上述各项污水设计流量计算结果相加，作为污水管网设计的依据，城市污水设计总流量 $Q_h$ 用下式计算：

$$Q_h=Q_1+Q_2+Q_3+Q_4\ (\mathrm{L/s}) \tag{7.8}$$

实际上，由于各项污水设计流量均为最大值，它们是不太可能在同一时间出现的，即直接将设计流量相加是不合理的。然而，合理地计算城市污水设计总流量需要逐项分析污水量的变化规律，这在实际工程设计中很难办到，只能采用简化计算方法。采用直接求和法计算所得城市污水设计总流量往往超过其实际值，由此设计出的污水管网是偏安全的。

污水设计总流量的计算公式归纳见表7.3。

**污水设计总流量计算公式**　　**表7.3**

| 序号 | 分类名称 | 计算公式 | 变量说明 |
|---|---|---|---|
| 1 | 居民生活污水最大流量 | $Q_1=K_{z1}\sum\frac{q_{1i}N_{1i}}{24\times3600}$ (L/s) | $q_{1i}$——排水区域平均日居民生活污水量标准[L/(人·d)]<br>$N_{1i}$——排水区域服务人口数<br>$K_{z1}$——生活污水量的总变化系数 |
| 2 | 公共建筑污水最大流量 | $Q_2=\sum\frac{q_{2i}N_{2i}K_{h2i}}{3600T_{2i}}$ (L/s) | $q_{2i}$——公共建筑最高日污水量标准[L/(用水单位·d)]<br>$N_{2i}$——公共建筑设计使用年限终期所服务的用水单位数<br>$K_{h2i}$——公共建筑污水量时变化系数<br>$T_{2i}$——公共建筑最高日排水小时数(h) |
| 3 | 工业废水设计最大流量 | $Q_3=\sum\frac{K_{3i}q_{3i}N_{3i}(1-f_{3i})}{3.6T_{3i}}$ (L/s) | $q_{3i}$——工矿企业废水量定额($m^3$/单位产值、$m^3$/单位数量产品或$m^3$/单位生产设备)<br>$N_{3i}$——工矿企业最高日生产产值(如万元)、生产产品数量<br>$T_{3i}$——工矿企业最高日生产小时数(h)<br>$f_{3i}$——工矿企业生产用水重复利用率<br>$K_{3i}$——工矿企业废水量时变化系数 |

续表

| 序号 | 分类名称 | 计算公式 | 变量说明 |
| --- | --- | --- | --- |
| 4 | 工业企业生活污水量和淋浴污水设计最大流量 | $Q_4=\sum\left(\frac{q_{4ai}N_{4ai}K_{h4ai}}{3600T_{4ai}}+\frac{q_{4bi}N_{4bi}}{3600}\right)$ (L/s) | $q_{4ai}$——工矿企业生活用水量定额<br>$q_{4bi}$——工矿企业车间淋浴用水量定额<br>$N_{4ai}$——工矿企业最高日生活用水总人数<br>$N_{4bi}$——工矿企业最高日淋浴用水总人数<br>$T_{4ai}$——工矿企业最高日每班工作小时数(h)<br>$K_{h4ai}$——工矿企业车间最高日生活污水量班内变化系数 |

在地下水位较高的地区，在计算管道和污水处理设施的流量时，应适当考虑地下水渗入管道的水量。地下水入渗量应当根据测定资料确定，缺乏测定资料时，可按平均日综合生活污水和工业废水总量的 10%～15%计。

**【例 7.1】** 某城镇居住小区街坊总面积 50.20hm²，人口密度为 350 人/hm²，居民生活污水量定额为 120L/(人・d)；有两座公共建筑，火车站和公共浴室的污水设计流量分别为 3.0L/s 和 4.0L/s；有两个工厂，工厂甲的生活、淋浴污水与工业废水总设计流量为 25.0L/s，工厂乙的生活、淋浴污水与工业废水总设计流量 6.0L/s。全部污水统一送至污水处理厂处理。试计算该小区污水设计总流量。

**【解】** 由街坊总面积 50.20hm²，居住人口密度为 350 人/hm²，则服务总人口数为 50.20×350＝17570 人，居民生活污水量定额为 120L/(人・d)，由式（7.4）计算居民平均日生活污水量为：

$$Q_d=\sum\frac{q_{1i}N_{1i}}{24\times3600}=\frac{120\times17570}{24\times3600}=24.40\text{L/s}$$

由式（7.2）计算总变化系数为：

$$K_z=\frac{2.7}{Q_d^{0.11}}=\frac{2.7}{24.40^{0.11}}=1.9$$

代入式（7.3）计算得居民生活污水设计流量：

$$Q_1=K_{z1}\sum\frac{q_{1i}N_{1i}}{24\times3600}=K_{z1}Q_d=1.9\times24.40=46.36\text{L/s}$$

工业企业生活、淋浴污水与工业废水设计流量已直接给出，为：

$$Q_2+Q_3=25.00+6.00=31.00\text{L/s}$$

公共建筑生活污水设计流量也已直接给出，为：

$$Q_4=3.00+4.00=7.00\text{L/s}$$

将各项污水设计流量直接求和，得该小区污水设计总流量：

$$Q_h=Q_1+Q_2+Q_3+Q_4=46.36+31.00+7.00=84.36\text{L/s}$$

# 7.2 管段设计流量计算

## 7.2.1 污水管网的节点与管段

污水管网的管道必须与其服务的所有用户连接，将用户排放的污水收集汇总到较大的管道中，再汇总到污水输送干管中，然后输送到污水处理厂。在工程上，将连接用户的污水管道称为连接管，将主要承担污水输送功能的大型管道称为污水干管（又可分为主干管和干管），将连接管与输送干管之间的收集连接管中污水的管道称为污水支管。应用管网图论方法，将污水管网图形简化为节点和管段两类元素，并进行分类编码，即可以定义污水管网模型。

同给水管网一样，污水管网也可以被简化为由管段和节点构成的污水管网模型系统——污水管网图，并用图论方法建立和处理管段与节点之间的关联关系。如图 7.3 所示污水管网，可以用管段编码［1］，［2］，［3］，…，［$NP$］和节点编码 1，2，3，…，$NN$，其中，$NP=35$ 为管段总数，$NN=36$ 为节点总数，对于枝状管网，$NN=NP+1$。列出各管段对应的上游和下游节点编号的集合，如果再加上各节点的地理平面坐标位置和高程，即可唯一地确定管网的图形，亦可构造管网图形的关联矩阵。图 7.3 所示管网的管段上游和下游节点编号集合见表 7.4。

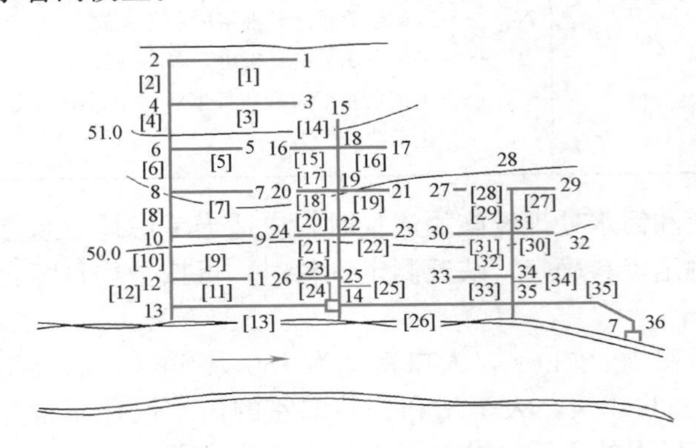

图 7.3　污水管网节点和管段编码

**污水管网节点和管段编码集合**　　　　表 7.4

| 管段编号 | 1 | 2 | 3 | 4 | 5 | 6 | 7 | 8 | 9 | 10 | 11 | 12 | 13 | 14 | 15 | 16 | 17 | 18 |
|---|---|---|---|---|---|---|---|---|---|---|---|---|---|---|---|---|---|---|
| 上游节点 | 1 | 2 | 3 | 4 | 5 | 6 | 7 | 8 | 9 | 10 | 11 | 12 | 13 | 15 | 16 | 17 | 18 | 20 |
| 下游节点 | 2 | 4 | 4 | 6 | 6 | 8 | 8 | 10 | 10 | 12 | 12 | 13 | 14 | 18 | 18 | 18 | 19 | 19 |
| 管段编号 | 19 | 20 | 21 | 22 | 23 | 24 | 25 | 26 | 27 | 28 | 29 | 30 | 31 | 32 | 33 | 34 | 35 | — |
| 上游节点 | 21 | 19 | 24 | 23 | 22 | 26 | 25 | 14 | 29 | 27 | 28 | 32 | 30 | 31 | 33 | 34 | 35 | — |
| 下游节点 | 19 | 22 | 22 | 22 | 25 | 25 | 14 | 35 | 28 | 28 | 31 | 31 | 31 | 34 | 34 | 35 | 36 | — |

在污水收集和输送过程中，污水管道的流量从管网的起始端到末端不断地增加，管道的直径也随之不断增大。为了污水管道连接和清通方便，污水管道的交叉连接处和转弯处以及直线管道上每隔一定距离需要设置检查井（亦称为窨井）。由于污水管道中的水流是重力流，水面高度亦逐渐降低，因此需要逐渐增加污水管道的埋设深度，形成满足污水流动的水力坡度。当管道埋设深度太大时，会使管道施工困难，造价增加。所以，在大型污水管网中经常需要增加设置提升泵站，将污水提升到一定高度，以减小管道的埋设深度。在地形坡度较大的地区，为了满足污水管道最小埋深的要求，防止管道受到地面荷载冲击或被冻坏等，需要设置跌水井，以提高管道的埋深。

污水管网设计计算的任务是计算管网中不同地点的污水流量、各管段的污水输送流量，从而确定各管段的直径、埋深和衔接方式等。在设计计算时，将污水管网中流量和管道敷设坡度不变的一段管道称为管段，将该管段的上游端汇入污水流量和该管段的收集污水量作为管段的输水流量，称为管段设计流量。每个设计管段的上游端和下游端被称为污水管网的节点。污水管网节点处一般设有检查井，但并不是所有检查井处均为节点，如果检查井未发生跌水，且连接的管道流量和坡度均保持不变，则该检查井可不作为节点，即管段上可以包括多个检查井。

由于污水管网图为不含回路的树状图，是一类较简单的图，其管段与节点之间的流量关系与能量关系都较简单，所以一般不必列出恒定流方程组，而是直接将节点流量和管段水头损失计算应用于设计计算中。

上述概念同样适用于工业废水管网、雨水管网及合流污水管网等各种排水管网，以后不再赘述。

### 7.2.2 节点设计流量计算

在进行污水管网设计时，采用最高日最高时的污水流量作为设计流量。污水管网的节点流量是该节点下游的一条管段所连接的用户污水流量与该节点所接纳的集中污水流量之和，前者称为本段沿线污水流量，简称本段流量，后者称为集中污水流量，简称集中流量。

污水管网节点设计流量计算与给水管网节点设计流量计算方法类似，即首先进行管段沿线流量分配，然后计算节点流量，但也有两点不同之处：首先，如前所述，四类城市污水流量中有三类一般作为集中流量处理，只有居民生活污水是沿线流量，沿线流量是按照如图 7.4 所示的管段连接的服务区域内的面积比例或管长比例进行分配，但不是直接分配设计流量，而是分配平均日流量，在计算管段设计流量时再乘以总变化系数；其次，管段分配的沿线流量全部加到上游节点作为节点流量，而不是如给水管网计算时均分到两端节点上。

工矿企业和公共建筑的污水排放一般采用集中的方式，所以工业企业的工业废水、生活污水与淋浴污水流量往往作为集中流量，公共建筑污水流量也作为集中流量。因为这些集中流量的值一般较大，所以它们的接纳点一般必须作为节点，以免造成较大的计算误差。

节点设计流量计算往往与管段设计流量计算同时进行，具体过程见【例 7.2】。

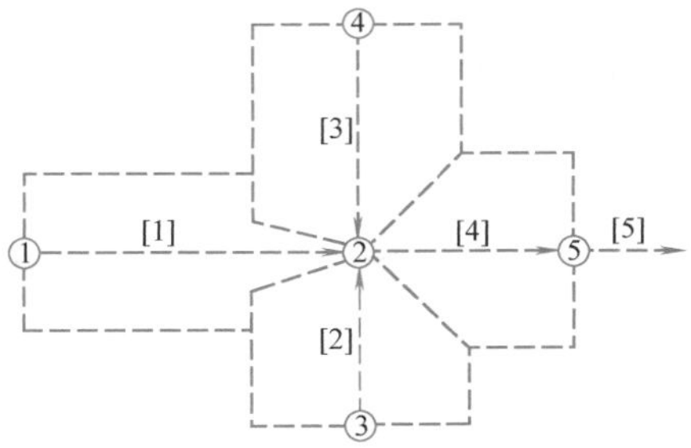

图 7.4 管段服务面积划分图

### 7.2.3 管段设计流量计算

污水管网水力计算，是从上游起端节点开始向下游节点进行，依次对各管段进行设计计算，直到末端节点。为了确定各管段的管径、埋深、坡度和充满度等，必须先计算出各管段的设计流量。

污水管网中节点和管段的流量亦应满足连续性条件，这是计算管段设计流量的基础。然而，污水管网的设计流量并不满足流量连续性条件，因为设计流量为最高小时流量，它们一般不会同时出现，连续性条件只能对同一时间内的流量运用。因此，在计算和分配居民生活污水流量时，只能对其日平均流量运用连续性条件，当它们最后分配到每条管段后，再乘以总变化系数得到设计流量。另外，正如在计算城市污水总设计流量时所假设的一样，为了降低设计的复杂性，总是假定居民生活污水、工业废水、工业企业生活与淋浴污水、公共建筑污水等四大类污水的最高小时流量同时出现，也就是说它们的设计流量可以直接累加。

根据以上所述，可以得到污水管网管段设计流量（L/s）的计算公式：

$$q_i = K_{z1i} q_{1i} + q_{2i} + q_{3i} + q_{4i} \quad i=1, 2, \cdots, M \tag{7.9}$$

式中　$q_{1i}$——各管段输送的居民生活污水平均日流量（L/s），它们在管网中满足连续性条件；

$q_{2i}$——各管段输送的工业废水设计流量（L/s），它们在管网中满足连续性条件；

$q_{3i}$——各管段输送的工业企业生活与淋浴污水设计流量（L/s），它们在管网中满足连续性条件；

$q_{4i}$——各管段输送的公共建筑生活污水设计流量（L/s），它们在管网中满足连续性条件；

$K_{z1i}$——各管段输送的居民生活污水量总变化系数，根据 $q_{1i}$ 查表 7.1 或用式（7.2）计算；

$M$——污水管网中的管段总数。

**【例 7.2】** 继续进行例 7.1 给出的某城镇居住小区污水管网设计。

该小区平面如图 7.5 所示，街坊划分为 27 个，图中用箭头标出了各街坊污水排出的方向，经测算各街坊的面积列于表 7.5 中。该小区地势自北向南倾斜，坡度较小，无明显分水线，可划分为一个排水流域。街道支管布置在街坊地势较低一侧，干管基本上与等高线垂直，布置在小区南面河岸低处，基本与等高线平行。污水管网平面采用截流式形式布置，初步设计方案如图 7.5 所示。试计算干管各管段污水设计流量。

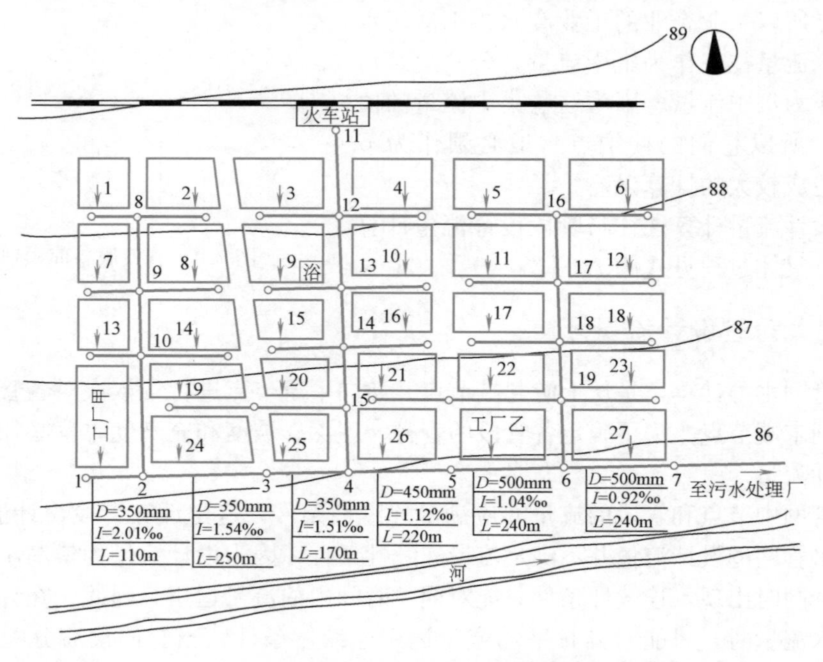


图 7.5　某城镇小区污水管网平面布置

街坊面积　　表 7.5

| 街坊编号 I | 1 | 2 | 3 | 4 | 5 | 6 | 7 | 8 | 9 |
|---|---|---|---|---|---|---|---|---|---|
| 街坊面积 $A_i$(ha) | 1.21 | 1.70 | 2.08 | 1.98 | 2.20 | 2.20 | 1.43 | 2.21 | 1.96 |
| 街坊编号 I | 10 | 11 | 12 | 13 | 14 | 15 | 16 | 17 | 18 |
| 街坊面积 $A_i$(ha) | 2.04 | 2.40 | 2.40 | 1.21 | 2.28 | 1.45 | 1.70 | 2.00 | 1.80 |
| 街坊编号 I | 19 | 20 | 21 | 22 | 23 | 24 | 25 | 26 | 27 |
| 街坊面积 $A_i$(ha) | 1.66 | 1.23 | 1.53 | 1.71 | 1.80 | 2.20 | 1.38 | 2.04 | 2.40 |

**【解】** 本污水管网中主干管为1～7，可划分为1～2、2～3、3～4、4～5、5～6、6～7等6个管段，其中管段1～2输送工厂甲的集中流量，管段5～6输送工厂乙的集中流量，管段2～3、3～4、4～5和6～7分别接纳街坊24、25、26和27的生活污水，作为这些管段的本段流量。三条干管为8～2、11～4和16～6，均仅输送与它们连接的支管所输入的转输流量，而没有直接的本段流量。

居民生活污水平均日流量按街坊面积比例分配，比流量为：

$$q_A=\frac{Q_d}{\sum A_i}=\frac{24.40}{50.20}=0.486\ [(L/s)/hm^2]$$

管段设计流量采用列表进行计算，见表7.6。

污水管段设计流量计算　　表 7.6

| 管段编号 | 居民生活污水日平均流量分配 | | | | | | 管段设计流量计算 | | | | |
|---|---|---|---|---|---|---|---|---|---|---|---|
| | 本段 | | | | 转输流量(L/s) | 合计流量(L/s) | 总变化系数 | 沿线流量(L/s) | 集中流量 | | 设计流量(L/s) |
| | 街坊编号 | 街坊面积(ha) | 比流量[(L/s)/ha] | 流量(L/s) | | | | | 本段(L/s) | 转输(L/s) | |
| 1 | 2 | 3 | 4 | 5 | 6 | 7 | 8 | 9 | 10 | 11 | 12 |
| 1～2 | — | — | — | — | — | — | — | — | 25.00 | — | 25.00 |
| 8～9 | — | — | — | — | 1.41 | 1.41 | 2.3 | 3.24 | — | — | 3.24 |
| 9～10 | — | — | — | — | 3.18 | 3.18 | 2.3 | 7.31 | — | — | 7.31 |
| 10～2 | — | — | — | — | 4.88 | 4.88 | 2.3 | 11.23 | — | — | 11.23 |
| 2～3 | 24 | 2.20 | 0.486 | 1.07 | 4.88 | 5.95 | 2.2 | 13.09 | — | 25.00 | 38.09 |
| 3～4 | 25 | 1.38 | 0.486 | 0.67 | 5.95 | 6.62 | 2.2 | 14.56 | — | 25.00 | 39.56 |
| 11～12 | — | — | — | — | — | — | — | — | 3.00 | — | 3.00 |
| 12～13 | — | — | — | — | 1.97 | 1.97 | 2.3 | 4.53 | — | 3.00 | 7.53 |
| 13～14 | — | — | — | — | 3.91 | 3.91 | 2.3 | 8.99 | 4.00 | 3.00 | 15.99 |
| 14～15 | — | — | — | — | 5.44 | 5.44 | 2.2 | 11.97 | — | 7.00 | 18.97 |
| 15～4 | — | — | — | — | 6.85 | 6.85 | 2.2 | 15.07 | — | 7.00 | 22.07 |
| 4～5 | 26 | 2.04 | 0.486 | 0.99 | 13.47 | 14.46 | 2.0 | 28.92 | — | 32.00 | 60.92 |
| 5～6 | — | — | — | — | 14.46 | 14.46 | 2.0 | 28.92 | 6.00 | 32.00 | 66.92 |
| 16～17 | — | — | — | — | 2.14 | 2.14 | 2.3 | 4.92 | — | — | 4.92 |
| 17～18 | — | — | — | — | 4.47 | 4.47 | 2.3 | 10.28 | — | — | 10.28 |
| 18～19 | — | — | — | — | 6.32 | 6.32 | 2.2 | 13.90 | — | — | 13.90 |
| 19～6 | — | — | — | — | 8.77 | 8.77 | 2.1 | 18.42 | — | — | 18.42 |
| 6～7 | 27 | 2.40 | 0.486 | 1.17 | 23.23 | 24.40 | 1.9 | 46.36 | — | 38.00 | 84.36 |

有4个集中流量，分别在节点1、5、11、13汇入管道，相应的设计流量分别为25、6、3和4（L/s）。管段1～2为主干管的起始管段，只有工厂甲的集中流量流入，设计流量为25L/s。设计管段2～3除接纳街坊24排入的本段流量外，还转输管段1～2的汇入集中流量25L/s和管段8～2的生活污水流量。街坊24的汇水面积为2.2$hm^2$，故本段日平均流量为0.486×2.2＝1.07L/s，由管段8～9～10～2汇入管段2～3的生活污水日平均流量为0.486×(1.21＋1.7＋1.43＋2.21＋1.21＋2.28)＝0.486×10.04＝4.88L/s，则管段2～3中的居民生活污水合计日平均流量为1.07＋4.88＝5.95L/s，由式（9.2）计算出总变化系数为2.2，则该管段居民生活污水设计流量为5.95×2.2＝13.09L/s，管段设计流量为13.09＋25＝38.09L/s。

其余干管设计流量计算方法同上。

## 7.3　污水管道设计参数

从水力学计算公式可知，设计流量与设计流速及过水断面积有关，而流速则是管壁粗糙系数、水力半径和水力坡度的函数。为了保证污水管道的正常运行，《室外排水设计规范》对这些设计参数作了相应规定，在进行污水管网水力计算时应予遵循。

### 7.3.1　设计充满度

在一个设计管段中，污水在管道中的水深 $h$ 和管道直径 $D$ 的比值称为设计充满度，如图7.6所示。当 $h/D=1$ 时称为满管流，当 $h/D<1$ 时称为非满管流。

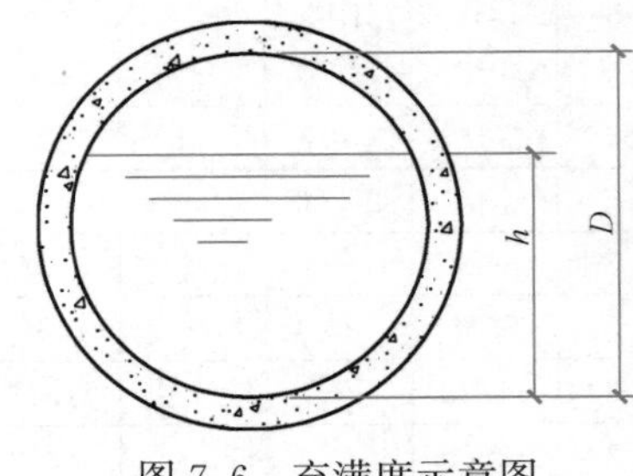

图7.6　充满度示意图

污水管道应按非满管流设计，原因如下：

（1）污水流量是随时变化的，而且雨水或地下水可能通过检查井盖或管道接口渗入污水管道。因此，有必要保留一部分管道内的空间，为未预见水量的增长留有余地，避免污水溢出而妨碍环境卫生。

（2）污水管道内沉积的污泥可能分解析出一些有害气体，需留出适当的空间，以利管道内的通风，排除有害气体。

（3）便于管道的疏通和维护管理。

设计规范规定污水管道的最大设计充满度见表7.7。

**最大设计充满度**　　　　表7.7

| 管径 $D$ 或渠道高度 $H$(mm) | 最大设计充满度 $h/D$ 或 $h/H$ |
|---|---|
| 200～300 | 0.55 |
| 350～450 | 0.65 |
| 500～900 | 0.70 |
| ≥1000 | 0.75 |

在计算污水管道充满度时，设计流量不包括淋浴或短时间内突然增加的污水量，但当管径小于或等于300mm时，应按短时间内的满管流复核，保证污水不能从管道中溢流到

地面。

对于明渠，设计规范规定设计超高（即渠中水面到渠顶的高度）不小于0.2m。

### 7.3.2 设计流速

与设计流量、设计充满度相对应的水流平均速度称为设计流速。为了防止管道中产生淤积或冲刷，设计流速应限制在最大和最小设计流速范围之内。

最小设计流速是保证管道内不产生淤积的流速。这一最低设计流速的限值与污水中所含悬浮物的成分和粒度有关，与管道的水力半径和管壁的粗糙系数有关。引起污水中悬浮物沉淀的另一重要因素是水深。根据国内污水管道实际运行情况的观测数据并参考国外经验，《室外排水设计规范》GB 50014—2006（2016年版）规定污水管渠在设计充满度下的最小设计流速为0.6m/s，含有金属、矿物固体或重油杂质的生产污水管道，其最小设计流速宜适当加大；明渠的最小设计流速为0.4m/s。

由于防止淤积的管段最小设计流速与废水中挟带的悬浮物颗粒的大小和相对密度有关，所以，对各种工业废水采用的最小设计流速要根据试验或调查研究决定。

在地形平坦地区，如果最小设计流速取值过大，就会增大管道的坡度，从而增加管道的埋深和管道造价，甚至需要增设中途泵站。因此，在平坦地区，要结合当地具体情况，可以对规范规定的最小流速作合理的调整，并制订科学的运行管理规程，保证管道系统的正常运行。

最大设计流速是保证管道不被冲刷损坏的流速。该值与管道材料和水深有关，通常，金属管道的最大设计流速为10m/s，非金属管道的最大设计流速为5m/s。

当雨水明渠设计水深为0.4～1.0m/s时，最大设计流速按表7.8采用。设计水深不在此范围时，最大设计流速按设计标准规定修正。

明渠最大设计流速　　表7.8

| 明渠类别 | 最大设计流速(m/s) | 明渠类别 | 最大设计流速(m/s) |
|---|---|---|---|
| 粗砂或低塑性粉质黏土 | 0.8 | 草皮护面 | 1.6 |
| 粉质黏土 | 1.0 | 干砌块石 | 2.0 |
| 黏土 | 1.2 | 浆砌块石或浆砌砖 | 3.0 |
| 石灰岩或中砂岩 | 4.0 | 混凝土 | 4.0 |

### 7.3.3 最小管径

在污水管网的上游部分，污水管段的设计流量一般很小，若根据设计流量计算管径，则管径会很小，极易堵塞。根据污水管道的养护记录统计，直径为150mm的支管的堵塞次数，可能达到直径为200mm的支管的堵塞次数的两倍，使管道养护费用增加。然而，在同样埋深条件下，直径为200mm与150mm的管道造价相差不多。此外，因采用较大的管径，可选用较小管道坡度，使管道埋深减小。因此，为了养护工作的方便，规定采用允许的最小管径：在居住区和厂区内的污水支管最小管径为200mm，干管最小管径为300mm；在城镇道路下的污水管道最小管径为300mm。在进行管道水力计算时，由管段设计流量计算得出的管径小于最小管径时，应直接采用最小管径和相应的最小坡度而不再进行水力计算。这种管段称为不计算管段。在这些管段中，当有适当的冲洗水源时，可考虑设置冲洗井，防止管道内产生淤积或堵塞。

### 7.3.4　最小设计坡度

在污水管网设计时，通常使管道敷设坡度与设计区域的地面坡度基本一致，在地势平坦或管道走向与地面坡度相反时，尽可能减小管道敷设坡度和埋深对于降低管道造价显得尤为重要。但由该管道敷设坡度形成的流速应等于或大于最小设计流速，以防止管道内产生沉淀。因此，将相应于最小设计流速的管道坡度称为最小设计坡度。

从水力计算公式可知，设计坡度与设计流速的平方成正比，与水力半径的 4/3 次方成反比。由于水力半径等于过水断面与湿周的比值，因此不同管径的污水管道应有不同的最小坡度。管径相同的管道，因充满度不同，其最小坡度也不同。当在给定的设计充满度条件下，管径越大，相应的最小设计坡度值越小。《室外排水设计规范》GB 50014—2006（2016 年版）规定最小管径对应的最小设计坡度为：管径 200mm 的最小设计坡度为 0.004；管径 300mm 的最小设计坡度为 0.003。较大管径的最小设计坡度可按设计充满度下不淤流速控制，当管道坡度不能满足不淤流速要求时，应有防淤、清淤措施。在工程设计中，不同管径的钢筋混凝土管的建议最小设计坡度见表 7.9。

**常用管径的最小设计坡度**（钢筋混凝土管非满流）　　**表 7.9**

| 管径(mm) | 最小设计坡度 | 管径(mm) | 最小设计坡度 |
|---|---|---|---|
| 400 | 0.0015 | 1000 | 0.0006 |
| 500 | 0.0012 | 1200 | 0.0006 |
| 600 | 0.0010 | 1400 | 0.0005 |
| 800 | 0.0008 | 1500 | 0.0005 |

### 7.3.5　污水管道埋设深度

污水管道的埋设深度是指管道的内壁底部离开地面的垂直距离，亦简称为管道埋深。管道的顶部离开地面的垂直距离称为覆土厚度，如图 7.7 所示。管道埋深是影响管道造价的重要因素，是污水管道的重要设计参数。在实际工程中，污水管道的造价由选用的管道材料、管道直径、施工现场地质条件和管道埋设深度等四个主要因素决定，合理地确定管道埋设深度可以有效地降低管道建设投资。一条管段的埋设深度分为起点埋深、终点埋深和管段平均埋深，管段平均埋深是起点埋深和终点埋深的平均值。

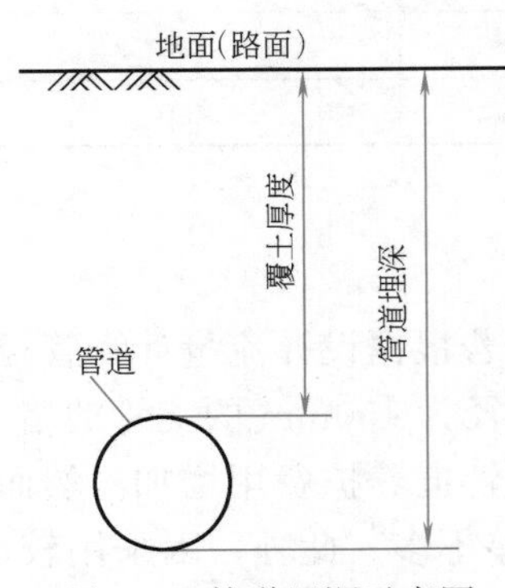

图 7.7　管道埋深示意图

为了保证污水管道不受外界压力和冰冻的影响和破坏，管道的覆土厚度不应小于一定的最小限值，这一最小限值称为最小覆土厚度。

污水管道的最小覆土厚度，一般应满足下述三个因素的要求。

（1）防止管道内污水冰冻和因土壤冰冻膨胀而损坏管道

我国北方的部分地区气候比较寒冷，属于季节性冻土区。土壤冰冻深度主要受气温和冻结期长短的影响，如我国北方寒冷地区最低气温达－40℃以下，最大土壤冰冻深度超过3m。同一城市中因地面覆盖的土壤种类、阳光照射时间不同和市区与郊区的差别等因素，冰冻深度也有很大差异。冰冻层内污水管道埋设深度或覆土厚度，应根据流量、水温、水流情况和敷设位置等因素确定。一般情况下，污水水温较高，即使在冬季，污水温度也不会低于4℃。根据东北几个寒冷城市冬季污水管道的调查和多年实测资料，满洲里市、齐齐哈尔市、哈尔滨市的出户污水管水温在4～15℃之间，齐齐哈尔区的街道污水管水温平均为5℃，一些测点的水温高达8～9℃。满洲里市和海拉尔区的污水管道出口水温，在一月份实测为7～9℃。此外，管内经常保持一定的流量而不断地流动，在管道内是不易冰冻的。由于污水水温的辐射作用，管道周围的泥土也不易冰冻。因此，没有必要把整个污水管道都埋在土壤冰冻线以下。但如果将管道全部埋在冰冻线以上，则会因土壤冰冻膨胀可能损坏管道基础，从而损坏管道。《室外排水设计规范》规定：无保温措施的生活污水管道或水温与生活污水接近的工业废水管道，管底可埋设在冰冻线以上0.15m。有保温措施或水温较高的管道，管底在冰冻线以上的距离可以加大，其数值应根据该地区或条件相似地区的经验确定。

（2）防止地面荷载破坏管道

埋设在地面下的污水管道承受着管顶覆盖土壤静荷载和地面上车辆运行产生的动荷载。为了防止管道因外部荷载影响而损坏，首先要注意管材质量，另外必须保证管道有一定的覆土厚度。因为车辆运行对管道产生的动荷载，其垂直压力随着深度增加而向管道两侧传递，最后只有一部分压力传递到地下管道上。从这一因素考虑并结合实际经验，车行道下污水管最小覆土厚度不宜小于0.7m。非车行道下的污水管道若能满足管道衔接的要求，而且无动荷载的影响，其最小覆土厚度值可适当减小。

（3）满足街区污水连接管衔接的要求

为了使住宅和公共建筑内产生的污水畅通地排入污水管网，就必须保证污水干管起点的埋深大于或等于街区内污水支管终点的埋深，而污水支管起点的埋深又必须大于或等于建筑物污水出户连接管的埋深。这对于确定在气候温暖又地势平坦地区管网起点的最小埋深或覆土厚度是很重要的因素。从安装技术方面考虑，要使建筑物首层卫生设备的污水能顺利排出，污水出户连接管的最小埋深一般采用0.5～0.7m，所以污水支管起点最小埋深也应有0.6～0.7m。

对于每一个具体设计管段，从上述三个不同的因素出发，可以得到三个不同的管底埋深或管顶覆土厚度值，这三个数值中的最大一个值就是这一管道的允许最小覆土厚度或最小埋设深度。

除考虑管道的最小埋深外，还应考虑最大埋深问题。污水在管道中依靠重力从高处流向低处。当管道的坡度大于地面坡度时，管道的埋深就愈来愈大，尤其在地形平坦的地区更为突出。埋深愈大，则造价越高，施工期也越长。管道允许埋设深度的最大值称为最大允许埋深。该值的确定应根据技术经济指标及施工方法而定，一般在干燥土壤中，最大埋深不超过7～8m；在多水、流砂、石灰岩地层中，一般不超过5m。

### 7.3.6 污水管道的衔接

污水管道在检查井中衔接，设计时必须考虑检查井的上游管段和下游管段衔接的高程关系。管道衔接时要遵守两个原则：其一，避免上游管道形成回水，造成淤积；其二，在平坦地区应尽可能提高下游管道的标高，以减少埋深。

管道的常用衔接方法有两种：一为水面平接，二为管顶平接。

水面平接是在确定上、下游管道直径和设计充满度后，设计管道的埋深时使上、下游管道内的设计水面保持等高。由于上游管道的设计流量一般较小，因而可能具有较大的流量变化，因而可能在短期内上游管道内的实际水面低于下游管道，形成回水。水面平接法一般适于上、下游管道直径相同时，特别是在平坦地区采用，因为这种衔接方法较管顶平接方法要求下游埋深小。水面平接法如图7.8（a）所示。

管顶平接就是设计时使上、下游管道顶部保持等高。管顶平接法一般会使上、下游管道内水平有一定落差，因而不容易产生回水，但下游管道的埋深可能增加，在地面平坦地区会增大管网造价。因而管顶平接法适于地面坡度较大或下游管道直径大于上游管道直径时采用。管顶平接法如图7.8（b）所示。

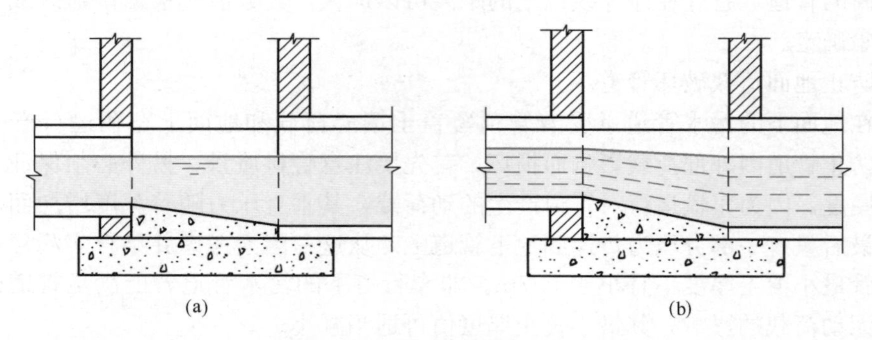


图7.8　污水管道衔接示意图

（a）水面平接；（b）管顶平接

在特殊情况下，如下游管道地面坡度急增时，下游管径可能小于上游管道，此时应采用管底平接的法，即保持上、下游管道底部标高相等。

## 7.4　污水管网水力计算

污水管网管段设计流量确定之后，即可由上游管段开始，进行各管段的水力计算，确定管段直径和敷设坡度，使管道能够顺利通过设计流量。

确定管段直径和坡度是污水管网设计的主要内容，也是决定污水管网技术合理性和经济性的关键步骤。管道坡度的确定应参考地面坡度和保证自净流速的最小坡度，使管道坡度尽可能与地面坡度平行，以减少管渠埋深，同时保证合理的设计流速，使管渠不发生淤积和冲刷。在保证合理流速和充满度的前提下，选择不同的管径，也就形成不同的本管段造价（包括管材费用和敷设施工费用），同时对下游管段的造价影响也不同。因此，必须在选择管径及确定相应的坡度时考虑经济合理性。

### 7.4.1　不计算管段的确定

在设计计算中，应首先考虑“不计算管段”。按规范规定，在街区和厂区内最小管径为 200mm，在街道下的最小管径为 300mm，通过水力分析表明，当设计污水流量小于一定值时，已经没有管径选择的余地，可以不通过计算直接采用最小管径，在平坦地区还可以直接采用相应的最小设计坡度。

通过计算可知，当管道粗糙系数为 $n=0.014$ 时，对于街区和厂区内最小管径 200mm，最小设计坡度为 0.004，当设计流量小于 9.19L/s 时，可以直接采用最小管径；对于街道下的最小管径 300mm，最小设计坡度为 0.003，当设计流量小于 29L/s 时，可以直接采用最小管径，见表 7.10。

### 7.4.2 较大坡度地区管段设计

当管道敷设地点有自然地形坡度可以利用时，管道可以沿着地面坡度敷设，如图 7.9 所示。其特点是，管段会具有比较大的流速，满足规范规定的最小流速要求，在选择管段直径时主要考虑不超过最大充满度的要求，也就是说要选用满足最大充满度要求的最小管径，以节约工程费用。

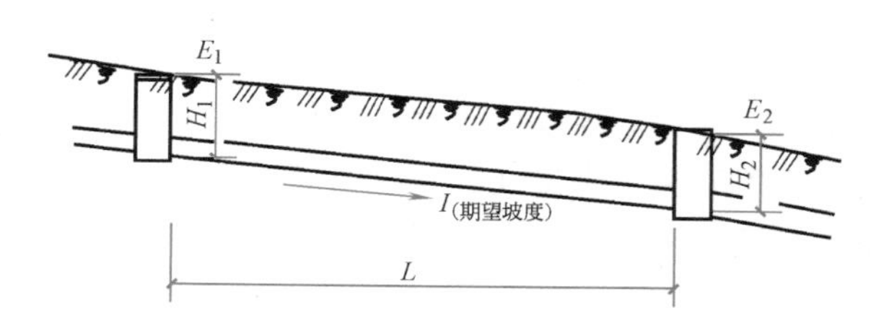

图 7.9 污水管道期望坡度

在有较大地面坡度的区域，可以采用地面坡度作为管段的设计坡度，由已知管道设计流量和最大充满度约束条件，即可计算管段的直径 $D$。计算过程如下：

(1) 根据地形和管段两端节点处的埋深条件，用下式计算期望坡度 $I$：

$$I=\frac{(E_1-H_1)-(E_2-H_2)}{L} \tag{7.10}$$

式中 $E_1$、$E_2$——管段上、下游节点处的地面高程（m）；

$H_1$、$H_2$——管段上、下游节点处的埋设深度（m），根据管道衔接等技术条件确定；

$L$——管段长度（m）。

(2) 根据设计流量、期望坡度和最大充满度（在管径未确定前，先假定采用某档管径最大充满度）进行水力计算，得出计算管径。由第 3 章非满管流水力学公式（3.39）可得

$$D=\frac{3.0884n^{3/8}q^{3/8}\theta^{1/4}}{(\theta-\sin\theta)^{5/8}i^{3/16}} \tag{7.11}$$

式中 $\theta$——管中心到水面线两端的夹角（弧度）；

$D$——管径（m）；

$i$——设计坡度；

$q$——管道设计流量（$m^3/s$）；

$n$——曼宁粗糙系数。

由式（7.11）可以计算该管道的管径，然而该管径为非标准管径，应选取略大于计算管径的标准管径。如果其最大充满度与计算时不符，则应重新计算。

另一种确定管径的方法是采用附图所示的污水管道直径选用图，在该图中由已知的设计流量和坡度（分别作为横坐标和纵坐标）可以确定一个点，根据该点所处区域即可选定一个合适的管径，并同时满足设计规范中对充满度的规定。以设计流量 $q=200$L/s，坡度

$I=0.006$ 为例，从附图可以确定，最合适的管径为 $D=500$mm。

（3）根据设计流量、坡度和选取的标准管径，再由式（7.11）和式（3.31）反算与标准管径对应的 $\theta$ 值和充满度，最后计算标准管径的流速。

### 7.4.3　平坦或反坡地区管段设计

当管道敷设地点地形比较平坦甚至是反坡时，管径选择的问题要复杂一些。因为对于给定设计流量的某一管段而言，若选择较小的管径则本段造价较低，但需要较大的敷设坡度，因而使下游管段埋深增加，造价提高；若选择较大的管径则本段造价较高，但敷设坡度可以降低，因而减小下游管段埋深，可以降低它们的造价。所以，平坦或反坡地区管段设计不但要考虑规范规定的最小流速、最大充满度等技术要求，同时还要认真考虑经济性问题。而实际工程中，经常遇到平坦或反坡地区管段设计问题。

平坦或反坡地区管段设计有一定的规律可循。首先，可以由技术条件确定一个最大可用管径，在一定的设计流量下，采用较大的管径可以降低坡度要求，但当管径大到一定值时，管内流速将小于规范要求的最小流速，管径再加大时，为满足最小流速要求必须加大水力坡度，显然是不经济的。通过计算列出在最小坡度条件下的不同管径和不同粗糙系数 $n$ 值的非满管流污水管道的流量，也就是不同流量对应的最大管径，供设计计算参考，见表7.10。

**最小坡度条件下的非满管流量**　　　　**表7.10**

| No. | 管径(m) | 最小坡度 | 充满度 | 管道摩阻 $n$ 值 | | | |
|---|---|---|---|---|---|---|---|
| | | | | $n=0.011$ | $n=0.012$ | $n=0.013$ | $n=0.014$ |
| | | | | 流量(L/s) | | | |
| 1 | 0.2 | 0.0040 | 0.55 | 11 | 10 | 10 | 9 |
| 2 | 0.3 | 0.0030 | 0.55 | 37 | 34 | 31 | 29 |
| 3 | 0.4 | 0.0015 | 0.65 | 72 | 66 | 61 | 57 |
| 4 | 0.5 | 0.0015 | 0.65 | 99 | 90 | 84 | 78 |
| 5 | 0.5 | 0.0012 | 0.70 | 129 | 119 | 110 | 102 |
| 6 | 0.6 | 0.0010 | 0.70 | 192 | 176 | 163 | 151 |
| 7 | 0.7 | 0.0010 | 0.70 | 290 | 266 | 245 | 228 |
| 8 | 0.8 | 0.0008 | 0.70 | 370 | 339 | 313 | 291 |
| 9 | 0.9 | 0.0008 | 0.70 | 507 | 464 | 429 | 398 |
| 10 | 1.0 | 0.0006 | 0.75 | 633 | 580 | 536 | 497 |
| 11 | 1.1 | 0.0006 | 0.75 | 816 | 748 | 691 | 641 |
| 12 | 1.2 | 0.0006 | 0.75 | 1029 | 943 | 871 | 809 |
| 13 | 1.3 | 0.0006 | 0.75 | 1274 | 1168 | 1078 | 1001 |
| 14 | 1.4 | 0.0005 | 0.75 | 1417 | 1299 | 1199 | 1113 |
| 15 | 1.5 | 0.0005 | 0.75 | 1703 | 1561 | 1441 | 1338 |
| 16 | 1.6 | 0.0005 | 0.75 | 2023 | 1855 | 1712 | 1590 |
| 17 | 1.7 | 0.0005 | 0.75 | 2378 | 2180 | 2012 | 1869 |
| 18 | 1.8 | 0.0005 | 0.75 | 2770 | 2539 | 2344 | 2176 |
| 19 | 2.0 | 0.0005 | 0.75 | 3669 | 3363 | 3104 | 2882 |
| 20 | 2.2 | 0.0005 | 0.75 | 4730 | 4336 | 4002 | 3717 |
| 21 | 2.4 | 0.0005 | 0.75 | 5965 | 5468 | 5048 | 4687 |

另外，统计资料表明，相对于污水管道的造价影响最大的埋深因素，管径增加造成的管材费用增加较小，特别是对于控制下游管段埋深的管网前端管段以及管径较小的管段，它们管径加大所增加的材料费用对总造价影响很小，而它们的坡度变化对本管段和下游管段造价的影响是显著的。

这时，管径设计必须进行技术经济比较，或采用优化设计方法进行优化计算。

在平坦或反坡地区进行管段设计时，可以结合附图所示的污水管道直径选用图进行设计。根据设计流量在该图中确定一个横坐标，该坐标处垂直线首先于较小坡度处与某管径最小流速线相交，该管径即为最大可用管径，随着坡度增加，该垂直线将逐一与较小管径的最大充满度线相交，这些管径从技术上都是可用的，但当管径太小时，坡度显著增加，是不经济的。以设计流量 $q$=500L/s 为例，从污水管道直径选用图中以可查出，最大可用管径为 $D$=1.0m，与表 7.10 所列相同，相应的最小坡度 $I$=0.0006，较小的可用管径有 $D$=0.9m、0.8m、0.7m、0.6m 等，相应的最小坡度 $I$=0.00126、0.00237、0.00482、0.01097 等，显然，小于 0.9m 的管径是不宜采用的。

通过上述方法确定管径后，坡度也随之确定。最后，还要根据流量、管径和坡度计算管内充满度和流速，方法同前。

### 7.4.4 管段衔接设计

污水管网设计除了确定各管段直径和敷设坡度外，还有一项重要内容就是处理好各管段之间的衔接。衔接设计是由上游管段向下游管段进行的，首先是根据上节所述方法确定管段起点埋深，对于非起点管段，则应确定它与上游管段的衔接关系，即根据具体情况选用三种衔接方法（管底平接、水面平接和管顶平接）之一，以确定本管段的起点埋深；然后用本管段设计流量确定的管径、坡度、充满度等以及管段长度，推求本管段的终端埋深，作为下游管段的衔接条件。管段末端埋深计算公式为：

$$E_2-H_2=E_1-H_1-I\cdot L \tag{7.12}$$

式中 $L$——管段长度（m）；

$I\cdot L$——管段降落量（m）；

其余符号意义同式（7.10）。

必须细致研究管道系统的控制点，以便确定管网系统的埋深。这些控制点常位于本区的最远或最低处，它们的埋深控制该地区污水管道的最小埋深。各条管道的起点、低洼地区的个别街坊和污水出口较深的工业企业或公共建筑都是研究控制点的对象。

水力计算自上游依次向下游逐段进行。一般情况下，随着设计流量逐段增加，设计流速也应相应增大。只有当坡度大的管道接到坡度小的管道时，下游管段的流速已大于1m/s（陶土管）或 1.2m/s（混凝土、钢筋混凝土管道）的情况下，设计流速才允许减小。设计流量逐段增加，设计管径也应逐段增大，但当坡度小的管道接到坡度大的管道时，管径可以减小，但缩小的范围不得超过 50～100mm。

**【例 7.3】** 继续进行【例 7.1】和【例 7.2】给出的某城镇居住小区污水管网设计。

拟采用混凝土排水管材，粗糙系数 $n$=0.014，已知节点 1 受工厂排出口埋深的控制，最小埋深为 2.0m，管网其他起点最小埋深要求均小于 1.0m，因此节点 1 作为主干管的起点，控制整个管网埋深。试进行主干管1～7的水力计算。

**【解】** 从节点1开始，从上游管段依次向下游管段进行水力计算，计算过程用列表的办法进行，见表7.11。具体解释如下：

（1）首先将管段编号、长度、设计流量、上下端地面标高等已知数据分别填入表中第1、2、3、10和11等各列。

（2）确定管段起点埋深，节点1的埋深为2.0m，将起点埋深填入表中第11列，同时计算出起点管内底标高86.20－2.00＝84.20m，填入第14列。

（3）进行1～2管段设计：

根据本例所给数据，节点2的最小埋深可以采用1.0m，管内底期望标高为86.10－1.00＝85.10m，高于节点1管内底标高84.20m，为反坡，而且作为起点管段，可以直接采用最大可用管径，根据设计流量$q$＝25.00L/s查附图1得$D$＝350mm，相应坡度$I$＝0.00201，用式（3.30）和式（3.31）分别计算出充满度$h/D$＝0.447，流速$v$＝0.60m/s，分别填入表7.11中第4、5、7和6列。

（4）进行1～2管段衔接设计：

根据管径和充满度计算管内水深$h$＝0.35×0.447＝0.16m，上端水面标高为84.20＋0.16＝84.36m，根据坡度和管长计算管段降落量$I \cdot L$＝0.00201×110＝0.22m，下端水面标高为84.36－0.22＝84.14m，下端管内底标高为84.20－0.22＝83.98m，下端管道埋深为86.10－83.98＝2.12m，计算结果分别填表入表7.11中第8、12、9、13、15和17列。

管段1～2与管段2～3采用水面平接，即令管段2～3的起点水面标高与管段1～2终点水面标高相等，即为84.14m，填入表中第12列。

（5）进行2～3管段设计：

管段2～3起点管内底标高与管段1～2终点接近，近似为83.98m，管段2～3终点管内底标高期望值为86.05－1.00＝85.05，所以仍为反坡，直接采用最大可用管径，根据设计流量$q$＝38.09L/s查附图1得$D$＝350mm，相应坡度$I$＝0.00154，用式（3.30）和式（3.31）分别计算出充满度$h/D$＝62.7%，流速$v$＝0.60m/s，分别填入表7.11中第4、5、7和6列。

（6）进行2～3管段衔接设计：

根据管径和充满度计算水深$h$＝0.35×0.627＝0.22m，上端管内底标高为84.14－0.22＝83.92m，根据坡度和管长计算管段降落量$I \cdot L$＝0.00154×250＝0.39m，下端水面标高为84.14－0.39＝83.75m，下端管内底标高为83.92－0.39＝83.53m，上端管道埋深为86.10－83.92＝2.18m，下端管道埋深为86.05－83.53＝2.52m，计算结果分别填表入表7.8中第8、14、9、13、15、16和17列。

管段2～3与管段3～4采用水面平接，即令管段3～4的起点水面标高与管段2～3终点水面标高相等，即为83.75m，填入表中第12列。

依此方法继续进行计算，直到完成表7.11中的所有项目，则水力计算完成。最后得污水管网总出口即节点7处的管道埋深为3.27m。

污水管网主干管水力计算　表 7.11

<table>
<tr><th rowspan="3">管段编号</th><th rowspan="3">管段长度 $L$ (m)</th><th rowspan="3">设计流量 $q$ (L/s)</th><th rowspan="3">管径</th><th rowspan="3">管段坡度 $I$ (‰)</th><th rowspan="3">管内流速 $v$ (m/s)</th><th colspan="2">充满度</th><th rowspan="3">降落量 $I \cdot L$ (m)</th><th colspan="6">标高(m)</th><th colspan="2" rowspan="2">埋设深度 (m)</th></tr>
<tr><th rowspan="2">$h/D$ (%)</th><th rowspan="2">$h$ (m)</th><th colspan="2">地面</th><th colspan="2">水面</th><th colspan="2">管内底</th></tr>
<tr><th>上端</th><th>下端</th><th>上端</th><th>下端</th><th>上端</th><th>下端</th><th>上端</th><th>下端</th></tr>
<tr><td>1</td><td>2</td><td>3</td><td>4</td><td>5</td><td>6</td><td>7</td><td>8</td><td>9</td><td>10</td><td>11</td><td>12</td><td>13</td><td>14</td><td>15</td><td>16</td><td>17</td></tr>
<tr><td>1～2</td><td>110</td><td>25.00</td><td>350</td><td>2.01</td><td>0.60</td><td>44.7</td><td>0.16</td><td>0.22</td><td>86.20</td><td>86.10</td><td>84.36</td><td>84.14</td><td>84.20</td><td>83.98</td><td>2.00</td><td>2.12</td></tr>
<tr><td>2～3</td><td>250</td><td>38.09</td><td>350</td><td>1.54</td><td>0.60</td><td>62.7</td><td>0.22</td><td>0.39</td><td>86.10</td><td>86.05</td><td>84.14</td><td>83.75</td><td>83.92</td><td>83.53</td><td>2.18</td><td>2.52</td></tr>
<tr><td>3～4</td><td>170</td><td>39.56</td><td>350</td><td>1.51</td><td>0.60</td><td>64.8</td><td>0.23</td><td>0.26</td><td>86.05</td><td>86.00</td><td>83.75</td><td>83.49</td><td>83.52</td><td>83.26</td><td>2.53</td><td>2.74</td></tr>
<tr><td>4～5</td><td>220</td><td>60.92</td><td>450</td><td>1.12</td><td>0.60</td><td>61.0</td><td>0.27</td><td>0.25</td><td>86.00</td><td>85.90</td><td>83.49</td><td>83.24</td><td>83.22</td><td>82.97</td><td>2.79</td><td>2.93</td></tr>
<tr><td>5～6</td><td>240</td><td>66.92</td><td>500</td><td>1.04</td><td>0.60</td><td>55.4</td><td>0.28</td><td>0.25</td><td>85.90</td><td>85.80</td><td>83.24</td><td>82.99</td><td>82.96</td><td>82.71</td><td>2.94</td><td>3.09</td></tr>
<tr><td>6～7</td><td>240</td><td>84.36</td><td>500</td><td>0.92</td><td>0.60</td><td>67.3</td><td>0.34</td><td>0.22</td><td>85.80</td><td>85.70</td><td>82.99</td><td>82.77</td><td>82.65</td><td>82.43</td><td>3.15</td><td>3.27</td></tr>
</table>

## 7.5 管道平面图和纵剖面图绘制

污水管网的平面图和纵剖面图，是污水管网设计的主要图纸。根据设计阶段的不同，图纸表现的深度亦有所不同。初步设计阶段的管道平面图就是管道总体布置图，通常采用比例尺（1∶5000)～(1∶10000)，图上有地形、地物、河流、风玫瑰或指南针等。已有和设计的污水管道用粗线条表示，在管线上画出设计管段起讫点的检查井并编上号码，标出各设计管段的服务面积，可能设置的中途泵站，倒虹管及其他的特殊构筑物，污水处理厂、出口等。初步设计的管道平面图中还应将主干管各设计管段的长度、管径和坡度在图上标明。此外，图上应有管道的主要工程项目表和说明。

施工图阶段的管道平面图比例尺常用（1∶1000)～(1∶5000)，图上内容基本同初步设计，而要求更为详细确切。要求标明检查井的准确位置及污水管道与其他地下管线或构筑物交叉点的具体位置、高程，居住区街坊连接管或工厂废水排出管接入污水干管或主干管的准确位置和高程。图上还应有图例、主要工程项目表和施工说明。

污水管道的纵剖面图反映管道沿线的高程位置，它是和平面图相对应的，图上用单线条表示原地面高程线和设计地面高程线，用双竖线表示检查井，图中还应标出沿线支管接入处的位置、管径、高程；与其他地下管线、构筑物或障碍物交叉点的位置和高程；沿线地质钻孔位置和地质情况等。在剖面图的下方有一表格，表格中列有检查井号、管道长度、管径、坡度、地面高程、管内底高程、埋深、管道材料、接口形式和基础类型等。有时也将流量、流速、充满度等数据标明。采用比例尺，一般横向（1∶500)～(1∶2000)，纵向（1∶50)～(1∶200)，对工程量较小，地形、地物较简单的污水管网，亦可不绘制纵剖面图，只需要将管道的直径、坡度、长度、检查井的高程以及交叉点等注明在平面图上即可。

【例 7.1】～【例 7.3】为初步设计，其设计计算结果见表 7.11，主干管的纵剖面图如图 7.10 所示。

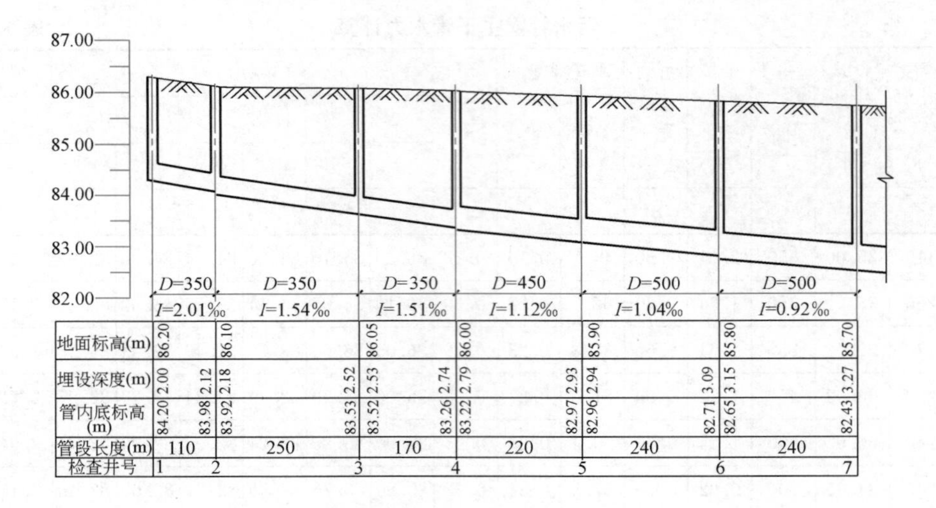


图 7.10　某污水管网主干管纵剖面图

## 7.6　管道污水处理

长期以来，排水管网仅作为输送污水的管道设施，工程设计时按照水力条件要求的原则进行设计。然而，在排水管道中普遍存在的状态是可以用于对污水进行部分处理的。长期的观察和研究表明，污水管网不仅可以实现输送污水的目的，还应该考虑到对污水处理可能性。所以，排水管道内的水质变化和水质净化机理和过程应该看作是对传统污水末端处理的一种替代或补充方式，或者作为污水收集后的源头控制方法。如果合理地进行设计和运行，不仅可以减少污水处理设施建设和运行开支，而且能够产生良好的经济效益和环境效益。

（1）污水管道中的水质转化过程

污水管道就如一个推流式反应器，污水在其中停留时间有可能等于或超过在污水处理厂的停留时间。即使没有专门的针对水质的功能设计，在污水管道中同样发生着诸多的水质转变过程，包括：

1）物理过程：污水管道中存在着复杂的颗粒物质运动过程，除具有沉淀物的输送特征外，还包括了有机颗粒的降解、混合、絮凝、凝聚和紊流搅拌。

2）化学过程：包括污水中各种物质的溶解、沉降和水解等过程。

3）生化过程：悬浮的微生物和管壁上的生物膜对污水中的可生物降解的物质发生反应，水解难生物降解的物质，并氧化易生物降解物质。

有文献数据表明，在自然状态条件下，充气性能良好的重力输水污水管道中，污水经过 4 小时的停留时间后，水中 BOD 从 192mg/L 减少到 141mg/L，减少 26%；通过检测一个通风和充气良好的污水管道系统，发现污水中 COD 减少了 20%，折合每千米污水管道能够去除 3%的溶解性 COD，而污水中的总 COD 去除率稍低；有文献评估，假如人均拥有污水管道长度 3～10m，污水中绝大部分的有机物质在到达污水处理厂之前可能已经被氧化而去除。

上述发现已经多次通过反应器实验和管道实验研究得以证实，甚至得到了更高的去除效果。研究和开发污水管道系统中的污水处理技术，通过积极地创造有利于管道中污水净化的条件，将使污水管道发挥污水净化的功能。

（2）管道污水处理方法

最可行的管道污水处理过程是好氧生物处理，可以采用三种措施，提高管道污水处理的效率，包括：向管道中补充空气或氧气、增加污水中附着的生物量和接种新鲜的污水（即活性污泥）。

在重力流污水管道中，氧气从空气中转移到污水中。在一些小的管道中，这种自然的充气足以保持污水的好氧环境。然而，在一些大型污水管道中，由于管道中污水流动的速度梯度较小，限制了水中氧气量的增加和污水中微生物的生长。通过加强管道中的紊流剧烈程度，可以提高污水表面的充气量，增强微生物的活性。可通过提高平均流速或者采用跌水管或其他措施达到充氧效果。

在污水管道中人工注入空气或氧气，可以强化可生物降解物质的氧化速率。有实验表明，在污水管道中注入空气，可以控制硫化物的产生，同时发现污水中的BOD浓度降低了44%，污水在管道中流经时间达到6～7小时后，总BOD和溶解性BOD各自降低了30%～55%和30%～75%，如果采用纯氧充气，可以得到更高的BOD去除率。

在污水管道中，水中悬浮和管壁粘附的微生物同样具有重要的污水净化作用，其作用的大小取决于生物膜的面积与污水体积的比率。生物膜在小管道中发挥更重要的作用。在重力流污水管道系统中，通过增加表面积的方法，可以为生物膜的生长提供更有利的条件，但这样做的主要问题是可能增加输水系统的水头损失。

在压力流污水管道中，污水可能处在厌氧的环境条件下，生物降解速率较慢，与重力流系统比较，生物膜发挥了更为重要的作用，同时可以增加污水中污染物质的整体转化率。

在长距离输送的排水管道起端，建造小型的活性污泥厂或相同设施，人为地增加排水管道中的活性污泥，以增加水流中的微生物浓度，从而强化物质转化过程。也可以将污水处理厂中的污泥循环到排水管道的起端和中段，将污水管道作为一个分段投料式的活性污泥反应器，实验室模拟实验表明，溶解性COD的去除效率可高达80%～90%。利用污水管道作为污水处理系统或者作为部分处理的理念，在污水管网设计和运行管理中，具有很高的科学价值和应用前景。

## 思考题

1. 污水量标定额一般如何确定，生活污水量计算方法与生活用水量计算方法有何不同？

2. 城市污水设计总流量计算采用什么方法？生活污水总流量的计算也是直接求和吗？

3. 在污水管道设计时，管道底坡（简称管道坡度）与水力坡度是等同的吗？为什么？

4. 污水管道的起点埋深如何确定？在没有确定管径前，起点埋深就一定可以确定吗？

5. 污水管网中管段是如何划分的？何谓本段流量？

6. 在污水管道衔接的各种方法中，哪种方法在什么情况下会使下游管段埋深最大？

7. 在平坦或反坡地区与较大坡度地区的污水管道设计中，哪种情况一般采用最大充满度设计？

8. 如果在污水管道设计中要考虑经济性因素，那么平坦或反坡地区与较大坡度地区哪一个更容易考虑？为什么？

9. 请解释附图中不同管径的两类曲线含义是什么？你认为此图有哪些用途？如何使用？

10. 为了使污水管网设计满足规范并尽可能降低造价，有哪些原则应该遵循？

## 习　题

1. 某肉类联合加工厂每天宰杀活牲畜 258t，废水量标准为 $8.2m^3/t$ 活畜，总变化系数为 1.8，三班制生产，每班工作 8h，最大班职工人数 860 人，其中在高温及重污染车间工作的占职工总数的 40%，使用淋浴人数按 85%计，其余 60%在一般车间工作，使用淋浴人数按 30%计，工程居住面积 $9.5\times10^4m^2$，人口密度 580 人/$10^4m^2$，生活污水量标准 160L/(人·d)，各种污水由管道汇集送至污水处理站，试计算该厂的最大时污水设计流量。

2. 图 7.11 为某工厂工业废水干管平面图，图上注明各废水排出口的位置、设计流量以及各设计管段长度，检查井（节点）处的地面标高，排出口 1 处的管底标高为 218.9m，其余各排出口的管道埋深均不得小于 1.6m。该地区土壤无冰冻。要求列表进行干管设计与水力计算，并将计算结果标注在平面图上。

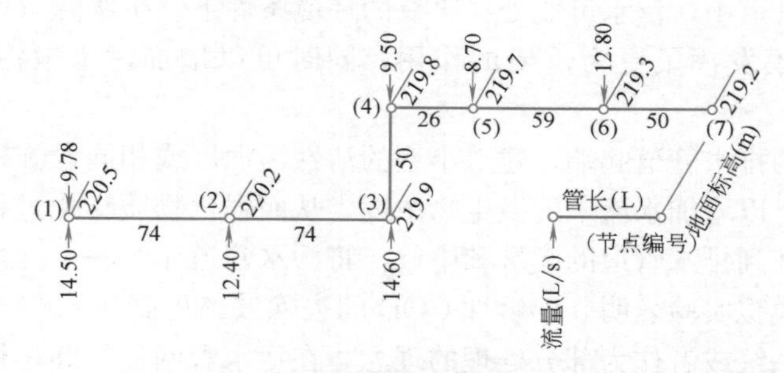


图 7.11　某工厂工业废水干管平面示意图

3. 试根据图 7.12 所示的街坊平面图布置污水管道，并从工厂接管点至总出口（污水处理厂处）进行干管设计和水力计算，绘制管道平面图和干管纵断面图。已知：

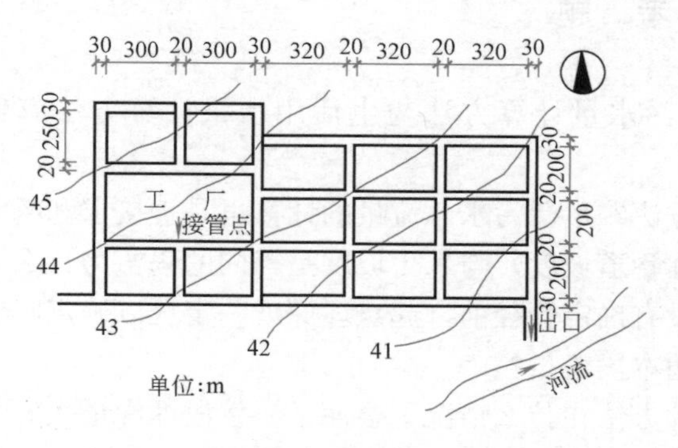


图 7.12　街坊平面图

(1) 人口密度为 400 人/$10^4m^2$；

(2) 污水量标准为 140L/(人·d)；

(3) 工厂的生活污水和淋浴污水设计流量分别为 8.24L/s 和 6.84L/s，生产污水设计流量为 26.4L/s，工厂排出口地面标高为 43.5m，管底埋深不小于 2.0m，土壤冰冻深度为 0.8m；

(4) 沿河岸堤坝顶标高 40.0m。

# 第8章 雨水管渠设计和计算

降雨是一种水文过程，降雨的时间和降雨量大小具有一定的随机性，同时又服从一定的统计规律。一般，越大的暴雨出现的概率越小。为了排除会产生严重危害的某一场大暴雨的雨水，必须耗用巨资建设具有相应排水能力的雨水排水系统，而该系统投入使用的机会也许很长时间才会有一次。特别值得注意的是，我国地域宽广，气候差异很大，南方多雨，年平均降雨量可高达2000mm/a以上，而北方少雨干旱，西北内陆个别地区年平均降雨量少于200mm/a。因此，不同地区的城市排水系统的设计规模和投资具有很大差别。降雨量的计算必须根据不同地区的降雨特点和规律，对正确设计城市雨水排水系统特别重要。正确计算雨水系统排水量，经济合理地设计雨水排水系统，使之具有合理的和最佳的排水能力，最大限度地及时排除雨水，避免洪涝灾害，又不使建设规模超过实际需求，避免投资浪费，提高工程投资效益，具有非常重要的意义和价值。

## 8.1 雨量分析与雨量公式

### 8.1.1 雨量分析

(1) 降雨量

降雨量指单位地面面积上在一定时间内降雨的雨水体积，其计量单位为体积/(面积·时间)。由于体积除以面积等于深度，所以降雨量的单位又可以采用深度/时间。这时降雨量又称为一定时间内的降雨深度。常用的降雨量统计数据计量单位有：

年平均降雨量：指多年观测的各年降雨量的平均值，计量单位用“mm/a”；

月平均降雨量：指多年观测的各月降雨量的平均值，计量单位用“mm/月”；

最大日降雨量：指多年观测的各年中降雨量最大的一日降雨量，计量单位用“mm/d”。

(2) 雨量计的数据整理

降雨量数据通常由雨量计在降雨时记录取得，雨量计的构造如图8.1所示。雨量计所记录的数据为每场雨的瞬时降雨强度（mm/min）、累积降雨量（mm）和降雨时间（min）之间的变化关系，如图8.2所示。以降雨时间为横坐标和以累计降雨量为纵坐标绘制的曲线称为降雨量累积曲线。降雨量累积曲线上某一点的斜率即为该时间的降雨瞬时强度。将降雨量在该时

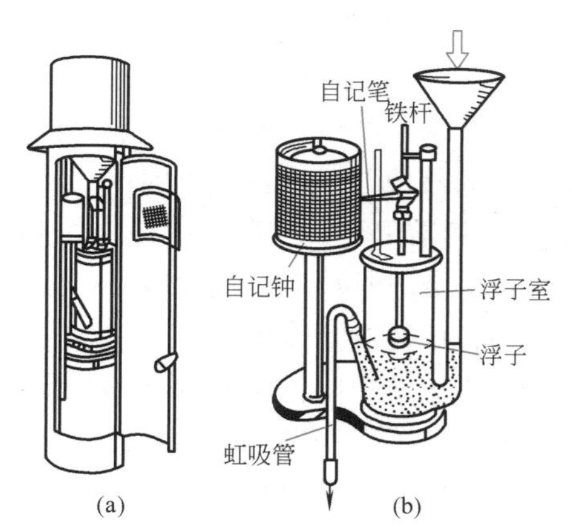

图8.1 自记式雨量计示意图
(a) 外形图 (b) 内部构造图

间段内的增量除以该时间段长度，可以得到单位时间内的累积降雨量，即该段降雨历时的平均降雨强度。

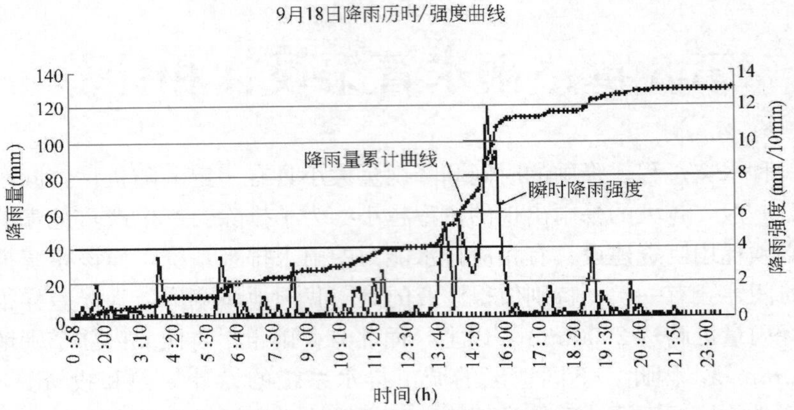

9月18日降雨历时/强度曲线

降雨量(mm)
降雨强度(mm/10min)
降雨量累计曲线
瞬时降雨强度
时间(h)

图 8.2　降雨强度和降雨量累积曲线

（3）降雨历时和暴雨强度

在降雨量累积曲线上取某一时间段，称为降雨历时。如果该降雨历时覆盖了降雨的雨峰时间，则上面计算的数值即为对应于该降雨历时的暴雨强度，降雨历时区间取得越宽，计算得出的暴雨强度就越小。

暴雨强度习惯上用符号 $i$ 表示，常用单位为“mm/min”，也可为“mm/h”。在工程上，亦常用单位时间内单位面积上的降雨量 $q$ 表示，单位用“$(L/s)/hm^2$”。

采用以上计量单位时，由于 $1mm/min=1(L/m^2)/min=10000(L/min)/hm^2$，可得 $i$ 和 $q$ 之间的换算关系为

$$q=\frac{10000}{60}i=167i \tag{8.1}$$

式中　$q$——暴雨强度［$(L/s)/hm^2$］；

　　　$i$——暴雨强度（mm/min）。

对排水系统设计而言，有意义的是找出降雨量最大的那个时段内的降水量。因此，暴雨强度的数值与所取的连续时间段 $t$ 的跨度和位置有关。在城市暴雨强度公式推求中，经常采用的降雨历时为 5min、10min、15min、20min、30min、45min、60min、90min、120min9 个历时数值，特大城市可以用到 180min。

（4）暴雨强度频率

对应于特定降雨历时的暴雨强度服从一定的统计规律，可以通过长期的观测数据计算某个特定的降雨历时的暴雨强度出现的经验频率，简称暴雨强度频率。

经验频率的计算公式有多种，常用均值公式或数学期望公式，见式（8.2）。

$$F_m=\frac{m}{n+1} \tag{8.2}$$

式中　$n$——降雨量统计数据总个数；

　　　$m$——将所有数据从大到小排序之后，某个具有一定大小的数据的序号；

　　　$F_m$——相应于第 $m$ 个数据的经验频率，常用单位为“%”，用于近似地表达暴雨强

度大于等于第 $m$ 个数据的暴雨事件出现的概率。显然，参与统计的数据越多，这种近似性表示就越精确。根据以上定义可知，当对应于特定降雨历时的暴雨强度的频率越小时，该暴雨强度的值就越大。

当每年只取一个代表性数据组成统计序列时，$n$ 为资料年数，求出的频率值称为"年频率" $F_m$；而当每年取多个数据组成统计序列时，$n$ 为数据总个数，求出的频率值称为"次（数）频率"。"年频率"和"次（数）频率"统称为经验频率，并统一以 $F_m$ 表示。"次（数）频率" $F_m$ 的计算公式为

$$F_m=\frac{mM}{nM+1} \tag{8.3}$$

式中　$M$——每年选取的雨样数。

在坐标纸上以经验频率为横坐标，暴雨强度为纵坐标，按数据点的分布绘出的曲线，称为经验频率曲线，如图 8.3 所示。

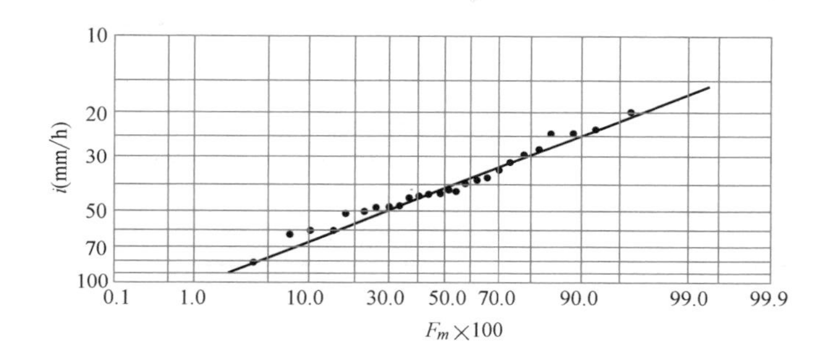


图 8.3　经验频率曲线

（5）暴雨强度重现期

工程上常用比较容易理解的"重现期"来等效地替代较为抽象的频率概念。重现期的定义是指在多次的观测中，事件数据值大于等于某个设定值重复出现的平均间隔年数，单位为年。

重现期与经验频率之间的关系可直接按定义由下式表示：

$$P=\frac{1}{F_m} \tag{8.4}$$

式中　$P$——暴雨强度重现期（a）。

需要指出，重现期是从统计平均的概念引出的。某一暴雨强度的重现期等于 $P$，并不是说大于等于暴雨强度的降雨每隔 $P$ 年就会发生一次。$P$ 年重现期是指在相当长的一个时间序列（远远大于 $P$ 年）中，大于等于该指标的数据平均出现的可能性为 $1/P$，而且这种可能性对于这个时间序列中的每一年都是一样的，发生大于等于该暴雨强度的事件在时间序列中的分布也并不是均匀的。对于某一个具体的 $P$ 年时间段而言，大于等于该强度的暴雨可能出现一次，也可能出现数次或根本不出现。重现期越大，降雨强度越大，如图 8.4 所示。

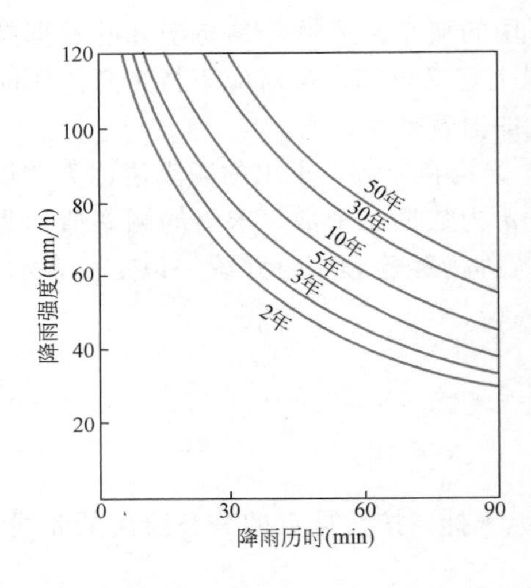


图 8.4　降雨强度、降雨历时和重现期的关系

如果在雨水排水系统的计算中使用较高的设计重现期，则计算的设计排水量就较大，排水管网系统设计规模相应增大，排水顺畅，但该排水系统的建设投资就比较高；反之，则投资较小，但安全性差。确定设计重现期的因素主要有排水区域的重要性、功能（如广场、干道、工厂或居住区）、淹没后果严重性、地形特点和汇水面积的大小等。在一般情况下，低洼地段采用的设计重现期大于高地；干管采用的设计重现期大于支管；工业区采用的设计重现期大于居住区；市区采用的设计重现期大于郊区。

《室外排水设计规范》规定，雨水管渠设计重现期，应根据汇水地区性质、城镇类型、地形特点和气候特征等因素，经技术经济比较后按表 8.1 的规定取值。

**雨水管渠设计重现期（年）**　　**表 8.1**

| 城镇类型 \ 城区类型 | 中心城区 | 非中心城区 | 中心城区的重要地区 | 中心城区地下通道和下沉式广场等 |
|---|---|---|---|---|
| 超大城市和特大城市 | 3～5 | 2～3 | 5～10 | 30～50 |
| 大城市 | 2～5 | 2～3 | 5～10 | 20～30 |
| 中等城市和小城市 | 2～3 | 2～3 | 3～5 | 10～20 |

注：超大城市指城区人口在 1000 万以上的城市；特大城市指市区人口在 500 万～1000 万的城市；大城市指城区人口在 100 万～500 万的城市；中等城市区指城区人口在 50 万～100 万的城市；小城市指城区人口在 50 万人以下的城市。

表 8.2 为某城市在不同历时的暴雨强度统计数据，表达了该市的降雨规律。

**某城市在不同历时的暴雨强度统计数据**　　**表 8.2**

| 序号 \ $i$(mm/min) | $t$(min) | | | | | | | | | | |
|---|---|---|---|---|---|---|---|---|---|---|---|
| | 5 | 10 | 15 | 20 | 30 | 45 | 60 | 90 | 120 | 经验频率 $F_m$(%) | 重现期 $P$(a) |
| 1 | 3.82 | 2.82 | 2.28 | 2.18 | 1.71 | 1.48 | 1.38 | 1.08 | 0.97 | 0.83 | 122.0 |
| 2 | 2.92 | 2.19 | 1.93 | 1.65 | 1.45 | 1.25 | 1.18 | 0.92 | 0.78 | 4.93 | 20.3 |
| 3 | 2.56 | 1.96 | 1.73 | 1.53 | 1.31 | 1.08 | 0.98 | 0.74 | 0.60 | 10.74 | 9.3 |
| 4 | 2.34 | 1.92 | 1.58 | 1.44 | 1.23 | 0.99 | 0.91 | 0.67 | 0.57 | 14.88 | 6.7 |
| 5 | 2.02 | 1.79 | 1.50 | 1.36 | 1.15 | 0.93 | 0.83 | 0.63 | 0.53 | 20.66 | 4.8 |
| 6 | 2.00 | 1.60 | 1.38 | 1.26 | 1.10 | 0.90 | 0.77 | 0.59 | 0.50 | 25.62 | 3.9 |
| 7 | 1.60 | 1.30 | 1.13 | 0.99 | 0.85 | 0.68 | 0.60 | 0.47 | 0.40 | 49.59 | 2.0 |
| 8 | 1.24 | 1.05 | 0.90 | 0.83 | 0.69 | 0.58 | 0.50 | 0.40 | 0.34 | 75.21 | 1.3 |
| 9 | 1.08 | 0.94 | 0.76 | 0.70 | 0.60 | 0.50 | 0.44 | 0.33 | 0.27 | 99.17 | 1.0 |

### 8.1.2 暴雨强度公式

根据数理统计理论，暴雨强度 $i$（或 $q$）与降雨历时 $t$ 和重现期 $P$ 之间关系，可用一个经验函数表示，称为暴雨强度公式。其函数形式可以有多种。根据不同地区的适用情况，可以采用不同的公式。《室外排水设计规范》GB 50014—2006（2016 年版）中规定采用暴雨强度公式的形式为：

$$q=\frac{167A_1(1+C\lg P)}{(t+b)^n} \tag{8.5}$$

式中 $q$——设计暴雨强度 [$(\mathrm{L/s})/\mathrm{hm}^2$]；

$t$——降雨历时（min）；

$P$——设计重现期（a）；

$A_1$，$C$，$n$，$b$——待定参数。

式（8.5）亦可以用单位时间的降雨深度表达如下式：

$$i=\frac{A_1(1+C\lg P)}{(t+b)^n} \tag{8.6}$$

式中 $i$——设计暴雨强度（mm/min）；

$t$，$P$，$A_1$，$C$，$n$，$b$——意义同上。

在具有 10 年以上自动雨量记录的地区，暴雨强度公式中的待定参数可按以下步骤，用统计方法进行计算确定。而在自动雨量记录不足 10 年的地区，可参照附近气象条件相似地区的资料采用。

（1）计算降雨历时分别采用 5min、10min、15min、20min、30min、45min、60min、90min、120min、150min、180min 共 11 个历时。计算降雨重现期一般按 0.25 年、0.33 年、0.5 年、1 年、2 年、3 年、5 年、10 年、20 年、30 年统计。

（2）取样方法可采用年最大值法或年多个样法。年最大值法为每年每个历时选取一个最大值按大小排序作为基础资料；年多个样法为在每年的每个历时选择 6～8 个最大值，然后不论年次，将每个历时的子样数据按大小次序排列，再从中选择资料年数的 3～4 倍的数目的最大值，作为统计的基础资料。具有 20 年以上自动雨量记录的地区，排水系统设计暴雨强度公式应采用年最大值法。在编制暴雨强度公式时，采用年最大值法取样的重现期用 $T_M$ 表示，采用非年最大值法取样的重现期用 $T_E$ 表示，以示区别。

（3）所选取的各降雨历时的数据一般应采用频率曲线加以调整。根据确定的频率曲线，得出重现期、暴雨强度和降雨历时三者之间的关系，即 $P$、$i$、$t$ 关系值，如图 8.4 所示。

（4）根据 $P$、$i$、$t$ 关系值求解 $A_1$、$C$、$b$ 和 $n$ 各个参数。可用解析法或图解法等方法进行。

（5）计算抽样误差和暴雨公式均方差。一般按绝对均方差计算，也可辅以相对均方差计算。当计算重现期在 2～30 年范围内时，平均绝对均方差不宜大于 0.05mm/min。在较大降雨强度的地方，平均相对均方差不宜大于 5%。

我国部分大城市的暴雨强度公式见表 8.3，其他主要城市的暴雨强度公式可参见《给水排水设计手册》第 5 册或各地官方发布的最新暴雨强度公式。

我国部分大城市的暴雨强度公式表　　表 8.3

| 序号 | 城市名称 | 暴雨强度公式 | 资料年数(发布年份) |
| --- | --- | --- | --- |
| 1 | 北京 | $q=\frac{1602(1+1.037\lg P)}{(t+11.593)^{0.681}}$ | 地方标准(2016) |
| 2 | 上海 | $q=\frac{1600(1+0.846\lg P)}{(t+7.0)^{0.656}}$ | 地方标准(2017) |
| 3 | 天津 | $q=\frac{3833.34(1+0.85\lg P)}{(t+17)^{0.85}}$ | 50 |
| 4 | 南京 | $q=\frac{2989.3(1+0.671\lg P)}{(t+13.3)^{0.8}}$ | 40 |
| 5 | 杭州 | $i=\frac{57.694(1+0.927\lg P)}{(t+31.546)^{1.008}}$ | 48(2018) |
| 6 | 广州 | $q=\frac{2424.17(1+0.533\lg T)}{(t+11)^{0.668}}$ | 31 |
| 7 | 成都 | $i=\frac{20.154(1+0.663\lg T_E)}{(t+18.768)^{0.784}}$ | 17 |
| 8 | 昆明 | $i=\frac{8.918(1+0.693\lg T_E)}{(t+10.247)^{0.649}}$ | 16 |
| 9 | 西安 | $i=\frac{6.041(1+1.475\lg P)}{(t+14.72)^{0.704}}$ | 22 |
| 10 | 哈尔滨 | $q=\frac{2989.3(1+0.95\lg P)}{(t+11.77)^{0.88}}$ | 34 |

### 8.1.3　汇水面积

汇水面积（也称为流域面积）$F$ 指的是雨水管渠汇集和排除雨水的地面面积。单位常用为“$hm^2$”或“$km^2$”。一般的大暴雨能覆盖 1～5$km^2$ 的地区，有时可高达数千平方千米。一场暴雨在其整个降雨的面积上雨量分布并不均匀。但是，对于城市排水系统，汇水面积一般较小，一般小于 100$km^2$，其最远点的集水时间往往不超过 3～5h，大多数情况下，集水时间不超过 60～120min。因此，可以假定降雨量在城市排水小区面积上是均匀分布的，采用自记录雨量计所测得的局部地点的降雨量数据可以近似代表整个汇水面积上的降雨量。

## 8.2　雨水管渠设计流量计算

### 8.2.1　地面径流与径流系数

降落在地面上的雨水在沿地面流行的过程中，一部分雨水被地面上的植物、洼地、土壤或地面缝隙截留，剩余的雨水在地面上沿地面坡度流动，称为地面径流。地面径流的流量称为雨水地面径流量。雨水管渠系统的功能就是排除雨水地面径流量。地面径流量与总降雨量的比值称为径流系数 $\psi$，径流系数小于 1。

降雨刚发生时，有部分雨水会被植被截留，而且地面比较干燥，雨水渗入地面的渗水量比较大，开始时的降雨量小于地面渗水量，雨水被地面全部吸收。随着降雨时间的增长和雨量的加大，当降雨量大于地面渗水量后，降雨量与地面渗水量的差值称为余水，在地面开始积水并产生地面径流。单位时间内的地面渗水量和余水量分别称为入渗率和余水率。在降雨强度增至最大时，相应产生的地面径流量也最大。此后，地面径流量随着降雨强度的逐渐减小而减小，当降雨强度降至与入渗率相等时，余水率为0。但这时由于有地面积水存在，故仍有地面径流，直到地面积水消失，径流才终止。图8.5表示降雨强度与地面径流量的示意关系。图中的直方图形表示降雨强度，曲线表示地面径流量。

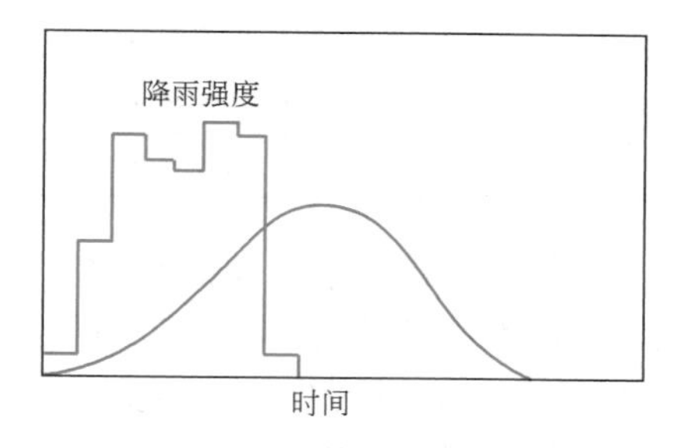


图8.5 降雨强度与地面径流量关系图

地面径流系数的值与汇水面积上的地面材料性质、地形地貌、植被分布、建筑密度、降雨历时、暴雨强度及暴雨雨型有关。当地面材料透水率较小、植被较少、地形坡度大、雨水流动快的时候，径流系数较大。图8.6表示不同地面状况对降雨径流量的影响。

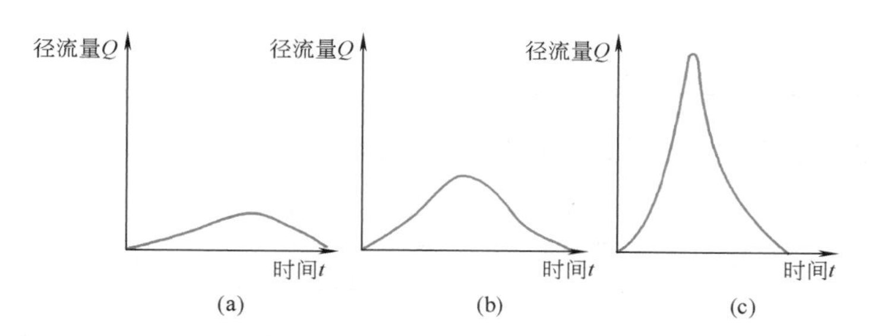


图8.6 不同地面对降雨径流量的影响

(a) 公园绿地地面径流量；(b) 居住区地面径流量；(c) 不透水地面径流量

降雨历时较长会使地面渗透损失减少而增加径流系数；暴雨强度较大时，会使流入雨水管渠的相对水量增加而增加径流系数；对于最大强度发生在降雨前期的雨型，前期雨量大的径流系数值也大。

目前，在雨水管渠设计中，通常按地面材料性质确定径流系数的经验数值。人们以各种不同材料覆盖的小块场地，用自然降雨或人工降雨进行试验，实测和计算径流系数。实验中，一般不考虑植物截留和洼地积水的影响，但往往包括地面的初期渗透。《室外排水设计规范》GB 50014—2006（2016年版）中有关径流系数的取值规定见表8.4。

如果汇水面积由径流系数不同的地面组合而成，则整个汇水面积上的平均径流系数$\psi_{av}$值可按各类地面的面积用加权平均法计算：

$$\psi_{av}=\frac{\sum\psi_i F_i}{F} \tag{8.7}$$

式中 $F_i$——汇水面积上各类地面的面积；

$\psi_i$——对应于各类地面的径流系数；

$F$——总汇水面积。

不同地面的径流系数　　表 8.4

| 地面种类 | 径流系数 $\psi$ |
| --- | --- |
| 各种屋面、混凝土和沥青路面 | 0.90 |
| 大块石铺砌路面和沥青表面处理的碎石路面 | 0.60 |
| 级配碎石路面 | 0.45 |
| 干砌砖石和碎石路面 | 0.40 |
| 非铺砌土地面 | 0.30 |
| 公园或绿地 | 0.15 |

实践中，计算平均径流系数 $\psi_{av}$ 时要分别确定总汇水面积上的地面种类及其相应面积，计算工作量较大，有时还得不到所需的准确数据。因此，在工程设计中经常采用所谓“区域综合径流系数”（也称流域径流系数）进行近似的替代。这种系数以典型区域的经验径流系数为根据而确定，数值中已考虑了植被截留、地面初渗、洼地积水等因素。应用方便，但比较粗略。区域综合径流系数的建议值参见表 8.5。

区域综合径流系数表　　表 8.5

| 区域情况 | 区域综合径流系数值 | 区域情况 | 区域综合径流系数值 |
| --- | --- | --- | --- |
| 城市市区 | 0.5～0.8 | 城市郊区 | 0.4～0.6 |

如果能获得城市不透水区域覆盖面积的数据时，区域综合径流系数的值可参考表 8.6。

城市区域综合径流系数表　　表 8.6

| 不透水面积覆盖情况 | 区域综合径流系数值 |
| --- | --- |
| 建筑稠密的中心区(不透水覆盖面积>70%) | 0.6～0.8 |
| 建筑较密的居住区(不透水覆盖面积 50%～70%) | 0.5～0.7 |
| 建筑较稀的居住区(不透水覆盖面积 30%～50%) | 0.4～0.6 |
| 建筑很稀的居住区(市郊,不透水覆盖面积<30%) | 0.3～0.5 |

### 8.2.2　断面集水时间与折减系数

集水时间指雨水从汇水面积上的最远点流到设计的管道断面所需要的时间，记为 $\tau$，常用单位为“min”。

对于雨水管道始端的管道断面，上述集水时间即指地面集水时间，就是雨水从汇水面积上的最远点流到位于雨水管道起始端点第一个雨水口所需的地面流行时间。

对于雨水管道中的任一设计断面，集水时间 $\tau$ 由地面集水时间 $t_1$ 和雨水在管道中流到该设计断面所需的流行时间 $t_2$ 组成，用下式表示：

$$\tau = t_1 + m t_2 \tag{8.8}$$

$$t_2 = \sum \frac{L_i}{60 v_i} \quad (\text{min}) \tag{8.9}$$

式中　$m$——折减系数或容积利用系数；

$L_i$——设计断面上游各管道的长度（m）；

$v$——上游各管道中的设计流速（m/s）。

地面集水时间 $t_1$ 视距离长短、地形坡度和地面覆盖情况而定，一般采用 5～15min。通过实验测定，在大部分平坦地形的区域上，地面集水时间 $t_1$ 与地面流经距离如图 8.7 所示。在不同的地面覆盖条件、地面坡度和地区降雨量分布条件下，$t_1$ 的取值应加以调整。

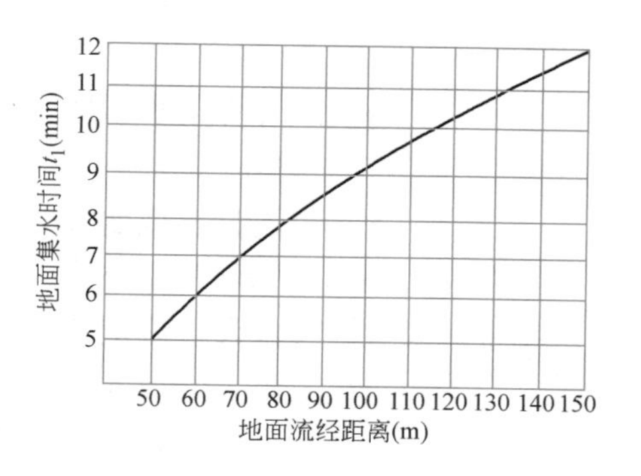


图 8.7　地面集水时间和流经距离的关系

引进折减系数 $m$ 是因为实际雨水管道中的水流并非一直是满管流，各管段中的“洪峰”流量不会同时出现，各管段在不同的时间会出现非满管流，当在某一管道断面上达到“洪峰”流量时，该断面的上游管道可能处于非满管流状态，管道中的空间对水流可以起到缓冲和调蓄作用，使洪峰流量断面上的水流由于水位升高而使上游的来水流动减缓，使雨水在管段中的实际平均流速小于理论设计流速。而且，一个设计管段上的汇集水量是沿该管段长度方向分散接入的，并非其上游节点的集中流量，在该管段的计算流量条件下，发生满管流的断面只可能出现在该管段的下游节点处，而发生满管流的断面的上游管道中的水流应是非满管流状态。管道中的流行时间会比按满管流计算的流行时间 $t_2$ 大得多，因此，$m$ 又被称为容积利用系数。

在《室外排水设计规范》GB 50014—2006（2014 年版）实施之前，我国在雨水管网工程设计中，普遍使用折减系数，地下暗管的折减系数 $m=2$，明渠折减系数 $m=1.2$；而在陡坡地区，采用暗管时的折减系数 $m=1.2～2$。该版设计规范停止使用折减系数，即设定 $m=1$，以提高雨水管渠系统的安全性。

### 8.2.3　雨水管渠设计流量计算

一般城市的雨水管渠的汇水面积较小，在整个汇水面积上能产生全面积的径流，称为完全径流。实际地面径流量可按式（8.10）计算，称为推理公式。

$$Q=\psi qF \tag{8.10}$$

式中　$Q$——计算汇水面积的设计最大径流量，亦即要排除的雨水设计流量（L/s）；

$q$——雨峰时段内的平均设计暴雨强度［(L/s)/hm$^2$］；

$\psi$——径流系数；

$F$——计算汇水面积（hm$^2$）。

当有生产废水排入雨水管渠时，应将其水量计算在内。

应当注意，在使用式（8.10）时，随着排水管渠计算断面位置的不同，管渠的计算汇水面积也不一样，从汇水面积最远端到不同的计算断面处的集流时间 $\tau_0$（包括管道内的流行时间）也是不一样的，在计算平均设计暴雨强度时，应采用不同的降雨历时 $t$（$t=\tau_0$）。

由上述计算理论分析，雨水管渠的管段设计流量即该管段上游节点断面的“洪峰”流量。在雨水管渠设计中，应根据各集水断面节点上的集水时间 $\tau$ 正确计算各管段的设计流量。对应于集水时间 $\tau$ 的暴雨强度公式可写为下列形式：

$$q=\frac{167A_1(1+C\lg P)}{(t_1+t_2+b)^n} \tag{8.11}$$

式中　　$q$——计算集水断面上对应于降雨历时 $\tau=t_1+t_2$ 的降雨强度［$(\mathrm{L/s})/\mathrm{hm}^2$］；

$P$——设计重现期（a）；

$A_1$、$C$、$P$、$b$、$n$——暴雨强度公式中的参数。

应用推理公式，管段设计流量计算公式如下：

$$Q_i=\frac{167A_1(1+C\lg P)}{(t_1+t_{2i}+b)^n}\sum_{k\in i}\psi_k F_k \tag{8.12}$$

式中　$Q_i$——管段 $i$ 的设计流量（L/s）；

$t_{2i}$——管段 $i$ 的计算流经时间（min）；

$F_k$、$\psi_k$——管段 $i$ 上游各集水面积（$\mathrm{hm}^2$）和径流系数；

其余符号同前。

如图 8.8 所示，$A$ 点为雨水集水面积上的最远点，区域 1 上的降雨历时为 $t_1$；区域 2 上的降雨历时为 $t_1+t_2$，这里，$t_2$ 为管段［1］内的流经时间；区域 3 上的降雨历时为 $t_1+t_3$，这里，$t_3$ 为管段［1］和管段［2］的流经时间之和。各管段设计流量 $Q_1$、$Q_2$ 和 $Q_3$ 为：

$$\begin{cases} Q_1=\dfrac{167A_1(1+C\lg P)}{(t_1+b)^n}\psi_1F_1 \\ Q_2=\dfrac{167A_1(1+C\lg P)}{\left[t_1+\dfrac{L_1}{60v_1}+b\right]^n}(\psi_1F_1+\psi_2F_2) \\ Q_3=\dfrac{167A_1(1+C\lg P)}{\left[t_1+\dfrac{L_1}{60v_1}+\dfrac{L_2}{60v_2}+b\right]^n}(\psi_1F_1+\psi_2F_2+\psi_3F_3) \end{cases} \tag{8.13}$$

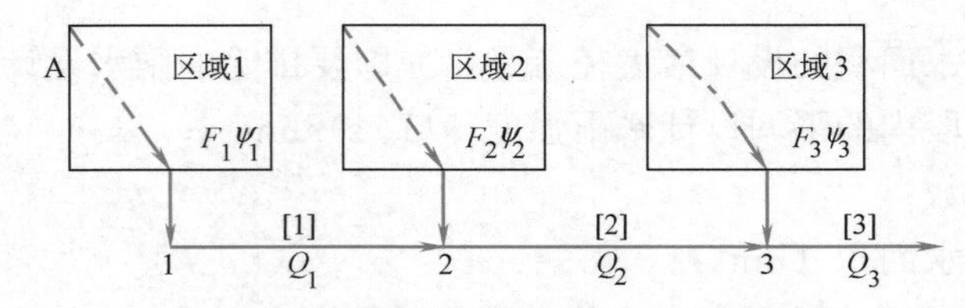


图 8.8　雨水管段流量 $Q$ 和流经时间计算

应用公式（8.12）计算雨水管段设计流量时，随着计算管段数量 $j$ 的增加，集水面积不断增大，但降雨强度则逐渐减小，因而有可能会出现管道系统中的下游管段计算流量小于其上游管段的计算流量的结果。也就是说，图 8.8 中的计算流量 $Q_3$ 可能会小于 $Q_2$ 或 $Q_1$。当出现这种情况时，应设定下游管段计算流量等于其上游管段计算流量。

# 8.3 雨水管渠设计与计算

## 8.3.1 雨水管渠平面布置

在雨水水质符合排放水质标准的条件下，雨水应尽量利用自然地形坡度，以重力流方式和最短的距离排入附近的池塘、河流、湖泊等水体中，以降低管渠工程造价。

当地形坡度较大时，雨水干管宜布置在地面标高较低处或溪谷线上；当地形平坦时，雨水干管宜布置在排水流域的中间，以便于支管就近接入，尽可能地扩大重力流排除雨水的范围。

雨水管渠接入池塘或河道出水口的构造一般比较简单，造价不高，增多出水口不致大量增加基建费用，而由于雨水就近排放，管线较短，管径也较小，可以降低工程造价。因此雨水干管的平面布置宜采用分散式出水口的管道布置形式，在技术上、经济上都是较合理的。

当河流的水位变化很大，管道出口离水体很远时，出水口的建造费用很大，这时就不宜采用过多的出水口，而应考虑集中式出水口的管道布置。这时，应尽可能利用地形使管道与地面坡度平行，可以减小管道埋深，并使雨水自流排放而不需设置提升泵站。当地形平坦且地面平均标高低于河流的洪水水位，或管道埋设过深而造成技术经济上的不合理时，就要将管道出口适当集中，在出水口前设置雨水泵站，暴雨期间雨水经提升后排入水体。由于雨水泵站的造价及运行费用很高而且使用的频度不高，因此要尽可能地使通过雨水泵站的流量减小到最小，节省泵站的工程造价和运行费用。

## 8.3.2 雨水管渠系统设计步骤

(1) 划分排水流域和管道定线

根据地形的分水线和铁路、公路、河道等对排水管道布置的影响情况，并结合城市的总体规划图或工厂的总平面布置，划分排水流域，进行管渠定线，确定雨水排水流向。

(2) 划分设计管段与沿线汇水面积

各设计管段汇水面积的划分应结合地面坡度、汇水面积的大小以及雨水管道布置等情况进行。雨水管渠的设计管段的划分应使设计管段范围内地形变化不大，管段上下端流量变化不多，无大流量交汇，一般以100～200m左右为一段，如果管段划得较短，则计算工作量增大，设计管段划得太长，则设计方案不经济。管渠沿线汇水面积的划分，要根据实际地形条件而定。当地形平坦时，则根据就近排除的原则，把汇水面积按周围管渠的布置用等分角线划分。当有适宜的地形坡度时，则按雨水汇入低侧的原则划分，按地面雨水径流的水流方向划分汇水面积，并将每块面积进行编号，计算其面积，并在图中注明。根据管道的具体位置，在管道转弯处、管径或坡度改变处、有支管接入处或两条以上管道交汇处以及超过一定距离的直线管段上，都应设置检查井。把两个检查井之间流量没有变化且预计管径和坡度也没有变化的管段定为设计管段，设计管段上下游端点的检查井设为节点，并从管段上游往下游按顺序进行设计管段和节点的编号。

图8.9表示一个地块雨水排水区域，根据地形和建设规划，雨水管道布置如图中带有

箭头方向的实线所示，排水节点编码依次为$A$、$B$、$C$、$D$、$E$、$F$和$G$，设计管段编号依次为①、②、③、④、⑤和⑥。与各管段两侧相邻的地块即为该管段的排水量计算流域，根据各计算流域的面积、降雨强度和径流系数即可计算该管段的设计流量。图8.10表示一个城区雨水排水区域布置方案。

（3）确定设计计算基本数据

根据各流域的具体条件，确定设计暴雨的重现期、地面径流系数和集水时间。通常根据排水流域内各类地面的面积或所占比例，计算出该排水流域的平均径流系数；也可根据规划的地区类别采用区域综合径流系数。确定雨水管渠的设计暴雨重现期的原则前面已叙述过，设计时应结合该地区的地形特点、汇水面积的地区建筑性质和气象特点选择设计重现期。根据建筑物的密度情况、地形坡度和地面覆盖种类、街坊内设置雨水暗管与否等确定雨水管道的地面集水时间。

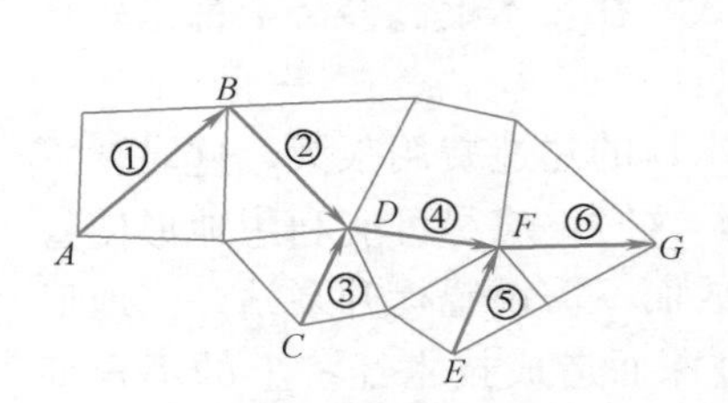

图8.9　地块雨水管道布置和沿线汇水面积

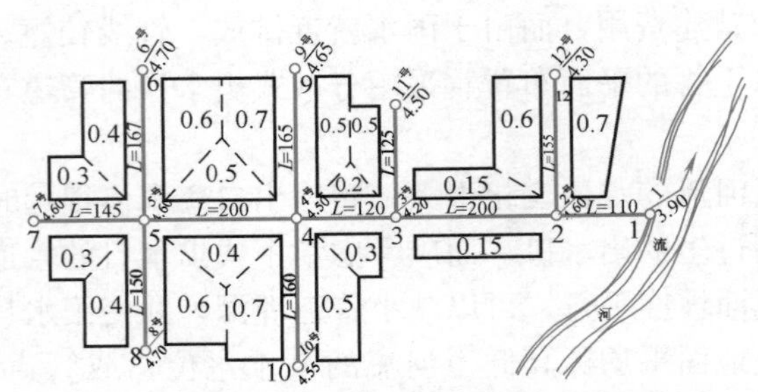

图8.10　城区雨水管道布置和沿线汇水面积

（4）确定管渠的最小埋深

在保证管渠不被压坏、不冻坏和满足街坊内部沟道的衔接的要求下，确定沟道的最小埋深。管顶最小的覆土厚度，在车行道下时一般不小于0.7m，管道基础应设在冰冻线以下。

（5）设计流量的计算

根据流域条件，选定设计流量的计算方法，列表计算各设计管段的设计流量。

（6）雨水管道系统的水力计算

确定雨水管道的坡度、管径和埋深计算确定出各设计管段的管径、坡度、流速、管底标高和管道埋深。

（7）绘制雨水管道平面图及纵剖面图

### 8.3.3　雨水管渠设计参数

为使雨水管渠正常工作，避免发生淤积、冲刷等现象，对雨水管渠水力计算的基本参数作如下的一些技术规定：

（1）设计充满度

如前所述的原因，雨水较污水清洁得多，对环境的污染较小，加上暴雨径流量大，而相应的较高设计重现期的暴雨强度的降雨历时一般不会很长，且从减少工程投资的角度来讲，雨水管渠允许溢流。故雨水管渠的充满度按满管流设计，即$h/D=1$，明渠则应有等于或大于 0.2m 的超高，街道边沟应有等于或大于 0.03m 的超高。

(2) 设计流速

由于雨水中夹带的泥沙量比污水大得多，则相对污水管道而言，为了避免雨水所夹带的泥沙等无机物，在管渠内沉淀下来而堵塞管渠所用的最小设计流速，应大于污水管渠，满流时管道内的最小设计流速为 0.75m/s。而明渠由于便于清除疏通，可采用较低的设计流速，一般明渠内最小设计流速为 0.4m/s。

为了防止管壁和渠壁的冲刷损坏，影响及时排水，雨水管道的设计流速不得超过一定的限度。由于这项最大流速只发生在暴雨时，历时较短，所以雨水管道内的最高容许流速可以高一些。对雨水管渠的最大设计流速规定为：金属管最大流速为 10m/s，非金属最大流速为 5m/s，明渠最大设计流速则根据其内壁建筑材料的耐冲刷性质，按设计规范规定选用，见表 8.7。

**明渠最大设计流速** **表 8.7**

| 明渠类别 | 最大设计流速（m/s） | 明渠类别 | 最大设计流速（m/s） |
|---|---|---|---|
| 粗砂或低塑性粉质黏土 | 0.8 | 草皮护面 | 1.6 |
| 粉质黏土 | 1.0 | 干砌块石 | 2.0 |
| 黏土 | 1.2 | 浆砌块石或浆砌砖 | 3.0 |
| 石灰岩或中砂岩 | 4.0 | 混凝土 | 4.0 |

注：1. 表中数据适用于明渠水深为 $h=0.4\sim1.0$m 范围内。

2. 如 $h$ 在 0.4～1.0m 范围以外时，本表规定的最大流速应乘以下系数：

$h<0.4$m，系数 0.85；

2.0m$>h>$1.0m，系数 1.25；

$h\geq2.0$m，系数 1.40。

(3) 最小坡度

为了保证管内不发生沉积，雨水管内的最小坡度应按最小流速计算确定。在街区内，一般不宜小于 0.004，在街道下，一般不宜小于 0.0025，雨水口连接管的最小坡度不小于 0.01。

(4) 最小管径

为了保证管道在养护上的便利，便于管道的清除阻塞，雨水管道的管径不能太小，因此规定了最小管径。街道下的雨水管道，最小管径为 300mm，相应的最小坡度为 0.003；街坊内部的雨水管道，最小管径一般采用 200mm，相应的最小坡度为 0.01。

### 8.3.4 雨水管渠断面设计

在城市市区或工厂内，由于建筑密度较高，交通量大，雨水管渠一般采用暗管。在地形平坦地区，管道埋设深度或出水口设置深度受到限制的地区，可采用加盖板渠道排除雨水的方案，比较经济有效，且维护和管理方便。

在城市郊区当建筑密度较低，交通量较小时，可考虑采用明渠，可以节约工程投资，降低管道造价。当排水区域到出水口的距离较长时，也宜采用明渠。路面雨水应尽可能采用道路边沟排水，在雨水干管的起端，利用道路的边沟排除雨水，通常可以减少暗管约 100～150m，这对于降低整个管渠工程的造价是很有意义的。在实际工程中，应结合实际情况，充分考虑各方面的因素，力争实现整个工程系统的最优化。

当管道接入明渠时，在管道接口处应设置挡土的端墙，连接处的土明渠应加铺砌，铺砌高度不低于设计超高，铺砌长度自管道末端算起 3～10m。最好适当跌水，当跌水高差为 0.3～2m 时，需做 45°斜坡，斜坡应加铺砌。当跌差大于 2m 时，应按水工构筑物设计。

当雨水排水系统设计管段的计算流量确定之后，即可应用水力学计算公式计算合理的管渠断面尺寸，并绘制设计图纸和编写设计文件。

雨水管网设计计算步骤如下：

(1) 排水管网布置：根据城镇排水规划，在（1∶2000）～(1∶10000）的规划地形图上布置雨水管道系统，确定干管和支管系统，确定管道的位置和排水方向。

(2) 管网定线：在较大比例（(1∶500)～(1∶1000)）的绘有规划道路的地形图上，确定干管和支管的准确线路，划分汇水区域，计算汇水面积，进行管网管段和节点的图形划分和编码。

(3) 确定管网控制点高程，布置雨水口。

(4) 选定设计数据：暴雨强度公式、降雨重现期、地面集水时间、径流系数和管道容积系数。

(5) 进行管道水力计算，确定管段的断面、坡度和高程。

(6) 绘制管道平面和高程断面图。平面图比例为（1∶500)～(1∶1000)，高程断面图的高程比例为（1∶50)～(1∶100)，长度比例为（1∶500)～(1∶1000)。

(7) 管网构筑物（管道基础、雨水口、窨井、排水出口等）选用和设计。一般优先采用标准图设计，特殊构筑物需要专门设计。

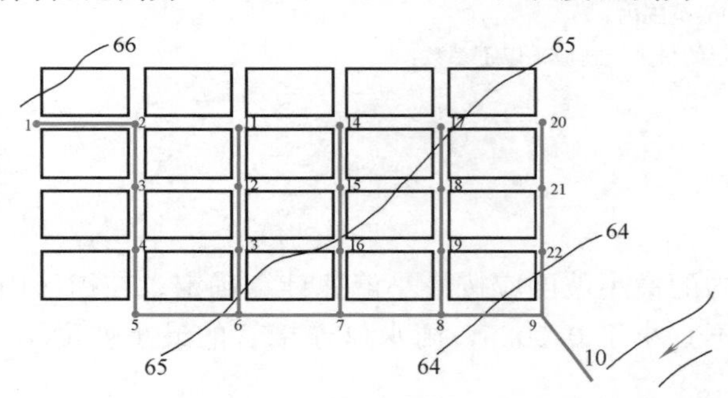


图 8.11　规划区域雨水管道平面布置图

## 8.3.5　设计计算例题

**【例 8.1】**　某规划区排水系统规划如图 8.11 所示。

已知城市暴雨强度公式为

$$q=\frac{2928.3(1+0.95\lg P)}{(t+11.77)^{0.88}}\quad [\mathrm{L/(s\cdot hm^2)}] \tag{8.14}$$

城市综合径流系数取 $C=0.62$，河流常水位为 58m，最高洪水位（50 年一遇）为 61m，设计暴雨强度重现期取 $P=3\mathrm{a}$。

(1) 为了保证城市在暴雨期间排水的可靠性，拟在 8～9 管段终点设提升泵站，提升水头为 2m。试进行该雨水排水系统的水力计算。

(2) 在提升泵站处设溢流口与 9～10 管段连接，其管内底标高为 60.80m，试校核在泵站不运行条件下，管网系统的排水能力。

**【解】**

(1) 根据该规划区的条件和管网定线情况，采用暗管排水，$t_1=10\mathrm{min}$，汇水面积和管道长度均从规划资料数据中取得，具体计算过程详见表 8.8。根据水力计算结果，管道系统终点管内底标高为 58.033m，在常水位以上，但在洪水位以下。管段 1～9 设计计算结果不变，管段 9～10 的埋深提高 2m，终点管内底标高为 60.000m，在洪水位以上。根据水力计算结果绘制的管网纵剖面图如图 8.12 所示。管段 11～6、14～7、17～8 和管段 20～9 的水力计算结果满足系统接管上的要求，不影响主干管的埋深。

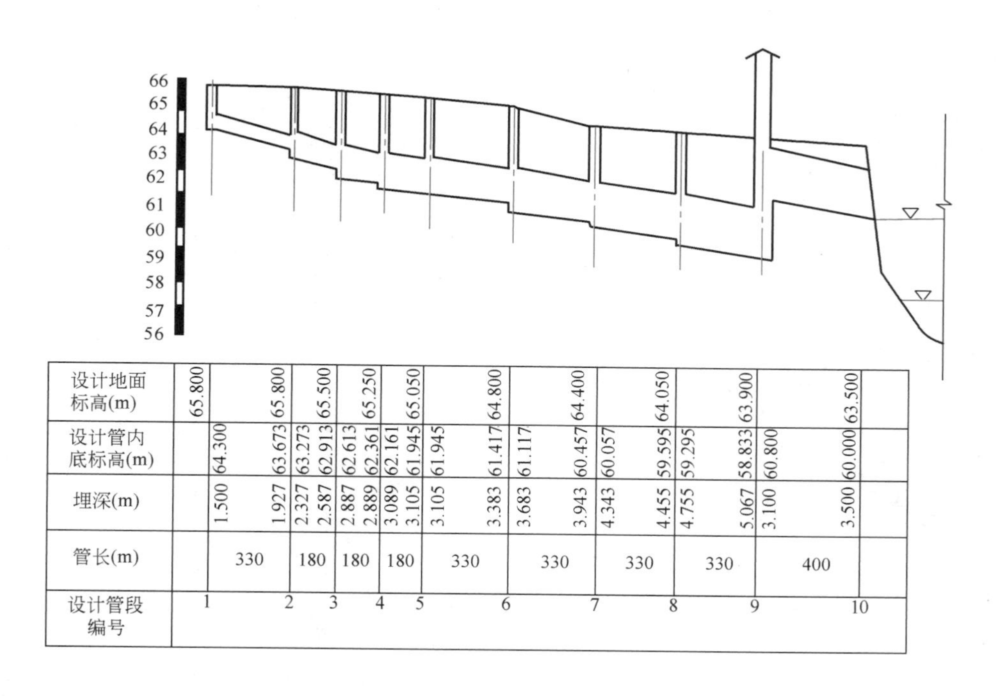


图 8.12　某市雨水管网纵剖面图（初步设计）

（2）在泵站不运行条件下，管网系统必须经溢流口向河道排水，溢流口内底标高高于管段 8～9 终点 2m，所以，管网系统只能在压力流条件下工作。管道压力流的水力坡度与管道的坡度无关，仅与管段上下游水位差有关。管段 1～9 水力计算的水面落差为 3.567m，在满流条件下，管段 1～2 起端管顶至溢流口（设管段 9～10 也为满流）的水位差为 1.600m，小于 3.567m，不能正常排除 $P=3a$ 的降水径流量。

现考虑 $P=2a$ 的条件下的系统的排水能力，水力计算过程详见表 8.9。

由表 8.9 知，管段 1～9 终点水面标高为 62.407m，高于溢流口底标高（60.80m）1.607m。在 $P=2a$ 条件下，流入泵站的流量为 8803L/s，与管段 9～10 的满流过水能力 11070L/s 之比为 $Q/Q_0 \approx 0.79$，经计算（或查表）可得，管段 9～10 的充满度为 $h/D=0.66$，则溢流口水位标高为 60.80＋2.50×0.66＝62.375，与管段 1～9 终点水面标高差为 62.407－62.375＝0.032m，如果再加上各检查井处的水头损失（进口和出口），可以达到安全排水。

当管段 1～2 起端水位达到地面时，系统为不发生溢流的极限条件，其上下游水位差最大，等于 65.800－64.438＝1.362m，也小于 3.567m。所以，该系统在泵站不运行时，管网处于压力流排水状态，管网不能排除 $P=3a$ 的降雨径流量，但可以安全排除 $P=2a$ 的降雨径流量。

根据表 8.9 可绘制管道纵剖面图 8.13。

表 8.8

雨水干管水力计算表

| 设计管段编号 | 管长 $L$ (m) | 汇水面积 $A$ ($10^4m^2$) | 管内雨水流行时间(min) | | 单位面积径流量 $q_2$ ($L/(s\cdot10^4m^2)$) | 设计流量 $Q$ (L/s) | 管径 $D$ (mm) | 水力坡度 $S$ (‰) | 流速 $v$ (m/s) | 管道输力能力 $Q'$ (L/s) | 坡降 $S\cdot L$ (m) | 设计地面标高(m) | | 设计管内底标高(m) | | 埋深(m) | |
|---|---|---|---|---|---|---|---|---|---|---|---|---|---|---|---|---|---|
| | | | $t_2=\sum\frac{L}{v}$ | $\frac{L}{v}$ | | | | | | | | 起点 | 终点 | 起点 | 终点 | 起点 | 终点 |
| 1 | 2 | 3 | 4 | 5 | 6 | 7 | 8 | 9 | 10 | 11 | 12 | 13 | 14 | 15 | 16 | 17 | 1 |
| 1～2 | 330 | 1.485 | 0.00 | 5.79 | 175.40 | 260.47 | 600 | 1.9 | 0.95 | 268 | 0.627 | 65.800 | 65.600 | 64.300 | 63.673 | 1.500 | 1.927 |
| 2～3 | 180 | 7.425 | 5.79 | 2.19 | 142.53 | 1058.30 | 1000 | 2.0 | 1.37 | 1072 | 0.360 | 65.600 | 65.500 | 63.273 | 62.913 | 2.327 | 2.587 |
| 3～4 | 180 | 13.365 | 7.98 | 2.21 | 133.26 | 1780.99 | 1300 | 1.4 | 1.36 | 1806 | 0.252 | 65.500 | 65.250 | 62.613 | 62.361 | 2.887 | 2.889 |
| 4～5 | 180 | 19.305 | 10.19 | 2.16 | 125.13 | 2415.61 | 1500 | 1.2 | 1.39 | 2449 | 0.216 | 65.250 | 65.050 | 62.161 | 61.945 | 3.089 | 3.105 |
| 5～6 | 330 | 23.76 | 12.34 | 3.44 | 118.13 | 2806.88 | 1500 | 1.6 | 1.60 | 2827 | 0.528 | 65.050 | 64.800 | 61.945 | 61.417 | 3.105 | 3.383 |
| 6～7 | 330 | 47.52 | 15.78 | 2.72 | 108.56 | 5158.96 | 1800 | 2.0 | 2.02 | 5140 | 0.660 | 64.800 | 64.400 | 61.117 | 60.457 | 3.683 | 3.943 |
| 7～8 | 330 | 71.28 | 18.50 | 2.85 | 102.08 | 7276.14 | 2200 | 1.4 | 1.93 | 7344 | 0.462 | 64.400 | 64.050 | 60.057 | 59.595 | 4.343 | 4.455 |
| 8～9 | 330 | 95.04 | 21.35 | 2.72 | 96.12 | 9135.05 | 2500 | 1.4 | 2.02 | 9262 | 0.462 | 64.050 | 63.900 | 59.295 | 58.833 | 4.755 | 5.067 |
| 9～10 | 400 | 118.8 | 24.08 | 2.72 | 91.08 | 10819.86 | 2500 | 2.0 | 2.45 | 11070 | 0.800 | 63.900 | 63.500 | 60.800 | 60.000 | 3.100 | 3.500 |

表 8.9

压力流下雨水干管水力计算表

| 设计管段编号 | 管长 $L$ (m) | 汇水面积 $A$ ($10^4m^2$) | 管内雨水流行时间(min) | | 单位面积径流量 $q_0$ ($L/(s\cdot10^4m^2)$) | 设计流量 $q$ (L/s) | 管径 $D$ (mm) | 水力坡度 $S$ (‰) | 流速 $v$ (m/s) | 管道输力能力 $Q'$ (L/s) | 坡降 $S\cdot L$ (m) | 设计地面标高(m) | | 设计管内水位标高(m) | |
|---|---|---|---|---|---|---|---|---|---|---|---|---|---|---|---|
| | | | $t_2=\sum\frac{L}{v}$ | $\frac{L}{v}$ | | | | | | | | 起点 | 终点 | 起点 | 终点 |
| 1 | 2 | 3 | 4 | 5 | 6 | 7 | 8 | 9 | 10 | 11 | 12 | 13 | 14 | 15 | 16 |
| 1～2 | 330 | 1.485 | 0.00 | 6.79 | 155.21 | 230.49 | 600 | 1.4 | 0.81 | 230 | 0.462 | 65.800 | 65.600 | 64.900 | 64.438 |
| 2～3 | 180 | 7.425 | 6.79 | 2.54 | 122.23 | 907.55 | 1000 | 1.5 | 1.18 | 928 | 0.270 | 65.600 | 65.500 | 64.438 | 64.168 |
| 3～4 | 180 | 13.365 | 9.33 | 2.61 | 113.39 | 1515.48 | 1300 | 1.0 | 1.15 | 1526 | 0.180 | 65.500 | 65.250 | 64.168 | 63.988 |
| 4～5 | 180 | 19.305 | 11.94 | 2.50 | 105.63 | 2039.25 | 1500 | 0.9 | 1.20 | 2120 | 0.162 | 65.250 | 65.050 | 63.988 | 63.826 |
| 5～6 | 330 | 23.76 | 14.44 | 4.14 | 99.19 | 2356.71 | 1500 | 1.1 | 1.33 | 2345 | 0.363 | 65.050 | 64.800 | 63.826 | 63.463 |
| 6～7 | 330 | 47.52 | 18.58 | 3.25 | 90.18 | 4285.56 | 1800 | 1.4 | 1.69 | 4300 | 0.462 | 64.800 | 64.400 | 63.463 | 63.001 |
| 7～8 | 330 | 71.28 | 21.83 | 3.37 | 84.23 | 6004.16 | 2200 | 1.0 | 1.63 | 6207 | 0.330 | 64.400 | 64.050 | 63.001 | 62.671 |
| 8～9 | 330 | 96.04 | 25.21 | 3.46 | 78.89 | 7497.27 | 2500 | 0.8 | 1.59 | 7807 | 0.264 | 64.050 | 63.900 | 62.671 | 62.407 |
| 9～10 | 100 | 118.8 | 28.66 | | 74.10 | 8803.56 | 2500 | | | | | | | | |

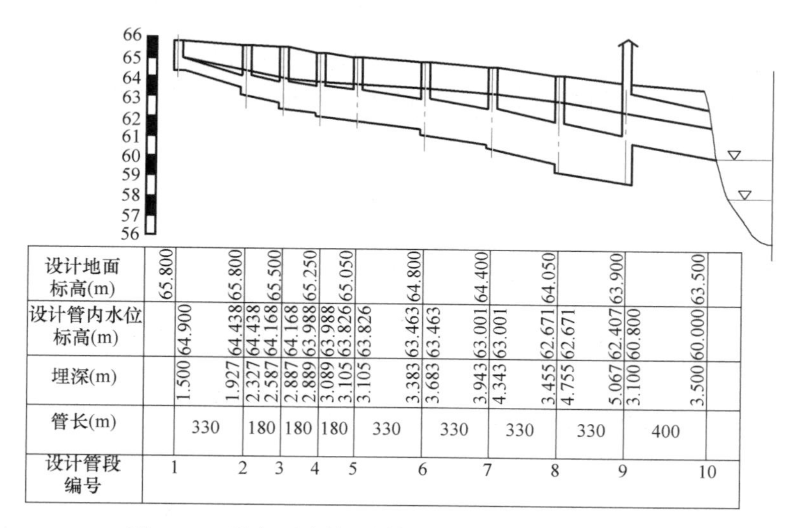


图 8.13　某市雨水管网纵剖面图（自流排水量校核）

## 8.4　截流式合流制排水管网设计与计算

### 8.4.1　截流式合流制排水系统适用条件

由于水环境污染控制的要求，直排式合流制排水管网已经逐步被禁止采用，特别是历史上已经存在的合流制排水管网需要进行污染控制改造，截流式合流制排水管网系统越来越多地得到了工程应用，取得了较好的环境保护效果。截流式合流制排水管网系统的构成已如第1章内容所述。

当采用截流式合流制管渠系统时，其布置特点是：

(1) 管网的布置应使所有服务面积上的生活污水、工业废水和雨水都能合理地排入管渠，并能以可能的最短距离坡向水体。

(2) 沿水体岸边布置与水体平行的截流干管，在截流干管的适当位置上设置溢流井，使超过截流干管设计输水能力的那部分混合污水能顺利地通过溢流井就近排入水体。

(3) 必须合理地确定溢流井的数目和位置，以便尽可能减少对水体的污染、减小截流干管的断面尺寸和缩短排放渠道的长度。

从对水体的污染情况看，截流式合流制排水管网系统中的初期雨水虽被截流处理，但溢流的混合污水仍受到污染。为改善水体环境卫生，溢流井的数目宜少，且其位置应尽可能设置在水体的下游。从经济上讲，为了减小截流干管的尺寸，溢流井的数目多一点好，这可使混合污水及早溢入水体，降低截流干管下游的设计流量。但是，溢流井过多，增加溢流井和排放渠道的造价，特别在溢流井离水体较远、施工条件困难时更是如此。当溢流井的溢流堰口标高低于水体最高水位时，需在排放渠道上设置防潮门、闸门或排涝泵站，为降低泵站的造价和便于管理，溢流井应适当集中，不宜过多。

(4) 在合流制管网系统的上游排水区域，如果雨水可沿地面的街道边沟排泄，则该区域可只设置污水管道。只有当雨水不能沿地面排泄时，才考虑布置合流管网。

目前，我国许多城市的旧市区多采用合流制排水系统，而在新建区和工矿区则多采用分流制，特别是当生产污水中含有毒物质，其浓度又超过允许的卫生标准时，则必须预先对这种污水单独进行处理到符合排放水质标准后，再排入合流制污水管网系统。

### 8.4.2　合流制排水管网设计水量

(1) 完全合流制排水管网设计流量

完全合流制排水管网系统应按下式计算管道的设计水量：

$$Q_z = Q_s + Q_g + Q_y = Q_h + Q_y \tag{8.15}$$

式中　$Q_z$——完全合流制管网的设计流量；

$Q_s$——设计生活污水量；

$Q_g$——设计工业废水量；

$Q_y$——设计雨水量；

$Q_h$——为生活污水量 $Q_s$ 和工业废水量 $Q_g$ 之和。不包括检查井、管道接口和管道裂隙等处的渗入地下水和雨水，相当于在无降雨日的城市污水量，所以 $Q_h$ 也称为旱流污水量。

截流式合流制排水管网中的溢流井上游管渠部分实际上也相当于完全合流制排水管网，其设计流量计算方法与上述方法完全相同。

(2) 截流式合流制排水管网设计水量

当采用截流式合流制排水体制时，当溢流井上游合流污水的流量超过一定数值以后，就有部分合流污水经溢流井直接排入接纳水体。当溢流井内的水流刚达到溢流状态的时候，合流管和截流管中的雨水量与旱流污水量的比值称为截流倍数。截流倍数应根据旱流污水的水质和水量及其总变化系数、水体卫生要求、水文、气象条件等因素计算确定。显然，截流倍数的取值也决定了其下游管渠的大小和污水处理厂的设计负荷。

溢流井下游截流管道的设计水量可按下式计算：

$$Q_j = (n_0 + 1) Q_h + Q'_h + Q'_y \tag{8.16}$$

式中　$Q_j$——截流合流排水制溢流井下游截流管道的总设计流量 (L/s)；

$n_0$——设计截流倍数；

$Q_h$——从溢流井截流的上游日平均旱流污水量 (L/s)；

$Q'_h$——溢流井下游纳入的旱流污水量 (L/s)；

$Q'_y$——溢流井下游纳入的设计雨水量 (L/s)。

截流干管和溢流井的设计与计算，要合理地确定所采用的截流倍数 $n_0$ 值。从环境保护的要求出发，为使水体少受污染，应采用较大的截流倍数。但从经济上考虑，截流倍数过大，将会增加截流干管、提升泵站以及污水处理厂的设计规模和造价，同时造成进入污水处理厂的污水水质和水量在晴天和雨天的差别过大，带来很大的运行管理困难。调查研究表明，降雨初期的雨污混合水中 BOD 和 SS 的浓度比晴天污水中的浓度明显增高，当截流雨水量达到最大小时污水量的 2～3 倍时（若小时流量变化系数为 1.3～1.5 时，相当于平均小时污水量的 2.6～4.5 倍），从溢流井中溢流出来的混合污水中的污染物浓度将急剧减少，当截流雨水量超过最大小时污水量的 2～3 倍时，溢流混合污水中的污染物浓度的减少量就不再显著。因此，可以认为截流倍数 $n_0$ 的值采用 2.6～4.5 是比较经济合理的。

《室外排水设计规范》GB 50014—2006（2016 年版）规定截流倍数 $n_0$ 的值按排放条件的不同采用 2～5，同一排水系统可采用不同的截流倍数。我国多数城市一般采用截流倍数 $n_0$＝3。美国、日本及西欧各国，多采用截流倍数 $n_0$＝3～5。

一条截流管渠上可能设置了多个溢流井与多根合流管道连接，因此设计截流管道时要按各个溢流井接入点分段计算，使各段的管径和坡度与该段截流管的水量相适应。

根据合流排水体制的工作特点可知，在无雨的时候，不论是合流管道还是截流管道，其输送的水量都是旱流污水量。所以在无雨的时候，合流管道或截流管道中的流量变化必定就是旱流流量的变化。这个变化范围对管道的工程设计意义不大，因为在一般情形下，合流管或截流管道中的雨水量必定大大超出旱流流量的变化幅度，使设计雨水量的影响总会覆盖旱流流量的变化，因而在确定合流管道或截流管道管径的时候，一般忽略旱流流量变化的影响。

在降雨的时候，完全合流制管道或截流式合流制管道可以达到的最大流量即为式（8.15）或式（8.16）的计算值，一般为管道满流时所能输送的水量。

### 8.4.3 合流制排水管网的水力计算要点

合流制排水管网一般按满管流设计。水力计算的设计数据，包括设计流速、最小坡度和最小管径等，和雨水管渠的设计基本相同。合流制排水管网水力计算内容包括：

（1）溢流井上游合流管渠的计算；

（2）截流干管和溢流井的计算；

（3）晴天旱流情况校核。

溢流井上游合流管网的计算与雨水管渠的计算基本相同，只是它的设计流量要包括雨水、生活污水和工业废水。合流管渠的雨水设计重现期一般应比分流制雨水管渠的设计重现提高 10%～25%，因为虽然合流管渠中混合废水从检查井溢出的可能性不大，但合流管渠一旦溢出，混合污水比雨水管渠溢出的雨水所造成的污染要严重得多，为了防止出现这种可能情况，合流管渠的设计重现期和允许的积水程度一般都需更加安全。

溢流井是截流干管上最重要的构筑物。最简单的溢流井是在井中设置截流槽，槽顶与截流干管管顶相平，如图 8.14 所示。也可采用溢流堰式或跳越堰式的溢流井，其构造分别如图 8.15、图 8.16 所示。

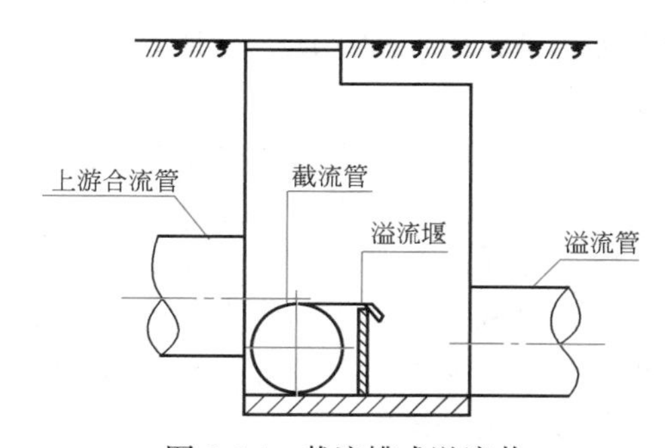


图 8.14 截流槽式溢流井

关于晴天旱流流量校核，应使旱流时流速能满足污水管渠最小流速要求。当不能满足这一要求时，可修改设计管段的管径和坡度。应当指出，由于合流管渠中旱流流量相对较小，特别是在上游管段，旱流校核时往往不易满足最小流速的要求，此时可在管渠底设置缩小断面的流槽以保证旱流时的流速，或者加强养护管理，利用雨天流量冲洗管渠，以防淤塞。

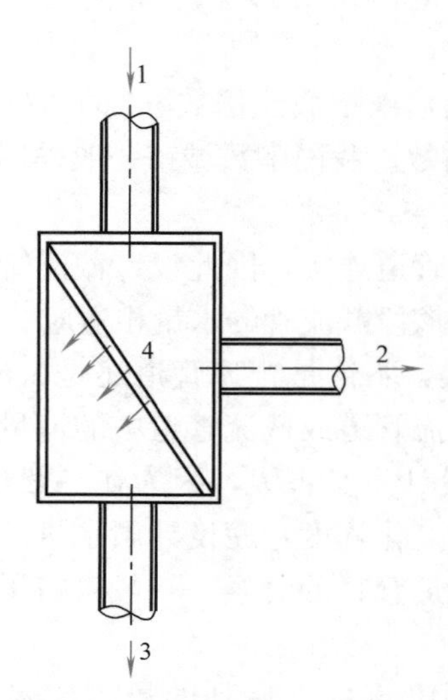


图 8.15　溢流堰式溢流井
1—合流干沟；2—截流干沟；
3—溢流沟道；4—溢流堰

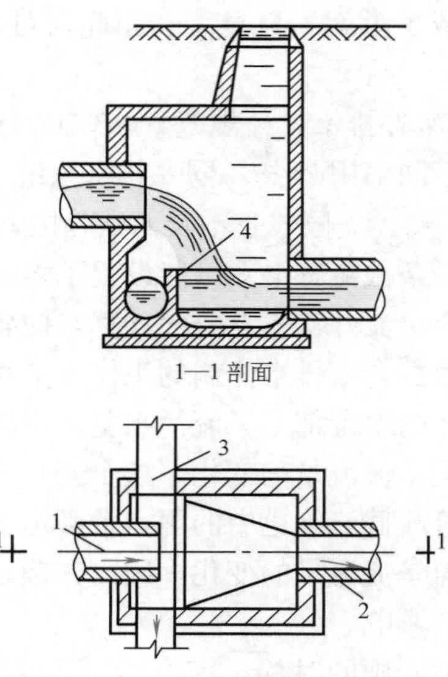


图 8.16　跳越堰式溢流井
1—雨水入流干沟；2—雨水出流干沟；
3—初期雨水截流干沟；4—隔墙

## 8.4.4　旧合流制排水管网改造

城市排水管网系统一般随城市的发展而不断扩展和完善。早期的城市往往用合流明渠直接排除雨水和少量污水至附近水体。随着工业的发展和人口的增加与集中，为保证市区的卫生条件，便把明渠改为暗管，污水仍基本上直接排入附近水体，国内外大多数的城市，旧的排水管网系统一般都采用完全合流制排水管网系统。据有关资料介绍，日本有70％左右、英国有 67％左右的城市采用合流制排水系统。我国绝大多数的大城市也采用这种系统。随着工业与城市的进一步发展，直接排入水体的污水量迅速增加，势必造成水体的严重污染，为保护水体，理所当然地提出了对城市已建旧合流制排水管网系统的改造问题。

目前，对城市旧合流制排水管网系统的改造，通常有如下几种途径：

(1) 将合流制改造为分流制

将合流制改为分流制可以完全控制混合污水对水体的污染，因而是一个比较彻底的改造方法。这种方法由于雨污水分流，需要处理的污水量将相对减少，污水在成分上的变化也相对较小，所以污水处理厂的运行管理容易控制。通常，在具有下列条件时，可考虑将合流制改造为分流制：

1) 住房内部有完善的卫生设备，便于将生活污水与雨水分流；

2) 工厂内部可清浊分流，可以将符合要求的生产污水接入城市污水管道系统，将较清洁的生产废水接入城市雨水管渠系统，或可将其循环使用；

3) 城市街道的横断面有足够的位置，允许增建分流制污水管道，并且不对城市的交通造成严重影响。

(2) 将合流制改造为截流式合流制

由于将合流制改为分流制往往因投资大、施工困难等原因而较难在短期内做到，所以目前旧合流制排水系统的改造多采用保留合流制，修建截流干管，即改造成截流式合流制排水系统。这种系统的运行情况已如前述。但是，截流式合流制排水系统并没有杜绝污水对水体的污染。溢流的混合污水不仅含有部分旱流污水，而且夹带有晴天沉积在管底的污物。据调查，有些城市的截流系统溢流进入河道的混合污水的5日生化需氧量浓度平均高达200mg/L以上，而进入污水处理厂的污水的5日生化需氧量也只有350mg/L左右。由此可见，溢流混合污水的污染程度仍然是相当严重的，足以对水体造成局部或全部污染。

（3）对溢流混合污水进行适当处理

由于从截流式合流制排水管网系统溢流的混合污水直接排入水体仍会造成污染，其污染程度随工业与城市的进一步发展而日益严重，为了保护水体，可对溢流混合污水进行适当处理。处理措施包括细筛滤、沉淀，有时还通过投氯消毒后再排入水体，也可增设蓄水池或地下人工水库，将溢流的混合污水储存起来，待暴雨过后再将它抽送入截流干管进污水处理厂处理后排放。这样，可以较好地解决溢流混合污水对水体的污染问题。

（4）对溢流混合污水量进行控制

为减少溢流混合污水对水体的污染，在土壤有足够渗透性且地下水位较低（至少低于排水管底标高）的地区，可采用提高地表持水能力和地表渗透能力的措施来减少暴雨径流，从而降低溢流的混合污水量。例如，采用透水性路面或没有细料的沥青混合料路面，可削减高峰径流量的80%以上。也可采用屋面、街道、停车场或公园里为限制暴雨进入管道的临时蓄水塘等表面蓄水措施，削减高峰径流量。

城市旧合流制排水系统的改造是一项很复杂的工作，必须根据当地的具体情况，与城市规划相结合，在确保水体免受污染的条件下，充分发挥原有排水系统的作用，使改造方案有利于保护环境，经济合理，切实可行。

## 8.5　雨水调蓄池

雨水管渠系统设计流量包含了雨峰时段的降雨径流量，设计流量较大，管渠系统工程造价昂贵。在条件允许情况下，可以考虑降低雨峰设计流量，将雨峰流量暂时蓄存在具有一定调节容量的沟道或水池等调节设施中，待雨峰流量过后，再从这些调节设施中排除所蓄水量，可以削减洪峰流量，减小下游管渠系统高峰排水流量，减小下游管渠断面尺寸，降低工程造价。

调节管渠高峰径流量的方法有两种：（1）利用管渠本身的调节能力蓄洪，称为管渠容量调洪法。该方法调洪能力有限，适用于一般较平坦的地区，约可节约管渠造价10%左右；（2）另外建造人工调蓄池或利用天然洼地、池塘、河流等蓄洪，该法蓄洪能力可以很大，可有效地节约调蓄池下游管渠造价，经济效益显著，在国内外的工程实践中日益得到重视和应用。在下列情况下设置调蓄池，通常可以取得良好的技术经济效果。

1）在雨水干管的中游或有大流量交汇处设置调蓄池，可降低下游各管段的设计流量；

2）正在发展或分期建设的区域，可用以解决旧有雨水管渠排水能力不足的问题；

3）在雨水不多的干旱地区，可用于蓄洪养鱼和灌溉；

4）利用天然洼地或池塘、公园水池等调节径流，可以补充景观水体，美化城市。

图8.17表示雨水调蓄池的三种设置形式。其中，溢流堰式是在雨水管道上设置溢流堰，当雨水在管道中的流量增大到设定流量时，由于溢流堰下游管道变小，管道中水位升高产生溢流，流入雨水调蓄池。当雨水排水径流量减小时，调蓄池中的蓄存雨水开始外流，经下游管道排出。流槽式调蓄池是雨水管道流经调蓄池中央，雨水管道在调蓄池中变成池底的一道流槽。当雨水在上游管道中的流量增大到设定流量时，由于调蓄池下游管道变小，雨水不能及时全部排出，即在调蓄池中淹没流槽，雨水调蓄池开始蓄存雨水，当雨水量减小到小于下游管道排水能力时，调蓄池中的蓄存雨水开始外流，经下游管道排出。泵汲式调蓄池适用于下游管渠较高的情况，可以减小下游管渠的埋设深度。

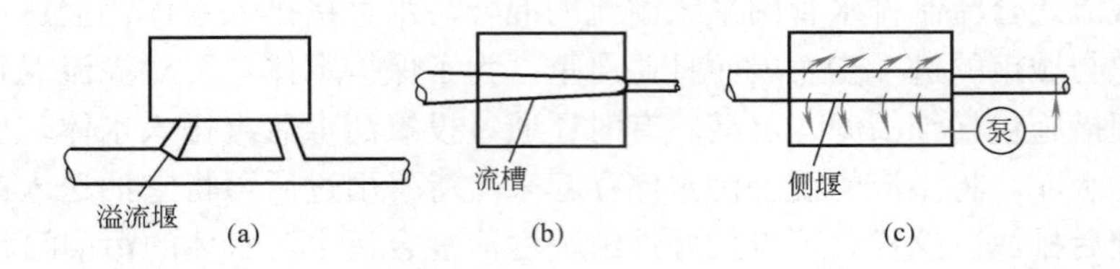


图8.17　雨水调蓄池设置形式

(a) 溢流堰式；(b) 流槽式；(c) 泵汲式

雨水调蓄池的位置对于排水管渠工程的经济效益和使用效果具有重要影响。同样容积的调蓄池，其设置的位置不同，经济效益和使用效果具有明显的差别。应根据调蓄目的、排水体制、管网布置、溢流管下游水位高程和周围环境等综合考虑和确定雨水调蓄池的位置。

调蓄池的入流管渠过水能力决定最大设计入流量，调蓄池最高水位以不使上游地区溢流积水为控制条件，最高与最低水位间的容积为有效调蓄容积。

在雨水排水系统中设置雨水调蓄池，可以削减排水管道峰值流量，降低管渠造价。雨水调蓄池容积的计算原理，是用径流过程线，以调节控制后的排水流量过程线切割洪峰，将被切割的洪峰部分的流量作为调蓄池设计容积。

当雨水调蓄池用于削减排水管道洪峰流量时，其设计有效容积可按下列公式计算：

$$V=\left[-\left(\frac{0.65}{n^{1.2}}+\frac{b}{t}\frac{0.5}{n+0.2}+1.10\right)\lg(\alpha+0.3)+\frac{0.215}{n^{0.15}}\right]\cdot Qt \tag{8.17}$$

式中　$V$——调蓄池有效容积（$m^3$）；

$\alpha$——脱过系数，取值为调蓄池下游设计流量和上游设计流量之比；

$Q$——调蓄池上游设计流量（$m^3/min$）；

$b$、$n$——暴雨强度公式参数；

$t$——降雨历时（min），$t=t_1+t_2$；

$t_1$——地面集水时间（min）；

$t_2$——管渠内雨水流行时间（min）。

雨水调蓄池可以很好地拦截和控制初期雨水中的面源污染。当雨水调蓄池用于控制面源污染时，称为初期雨水调蓄池，出水应接入污水管网，其有效容积可按下列公式计算：

$$V=3600t_i(n-n_0)Q_{dr}\beta \tag{8.18}$$

式中 $V$——调蓄池有效容积（$m^3$）；

$t_i$——调蓄池进水时间（h），宜采用0.5～1h，当合流制排水系统雨天溢流污水水质在单次降雨事件中无明显初期效应时，宜取上限；反之，可取下限；

$n$——调蓄池运行期间的截流倍数，由要求的污染负荷目标削减率、当地截流倍数和截流量占降雨量比例之间的关系求得；

$n_0$——系统原截流倍数；

$Q_{dr}$——截流井以前的旱流污水量（$m^3/s$）；

$\beta$——安全系数，可取1.1～1.5。

出流管渠泄水能力根据调蓄池泄空流量决定，一般要求泄空调节水量的时间≤24小时。雨水调蓄池的放空时间，可按下列公式计算：

$$t_0=\frac{V}{3600Q'\eta} \tag{8.19}$$

式中 $t_0$——放空时间（h）；

$V$——调蓄池有效容积（$m^3$）；

$Q'$——下游排水管道或设施的受纳能力（$m^3/s$）；

$\eta$——排放效率，一般可取0.3～0.9。

## 8.6 排洪沟设计与计算

位于山坡或山脚下的工厂和城镇，除了应及时排除区内的暴雨径流外，还应及时拦截并排除建成区以外、分水线以内沿山坡倾泻而下的山洪流量。为了尽量减少洪水造成的危害，保护城市、工厂的工业生产和生命财产安全，必须根据城市或工厂的总体规划和流域防洪规划，合理选用防洪标准，建设好城市或工厂的防洪设施，提高城市或工厂的抗洪能力。

由于山区地形坡度大，集水时间短，洪水历时也不长，所以水流急，流势猛，且水流中还夹带着砂石等杂质，冲刷力大，容易使山坡下的工厂和城镇受到破坏而造成严重损失。因此，须在受山洪威胁的工厂和城镇外围设置防洪设施以拦截山洪，并通过排洪沟道将洪水引出保护区排入附近水体。排洪沟设计的任务就在于开沟引洪，整治河道，修建防洪排洪构筑物等，以便及时地拦截并排除山洪径流，保护山区的工厂和城镇的安全。

### 8.6.1 防洪设计标准

在进行防洪工程设计时，首先要确定洪峰设计流量，然后根据该流量拟定工程规模。为了准确、合理地拟定某项工程规模，需要根据该工程的性质、范围以及重要性等因素，选定某一降雨频率作为计算洪峰流量的依据，称为防洪设计标准。实际工作中，常用暴雨重现期衡量设计标准的高低，即重现期越大，则设计标准就越高，工程规模也就越大；反之，设计标准低，工程规模小。

我国《城市防洪工程设计规范》GB/T 50805—2012规定，有防洪任务的城市，其防洪工程的等别应根据防洪保护对象的社会经济地位的重要程度和人口数量按表8.10的规定划分为四等。并根据防洪工程的等别和灾害类型规定了城市防洪工程设计标准，见

表8.11。

**城市防洪工程等别** **表8.10**

| 城市防洪工程等别 | 防洪保护对象的重要程度 | 分等指标<br>防洪保护区人口(万人) |
|---|---|---|
| Ⅰ | 特别重要 | ≥150 |
| Ⅱ | 重要 | ≥50且<150 |
| Ⅲ | 比较重要 | >20且<50 |
| Ⅳ | 一般重要 | ≤20 |

注：防洪保护区人口指城市防洪保护区内的常住人口。

**城市防洪工程设计标准** **表8.11**

| 城市防洪工程等别 | 设计标准(年) | | |
|---|---|---|---|
| | 洪水 | 涝水 | 山洪 |
| Ⅰ | ≥200 | ≥200 | ≥50 |
| Ⅱ | ≥100<200 | ≥10<20 | ≥30<50 |
| Ⅲ | ≥50<100 | ≥10<20 | ≥20<30 |
| Ⅳ | ≥20<50 | ≥5<10 | ≥10<20 |

注：1. 根据受灾后的影响、造成的经济损失、抢险难易程度以及资金筹措条件等因素确定。
2. 洪水、山洪的设计标准指洪水、山洪的重现期。
3. 涝水的设计标准指相应暴雨的重现期。

### 8.6.2 洪水设计流量计算

排洪沟属于小汇水面积上的排水构筑物。一般情况下，小汇水面积没有实测资料，往往采用实测暴雨资料记录，间接推求设计洪水量和洪水频率。同时，考虑山区河流流域面积一般只有几平方千米至几十平方千米，平时流量小，河道干枯；汛期流量急增，集流快，几十分钟内即可形成洪水。因此，在排洪沟设计计算中，以推求洪峰流量为主，对洪水总量及其径流过程则忽略。我国各地区计算小汇水面积的暴雨洪峰流量主要有以下3种方法。

(1) 洪水调查法

洪水调查法包括形态调查法和直接类比法两种。

形态调查法是通过深入现场，勘察洪水位的痕迹，推导洪水位发生的频率，选择和测量河道过水断面，按公式 $v=\frac{1}{n}R^{\frac{2}{3}}J^{\frac{1}{2}}$ 计算流速，然后按公式 $Q=Av$ 计算出洪峰流量。式中，$n$ 为河槽的粗糙系数；$R$ 为河槽的过水断面水力半径；$J$ 为水面比降，可用平均比降代替。最后通过流量变差系数和模比系数法，将调查得到的某一频率的流量换算成该设计频率的洪峰流量。

(2) 推理公式法

中国水利科学研究院等提出如下推理公式：

$$Q=0.278\times\frac{\psi\cdot S}{\tau^{n}}\cdot F \tag{8.20}$$

式中 $Q$——设计洪峰流量（$m^3/s$）；

$\psi$——洪峰径流系数；

$S$——暴雨强度，即与设计重现期相应的最大的 1 小时降雨量（mm/h）；

$\tau$——流域的集流时间（h）；

$n$——暴雨强度衰减指数；

$F$——流域面积（$km^2$）。

用该推理公式求设计洪峰流量时，需要较多的基础资料，计算过程也较烦琐。当流域面积为 40～50$km^2$ 时，此公式的适用效果最好。

（3）经验公式法

常用的经验公式有多种形式，在我国应用比较普遍的以流域面积 $F$ 为参数的一般地区性经验公式如下：

$$Q=K \cdot F^n \tag{8.21}$$

式中 $Q$——设计洪峰流量（$m^3/s$）；

$F$——流域面积（$km^2$）；

$K$，$n$——随地区及洪水频率变化的系数和指数。

该法使用方便，计算简单，但地区性很强。相邻地区采用时，必须注意各地区的具体条件，不宜任意套用。地区经验公式可参阅各地区当地的水文手册。

对于以上 3 种方法，应特别重视洪水调查法。在此法的基础上，可再运用其他方法试算，进行比较和验证。

### 8.6.3 排洪沟设计要点

（1）排洪沟布置应与区域总体规划统一考虑

在城市或工矿企业建设规划设计中，必须重视防洪和排洪问题。应根据总图规划设计，合理布置排洪沟，城市建筑物或工矿厂房建筑均应避免设在山洪口上，不与洪水主流发生顶冲。

排洪沟布置还应与铁路、公路、排水等工程相协调，尽量避免穿越铁路、公路，以减少交叉构筑物。同时，排洪沟应布置在厂区、居住区外围靠山坡一侧，避免穿绕建筑群，以免因沟渠转折过多而增加桥、涵建筑，这样不仅会造成投资浪费，还会造成沟道水流不畅。排洪沟与建筑物之间应留有 3m 以上的距离，以防洪水冲刷建筑物。

（2）排洪沟应尽可能利用原有天然山洪沟道

原有山洪沟道是洪水常年冲刷形成的，其形状、底床都比较稳定，应尽量利用作为排洪沟。当原有沟道不能满足设计要求而必须加以整修时，亦应尽可能不改变原有沟道的水力条件，而要因势利导，使洪水排泄畅通。

（3）排洪沟应尽量利用自然地形坡度

排洪沟的走向，应沿大部分地面水流的垂直方向，因此应充分利用自然地形坡度，使洪水能以重力通过最短距离排入受纳水体。一般情况下，排洪沟上不设泵站。

（4）排洪渠平面布置的基本要求

1）进口段：为使洪水能顺利进入排洪沟，进口形式和布置很重要。排洪沟的进口应直接插入山洪沟，衔接点的高程为原山洪沟的高程，该形式适用于排洪沟与山沟夹角小的情况，也适用于高速排洪沟。另外一种方式是以侧流堰作为进口，将截流坝的顶面作成侧流堰渠与排洪沟直接相接，此形式适用于排洪沟与山洪沟夹角较大且进口高程高于原山洪沟底高程的情况。

进口段的形式应根据地形、地质及水力条件进行合理的方案比较和选择。进口段的长度一般不小于3m，并应在进口段上段一定范围内进行必要的整治，使之衔接良好，水流通畅，具有较好的水流条件。为防止洪水冲刷，进口段应选择在地形和地质条件良好的地段。

2）出口段：排洪沟出口段应布置在不致冲刷排放地点（河流、山谷等）的岸坡，因此，应选择在地质条件良好的地段，并采取护砌措施。此外，出口段宜设置渐变段，逐渐增大宽度，以减少单宽流量，降低流速，或采用消能、加固等措施。出口标高宜在相应的排洪设计重现期的河流洪水位以上，一般应在河流常水位以上。

3）连接段：当排洪沟受地形限制而不能布置成直线时，应保证转弯处有良好的水流条件，平面上的转弯沟道的弯曲半径一般不小于设计水面宽度的5～10倍。排洪沟的设计安全超高一般采用0.3～0.5m。

（5）排洪沟纵向坡度的确定

排洪沟的纵向坡度应根据地形、地质、护砌材料、原有天然排洪沟坡度以及冲淤情况等条件确定，一般不小于1%。工程设计时，要使沟内水流速度均匀增加，以防止沟内产生淤积。当纵向坡度很大时，应考虑设置跌水或陡槽，但不得设在转弯处。一次跌水高度通常为0.2～1.5m。很多地方采用条石砌筑的梯级渠道，每级梯级高0.3～0.6m，有的多达20～30级，消能效果很好。陡槽也称急流槽，纵向坡度一般为20%～60%，多采用块石或条石砌筑，也有采用钢筋混凝土浇筑的。陡槽终端应设消能设施。

（6）排洪沟的断面形式、材料及其选择

排洪沟的断面形式常用矩形或梯形断面，最小断面 $B \times H = 0.4\text{m} \times 0.4\text{m}$；沟渠材料及加固形式应根据沟内最大流速、当地地形及地质条件、当地材料供应情况确定，一般常用片石、块石铺砌，不宜采用土明沟。

图8.18为常用排洪明渠断面及其加固形式。图8.19为设在较大坡度的山坡上的截洪沟断面及使用的铺砌材料。

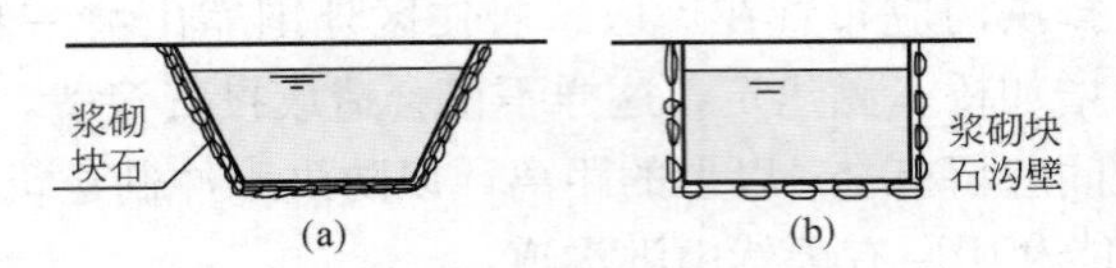


图8.18　排洪沟断面示意图

（a）梯形断面；（b）矩形断面

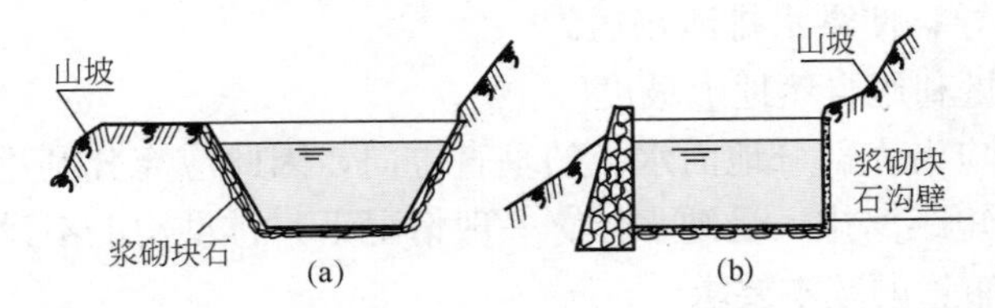


图8.19　截洪沟断面示意图

（a）梯形断面；（b）矩形断面

（7）排洪沟最大流速的规定

为了防止山洪冲刷，应按流速的大小选用不同铺砌的加固形式。表 8.12 规定了不同铺砌的排洪沟的最大设计流速。

排洪沟最大设计流速　　表 8.12

| 沟渠护砌条件 | 最大设计流速(m/s) | 沟渠护砌条件 | 最大设计流速(m/s) |
|---|---|---|---|
| 浆砌块石 | 2.0～4.5 | 混凝土浇制 | 10.0～20.0 |
| 坚硬块石浆砌 | 6.5～12.0 | 草皮护面 | 0.9～2.2 |
| 混凝土护面 | 5.0～10.0 | | |

## 思　考　题

1. 暴雨强度与哪些因素有关？为什么降雨历时越短、重现期越长，暴雨强度越大？

2. 折减系数的含义是什么？什么情况下使用折减系数？

3. 为什么污水管道的设计流量在没有确定管径前可以计算出来，而雨水管道不能？

4. 下游雨水管道的设计流量可能比上游管道小吗？为什么？如果出现这种情况怎么办？

5. 计算雨水设计流量的推理公式有何缺陷？什么情况下其计算会不正确？

6. 为什么雨水和合流制排水管网的管渠要按满流设计？

7. 试比较设计规范规定的污水、雨水和合流制管渠的设计参数，其确定方法有何异同？

8. 雨水径流调节有何意义？通常如何调节？调节容积如何计算？

9. 排洪沟的作用是什么？如何进行设计？其设计标准比雨水管网高还是低？

10. 什么情况下考虑采用合流制排水系统？合流制管网的设计有何特点？

11. 合流制雨水管网溢流井上、下游管道的设计流量计算有何不同？如何合理确定截流倍数？

12. 为什么城市合流制排水系统改造具有必要性？如何因地制宜进行改造？

## 习　　题

1. 从某市一场暴雨自记雨量中求得 5min、10min、15min、20min、30min、45min、60min、90min、120min 的最大降雨分别是 13.0mm、20.7mm、27.2mm、33.5mm、43.9mm、45.8mm、46.7mm、47.3mm、47.7mm，试计算各降雨历时的最大平均暴雨强度 $i$ 和 $q$ 值。

2. 北京某小区面积共 220000m$^2$（即 22hm$^2$），其中屋面面积占该面积的 30%，沥青道路面积占 16%，级配碎石路面积占 12%，非铺砌土路面积占 4%，绿地面积占 38%，计算该区的平均径流系数。当采用设计重现期 $P$=5a、2a、1a 时，计算设计降雨历时 $t$=20min 时的各雨水设计流量。

3. 某雨水管网平面布置如图 8.20 所示，各汇水区域面积（hm$^2$）及进水管渠点如图

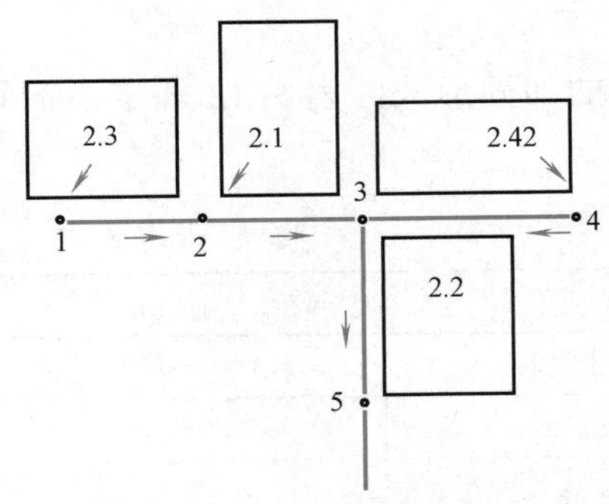


图 8.20　雨水管网平面布置

所示，已知设计重现期 $P=2\text{a}$，暴雨强度公式：

$$i=\frac{20.154(1+0.663\lg P)}{(t+18.768)^{0.784}}\quad(\text{mm/min})$$

径流系数 $\psi=0.6$，地面集水时间 $t_1=10\text{min}$，各管长与流速为：$L_{1\sim2}=120\text{m/s}$、$L_{2\sim3}=130\text{m/s}$、$L_{4\sim3}=200\text{m/s}$、$L_{3\sim5}=200\text{m/s}$、$v_{1\sim2}=1.0\text{m/s}$、$v_{2\sim3}=1.2\text{m/s}$、$v_{4\sim3}=0.85\text{m/s}$、$v_{3\sim5}=1.2\text{m/s}$。试计算各管段雨水设计流量。

4. 某市一工业区拟采用合流制排水系统，其管网布置如图 8.21 所示，各管段长度、排水面积、工业废水量见表 8.13。设计人口密度 300 人/hm$^2$，生活污水量标准 100L/(人·d)；截流干管的截流倍数 $n_0=3$；设计重现期 $P=2\text{a}$，地面集水时间 $t_1=10\text{min}$，径流系数 $\psi=0.45$，暴雨强度公式：

$$q=\frac{10020(1+0.56\lg P)}{(t+36)}\quad[(\text{L/s})/\text{hm}^2]$$

图 8.21　某市工业区合流排水管网平面布置

试计算：(1) 各管段设计流量；(2) 若在节点 5 设置溢流堰式溢流井，则 5～6 管段的设计流量及节点 5 的溢流量各为多少？此时 5～6 管段的设计管径可比不设溢流井时的设计管径少多少？

**设计管段的长度、排水面积和工业废水量**　　**表 8.13**

| 管段编号 | 管段长度(m) | 排水面积(hm$^2$) | | | | 本段工业废水流量(L/s) | 备注 |
|---|---|---|---|---|---|---|---|
| | | 面积编号 | 本段面积 | 转输面积 | 合计 | | |
| 1～2 | 85 | ＜1＞ | 1.20 | | | 20 | |
| 2～3 | 128 | ＜2＞ | 1.79 | | | 10 | |
| 3～4 | 59 | ＜3＞ | 0.83 | | | 60 | |
| 4～5 | 138 | ＜4＞ | 1.93 | | | 0 | |
| 5～6 | 165.5 | ＜5＞ | 2.12 | | | 35 | |

# 第9章 给水排水管网优化设计

## 9.1 给水管网造价计算

管网造价为管网中所有管网设施的建设费用之和，其中包括管道、阀门、泵站、水塔等造价。但是，由于泵站和水塔等设施的造价占总造价的比例较小，同时为了简化优化计算的复杂性，在管网优化设计计算中仅考虑管道系统和与之直接配套的管道配件及阀门等的综合造价，称为管网造价。

管道的造价按管道单位长度造价乘以管段长度计算。管道单位长度造价是指单位长度（一般指每米）管道的建设费用，包括管材、配件与附件等的材料费和施工费（含直接费和间接费）。管道单位长度造价与管道直径有关，可以表示为：

$$c = a + bD^{\alpha} \tag{9.1}$$

式中 $c$——管道单位长度造价（元/m）；

$D$——管段直径（m）；

$a$、$b$、$\alpha$——管道单位长度造价公式统计参数。

根据中华人民共和国建设部《市政工程投资估算指标》第三册给水工程（HGZ47-103-2007），不同材料给水管道单位长度投资估算指标基价见表9.1。

**给水管道单位长度投资指标基价（元/m）** **表9.1**

| 管　径(m) | 0.20 | 0.30 | 0.40 | 0.50 | 0.60 | 0.70 | 0.80 | 0.90 | 1.00 | 1.20 |
|---|---|---|---|---|---|---|---|---|---|---|
| 承插球墨铸铁管 | 455.10 | 742.55 | 986.16 | 1212.34 | 1567.22 | 1909.33 | 2288.70 | 2606.90 | 3036.99 | 4021.49 |
| 钢管 | 529.57 | 717.08 | 952.94 | 1272.44 | 1541.44 | 1781.60 | 2014.66 | 2394.19 | 2676.56 | 3199.80 |
| 预应力钢筋混凝土管 | — | 537.22 | 736.47 | 850.57 | 1055.17 | 1210.96 | 1406.48 | 1489.02 | 1712.55 | 2186.34 |

管道单位长度造价公式统计参数 $a$、$b$、$\alpha$ 可以用曲线拟合方法对当地管道单位长度造价统计数据进行计算求得。有作图法和最小二乘法两种方法，以下通过例题说明。

**【例9.1】** 某城市根据当地管道市场管道价格和施工费用定价，制定该市承插球墨铸铁管单位长度投资估算指标基价见表9.2数据，试确定该管道单位长度造价公式统计参数 $a$、$b$ 和 $\alpha$。

**某市给水承插球墨铸铁管单位长度投资估算指标（元/m）** **表9.2**

| 管径(m) | 0.20 | 0.30 | 0.40 | 0.50 | 0.60 | 0.70 | 0.80 | 0.90 | 1.00 | 1.20 |
|---|---|---|---|---|---|---|---|---|---|---|
| 估算指标 | 349.9 | 558.4 | 886.6 | 1217.5 | 1503.1 | 1867.1 | 2246.4 | 2707.0 | 3153.6 | 4166.6 |

**【解】**

(1) 采用作图法求造价公式参数。

作图法分为两个步骤，第一步确定参数 $a$，第二步确定参数 $b$ 和 $\alpha$。

第一步以 $D$ 为横坐标，$c$ 为纵坐标，将（$c$，$D$）的数据点画在方格坐标纸上，并且用光滑曲线连接这些点，曲线延长后与纵轴相交，相交处的截距值即为 $a$。图 9.1 为根据铸铁管数据所作曲线，$a$ 值为 100。

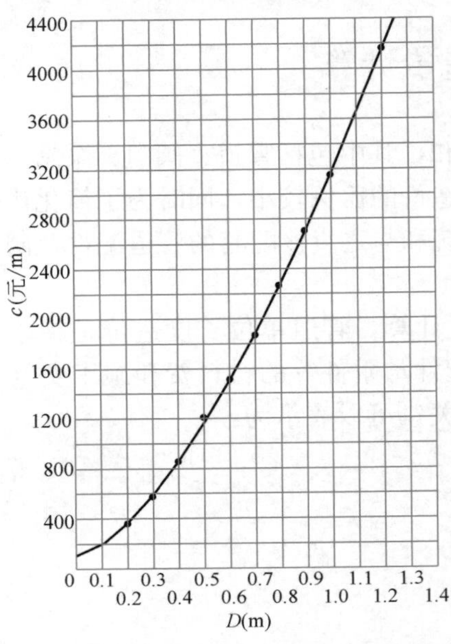


图 9.1　管道单位长度造价公式参数 $a$

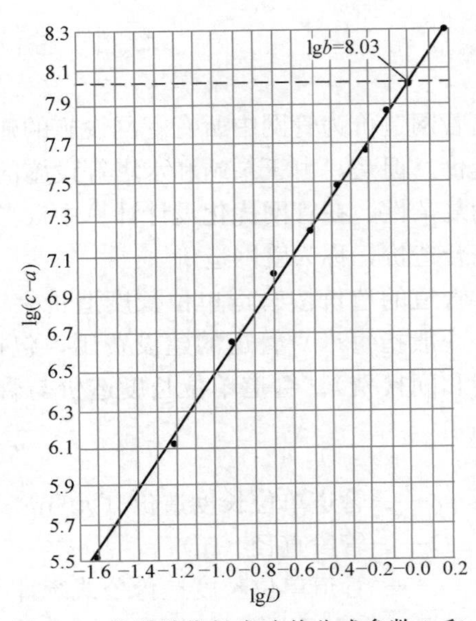


图 9.2　管道单位长度造价公式参数 $b$ 和 $\alpha$

第二步将公式改写为：

$$\lg(c-a)=\lg b+\alpha\lg D \tag{9.2}$$

当 $D=1$ 时，$\lg D=0$，由式（9.2）可得，$\lg b=\lg(c-a)$。

如图 9.2 所示，在普通方格坐标纸上，以 $\lg D$ 为横坐标，$\lg(c-a)$ 为纵坐标，点画（$\lg D$，$\lg(c-a)$）数据，并画一条最接近这些点的直线，该直线与 $\lg D=0$ 的纵坐标线的相交点所对应的 $\lg(c-a)$ 值即为 $\lg b=\lg(c-a)=8.03$，由此可得 $b=3072$。该直线的斜率为 $\alpha$，由图 9.2 可得 $\alpha=1.53$。

该市承插球墨铸铁管单位长度造价公式为：

$$c=100+3072D^{1.53} \tag{9.3}$$

(2) 采用黄金分割最小二乘法求造价公式参数。

按最小二乘法线性拟合原理，假设 $\alpha$ 已知，则有：

$$a=\frac{\sum c_i\sum D_i^{2\alpha}-\sum c_iD_i^{\alpha}\sum D_i^{\alpha}}{N\sum D_i^{2\alpha}-(\sum D_i^{\alpha})^2} \tag{9.4}$$

$$b=\frac{\sum c_i-aN}{\sum D_i^{\alpha}} \tag{9.5}$$

$$\sigma=\sqrt{\frac{\sum(a+bD_i^{\alpha}-c_i)^2}{N}} \tag{9.6}$$

式中 $N$——数据点数；

$\sigma$——线性拟合均方差（元）。

因为 $\alpha$ 取值一般在 1.0～2.0 之间，在此区间用黄金分割法（或其他搜索最小值的方法）取不同的 $\alpha$ 值，代入式（9.4）～式（9.6）分别求得参数 $a$、$b$ 和均方差 $\sigma$，搜索最小均方差 $\sigma$，直到 $\alpha$ 步距小于要求值（手工计算可取 0.05，用计算机程序计算可 0.01）为止，取最后的 $a$、$b$ 和 $\alpha$ 值。

对于本例承插球墨铸铁给水管造价指标数据，可以计算得表 9.3，最后得 $a=112.9$、$b=3135$、$\alpha=1.5$，即承插球墨铸铁给水管单位长度造价公式为：

$$c=112.9+3135D^{1.5} \tag{9.7}$$

**球墨铸铁给水管单价公式参数计算　　表 9.3**

| 点　号 | $\alpha$ 取　值 | $a$ | $b$ | 均方差 $\sigma$ |
|---|---|---|---|---|
| 1 | 1.00 | −738.86 | 3992.14 | 117.47 |
| 2 | 2.00 | 551.73 | 2659.22 | 111.33 |
| 3 | 1.38 | −36.89 | 3288.85 | 57.81 |
| 4 | 1.62 | 241.45 | 2999.91 | 57.89 |
| 5 | 1.24 | −246.79 | 3501.52 | 75.07 |
| 6 | 1.47 | 77.66 | 3171.17 | 52.73 |
| 7 | 1.53 | 146.85 | 3099.33 | 52.80 |
| 8 | 1.44 | 41.00 | 3208.99 | 53.76 |
| 9 | 1.50 | 112.91 | 3134.65 | 52.41 |
| 10 | 1.51 | 124.37 | 3122.75 | 52.46 |

根据上述管道造价公式，给水管网的造价可表示为：

$$C=\sum_{i=1}^{M}c_il_i=\sum_{i=1}^{M}(a+bD_i^{\alpha})l_i \tag{9.8}$$

式中 $D_i$——管段 $i$ 的直径（m）；

$c_i$——管段 $i$ 的管道单位长度造价（元/m）；

$l_i$——管段 $i$ 的长度（m）；

$M$——管网管段总数。

## 9.2 给水管网优化设计数学模型

### 9.2.1 给水管网优化设计目标函数

给水管网优化设计的目标是降低管网年费用折算值，亦即在一定投资偿还期（亦称为项目投资计算期）内的管网建设投资费用和运行管理费用之和的年平均值。可用下式表示：

$$W=\frac{C}{T}+Y_1+Y_2 \tag{9.9}$$

式中 $W$——年费用折算值（元/a）；

$C$——管网建设投资费用（元），主要考虑管网造价，其他费用相对较少，可以忽略不计；

$T$——管网建设投资偿还期（a）；参照我国城市基础设施建设项目的投资计算期，取值15～20年；

$Y_1$——管网每年折旧和大修费用（元/a），该项费用一般按管网建设投资费用的一个固定比率计算，可表示为：

$$Y_1=\frac{p}{100}C \tag{9.10}$$

式中　$p$——管网年折旧和大修费率（%），一般取 $p=2.5\sim3.0$；

$Y_2$——管网年运行费用（元/a），主要考虑泵站的年运行总电费，其他费用相对较少，可忽略不计。

### 9.2.2　泵站年运行电费和能量变化系数

管网中泵站年运行电费为管网中所有泵站年运行电费之和，泵站年运行电费按全年各小时运行电费累计计算，可用下式表示并简写为：

$$Y_2=\sum_{t=1}^{24\times365}\frac{\rho g q_{pt} h_{pt} E_t}{\eta_t}=\frac{86000\gamma E}{\eta}\cdot q_p h_p=P q_p h_p \quad (\text{元/a}) \tag{9.11}$$

式中　$E_t$——全年各小时电价［元/(kW·h)］，一般用电高峰、低峰和正常时间电价，各地有所不同；

$\rho$——水的密度（$t/m^3$），近似取1；

$g$——重力加速度（$m/s^2$），近似取9.81；

$q_{pt}$——泵站全年各小时扬水流量（$m^3/s$）；

$h_{pt}$——泵站全年各小时扬程（m）；

$\eta_t$——泵站全年各小时能量综合效率，为变压器效率、电机效率和机械传动效率之积；

$E$——泵站最大时用电电价［元/(kW·h)］；

$q_p$——泵站最大时扬水流量（$m^3/s$）；

$h_p$——泵站最大时扬程（m）；

$\eta$——泵站最大时综合效率；

$P$——管网动力费用系数，元/(($m^3$/s)·m·a)，定义为：

$$P=\frac{86000\gamma E}{\eta} \tag{9.12}$$

$\gamma$——泵站电费变化系数，即泵站全年平均时电费与最大时电费的比值，即：

$$\gamma=\frac{\sum_{t=1}^{24\times365}\rho g q_{pt} h_{pt} E_t/\eta_t}{8760\rho g q_p h_p E/\eta} \tag{9.13}$$

显然 $\gamma\leqslant1$，且全年各小时 $q_{pt}$、$h_{pt}$、$\eta_t$ 和 $E_t$ 变化越大，则 $\gamma$ 值越小。
若全年电价不变（$E=E_t$），则 $\gamma$ 成为泵站能量变化系数，即：

$$\gamma=\frac{\sum_{t=1}^{24\times365} q_{pt} h_{pt}/\eta_t}{8760 q_p h_p/\eta} \tag{9.14}$$

假设泵站全年综合效率不变，即 $\eta_t=\eta$，则泵站能量变化系数为：

$$\gamma=\frac{\sum_{t=1}^{24\times365} q_{pt}h_{pt}}{8760q_p h_p} \tag{9.15}$$

能量变化系数可以根据泵站扬水量和扬程的变化曲线进行计算。假设：

（1）泵站扬水量与管网用水量同比例变化；

（2）在最高日最高时管网用水量和最低日最低时管网用水量之间的变化范围内，各种用水量出现的概率相等。

则可以推导出以下公式：

（1）若泵站扬水至近处水塔或高位水池，泵站扬程主要用于满足地形高差的需要，全年数值基本不变（$h_{pt}\approx h_p$），则能量变化系数仅与管网用水量变化有关，约等于全年平均小时用水量与最大日最大时用水量的比值，见下式：

$$\gamma'=\frac{\sum_{t=1}^{24\times365} q_{pt}h_{pt}}{8760q_p h_p}=\frac{\sum_{t=1}^{24\times365} q_{pt}}{8760q_p}=\frac{q_a}{q_p}=\frac{1}{K_d K_h}=\frac{1}{K_z} \tag{9.16}$$

式中　$q_a$——全年平均小时用水量；

$K_d$——管网用水量日变化系数；

$K_h$——管网用水量时变化系数；

$K_z$——管网用水量总变化系数，即：$K_z=K_d K_h$。

（2）若泵站扬水至较远处且无地势高差，其扬程主要用于克服管道水头损失，则泵站扬程 $h_{pt}$ 与 $q_{pt}^2$ 成正比，即 $h_{pt}\propto q_{pt}^2$。

在最高日最高时管网用水量和最低日最低时管网用水量之间的变化范围内，近似假定小时用水量呈线性变化。设最小日最小时的用水量为 $q_{hmin}$，平均日平均时用水量为 $q_{hav}$，则有

$$q_{hmin}=q_{hav}-(q_h-q_{hav})=q_{hav}-(K_z q_{hav}-q_{hav})=(2-K_z)q_{hav}$$

则全年中各小时用水量 $q_{pt}$ 可以被写成一个等差数列，即

$$q_{pt}=\{(2-K_z)q_{hav},\cdots,q_{hav},\cdots,K_z q_{hav}\},$$

其中，$q_{hav}$ 为数列的中数。

应用等差数列运算，泵站能量变化系数 $\gamma''$ 可以由下式表达：

$$\gamma''=\frac{\sum_{t=1}^{24\times365} q_{pt}h_{pt}}{8760q_p h_p}=\frac{\sum_{t=1}^{24\times365} q_{pt}^3}{8760q_p^3}=\frac{\sum_{t=1}^{24\times365} q_{hav}^3[(2-K_z)^3+\cdots+1^3+\cdots+K^3]}{8760K_z^3 q_{hav}^3}$$
$$=\frac{(K_z-1)^2+1}{K_z^3} \tag{9.17}$$

实际情况下，泵站扬程既要满足地形高差和用户用水压力需要，又要克服管网水头损失，可以采用加权平均法近似计算能量变化系数 $\gamma$，即：

$$\gamma=(h_{p0}/h_p)\gamma'+(1-h_{p0}/h_p)\gamma'' \tag{9.18}$$

式中　$h_{p0}$——泵站总扬程 $h_p$ 中用于满足地形高差和用户用水压力需要的部分压力（m）。

**【例 9.2】** 某给水管网用水量日变化系数为 $K_d=1.35$，时变化系数为 $K_h=1.82$，其供水泵站从清水池吸水，清水池最低水位为 76.20m。设计考虑两种供水方案：方案一泵站供水到前置水塔，估计水塔高度 35.60m，水塔最大水深 3.00m，水塔所在点地面高程 79.50m，估计泵站设计扬程 48.40m；方案二不设水塔，供水压力最不利点地面高程为 82.20m，用户最高居住建筑 5 层，需要供水压力 24mm$H_2O$，最大供水时的泵站设计扬程为 47.50m。试分别求两方案的泵站能量变化系数。

**【解】** 用水量总变化系数为 $K_z=K_dK_h=1.35\times1.82=2.457$，代入式（9.16）和式（9.17）计算得：

$$\gamma'=\frac{1}{K_z}=\frac{1}{2.457}=0.407，\gamma''=\frac{(K_z-1)^2+1}{K_z{}^3}=\frac{(2.457-1)^2+1}{2.457^3}=0.211$$

方案 1：泵站设计总扬程 $h_p=48.40$m，其中高程差 $h_{p0}=(79.50-76.20)+35.60+3.00=41.90$m，则：

$$\gamma=\left(\frac{h_{p0}}{h_p}\right)\gamma'+\left(1-\frac{h_{p0}}{h_p}\right)\gamma''=\left(\frac{41.90}{48.40}\right)\times0.407+\left(1-\frac{41.90}{48.40}\right)\times0.211=0.38$$

方案 2：泵站设计总扬程 $h_p=47.50$m，其中高程差 $h_{p0}=(82.20-76.20)+24.00=30.00$m，则：

$$\gamma=\left(\frac{h_{p0}}{h_p}\right)\gamma'+\left(1-\frac{h_{p0}}{h_p}\right)\gamma''=\left(\frac{30.00}{47.50}\right)\times0.407+\left(1-\frac{30.00}{47.50}\right)\times0.211=0.33$$

根据以上计算，泵站年运行总电费可以表示为：

$$Y_2=\sum_{i=1}^{M}y_{2i}=\sum_{i=1}^{M}P_iq_ih_{pi} \tag{9.19}$$

式中　$y_{2i}$——管段 $i$ 上泵站的年运行电费（元/a）；

$P_i$——管段 $i$ 上泵站的单位运行电费指标 [元/(($m^3$/s)·m·a)]；

$q_i$——管段 $i$ 的最大时流量，即泵站设计扬水流量（$m^3$/s）；

$h_{pi}$——管段 $i$ 上泵站最大时扬程（m）。

### 9.2.3　给水管网优化设计数学模型的约束条件

给水管网优化设计计算必须满足管网水力条件和设计规范等要求，在管网优化设计数学模型中称为约束条件，数学表达式如下：

1）水力约束条件

$$H_{Fi}-H_{Ti}=h_i=h_{fi}-h_{pi}\qquad i=1,2,3,\cdots,M \tag{9.20}$$

$$\sum_{i\in s_j}(\pm q_i)+Q_j=0\qquad j=1,2,3,\cdots,N \tag{9.21}$$

此即给水管网恒定流方程组，其中：

$$h_{fi}=\frac{kq_i^n}{D_i^m}l_i\qquad i=1,2,3,\cdots,M \tag{9.22}$$

2）节点水头约束条件

$$H_{\min j}\leqslant H_j\leqslant H_{\max j}\qquad j=1,2,3,\cdots,N \tag{9.23}$$

式中　$H_{\min j}$——节点 $j$ 的最小允许水头（m），按用水压力要求或不出现负压条件确定；

$$H_{\min j}=\begin{cases}Z_j+H_{uj} & j\text{ 为有用水节点}\\ Z_j & j\text{ 为无用水节点}\end{cases} \tag{9.24}$$

$Z_j$——节点 $j$ 的地面标高（m）；

$H_{uj}$——节点 $j$ 服务水头（m），对于居民用水，一层楼 10m，二层楼 12m，以后每层加 4m；

$H_{\max j}$——节点 $j$ 的最大允许水头（m），按贮水设施水位或管道最大承压力确定：

$$H_{\max j}=\begin{cases}Z_j+H_{bj}-h_{bj} & j\text{ 为有贮水设施节点}\\ Z_j+P_{\max j} & j\text{ 为无贮水设施节点}\end{cases} \tag{9.25}$$

$H_{bj}$——水塔或水池高度（m），水池为埋深，$H_{bj}$ 取负值；

$h_{bj}$——水塔或水池最低水深（m）；

$P_{\max j}$——节点 $j$ 处管道最大承压能力（m）。

3）供水可靠性和管段设计流量非负约束条件

$$q_i \geqslant q_{\min i} \quad i=1,2,3,\cdots,M \tag{9.26}$$

式中 $q_{\min i}$——管段最小允许设计流量，必须为正值。

4）非负约束条件

$$D_i \geqslant 0 \quad i=1,2,3,\cdots,M \tag{9.27}$$

$$h_{pi} \geqslant 0 \quad i=1,2,3,\cdots,M \tag{9.28}$$

### 9.2.4 给水管网优化设计数学模型

综上所述，给水管网优化设计的目标就是求解管网中所有管段的一组管径 $D_i$，使管网的年费用折算值最小，可以用下列非线性规划数学模型表达：

目标函数：

$$\min \quad W=\sum_{i=1}^{M} w_i=\sum_{i=1}^{M}\left[\left(\frac{1}{T}+\frac{p}{100}\right)(a+bD_i^{\alpha})l_i+P_i q_i h_{pi}\right] \tag{9.29}$$

约束条件：S. t.

$$\begin{cases}H_{Fi}-H_{Ti}=\dfrac{kq_i^n}{D_i^m}l_i-h_{pi} & i=1,2,\cdots,M\\ \sum\limits_{i\in s_j}(\pm q_i)+Q_j=0 & j=1,2,\cdots,N\\ H_{\min j}\leqslant H_j\leqslant H_{\max j} & j=1,2,\cdots,N\\ q_i\geqslant q_{\min i} & i=1,2,\cdots,M\\ D_i\geqslant 0 & i=1,2,\cdots,M\\ h_{pi}\geqslant 0 & i=1,2,\cdots,M\end{cases}$$

式中 $w_i$——管段年费用折算值（元/a），如下式定义：

$$w_i=\left(\frac{1}{T}+\frac{p}{100}\right)(a+bD_i^{\alpha})l_i+P_i q_i h_{pi} \quad i=1,2,\cdots,M \tag{9.30}$$

### 9.2.5 数学模型的求解法则

（1）目标函数 $W$ 不存在由 $q_i$ 和 $h_i$ 同时作为变量的极值

由公式（3.19），可得 $D_i=k^{\frac{1}{m}}q_i^{\frac{n}{m}}l_i^{\frac{1}{m}}h_i^{-\frac{1}{m}}$，代入目标函数式（9.29），假设所有管段设置增压水泵增压提供能量，其扬程等于该管段水头损失，则目标函数可以改写为管段流量 $q_i$ 和管段水头损失 $h_i$ 的二元函数：

$$\min \quad W(q_i,h_i)=\sum w_i(q_i,h_i)=\sum\left[\left(\frac{1}{T}+\frac{p}{100}\right)(a+bk^{\frac{\alpha}{m}}q_i^{\frac{n\alpha}{m}}l_i^{\frac{\alpha}{m}}h_i^{-\frac{\alpha}{m}})l_i+P_iq_ih_i\right] \tag{9.31}$$

目标函数 $W$ 存在极值的必要条件为，

$$\frac{\partial W}{\partial q_i}=\left(\frac{1}{T}+\frac{p}{100}\right)\frac{n\alpha}{m}bk^{\frac{\alpha}{m}}l_i^{\frac{\alpha+m}{m}}q_i^{\frac{n\alpha-m}{m}}h_i^{-\frac{\alpha}{m}}+P_ih_i=nz_iq_i^{\frac{n\alpha-m}{m}}h_i^{-\frac{\alpha}{m}}+P_ih_i=0$$

$$\frac{\partial W}{\partial h_i}=-\left(\frac{1}{T}+\frac{p}{100}\right)\frac{\alpha}{m}bk^{\frac{\alpha}{m}}q_i^{\frac{n\alpha}{m}}h_i^{-\frac{\alpha+m}{m}}l_i^{\frac{\alpha+m}{m}}+P_iq_i=-z_iq_i^{\frac{n\alpha}{m}}h_i^{-\frac{\alpha+m}{m}}+P_iq_i=0$$

式中 $z_i=\left(\frac{1}{T}+\frac{p}{100}\right)\frac{\alpha}{m}bk^{\frac{\alpha}{m}}l_i^{\frac{\alpha+m}{m}}$，对于任一定线管段为常数。

为了证明目标函数 $W$ 存在极值的充分条件，设

$$A=\frac{\partial^2 W}{\partial q_i^2}=nz_i\left(\frac{n\alpha-m}{m}\right)q_i^{\frac{n\alpha-2m}{m}}h_i^{-\frac{\alpha}{m}}$$

$$B=\frac{\partial^2 W}{\partial q_i\,\partial h_i}=\left(-\frac{\alpha}{m}\right)nz_iq_i^{\frac{n\alpha-m}{m}}h_i^{-\frac{\alpha+m}{m}}+P_i$$

$$C=\frac{\partial^2 W}{\partial h_i^2}=\left(-\frac{\alpha+m}{m}\right)(-z_i)q_i^{\frac{n\alpha-m}{m}}h_i^{-\frac{\alpha+2m}{m}}=\left(\frac{\alpha+m}{m}\right)z_iq_i^{\frac{n\alpha-m}{m}}h_i^{-\frac{\alpha+2m}{m}}$$

$$\Delta=B^2-AC$$

由二元函数的极值判定法则，当 $\Delta<0$ 时，目标函数 $W$ 存在极值，当 $\Delta>0$ 时，目标函数 $W$ 不存在极值，当 $\Delta=0$ 时，目标函数 $W$ 不确定存在极值。

设 $\alpha=1.5$，$n=1.85$，$m=4.87$，则 $n\alpha-m<0$，所以，上述三式中，$A<0$，$B^2>0$，$C>0$。因此可得：$\Delta=B^2-AC>0$。由此判定，目标函数 $W$ 不存在由 $q_i$ 和 $h_i$ 同时作为变量的极值。

（2）使 $W$ 最小的管段流量分配结果是枝状管网

假定管段水头损失 $h_i$ 已知，并视作常数，则管段流量 $q_i$ 为目标函数 $W$ 的变量，其一阶和二阶导数分别为：

$$\frac{\partial W}{\partial q_i}=\left(\frac{1}{T}+\frac{p}{100}\right)\frac{n\alpha}{m}bk^{\frac{\alpha}{m}}q_i^{\frac{n\alpha-m}{m}}h_i^{-\frac{\alpha}{m}}l_i^{\frac{\alpha+m}{m}}+P_ih_{pi} \tag{9.32}$$

和

$$\frac{\partial^2 W}{\partial q_i^2}=\left(\frac{1}{T}+\frac{p}{100}\right)\frac{n\alpha}{m}\cdot\frac{n\alpha-m}{m}bk^{\frac{\alpha}{m}}q_i^{\frac{n\alpha-2m}{m}}h_i^{-\frac{\alpha}{m}}l_i^{\frac{\alpha+m}{m}} \tag{9.33}$$

当 $\alpha=1.5$，$m=4.87$ 时，可得

$$\frac{n\alpha-m}{m}=\frac{1.852\times1.5-4.87}{4.87}=-0.43$$

即，

$$\frac{\partial^2 W}{\partial q_i^2}<0 \tag{9.34}$$

由函数的极值法则可知，目标函数式（9.29）为关于变量 $q_i$ 的凹函数，由求解变量 $q_i$ 得到的目标函数极值为最大值，而不是最小值。换言之，当$\frac{n\alpha-m}{m}>0$，即 $\alpha>\frac{m}{n}$时，不存在使目标函数最小的优化管段流量分配，下面举例说明。

**【例 9.3】** 两根并联管道如图 9.3 所示，假设管道水头损失为常数 $h$，该两条管段的水头损失必然相等。已知管段长度分别为 $l_1$ 和 $l_2$，流量之和为 $q$，求使目标函数达到极值的流量分配值 $q_1$ 和 $q_2$。

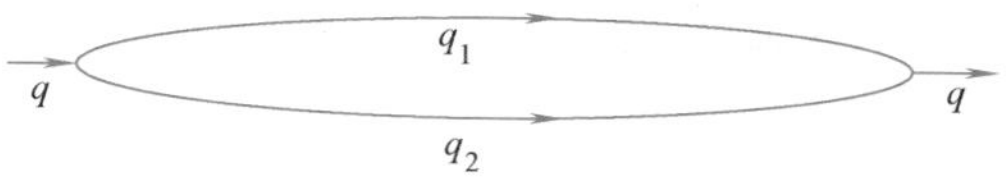

图 9.3 并联管道流量分配

**【解】** 图 9.3 所示管道的目标函数为：

$$W=\left(\frac{1}{T}+\frac{p}{100}\right)\left[(a+bk^{\frac{\alpha}{m}}q_1^{\frac{n\alpha}{m}}l_1^{\frac{\alpha}{m}}h^{-\frac{\alpha}{m}})l_1+(a+bk^{\frac{\alpha}{m}}q_2^{\frac{n\alpha}{m}}l_2^{\frac{\alpha}{m}}h^{-\frac{\alpha}{m}})l_2\right] \tag{9.35}$$

设 $q_1=\beta q$，式中 $\beta$ 为流量分配系数，且 $\beta=0\sim1$，则 $q_2=(1-\beta)q$。

目标函数可以改写成关于 $\beta$ 的函数如下：

$$\begin{aligned}W&=\left(\frac{1}{T}+\frac{p}{100}\right)\left\{\left[a+bk^{\frac{\alpha}{m}}(\beta q)^{\frac{n\alpha}{m}}l_1^{\frac{\alpha}{m}}h^{-\frac{\alpha}{m}}\right]l_1+\left[a+bk^{\frac{\alpha}{m}}((1-\beta)q)^{\frac{n\alpha}{m}}l_2^{\frac{\alpha}{m}}h^{-\frac{\alpha}{m}}\right]l_2\right\}\\&=2a_\phi+b_\phi\left[\beta^{\frac{n\alpha}{m}}l_1^{\frac{\alpha+m}{m}}+(1-\beta)^{\frac{n\alpha}{m}}l_2^{\frac{\alpha+m}{m}}\right]\end{aligned} \tag{9.36}$$

式中 $a_\phi=\left(\frac{1}{T}+\frac{p}{100}\right)a$；

$b_\phi=\left(\frac{1}{T}+\frac{p}{100}\right)bk^{\frac{\alpha}{m}}q^{\frac{n\alpha}{m}}h^{-\frac{\alpha}{m}}$。

求解使目标函数达到极值的管段流量分配 $q_1$ 和 $q_2$ 即成为求解流量分配系数 $\beta$ 的问题。求 $W$ 对 $\beta$ 的导数，并令其等于 0，得：

$$\frac{dW}{d\beta}=b_\phi\frac{n\alpha}{m}\beta^{\frac{n\alpha-m}{m}}l_1^{\frac{\alpha+m}{m}}+b_\phi\frac{n\alpha}{m}(1-\beta)^{\frac{n\alpha-m}{m}}(-1)l_2^{\frac{\alpha+m}{m}}=0 \tag{9.37}$$

由此式整理，可得，

$$\beta=(1-\beta)\left(\frac{l_2}{l_1}\right)^{\frac{\alpha+m}{n\alpha-m}} \tag{9.38}$$

亦即，$\beta=\frac{l_2^{m_\phi}}{l_1^{m_\phi}+l_2^{m_\phi}}$，式中 $m_\phi=\frac{\alpha+m}{n\alpha-m}$ (9.39)

当 $\alpha=1.5$，$n=1.852$，$m=4.87$时，$m_\phi=-0.3284$

由式（9.38）可知，流量分配系数 $\beta$ 仅与两条管段的长度有关，而且，$\beta$ 随着 $l_2$ 的增大而增大，而 $q_2=(1-\beta)q$ 随着 $l_2$ 的增大而减小，即管段长度越长，管段流量越小。

当 $l_1=l_2$ 时，$\beta=\frac{1}{2}$，即两条管段的分配流量相等时，目标函数 $W$ 的值为最大值。在 $\beta=0.5$ 的两边任意改变系数 $\beta$，都会使目标函数 $W$ 值减小。当 $\beta=0$ 或 $\beta=1$ 时，则其中一条管段流量为 0，目标函数 $W$ 值达到最小，此时，该环状管网变成了枝状管网。系数 $\beta$

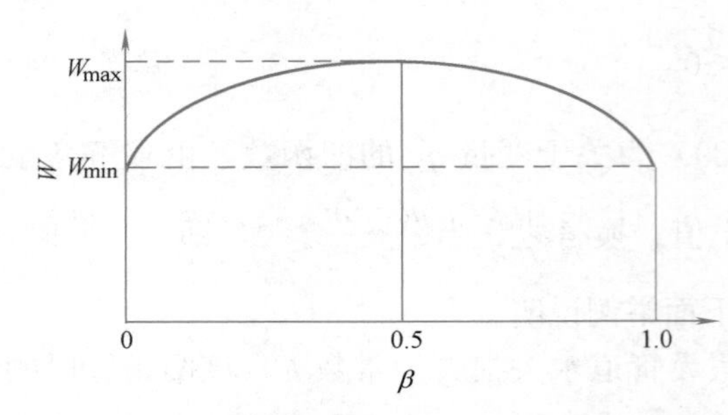


图 9.4　并联管道流量分配系数 $\beta$ 和目标费用 $W$ 和费用 $W$ 的关系曲线如图 9.4 所示，图中的最大费用值 $W_{max}$ 为最小费用值 $W_{min}$ 的 1.35 倍。

由此可以得到结论：当 $\alpha<\frac{m}{n}$ 时，使年费用折算值达到最小的管段流量分配结果是管网成为枝状管网，管网供水量从水源节点通过最短路径距离到达各用水节点。

在某些特别情况下，如果满足 $\frac{n\alpha-m}{m}>0$，亦即管道造价公式中的管径指数 $\alpha>\frac{m}{n}$ 时，由 $\frac{dW}{d\beta}=0$ 得到的管段流量分配将使目标函数 $W$ 的值为最小值。

（3）设管段流量 $q_i$ 已知，存在优化管段水头损失 $h_i$

假定管段流量已经分配，即 $q_i$ 已知，并视作常数，则管段水头损失 $h_i$ 为目标函数 $W$ 的变量，其一阶和二阶导数分别为：

$$\frac{\partial W}{\partial h_i}=-\left(\frac{1}{T}+\frac{p}{100}\right)\frac{\alpha}{m}bk^{\frac{\alpha}{m}}q_i^{\frac{n\alpha}{m}}h_i^{-\frac{\alpha+m}{m}}l_i^{\frac{\alpha+m}{m}}+P_iq_i \tag{9.40}$$

和

$$\frac{\partial^2 W}{\partial h_i^2}=\left(\frac{1}{T}+\frac{p}{100}\right)\frac{\alpha}{m}\cdot\frac{\alpha+m}{m}bk^{\frac{\alpha}{m}}q_i^{\frac{n\alpha}{m}}h_i^{-\frac{\alpha+2m}{m}}l_i^{\frac{\alpha+m}{m}} \tag{9.41}$$

当 $\alpha>0$，$m>0$ 时，可得

$$\frac{\partial^2 W}{\partial h_i^2}>0 \tag{9.42}$$

当管网中管段流量分配已知时，以管段水头损失 $h_i$ 为自变量的目标函数式（9.29）为凸函数，可以求解优化管段水头损失，目标函数极值为最小值。

因此，环状管网优化设计是在管段流量已经分配条件下求解优化管径的问题，就是求解使年费用折算值达到最小的管段直径、水头损失或节点设计压力。

在 9.5 节中，将专门讲述管段流量已分配条件下的环状管网优化管径计算方法。

## 9.3　环状管网管段流量近似优化计算

### 9.3.1　管段流量优化分配数学模型

如上节所述，在管网布置方案确定后，优化设计工作通常分两步进行。第一步进行管段设计流量分配，第二步进行管网压力、管径等的优化计算。确定管段设计流量是进行管网压力和各管段管径等优化计算的前提条件。

树状管网的管段设计流量可以由节点流量连续性方程直接解出，只有唯一的管段流量

分配方案。本节讨论环状管网管段设计流量优化分配问题。

环状管网中的管段设计流量分配应满足两个目标，即满足管网年费用折算值最小和管网的供水安全可靠性。所以，环状管网的管段流量分配是一个多目标优化问题，即同时满足经济性和安全可靠性的管段流量优化分配。

管网中每个管段的输水费用是该管段的流量 $q_i$ 和长度 $l_i$ 的非线性函数，使管网输水费用最小的管段流量优化分配的目标函数，可采用下式表示：

$$\min \quad W_q = \sum_{i=1}^{M} (|q_i|^{\beta} l_i^{\chi}) \tag{9.43}$$

式中 $\beta$——管段流量指数，取值区间为（0，2）；

$\chi$——管段长度指数，取值区间为（0，1）。

并满足管网中各节点流量连续性方程的约束条件：

$$\text{S.t.} \quad \sum_{i \in S_j} \pm(q_i) + Q_i = 0 \qquad j = 1,2,3,\cdots,N \tag{9.44}$$

这里，$\beta>0$，反映管段输水费用随着管段设计流量的增加而增加。当 $\beta<1$ 时，输水费用的增加速率小于设计流量的增加速率，即管径相同的管段在输送大流量时较输送小流量更经济。如 9.2 节的数学证明，管网年费用折算值最小的管段流量分配的解为树状管网，即每个环内一定有一条管段的分配流量为零。

如果要提高管网供水的安全可靠性，需要设计成环状管网。为此，必须将上述管段流量优化分配的目标函数（9.43）中的流量指数 $\beta$ 加大，以减小管段设计流量分配的集中效应。这时，管段输水费用增加的速度大于管段设计流量增加的速度，将使管段设计流量比较均匀地分配到各管段上。

关于上述目标函数中管段长度 $l_i$ 的影响因素，如果指数 $\chi=1$，则管段流量将向输水距离较短的管线集中，将导致输水距离较短的管道直径较大，而输水距离长的管道直径较小，如果输水距离短的管道出现事故，则管网供水能力将显著下降，所以是不安全的。

如果指数 $\chi=0$，则目标函数成为：

$$\min \quad \sum_{i=1}^{M} |q_i|^{\beta} \tag{9.45}$$

在指数 $\beta>1$ 的条件下，管段流量 $q_i$ 将随着 $\beta$ 值的增大而趋向均匀，当 $\beta=2$ 时，成为一个最小二乘问题，从各节点上流出的管段流量分配将趋于相等。

由式（9.43）和式（9.44）构成的管段设计流量分配数学模型，综合考虑了管网输水的经济性和安全可靠性，式中 $\beta$ 一般可取 1.5，$\chi$ 一般可取 0.5 左右。该数学模型可作为管段设计流量分配优化数学模型，求解管段设计流量分配的近似优化方案，具有工程实用意义。

### 9.3.2 管段设计流量分配近似优化计算

考虑到节点流量连续性约束条件，数学模型中真正的自变量 $q_i$ 是各环中的管段流量，类似于哈代—克罗斯平差计算，如果已经初步分配了管段流量，则任意施加环的校正流量，不会破坏节点流量连续性条件。然而，施加环校正流量必然改变目标函数值，使目标函数值减小。

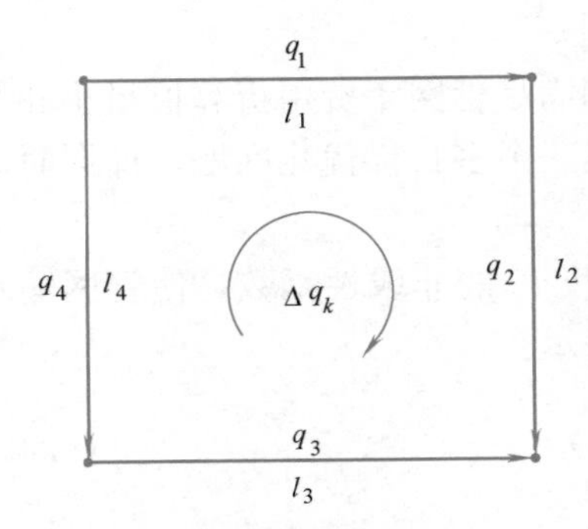


图9.5　管网中的一个环

如图9.5所示，图中所标箭头为流量方向，在初步分配管段流量后，从管网中任取一个环$k$，施加环校正流量$\Delta q_k$，根据求目标函数极值的原理，在极值点处有：

$$\frac{\partial W_{\mathrm{q}}}{\partial \Delta q_k}=0$$

由式（9.43），对$q_i$求偏导数得：

$$\beta(q_1^{\beta-1}l_1^{\chi}+q_2^{\beta-1}l_2^{\chi}-q_3^{\beta-1}l_3^{\chi}-q_4^{\beta-1}l_4^{\chi})=0$$

亦即，

$$q_1^{\beta-1}l_1^{\chi}+q_2^{\beta-1}l_2^{\chi}-q_3^{\beta-1}l_3^{\chi}-q_4^{\beta-1}l_4^{\chi}=0$$

对该式在初分配流量$q_i^{(0)}$（$i=1，2，3，\cdots，M$）处用泰勒公式展开，舍去非线性项，经整理变换可得：

$$\Delta q_k^{(0)}=-\frac{(q_1^{(0)})^{\beta-1}l_1^{\chi}+(q_2^{(0)})^{\beta-1}l_2^{\chi}-(q_3^{(0)})^{\beta-1}l_3^{\chi}-(q_4^{(0)})^{\beta-1}l_4^{\chi}}{(\beta-1)[(q_1^{(0)})^{\beta-2}l_1^{\chi}+(q_2^{(0)})^{\beta-2}l_2^{\chi}+(q_3^{(0)})^{\beta-2}l_3^{\chi}+(q_4^{(0)})^{\beta-2}l_4^{\chi}]}$$

亦即：

$$\Delta q_k^{(0)}=-\frac{\sum_{i\in R_k}\pm[(q_i^{(0)})^{\beta-1}l_i^{\chi}]}{(\beta-1)\sum_{i\in R_k}[(q_i^{(0)})^{\beta-2}l_i^{\chi}]}\qquad k=1,2,3,\cdots,L \tag{9.46}$$

令：

$$x_i=q_i^{\beta-1}l_i^{\chi} \tag{9.47}$$

$$X_k=\sum_{i\in R_k}(\pm x_i)=\sum_{i\in R_k}(\pm q_i^{\beta-1}l_i^{\chi}) \tag{9.48}$$

$$y_i=(\beta-1)q_i^{\beta-2}l_i^{\chi} \tag{9.49}$$

$$Y_k=\sum_{i\in R_k}y_i=(\beta-1)\sum_{i\in R_k}[q_i^{\beta-2}l_i^{\chi}] \tag{9.50}$$

则式（9.46）可以简化为：

$$\Delta q_k^{(0)}=-\frac{X_k^{(0)}}{Y_k^{(0)}}\qquad k=1,2,3,\cdots,L \tag{9.51}$$

此式即为管段设计流量优化分配平差公式，由于公式推导时略去了非线性项，必须进行多次迭代计算，迭代公式为：

$$q_i^{(j+1)}=q_i^{(j)}\pm\Delta q_k^{(j)}\qquad i\in R_k \tag{9.52}$$

经过对各环优化迭代计算，直到环校正流量$\Delta q_k^{(j)}$的绝对值小于允许值$e_{\mathrm{q}}$为止，即：

$$|\Delta q_k^{(j)}|\leqslant e_{\mathrm{qopt}}\qquad k=1,2,3,\cdots,L \tag{9.53}$$

式中$e_{\mathrm{qopt}}$为环校正流量允许误差（$\mathrm{m^3/s}$），手工计算可取$e_{\mathrm{qopt}}=0.0001\mathrm{m^3/s}$，即0.1L/s，计算机程序计算可取$e_{\mathrm{qopt}}=0.00001\mathrm{m^3/s}$，即0.01L/s。

实际上，管段设计流量分配近似优化算法与管网水头平差算法相似，管段流量优化计算的过程也可以理解为管段流量优化分配平差过程。下面举例说明。

**【例 9.4】** 某环状管网如图 9.6 所示，管段长度及初分配管段设计流量标于图中，试用数学模型式（9.43）进行管段设计流量近似优化计算，取 $\beta=1.5$，$\chi=0.5$，$e_{qopt}=0.1$L/s。

**【解】** 从初分配管段设计流量 $q_i$ 开始，由式（9.47）～式（9.52）分别计算各管段和环的优化迭代参数，列入计算表格中，计算过程见表 9.4，其中的第三次至第八次中间计算过程省略。

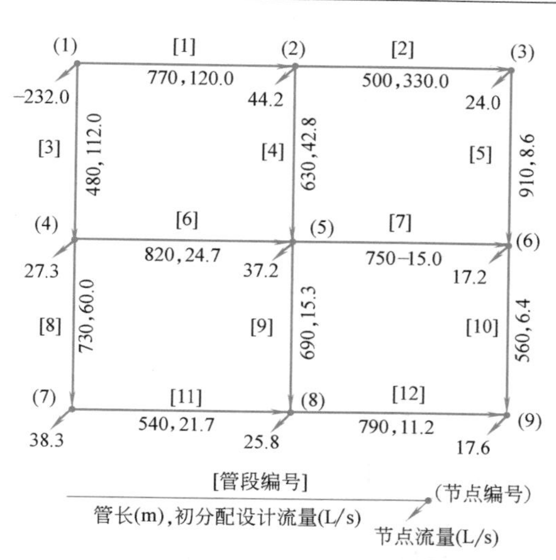


图 9.6 管段设计流量分配近似优化

**管段设计流量分配近似优化计算** **表 9.4**

| | | | 第一次优化 | | | 第二次优化 | | | … | 第八次优化 | | | 结果 |
|---|---|---|---|---|---|---|---|---|---|---|---|---|---|
| | $i$ | $l_i$ | $q_i$ | $x_i$ | $y_i$ | $q_i$ | $x_i$ | $y_i$ | | $q_i$ | $x_i$ | $y_i$ | $q_i$ |
| 管段参数计算 | 1 | 770 | 120.00 | 303.97 | 1.27 | 106.78 | 286.74 | 1.34 | | 109.65 | 290.57 | 1.32 | 109.72 |
| | 2 | 500 | 33.00 | 128.45 | 1.95 | 37.25 | 136.47 | 1.83 | | 36.78 | 135.61 | 1.84 | 36.74 |
| | 3 | 480 | 112.00 | 231.86 | 1.04 | 125.22 | 245.16 | 0.98 | | 122.35 | 242.34 | 0.99 | 122.28 |
| | 4 | 630 | 42.80 | 164.21 | 1.92 | 25.33 | 126.32 | 2.49 | | 28.67 | 134.40 | 2.34 | 28.78 |
| | 5 | 910 | 8.60 | 88.46 | 5.14 | 12.85 | 108.14 | 4.21 | | 12.38 | 106.14 | 4.29 | 12.34 |
| | 6 | 820 | 24.70 | 142.32 | 2.88 | 44.84 | 191.75 | 2.14 | … | 40.89 | 183.11 | 2.24 | 40.78 |
| | 7 | 790 | 15.00 | 106.07 | 3.54 | 12.71 | 97.63 | 3.84 | | 15.24 | 106.91 | 3.51 | 15.32 |
| | 8 | 730 | 60.00 | 209.28 | 1.74 | 53.08 | 196.85 | 1.85 | | 54.16 | 198.84 | 1.84 | 54.20 |
| | 9 | 690 | 15.30 | 102.75 | 3.36 | 20.26 | 118.23 | 2.92 | | 17.12 | 108.69 | 3.17 | 17.04 |
| | 10 | 560 | 6.40 | 59.87 | 4.68 | 8.36 | 68.42 | 4.09 | | 10.42 | 76.39 | 3.67 | 10.46 |
| | 11 | 540 | 21.70 | 108.25 | 2.49 | 14.78 | 89.34 | 3.02 | | 15.86 | 92.54 | 2.92 | 15.90 |
| | 12 | 790 | 11.20 | 94.06 | 4.20 | 9.24 | 85.44 | 4.62 | | 7.18 | 75.31 | 5.24 | 7.14 |
| 节点参数计算 | $k$ | | $\Delta q_k$ | $X_k$ | $Y_k$ | $\Delta q_k$ | $X_k$ | $Y_k$ | | $\Delta q_k$ | $X_k$ | $Y_k$ | |
| | 1 | | −13.22 | 94.00 | 7.11 | 3.43 | −23.85 | 6.95 | | 0.07 | −0.48 | 6.89 | |
| | 2 | | 4.25 | −53.37 | 12.55 | −1.67 | 20.66 | 12.37 | … | −0.04 | 0.44 | 11.98 | |
| | 3 | | 6.92 | −72.46 | 10.47 | −2.40 | 23.79 | 9.93 | | −0.04 | 0.42 | 10.17 | |
| | 4 | | 1.96 | −30.87 | 15.78 | 2.43 | −37.62 | 15.47 | | 0.04 | −0.70 | 15.59 | |

## 9.4 输水管优化设计

### 9.4.1 压力输水管

压力输水管线由多条管段串联组成，管段之间允许有节点流量流出，一般在其起始端管段上设置泵站提供压力。如图 9.7 所示，压力输水管由 $N$ 个节点和$N-1$ 条管段组成，泵站设于管段［1］上。

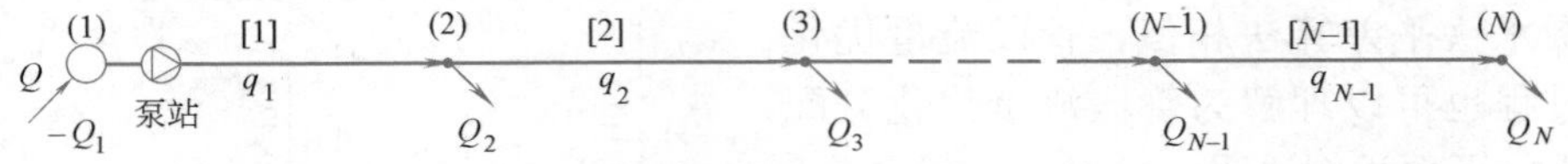

图 9.7　压力输水管线示意图

压力输水管线的动力费用为泵站的电费，该泵站的扬程为所有管段的水头损失、地面高差与节点服务压力之和，如下式表示：

$$h_p=\sum h_i+H_d+H_f=\sum h_i+H_{df}\qquad i=1,2,3,\cdots,N-1 \tag{9.54}$$

式中　$h_p$——水泵扬程（m）；

$h_i$——管段水头损失（m）；

$H_d$——地面高差（m）；

$H_f$——节点服务压力（m）；

$H_{df}=H_d+H_f$（m），$H_{df}$ 为常数。

泵站流量 $Q$ 等于管段［1］的流量 $q_1$，由管网优化设计数学模型的目标函数式(9.29)，并用公式 $h_i=\dfrac{kq_i^n}{D_i^m}l_i=kq_i^nD_i^{-m}l_i$ 代替 $h_i$，压力输水管线优化管径计算的目标函数为

$$\min\quad W=\sum_{i=1}^{M}w_i=\sum_{i=1}^{M}\left[\left(\frac{1}{T}+\frac{p}{100}\right)(a+bD_i^{\alpha})l_i+PQ(\sum kq_i^nD_i^{-m}l_i+H_{df})\right] \tag{9.55}$$

该目标函数是关于管径 $D_i$ 的凸函数。写出目标函数对管径 $D_i$ 的一阶偏导数，并令其等于 0，可得

$$\frac{\partial W}{\partial D_i}=b\alpha\left(\frac{1}{T}+\frac{p}{100}\right)D_i^{\alpha-1}l_i-mPQkq_i^nD_i^{-m-1}l_i=0 \tag{9.56}$$

移项整理，可以得到输水管线的优化管径公式，又称为经济管径公式如下：

$$D_i=\left[\frac{mk}{b\alpha\left(\dfrac{1}{T}+\dfrac{p}{100}\right)}\right]^{\frac{1}{\alpha+m}}P^{\frac{1}{\alpha+m}}Q^{\frac{1}{\alpha+m}}q_i^{\frac{n}{\alpha+m}}=(fPQq_i^n)^{\frac{1}{\alpha+m}} \tag{9.57}$$

式中 $f$ 为经济因素，是包括多个管网技术和经济指标的综合参数：

$$f=\frac{mk}{b\alpha\left(\dfrac{1}{T}+\dfrac{p}{100}\right)} \tag{9.58}$$

当输水管沿程流量不变时，成为单一管段，$q_i=Q$，其经济管径公式为：

$$D_i=(fPQ^{n+1})^{\frac{1}{\alpha+m}} \tag{9.59}$$

**【例 9.5】** 某压力输水管由 3 段组成，第一段上设有泵站，设计流量为 160L/s，第二、三段设计流量分别为 140L/s 和 50L/s，有关经济指标为：$b=2105$，$\alpha=1.52$，$T=15$，$p=2.5$，$E=0.6$，$\gamma=0.55$，$\eta=0.7$，$n=1.852$，$k=0.00177$，$m=4.87$。管段长度分别为：$l_1=1660$m，$l_2=2120$m，$l_3=1350$m，泵站前的吸水井水位 $H_1=20$m，管线末端地面标高 $H_4=32$m，管线末端服务压力 $H_f=16$m。

（1）计算各管段优化管径；

（2）求泵站的总扬程 $H_p$。

**【解】**（1）计算优化管径：

$$P=\frac{86000\gamma E}{\eta_1}=\frac{86000\times 0.55\times 0.6}{0.7}=40540$$

$$f=\frac{mk}{\left(\frac{1}{T}+\frac{p}{100}\right)b\alpha}=\frac{4.87\times 0.00177}{\left(\frac{1}{15}+\frac{2.5}{100}\right)\times 2105\times 1.52}=0.00002939$$

$$\frac{1}{\alpha+m}=\frac{1}{1.52+4.87}=0.16$$

$$fPQ=0.00002939\times 40540\times 0.16=0.19$$

代入式（7.64）得：

$D_1=(fPQq_1^n)^{\frac{1}{\alpha+m}}=(0.19\times 0.16^{1.852})^{0.16}=0.445$，选用 500mm 管径；

$D_2=(fPQq_2^n)^{\frac{1}{\alpha+m}}=(0.19\times 0.14^{1.852})^{0.16}=0.428$，选用 400mm 管径；

$D_3=(fPQq_3^n)^{\frac{1}{\alpha+m}}=(0.19\times 0.05^{1.852})^{0.16}=0.315$，选用 300mm 管径。

（2）计算泵站总扬程：

当管道摩阻系数 $k=0.00177$，管道的海曾—威廉系数 $C=100$；

用海曾—威廉公式计算各管段水头损失 $h_i$：

$$h_1=\frac{10.67q_1^{1.852}l_1}{C^{1.852}D_1^{4.87}}=\frac{10.67\times 0.16^{1.852}\times 1660}{100^{1.852}\times 0.5^{4.87}}=3.44\text{m}$$

$$h_2=\frac{10.67q_2^{1.852}l_2}{C^{1.852}D_2^{4.87}}=\frac{10.67\times 0.14^{1.852}\times 2120}{100^{1.852}\times 0.4^{4.87}}=10.17\text{m}$$

$$h_3=\frac{10.67q_3^{1.852}l_3}{C^{1.852}D_3^{4.87}}=\frac{10.67\times 0.05^{1.852}\times 1350}{100^{1.852}\times 0.3^{4.87}}=3.90\text{m}$$

泵站总扬程：$H_p=\sum_{i=1}^{3}h_i+(H_4-H_1)+H_f=17.5+(32-20)+16=45.5\text{m}$

### 9.4.2 重力输水管

重力输水管是指依靠输水管两端的地形高差所产生的重力克服管线水头损失的输水管线。如图 9.8 所示，输水管线由 $N$ 个节点和 $N-1$ 条管段组成，其输水动力来自起点和终点的可利用水头差，记为 $\Delta H=H_1-H_N=\sum_{i=1}^{N-1}h_i$。

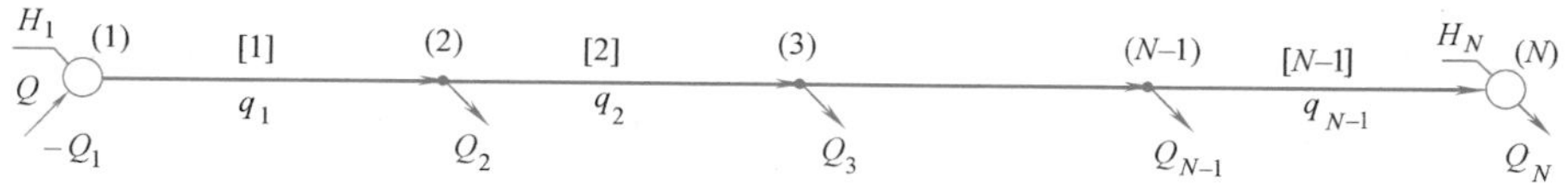

图 9.8 重力输水管示意图

依照式（9.31），略去其中的电费项，重力输水管线优化设计的数学模型为：

$$\min \quad W=\sum_{i=1}^{M} w_i=\sum_{i=1}^{M}\left(\frac{1}{T}+\frac{p}{100}\right)(a+bk^{\frac{\alpha}{m}}q_i^{\frac{n\alpha}{m}}l_i^{\frac{\alpha}{m}}h_i^{-\frac{\alpha}{m}})l_i \tag{9.60}$$

同时，应满足下式的约束条件：

$$\sum_{i=1}^{N-1} h_i-\Delta H=0 \tag{9.61}$$

或

$$\sum_{i=1}^{N-1} i_i l_i-\Delta H=0 \tag{9.62}$$

应用拉格朗日条件极值法，由式（9.60）和式（9.61）构成的优化数学模型的拉格朗日函数为：

$$F(h_i)=\sum_{i=1}^{M}\left(\frac{1}{T}+\frac{p}{100}\right)(a+bk^{\frac{\alpha}{m}}q_i^{\frac{n\alpha}{m}}l_i^{\frac{\alpha}{m}}h_i^{-\frac{\alpha}{m}})l_i+\lambda\left(\sum_{i=1}^{N-1} h_i-\Delta H\right) \tag{9.63}$$

式中 $\lambda$——拉格朗日乘子。

求 $F(h_i)$ 对 $h_i$ 的一阶偏导数，并令其等于0，得：

$$\frac{\partial F(h_i)}{\partial h_i}=\left(\frac{1}{T}+\frac{p}{100}\right)\left(-\frac{\alpha}{m}\right)bk^{\frac{\alpha}{m}}q_i^{\frac{n\alpha}{m}}h_i^{-\frac{\alpha+m}{m}}l_i^{\frac{\alpha+m}{m}}+\lambda=0 \tag{9.64}$$

令 $A=\left(\frac{1}{T}+\frac{p}{100}\right)\left(-\frac{\alpha}{m}\right)bk^{\frac{\alpha}{m}}$，可以得到：

$$q_1^{\frac{n\alpha}{m}}h_1^{-\frac{\alpha+m}{m}}l_1^{\frac{\alpha+m}{m}}=q_2^{\frac{n\alpha}{m}}h_2^{-\frac{\alpha+m}{m}}l_2^{\frac{\alpha+m}{m}}=\cdots=q_i^{\frac{n\alpha}{m}}h_i^{-\frac{\alpha+m}{m}}l_i^{\frac{\alpha+m}{m}}=\cdots=q_{N+1}^{\frac{n\alpha}{m}}h_{N+1}^{-\frac{\alpha+m}{m}}l_{N+1}^{\frac{\alpha+m}{m}}=\frac{\lambda}{A}=\text{常数} \tag{9.65}$$

由管段水力坡度 $i_i=h_i/l_i$，式（9.65）可以改写为

$$\frac{q_1^{\frac{n\alpha}{\alpha+m}}}{i_1}=\frac{q_2^{\frac{n\alpha}{\alpha+m}}}{i_2}=\cdots=\frac{q_i^{\frac{n\alpha}{\alpha+m}}}{i_i}=\cdots=\frac{q_{N-1}^{\frac{n\alpha}{\alpha+m}}}{i_{N-1}} \tag{9.66}$$

式中 $i_i$——第 $i$ 管段的水力坡度。

将式（9.66）和式（9.62）组成的联立方程组：

$$\begin{cases}\dfrac{q_1^{\frac{n\alpha}{\alpha+m}}}{i_1}=\dfrac{q_2^{\frac{n\alpha}{\alpha+m}}}{i_2}=\cdots=\dfrac{q_i^{\frac{n\alpha}{\alpha+m}}}{i_i}=\cdots=\dfrac{q_{N-1}^{\frac{n\alpha}{\alpha+m}}}{i_{N-1}}\\ \sum\limits_{i=1}^{N-1} i_i l_i-\Delta H=0\end{cases} \tag{9.67}$$

即为重力输水管线的经济水力坡度方程组，可以求解得出各管段经济水力坡度 $i_i$。应用公式 $D_i=(kq_i^n/i_i)^{\frac{1}{m}}$，可以得到各管段的优化管径 $D_i$，见［例9.6］。

**【例9.6】** 仍用前例数据，改用重力输水，输水管线可利用水头差为18.5m，试确定各管段直径。

**【解】** 已知：管段设计流量为 $q_1=0.16\text{m}^3/\text{s}$，$q_2=0.14\text{m}^3/\text{s}$，$q_3=0.05\text{m}^3/\text{s}$，管段长度为：$l_1=1660\text{m}$，$l_2=2120\text{m}$，$l_3=1350\text{m}$，有关经济指标参数为：$\alpha=1.52$，$n=1.852$，$m=4.87$，$k=0.00177$。

所以，$\frac{n\alpha}{\alpha+m}=\frac{1.852\times1.52}{1.52+4.87}=0.44$，

$\frac{q_1^{\frac{n\alpha}{\alpha+m}}}{i_1}=\frac{0.16^{0.44}}{i_1}=\frac{0.45}{i_1}$，$\frac{q_2^{\frac{n\alpha}{\alpha+m}}}{i_2}=\frac{0.14^{0.44}}{i_2}=\frac{0.42}{i_2}$，$\frac{q_3^{\frac{n\alpha}{\alpha+m}}}{i_3}=\frac{0.05^{0.44}}{i_3}=\frac{0.27}{i_3}$。

由方程组（9.67），得

$$\begin{cases} i_1=\frac{0.45}{0.27}i_3=1.6667i_3 \\ i_2=\frac{0.42}{0.27}i_3=1.556i_3 \\ 1660i_1+2120i_2+1350i_3=18.5 \end{cases}$$

解联立方程组，得：$i_1=0.0042$，$i_2=0.0039$，$i_3=0.0025$。

管段的管径为：

$D_1=\left(\frac{kq_1^n}{i_1}\right)^{\frac{1}{m}}=\left(\frac{0.00177\times0.16^{1.852}}{0.0042}\right)^{\frac{1}{4.87}}=0.418\text{m}$，可选用 $D_1=400\text{mm}$；

$D_2=\left(\frac{kq_2^n}{i_2}\right)^{\frac{1}{m}}=\left(\frac{0.00177\times0.14^{1.852}}{0.0039}\right)^{\frac{1}{4.87}}=0.403\text{m}$，可选用 $D_1=400\text{mm}$；

$D_3=\left(\frac{kq_3^n}{i_3}\right)^{\frac{1}{m}}=\left(\frac{0.00177\times0.05^{1.852}}{0.0025}\right)^{\frac{1}{4.87}}=0.299\text{m}$，可选用 $D_1=300\text{mm}$。

## 9.5　已定设计流量下的环状管网优化设计与计算

### 9.5.1　泵站加压环状管网优化设计

（1）泵站加压环状管网节点压力优化数学模型

已经确定了各水源设计供水流量和各管段设计流量以后，通过求解管网节点压力优化数学模型，可以得到管网中各节点的优化压力，并由此可以计算管段的优化设计管径。

对于环状给水管网，年费用最小的优化设计数学模型还必须同时满足环能量方程和节点流量方程的水力条件约束。任意设定管网中各节点的压力水头 $H_j$，则各管段水头损失等于两端之压力差，即 $h_{\text{f}i}=H_{\text{F}i}-H_{\text{T}i}$，其中，$H_{\text{F}i}$ 为管段的起点压力（m），$H_{\text{T}i}$ 为管段的终点压力（m）。由此必然得到任一环中的管段水头损失之和等于 0，即 $\sum h_{\text{f}i}=0$。这样，每个环能量方程约束条件自然得到了满足，使管网的优化计算数学模型得到了简化，成为求解管网中各节点优化压力的问题。所以，采用节点压力作为管网优化设计数学模型的计算参数，具有很好的数学计算简便性。

如图 9.9 所示管网，节点 1 至 8 为未知压力节点，其中节点 7 和 8 为水源节点，供水泵站分别从清水池和水塔加压供水，其节点流量已知，分别为两个水源的已知供水量。节点 9、10 和 11 为管网末端已知压力节点，各自要求满足最低服务压力。该管网优化设计问题是求解节点（1）～（8）的优化压力。并由水源节点压力 $H_7$ 和 $H_8$ 可以计算泵站的扬程。

任意设定管网中各节点的压力水头 $H_j$，可以建立管网节点优化数学模型，阐述如下。

设各管段两端的节点编码为 $j$ 和 $k$，节点压力分别为 $H_j$ 和 $H_k$，管段的编码为 $jk$，

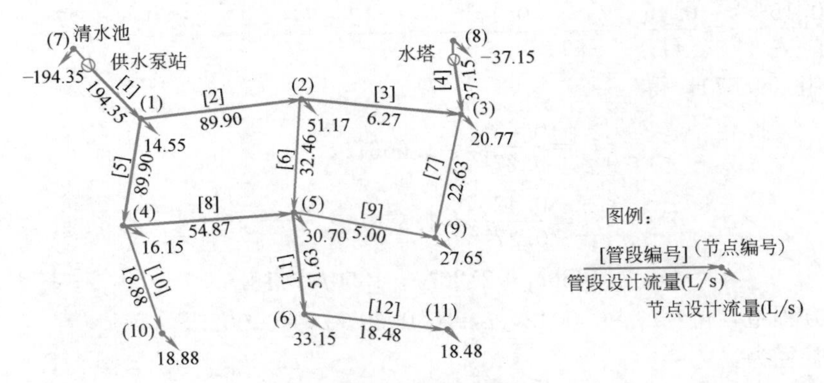


图 9.9　已知管段流量分配的管网示意图

表示其起端节点为 $j$，终端节点为 $k$，$q_{jk}$ 为管段 $jk$ 的流量，$Q_j$ 为水源节点 $j$ 的供水量，$h_{pj}$ 为水源节点加压泵站扬程，$P_j$ 为泵站动力费用系数［元/((m$^3$/s)·m·a)］，在没有泵站供水的节点上，$P_j=0$。则管网优化设计数学模型目标函数式（9.31）可以改写为

$$\min \quad W=\sum\left[\left(\frac{1}{T}+\frac{p}{100}\right)\left(a+bk^{\frac{\alpha}{m}}q_{jk}^{\frac{n\alpha}{m}}l_{jk}^{\frac{\alpha}{m}}h_{jk}^{-\frac{\alpha}{m}}\right)l_{jk}\right]+\sum[P_jQ_jh_{pj}] \tag{9.68}$$

对于管网中任一管段，其水头损失可以表示为

$$h_{jk}=H_j-H_k \tag{9.69}$$

泵站扬程 $h_{pj}$ 为水源节点需求供水压力与原有水位的差值，可以表示为：

$$h_{pj}=H_j-H_{jd} \tag{9.70}$$

式中　$h_{pj}$——连接节点 $j$ 的泵站扬程（m）；

$H_j$——泵站增压后的节点压力（m）；

$H_{jd}$——泵站加压前的水源节点水位（m）。

将式（9.69）和式（9.70）代入式（9.68），可以得到由各管段两端的节点压力 $H_j$ 和 $H_k$ 为待求参数的目标函数式，待求参数的个数为管网中未知压力节点数，构成管网节点优化数学模型如下：

$$\min \quad W=\sum\left\{\left(\frac{1}{T}+\frac{p}{100}\right)\left[a+bk^{\frac{\alpha}{m}}q_{jk}^{\frac{n\alpha}{m}}l_{jk}^{\frac{\alpha}{m}}(H_j-H_k)^{-\frac{\alpha}{m}}\right]l_{jk}\right\}+\sum[P_jQ_j(H_j-H_{jd})] \tag{9.71}$$

$$\text{S. t.}\begin{cases}H_{\min j}\leqslant H_j\leqslant H_{\max j}\\H_{\min k}\leqslant H_\mathrm{k}\leqslant H_{\max k}\end{cases}$$

令 $A_{1jk}=\left(\frac{1}{T}+\frac{p}{100}\right)al_{jk}$，$A_{2jk}=\left(\frac{1}{T}+\frac{p}{100}\right)b(kq_{jk}^{n}l_{jk})^{\frac{\alpha}{m}}$，

将式（9.71）简化为

$$\min \quad W=\sum\{[A_{1jk}+A_{2jk}l_{jk}(H_j-H_k)^{-\frac{\alpha}{m}}]\}+\sum[P_jQ_j(H_j-H_{jd})] \tag{9.72}$$

应用函数极值原理，对未知节点压力写出一阶偏导数，并令其等于 0，表达式如下：

$$\frac{\partial W}{\partial H_j}=\sum A_{2jk}l_{jk}\left(-\frac{\alpha}{m}\right)(H_j-H_k)^{-\frac{\alpha+m}{m}}-\sum A_{2jk}l_{jk}\left(-\frac{\alpha}{m}\right)(H_k-H_j)^{-\frac{\alpha+m}{m}}+P_jQ_j=0 \tag{9.73}$$

式（9.73）的物理意义是，节点压力 $H_j$ 的变化对管网年费用值的影响，其中，第1项表示 $H_j$ 对流出节点 $j$ 的管段年费用值的影响，第2项表示 $H_j$ 对流入节点 $j$ 的管段年费用值的影响，第3项表示 $H_j$ 对泵站能量年费用值的影响，当 $j$ 节点无加压水泵时，$P_jQ_j=0$。

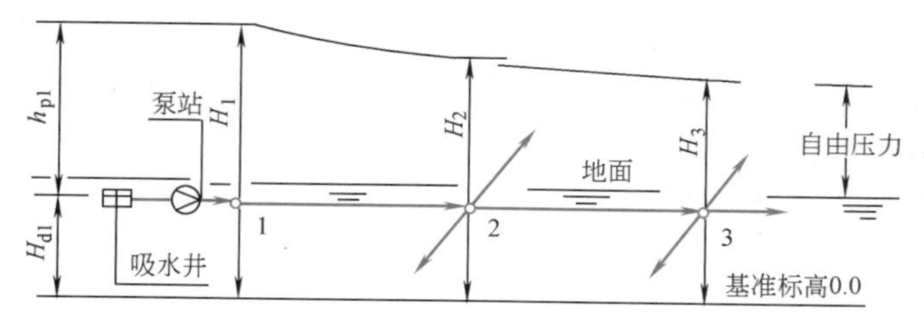


图9.10　泵站节点和一般节点及节点压力示意图

→—管道；1—泵站节点；2，3——般节点；

$h_{p1}$—泵站扬程；$H_{d1}$—泵站吸水井水位高程；$H_1$，$H_2$，$H_3$—节点压力

因此，管网中的节点可以分为泵站加压供水的水源节点和没有泵站加压供水的一般节点两种类型，后面的叙述中分别简称为泵站节点和一般节点。两类节点的特征和压力的表示如图9.10所示。

式（9.73）可以改写为如下形式：

$$-\frac{\partial W}{\partial H_j}=\sum_{k\in j}A_{2jk}l_{jk}\left(\frac{\alpha}{m}\right)(H_j-H_k)^{-\frac{\alpha+m}{m}}-\sum_{k\in j}A_{2jk}l_{jk}\left(\frac{\alpha}{m}\right)(H_k-H_j)^{-\frac{\alpha+m}{m}}-P_jQ_j=0 \tag{9.74}$$

在满足约束条件下，求解由式（9.74）表达的节点优化压力方程组，可以得到使管网年费用值最小的优化节点压力 $H_j$。

令

$$q_{\phi jk}=A_{2jk}l_{jk}\left(\frac{\alpha}{m}\right)(H_j-H_k)^{-\frac{\alpha+m}{m}} \tag{9.75}$$

并定义 $q_{\phi jk}$ 为管段 $jk$ 的管段虚流量。

令连接 $j$ 节点的所有管段虚流量之和为 $Q_{\Phi j}$，并称 $Q_{\Phi j}$ 为节点 $j$ 的节点虚流量，则

$$Q_{\Phi j}=\sum_{k\in j}A_{2jk}l_{jk}\left(\frac{\alpha}{m}\right)(H_j-H_k)^{-\frac{\alpha+m}{m}}-\sum_{k\in j}A_{2jk}l_{jk}\left(\frac{\alpha}{m}\right)(H_k-H_j)^{-\frac{\alpha+m}{m}}=\sum_{k\in j}(\pm q_{\phi jk}) \tag{9.76}$$

式中，流入节点 $j$ 的管段虚流量为负值（$-q_{\phi jk}$），流出节点 $j$ 的管段虚流量为正值（$q_{\phi jk}$）。

由式（9.74），节点虚流量的值为：

$$Q_{\Phi j}=\begin{cases}\sum\limits_{k\in j}(\pm q_{\phi jk})=0 & \text{（一般节点）}\\ \sum\limits_{k\in j}q_{\phi jk}=P_jQ_j & \text{（泵站节点）}\end{cases} \tag{9.77}$$

如果泵站节点出流管段只有一根，则泵站节点出流管段的虚流量为已知：

$$q_{\phi jk}=A_{2jk}l_{jk}\left(\frac{\alpha}{m}\right)(H_j-H_k)^{-\frac{\alpha+m}{m}}=P_jQ_j \tag{9.78}$$

由此可以得出结论：管网中一般节点所连接的管段虚流量之和等于 0，亦即节点虚流量等于 0，泵站节点出流管段虚流量之和等于 $P_jQ_j$，亦即节点虚流量等于 $P_jQ_j$。

式（9.77）称为节点虚流量连续性方程，简称节点虚流量方程。由节点压力 $H_j$ 为变量的节点虚流量方程组即为节点压力优化数学模型。

（2）泵站加压环状管网经济管径公式

将管段虚流量公式（9.75）中的 $A_{2j\mathrm{k}}$ 还原展开，得

$$\begin{aligned}q_{\phi jk}&=A_{2jk}l_{jk}\left(\frac{\alpha}{m}\right)(H_j-H_k)^{-\frac{\alpha+m}{m}}=\left(\frac{1}{T}+\frac{p}{100}\right)b(kq_{jk}^{n}l_{jk})^{\frac{\alpha}{m}}l_i\left(\frac{\alpha}{m}\right)(H_j-H_k)^{-\frac{\alpha+m}{m}}\\&=\left(\frac{1}{T}+\frac{p}{100}\right)b(kq_{jk}^{n}l_{jk})^{\frac{\alpha}{m}}l_i\left(\frac{\alpha}{m}\right)h_{jk}^{-\frac{\alpha+m}{m}}=\left(\frac{1}{T}+\frac{p}{100}\right)\frac{b\alpha}{m}[(kq_{jk}^{n}l_{jk})^{\frac{1}{m}}h_{jk}^{-\frac{1}{m}}]^{\alpha}h_{jk}^{-1}l_i\\&=\left(\frac{1}{T}+\frac{p}{100}\right)\frac{b\alpha}{m}D_{jk}^{\alpha}g\,\frac{D_{jk}^{m}}{(kq_{jk}^{n})}=\frac{D_{jk}^{\alpha+m}}{fq_{jk}^{n}}\end{aligned} \tag{9.79}$$

式中，$f=\dfrac{mk}{\left(\dfrac{1}{T}+\dfrac{p}{100}\right)b\alpha}$称为管网经济因素系数，

可以得到经济管径公式：

$$D_{jk}=(fq_{\phi jk}q_{jk}^{n})^{\frac{1}{\alpha+m}} \tag{9.80}$$

对于泵站出流管段，其管段虚流量 $q_{\phi jk}=P_jq_{jk}$，则

$$D_{jk}=(fP_jq_{jk}^{n+1})^{\frac{1}{\alpha+m}} \tag{9.81}$$

由于泵站设计参数 $f$、$P_j$ 和 $q_{jk}=Q_j$ 均为已知，所以泵站出水管段的经济管径 $D_{jk}$ 已经确定，且成为求解优化设计问题的约束条件或边界条件。

（3）泵站加压环状管网节点压力优化计算

1）节点压力优化线性化方程组求解

设定一组节点压力初始值 $H_j^{(0)}$，节点虚流量方程（9.77）可以转化为以节点压力为未知量的线性方程组：

$$\begin{cases}\sum\limits_{k\in j}A_{2jk}\left(\dfrac{\alpha}{m}\right)(H_j^{(0)}-H_k^{(0)})^{-\frac{\alpha+2m}{m}}(H_j-H_k)-\sum\limits_{k\in j}A_{2jk}\left(\dfrac{\alpha}{m}\right)\\ \quad(H_k^{(0)}-H_j^{(0)})^{-\frac{\alpha+2m}{m}}(H_k-H_j)=0 \qquad (\text{一般节点})\\ \sum\limits_{k\in j}A_{2jk}\left(\dfrac{\alpha}{m}\right)(H_j^{(0)}-H_k^{(0)})^{-\frac{\alpha+2m}{m}}(H_j-H_k)=P_jQ_j \qquad (\text{泵站节点})\end{cases} \tag{9.82}$$

令　$b_{2jk}^{(0)}=A_{2jk}\left(\dfrac{\alpha}{m}\right)(H_j^{(0)}-H_k^{(0)})^{-\frac{\alpha+2m}{m}}$，式（9.82）可以简写为

$$\begin{cases} Q_{\Phi j}(H_j,H_k)=\sum\limits_{k\in j} b_{2jk}^{(0)}(H_j-H_k)-\sum\limits_{k\in j} b_{2jk}^{(0)}(H_k-H_j)=0 & (\text{一般节点}) \\ Q_{\Phi j}(H_j,H_k)=\sum\limits_{k\in j} b_{2jk}^{(0)}(H_j-H_k)=P_jQ_j & (\text{泵站节点}) \end{cases} \tag{9.83}$$

将式（9.83）应用泰勒公式展开，仅保留一次项，可得

$$\begin{cases} Q_{\Phi j}(H_j,H_k)=Q_{\Phi j}(H_j^{(0)},H_k^{(0)})+\dfrac{\partial Q_{\Phi j}}{\partial H_j}\Delta H_j-\sum\limits_{k\in j}\dfrac{\partial Q_{\Phi j}}{\partial H_k}\Delta H_k=0 & (\text{一般节点}) \\ Q_{\Phi j}(H_j,H_k)=Q_{\Phi j}(H_j^{(0)},H_k^{(0)})+\dfrac{\partial Q_{\Phi j}}{\partial H_j}\Delta H_j-\sum\limits_{k\in j}\dfrac{\partial Q_{\Phi j}}{\partial H_k}\Delta H_k=P_jQ_j & (\text{泵站节点}) \end{cases} \tag{9.84}$$

由此，节点压力优化计算方程组转化为求解节点压力校正值 $\Delta H_j$ 的迭代方程组：

$$\begin{cases} \dfrac{\partial Q_{\Phi j}}{\partial H_j}\Delta H_j-\sum\limits_{k\in j}\dfrac{\partial Q_{\Phi j}}{\partial H_k}\Delta H_k=-Q_{\Phi j}(H_j^{(0)},H_k^{(0)}) & (\text{一般节点}) \\ \dfrac{\partial Q_{\Phi j}}{\partial H_j}\Delta H_j-\sum\limits_{k\in j}\dfrac{\partial Q_{\Phi j}}{\partial H_k}\Delta H_k=P_jQ_j-Q_{\Phi j}(H_j^{(0)},H_k^{(0)}) & (\text{泵站节点}) \end{cases} \tag{9.85}$$

由式（9.83）可得，

$$\begin{cases} \dfrac{\partial Q_{\Phi j}}{\partial H_j}=\sum\limits_{k\in j} b_{2jk}^{(0)} \\ \dfrac{\partial Q_{\Phi j}}{\partial H_k}=-b_{2jk}^{(0)} \end{cases} \tag{9.86}$$

式（9.85）可以写成下列矩阵方程：

$$B\Delta H=C \tag{9.87}$$

式中 $B$——系数矩阵，其行数和列数均等于待求压力节点数 $N$。

设系数矩阵 $B$ 的元素为 $v_{jk}$，$j=1\sim N$，$k=1\sim N$，则

$$v_{jk}^{(0)}=\begin{cases} \sum\limits_{k\in j} b_{2jk}^{(0)}, & \text{当 } j=k\text{，即 } v_{jk} \text{ 为对角元素} \\ -b_{2jk}^{(0)}, & \text{当 } k\in j\text{，即节点 } k \text{ 与节点 } j \text{ 连接} \\ 0, & \text{当 } j\notin k\text{，即节点 } k \text{ 与节点 } j \text{ 不连接} \end{cases}$$

$\Delta H$——待求校正压力向量，$H=[\Delta H_1,\ \Delta H_2,\ \cdots,\ \Delta H_N]^T$；

$C$ 为右边向量，$C=[c_1,\ c_2,\ \cdots,\ c_N]^T$，其中元素 $c_j$ 为

$$c_j=\begin{cases} -Q_{\Phi j}(H_j^{(0)},H_k^{(0)}) & (\text{一般节点}) \\ -Q_{\Phi j}(H_j^{(0)},H_k^{(0)})+P_jQ_j & (\text{泵站节点}) \end{cases}$$

如图 9.9 所示管网，设未知压力节点的初始压力水头初始值为 $H_j^{(0)}$，各管段的初始

系数矩阵元素为 $v_{jk}^{(0)}=b_{2jk}^{(0)}=A_{2jk}\left(\dfrac{\alpha}{m}\right)(H_j^{(0)}-H_k^{(0)})^{-\frac{\alpha+2m}{m}}$，则管网节点压力优化计算的矩阵方程为：

$$\begin{bmatrix} v_{11}^{(0)} & -b_{12}^{(0)} & 0 & -b_{14}^{(0)} & 0 & 0 & -b_{71}^{(0)} & 0 \\ -b_{12}^{(0)} & v_{22}^{(0)} & -b_{23}^{(0)} & 0 & -b_{25}^{(0)} & 0 & 0 & 0 \\ 0 & -b_{23}^{(0)} & v_{33}^{(0)} & 0 & 0 & -b_{36}^{(0)} & 0 & -b_{83}^{(0)} \\ -b_{14}^{(0)} & 0 & 0 & v_{44}^{(0)} & -b_{45}^{(0)} & 0 & 0 & 0 \\ 0 & -b_{25}^{(0)} & 0 & -b_{45}^{(0)} & v_{55}^{(0)} & -b_{56}^{(0)} & 0 & 0 \\ 0 & 0 & 0 & 0 & -b_{56}^{(0)} & v_{66}^{(0)} & 0 & 0 \\ -b_{71}^{(0)} & 0 & 0 & 0 & 0 & 0 & v_{77}^{(0)} & 0 \\ 0 & 0 & -b_{83}^{(0)} & 0 & 0 & 0 & 0 & v_{88}^{(0)} \end{bmatrix} \begin{bmatrix} \Delta H_1 \\ \Delta \mathrm{H}_2 \\ \Delta H_3 \\ \Delta H_4 \\ \Delta H_5 \\ \Delta H_6 \\ \Delta H_7 \\ \Delta H_8 \end{bmatrix} =$$

$$\begin{bmatrix} -Q_{\Phi 1}(H_1^{(0)},H_k^{(0)}) \\ -Q_{\Phi 2}(H_2^{(0)},H_k^{(0)}) \\ -Q_{\Phi 3}(H_3^{(0)},H_k^{(0)}) \\ -Q_{\Phi 4}(H_4^{(0)},H_k^{(0)}) \\ -Q_{\Phi 5}(H_5^{(0)},H_k^{(0)}) \\ -Q_{\Phi 6}(H_6^{(0)},H_k^{(0)}) \\ -Q_{\Phi 7}(H_7^{(0)},H_1^{(0)})+P_7Q_7 \\ -Q_{\Phi 8}(H_8^{(0)},H_3^{(0)})+P_8Q_8 \end{bmatrix} \tag{9.88}$$

式中，系数矩阵的主对角元素 $v_{jj}^{(0)}=\sum\limits_{k\in j} b_{2jk}^{(0)}$，为清晰起见，分别表达如下式：

$$\begin{cases} v_{11}^{(0)}=\sum\limits_{k\in 1} b_{21k}^{(0)}=b_{12}^{(0)}+b_{14}^{(0)}+b_{71}^{(0)} \\ v_{22}^{(0)}=\sum\limits_{k\in 2} b_{22k}^{(0)}=b_{12}^{(0)}+b_{23}^{(0)}+b_{25}^{(0)} \\ v_{33}^{(0)}=\sum\limits_{k\in 3} b_{23k}^{(0)}=b_{23}^{(0)}+b_{36}^{(0)}+b_{83}^{(0)} \\ v_{44}^{(0)}=\sum\limits_{k\in 4} b_{24k}^{(0)}=b_{14}^{(0)}+b_{45}^{(0)}+b_{410}^{(0)} \\ v_{55}^{(0)}=\sum\limits_{k\in 5} b_{25k}^{(0)}=b_{25}^{(0)}+b_{45}^{(0)}+b_{56}^{(0)}+b_{59}^{(0)} \\ v_{66}^{(0)}=\sum\limits_{k\in 6} b_{26k}^{(0)}=b_{56}^{(0)}+b_{61}^{(0)} \\ v_{77}^{(0)}=\sum\limits_{k\in 7} b_{27k}^{(0)}=b_{71}^{(0)} \\ v_{88}^{(0)}=\sum\limits_{k\in 8} b_{28k}^{(0)}=b_{83}^{(0)} \end{cases} \tag{9.89}$$

求解方程组（9.88），得到节点压力的第一次校正值 $\Delta H_j^{(0)}$，则初始节点压力可以校正为：

$$H_j^{(1)}=H_j^{(0)}+\Delta H_j^{(0)}$$

由于方程组（9.74）为非线性方程组，需要多次迭代求解 $\Delta H_j$ 和校正 $H_j$，即

$$H_j^{(z+1)}=H_j^{(z)}+\Delta H_j^{(z)} \tag{9.90}$$

式中 $z$——迭代计算次数。

当 $\Delta H_j^{(z)}<\varepsilon$ 时，求解计算完成。其中 $\varepsilon$ 为求解计算收敛值，手工计算时，可设定为 0.01m，计算机求解计算时，可设定为 0.001m。

各管段的经济管径为：

$$D_{jk}=\left(\frac{kq_{jk}^{n}l_{jk}}{h_{jk}}\right)^{\frac{1}{m}}=\left(\frac{kq_{jk}^{n}l_{jk}}{H_j-H_k}\right)^{\frac{1}{m}} \tag{9.91}$$

泵站扬程为：

$$h_{p71}=H_7-H_{7d}$$

和

$$h_{p83}=H_8-H_{8d}$$

式中 $H_{7d}$，$H_{8d}$——节点 7 和 8 的泵站加压前的水位。

2）节点虚流量迭代平差计算

由公式（9.85），忽略相邻节点压力变化 $\Delta H_k$ 的影响，可以得到各节点虚流量平差计算的简化公式：

$$\begin{cases}\dfrac{\partial Q_{\Phi j}}{\partial H_j}\Delta H_j=-Q_{\Phi j}(H_j^{(0)},H_k^{(0)}) & \text{（一般节点）}\\ \dfrac{\partial Q_{\Phi j}}{\partial H_j}\Delta H_j=P_jQ_j-Q_{\Phi j}(H_j,H_k) & \text{（泵站节点）}\end{cases} \tag{9.92}$$

由此可得：

$$\begin{cases}\Delta H_j=\dfrac{Q_{\Phi j}(H_j^{(0)},H_k^{(0)})}{\dfrac{\partial Q_{\Phi j}(H_j^{(0)},H_k^{(0)})}{\partial H_j}}=-\dfrac{\sum\limits_{j\in k}(\pm q_{\phi jk}^{(0)})}{\sum\limits_{k\in j}b_{2jk}^{(0)}} & \text{（一般节点）}\\ \Delta H_j=-\dfrac{Q_{\Phi j}(H_j^{(0)},H_k^{(0)})-P_jQ_j}{\dfrac{\partial Q_{\Phi j}(H_j^{(0)},H_k^{(0)})}{\partial H_j}}=-\dfrac{\sum\limits_{j\in k}(\pm q_{\phi jk}^{(0)})-P_jQ_j}{\sum\limits_{k\in j}b_{2jk}^{(0)}} & \text{（泵站节点）}\end{cases} \tag{9.93}$$

式（9.93）类似于节点流量平差公式，由节点虚流量的闭合差计算节点校正压力，期望节点虚流量的绝对值减小到零，使管网年费用折算值达到最小。

3）节点压力优化平差计算过程

A. 确定已知节点压力，设定未知压力节点的初始压力 $H_i^{(0)}$；

B. 用当前节点压力 $H_i$ 计算各管段虚流量：

$$q_{\phi jk}=A_{2jk}l_{jk}\left(\frac{\alpha}{m}\right)(H_j-H_k)^{-\frac{\alpha+m}{m}}$$

C. 计算各节点虚流量闭合差：

$$Q_{\phi j}=-\sum_{k\in j}(\pm q_{\phi jk})$$

D. 计算节点校正压力：

$$\begin{cases} \Delta H_j = -\dfrac{\sum\limits_{j\in k}(\pm q_{\Phi jk}^{(0)})}{\sum\limits_{k\in j} b_{2jk}^{(0)}} & (\text{一般节点}) \\ \Delta H_j = -\dfrac{\sum\limits_{j\in k}(\pm q_{\Phi jk}^{(0)}) - P_j Q_j}{\sum\limits_{k\in j} b_{2jk}^{(0)}} & (\text{泵站节点}) \end{cases}$$

E. 如果任一节点校正压力 $\Delta H_i^{(z)} > \varepsilon$，计算新的节点压力：$H_i^{(z+1)} = H_i^{(z)} + \Delta H_i^{(z)}$，（$z$ 为迭代计算次数），返回B；

F. 如果 $\Delta H_i^{(z)} < \varepsilon$，平差计算完成；

G. 求各管段经济管径、节点压力和泵站扬程。

**【例9.7】** 如图9.9所示，节点1至8为未知压力节点，节点7和8为水源节点，分别有泵站向管网加压供水，加压前的水位分别为20m和30m，节点9、10和11为管网末端节点，要求供水最低服务压力为18m，各节点地面标高见表9.5，求解优化节点压力、优化管径和泵站扬程。

**节点地面标高数据**　　　　**表9.5**

| 节点 | 1 | 2 | 3 | 4 | 5 | 6 | 7 | 8 | 9 | 10 | 11 |
|---|---|---|---|---|---|---|---|---|---|---|---|
| 标高 | 39.8 | 41.5 | 41.8 | 40.2 | 42.4 | 43.3 | 20.0 | 30.0 | 42.0 | 42.0 | 42.0 |

**【解】** 节点9、10和11为管网末端节点，要求供水最低服务压力为18m，则这些节点的已知压力水头都为60m。节点7和8为水源节点，设计供水量分别为0.19435$m^3/s$和0.03715$m^3/s$。节点（1）～（8）为待求优化压力节点，需要设定初始压力。节点初始压力和已知压力见表9.6。各管段的基础数据见表9.7。

**节点初始压力和已知压力设定值**　　　　**表9.6**

| 节点分类 | 待求压力节点 | | | | | | | | 已知压力节点 | | |
|---|---|---|---|---|---|---|---|---|---|---|---|
| 节点 | 1 | 2 | 3 | 4 | 5 | 6 | 7 | 8 | 9 | 10 | 11 |
| 初始压力 | 67 | 64 | 61 | 65 | 62 | 61 | 68.0 | 62.0 | 60.0 | 60.0 | 60.0 |

**各管段基础数据**　　　　**表9.7**

| 编号 | 1 | 2 | 3 | 4 | 5 | 6 | 7 | 8 | 9 | 10 | 11 | 12 |
|---|---|---|---|---|---|---|---|---|---|---|---|---|
| I0 | 7 | 1 | 2 | 8 | 1 | 2 | 3 | 4 | 5 | 4 | 5 | 6 |
| J0 | 1 | 2 | 3 | 3 | 4 | 5 | 9 | 5 | 9 | 10 | 6 | 11 |
| 流量 | 0.19435 | 0.0889 | 0.00627 | 0.03715 | 0.0899 | 0.03246 | 0.02263 | 0.05487 | 0.005 | 0.01888 | 0.05163 | 0.01848 |
| 长度 | 50 | 650 | 350 | 50 | 170 | 350 | 180 | 590 | 490 | 190 | 490 | 360 |
| $C$ | 100 | 100 | 100 | 100 | 100 | 100 | 100 | 100 | 100 | 100 | 100 | 100 |

应用计算机程序进行优化节点压力平差计算，见附录中的附1.3，其中输出的计算参数如下：

kk—平差计算迭代次数；

HH [i]—节点压力（m），$i$ 为节点编号，程序输出数据中，未知压力节点号为0～7，依次对应于图9.9中的节点编号1～8；

Hj [i]—节点标高（m）；

qj [i]—节点流量（$m^3/s$）；

DDH [i]—节点校正压力（m）；为了计算过程的稳定，节点压力修正公式采用 $HH[i]^{(kk+1)}=HH[i]^{kk}+0.25DDH[i]^{(kk)}$；

max _DDH—最大节点校正压力（m）；

qfx [i]—连接节点 $i$ 的管段虚流量绝对值之和；

sum _b2jk [i]—连接节点 $i$ 的管段系数之和，输出表中称为节点系数；

lp [i]—管段长度（m），$i$ 为管段编号，程序输出数据中，管段编号0～11依次对应于图9.9中的管段编号1～12；

qx [i]—管段虚流量（$m^3/s$）；

hp [i]—泵站扬程（m）；

计算过程和结果输出数据如下：

```
泵站加压节点优化程序：造价 C=200+3135 * D * * 1.53，电价=0.6 元/kWh
HH [i] =   67   64   61   65   62   61   68   62   60   60   60
    I0=     6    0    1    7    0    1    2    3    4    3    4    5
    J0=     0    1    2    2    3    4    8    4    8    9    5   10
kk=1     max _ DDH=1.2776
```

| 节点号 | 节点标高 | 节点水头 | 节点流量 | 节点虚流量 | 节点系数 | 修正水头 |
|---|---|---|---|---|---|---|
| I | Hj [i] | HH [i] | qj [i] | qfx [i] | sum _ b2jk | DDH [i] |
| 0 | 39.80 | 67.220 | 0.015 | 4879.100 | 5538.81 | −0.8809 |
| 1 | 41.50 | 63.905 | 0.051 | −1509.398 | 3951.93 | 0.3819 |
| 2 | 41.80 | 61.012 | 0.021 | 246.768 | 4989.43 | −0.0495 |
| 3 | 40.20 | 65.319 | 0.016 | 3087.566 | 2416.68 | −1.2776 |
| 4 | 42.40 | 62.126 | 0.031 | 9590.664 | 18968.81 | −0.5056 |
| 5 | 43.30 | 60.913 | 0.033 | −7484.031 | 21462.27 | 0.3487 |
| 6 | 20.00 | 67.683 | 0.000 | −3452.478 | 2718.88 | 1.2698 |
| 7 | 30.00 | 62.068 | 0.000 | 437.013 | 1616.67 | −0.2703 |

kk=2     max _ DDH=1.11861

| 节点号 | 节点标高 | 节点水头 | 节点流量 | 节点虚流量 | 节点系数 | 修正水头 |
|---|---|---|---|---|---|---|
| I | Hj [i] | HH [i] | qj [i] | qfx [i] | sum _ b2jk | DDH [i] |
| 0 | 39.80 | 67.214 | 0.015 | −500.594 | 18732.08 | 0.0267 |
| 1 | 41.50 | 63.893 | 0.051 | −189.502 | 4086.12 | 0.0464 |
| 2 | 41.80 | 61.026 | 0.021 | 253.230 | 4749.74 | −0.0533 |
| 3 | 40.20 | 65.599 | 0.016 | 2590.115 | 2315.48 | −1.1186 |
| 4 | 42.40 | 62.233 | 0.031 | 5932.969 | 13864.71 | −0.4279 |
| 5 | 43.30 | 60.866 | 0.033 | −3343.187 | 17879.00 | 0.1870 |
| 6 | 20.00 | 67.703 | 0.000 | 1322.548 | 16209.25 | −0.0816 |
| 7 | 30.00 | 62.125 | 0.000 | 326.768 | 1427.60 | −0.2289 |

kk=3     max _ DDH=0.711067

| 节点号 | 节点标高 | 节点水头 | 节点流量 | 节点虚流量 | 节点系数 | 修正水头 |
|---|---|---|---|---|---|---|
| I | Hj [i] | HH [i] | qj [i] | qfx [i] | sum _ b2jk | DDH [i] |
| 0 | 39.80 | 67.220 | 0.015 | 470.517 | 17171.37 | －0.0274 |
| 1 | 41.50 | 63.904 | 0.051 | 192.308 | 4456.58 | －0.0432 |
| 2 | 41.80 | 61.040 | 0.021 | 267.974 | 4542.75 | －0.0590 |
| 3 | 40.20 | 65.777 | 0.016 | 1853.262 | 2606.31 | －0.7111 |
| 4 | 42.40 | 62.320 | 0.031 | 4059.436 | 11724.39 | －0.3462 |
| 5 | 43.30 | 60.849 | 0.033 | －1151.544 | 16765.23 | 0.0687 |
| 6 | 20.00 | 67.717 | 0.000 | 782.433 | 14208.75 | －0.0551 |
| 7 | 30.00 | 62.173 | 0.000 | 248.206 | 1299.11 | －0.1911 |

……（略）……

kk＝666　　max _ DDH＝0.00099538

| 节点号 | 节点标高 | 节点水头 | 节点流量 | 节点虚流量 | 节点系数 | 修正水头 |
|---|---|---|---|---|---|---|
| I | Hj [i] | HH [i] | qj [i] | qfx [i] | sum _ b2jk | DDH [i] |
| 0 | 39.80 | 70.371 | 0.015 | 13.735 | 14090.62 | －0.0010 |
| 1 | 41.50 | 66.088 | 0.051 | 1.457 | 2448.84 | －0.0006 |
| 2 | 41.80 | 61.461 | 0.021 | 0.145 | 2312.81 | －0.0001 |
| 3 | 40.20 | 68.871 | 0.016 | 1.867 | 2178.79 | －0.0009 |
| 4 | 42.40 | 63.992 | 0.031 | 1.559 | 3895.07 | －0.0004 |
| 5 | 43.30 | 61.457 | 0.033 | 0.687 | 4606.22 | －0.0001 |
| 6 | 20.00 | 70.906 | 0.000 | 11.500 | 11552.90 | －0.0010 |
| 7 | 30.00 | 62.732 | 0.000 | 0.059 | 928.21 | －0.0001 |

══════════节点压力优化法计算结果数据══════════

| 管号 | 上压力 | 下压力 | 长度 | 优化管径 | 流量 | 流速 | 摩阻 | 压差 |
|---|---|---|---|---|---|---|---|---|
| I | HH [I0] | HH [J0] | lp [i] | Dp [i] | qp [i] | vp [i] | HWC | hf [i] |
| 0 | 70.906 | 70.371 | 100 | 0.456 | 0.194 | 1.190 | 100 | 0.535 |
| 1 | 70.371 | 66.088 | 650 | 0.335 | 0.089 | 1.006 | 100 | 4.283 |
| 2 | 66.088 | 61.461 | 350 | 0.118 | 0.006 | 0.569 | 100 | 4.627 |
| 3 | 62.732 | 61.461 | 100 | 0.218 | 0.037 | 0.994 | 100 | 1.271 |
| 4 | 70.371 | 68.871 | 170 | 0.317 | 0.090 | 1.139 | 100 | 1.499 |
| 5 | 66.088 | 63.992 | 350 | 0.243 | 0.032 | 0.699 | 100 | 2.096 |
| 6 | 61.461 | 60.000 | 180 | 0.202 | 0.023 | 0.705 | 100 | 1.461 |
| 7 | 68.871 | 63.992 | 590 | 0.272 | 0.055 | 0.945 | 100 | 4.879 |
| 8 | 63.992 | 60.000 | 490 | 0.121 | 0.005 | 0.433 | 100 | 3.992 |
| 9 | 68.871 | 60.000 | 190 | 0.133 | 0.019 | 1.363 | 100 | 8.871 |
| 10 | 63.992 | 61.457 | 490 | 0.293 | 0.052 | 0.765 | 100 | 2.536 |
| 11 | 61.457 | 60.000 | 360 | 0.218 | 0.018 | 0.496 | 100 | 1.457 |

水泵扬程 hp [i] ＝　0　0　0　0　0　0　50.9057　32.7318　0　0　0　0

管网节点优化计算结果：管道总造价＝1.50387e＋006 元

年折算费用 year _ cost＝213920　元/年

══════════节点压力优化法计算结束══════════

经过 666 次节点压力迭代平差校正计算，节点最大校正水头收敛到 0.001m 以内，节点虚流量亦接近于 0，得到了节点优化压力、水泵扬程、管网造价和年费用折算值。

### 9.5.2 起点水压已知的重力供水环状管网优化设计

(1) 重力供水环状管网节点优化压力计算方法

水源位于高地（例如高地水池和水塔）的供水管网系统，依靠重力克服管网水头损失，而无需水泵加压，属于起点水压已知的重力输水管网系统。求解经济管径的目标是充分利用管网中的地形高差，使管网建设费用与维护费用之和最小。管网年费用折算值中的动力费用为 0。

仍以图 6.5 所示管网为例，如果两个水源节点 7 和 8 均位于地形高的位置，两节点的供水压力已知，节点 9、10 和 11 为管网末端已知压力节点，如图 9.11 所示。节点 1 至 6 为未知压力节点。该管网是一个多水源管网，且有多个终点。该重力输水环状管网的优化设计问题是在管段流量和管网起始与末端节点压力已知条件下求解节点 1 至 6 的优化压力，并计算各管段的经济管径。

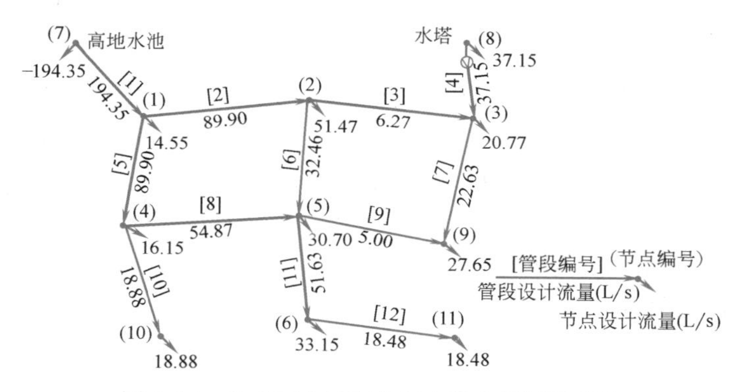


图 9.11 起点压力已知的重力供水管网示意图

同样采用管网节点压力作为优化计算变量，从公式 (9.72) 表示的泵站加压供水管网数学模型中删除泵站动力费用项，即构成重力供水管网节点优化压力的数学模型如下：

目标函数：

$$\min \quad W=\sum w_{jk}=\sum\left\{\left(\frac{1}{T}+\frac{p}{100}\right)\left[a+bk^{\frac{\alpha}{m}}q_{jk}^{\frac{n\alpha}{m}}l_{jk}^{\frac{\alpha}{m}}(H_j-H_k)^{-\frac{\alpha}{m}}\right]l_{jk}\right\} \tag{9.94}$$

约束条件：

$$\text{S. t.} \sum_{\text{选定路径}i} h_{jk}=H_{di}$$

式中，选定路径为从管网起点到管网末端最不利压力节点的管段组合，$H_{di}$ 为第 $i$ 路径的可利用重力水头，即该路径的允许最大水头损失。如图 9.11 所示，起端节点为 7 和 8，最不利压力节点为 9、10 和 11，因此，存在多条选定路径，如管段 [1]、[5]、[8]、[11] 和 [12]，管段 [1]、[5] 和 [10]，管段 [4] 和 [7]，均为可以选定的路径。如前所述，目标函数中已经包含了已知节点压力，约束条件已经得到满足。

如式 (9.86) 所示泵站加压供水管网的矩阵方程相同的推导过程，设定图 9.11 所示重力供水管网中未知节点压力的初始值为 $H_j^{(0)}$，可得节点 1～6 的节点压力优化计算矩阵方程：

$$\begin{bmatrix} v_{11} & -b_{12}^{(0)} & 0 & -b_{14}^{(0)} & 0 & 0 \\ -b_{12}^{(0)} & v_{22} & -b_{23}^{(0)} & 0 & -b_{25}^{(0)} & 0 \\ 0 & -b_{23}^{(0)} & v_{33} & 0 & 0 & -b_{36}^{(0)} \\ -b_{14}^{(0)} & 0 & 0 & v_{44} & -b_{45}^{(0)} & 0 \\ 0 & -b_{25}^{(0)} & 0 & -b_{45}^{(0)} & v_{55} & -b_{56}^{(0)} \\ 0 & 0 & 0 & 0 & -b_{56}^{(0)} & v_{66} \end{bmatrix} \begin{bmatrix} \Delta H_1 \\ \Delta H_2 \\ \Delta H_3 \\ \Delta H_4 \\ \Delta H_5 \\ \Delta H_6 \end{bmatrix} = \begin{bmatrix} -Q_{\Phi 1}(H_1^{(0)}, H_k^{(0)}) \\ -Q_{\Phi 2}(H_2^{(0)}, H_k^{(0)}) \\ -Q_{\Phi 3}(H_3^{(0)}, H_k^{(0)}) \\ -Q_{\Phi 4}(H_4^{(0)}, H_k^{(0)}) \\ -Q_{\Phi 5}(H_5^{(0)}, H_k^{(0)}) \\ -Q_{\Phi 6}(H_6^{(0)}, H_k^{(0)}) \end{bmatrix} \tag{9.95}$$

式中，系数矩阵的主对角元素 $v_{jj}^{(0)}=\sum\limits_{k\in j} b_{2jk}^{(0)}$，分别如式（9.89）中的$v_{11}^{(0)} \sim v_{66}^{(0)}$ 的表达式。

求解方程组（9.95），得到节点压力的修正值 $\Delta H_j$，则节点优化压力为：

$$H_j = H_j^{(0)} + \Delta H_j$$

同前所述，应用节点压力校正公式：

$$\Delta H_j = -\frac{\sum\limits_{j\in k}(\pm q_{\phi jk}^{(0)})}{\sum\limits_{k\in j} b_{2jk}^{(0)}}$$

可以迭代计算节点优化节点压力。

各管段的经济管径为：

$$D_{jk} = \left(\frac{k q_{jk}^{n} l_{jk}}{H_j - H_k}\right)^{\frac{1}{m}} \tag{9.96}$$

（2）重力供水环状管网优化管径计算公式

应用前述泵站供水管网中管段虚流量和节点虚流量的推导方法，亦可以得到重力供水管网的管段虚流量公式如下：

$$q_{\phi jk} = A_{2jk} l_{jk} \left(\frac{\alpha}{m}\right) (H_j - H_k)^{-\frac{\alpha+m}{m}} \tag{9.97}$$

式中的符号意义同前述。

对于起端压力已知的管网起始管段，如图 9.11 中的管段［1］和［4］，其管段虚流量为：

$$q_{\phi jk} = A_{2jk} l_{jk} \left(\frac{\alpha}{m}\right) (H_j^0 - H_k)^{-\frac{\alpha+m}{m}} \tag{9.98}$$

式中，$H_j^0$ 为管段 $jk$ 的起端已知压力水头，而该管段的终端压力水头 $H_k$ 等于该管段所在路径中除去管段 $jk$ 之外的管段水头损失与路径终端节点（如图 9.11 中的节点 9、10 或 11）已知压力水头之和，见下式：

$$H_k = \sum_{\substack{\text{选定路径} \\ jk \notin l}} h_l + H_{le}^0 \tag{9.99}$$

式中 $h_l$——路径中一个管段的水头损失；

$H_{le}^0$——路径终端的已知压力水头。

因此，该管段虚流量为：

$$q_{\phi jk}=A_{2jk}l_{jk}\left(\frac{\alpha}{m}\right)\left(H_j^0-\sum_{\substack{\text{选定路径}\\ jk\notin l}}h_l-H_{le}^0\right)^{-\frac{\alpha+m}{m}}=A_{2jk}l_{jk}\left(\frac{\alpha}{m}\right)\left(\Delta H-\sum_{\substack{\text{选定路径}\\ jk\notin l}}h_l\right)^{-\frac{\alpha+m}{m}} \tag{9.100}$$

式中 $\Delta H=H_j^0-H_{le}^0$，为已知可利用重力水头，决定了重力供水管网的管段虚流量和管段经济水头损失。

由式（9.100）可知，可利用重力水头 $\Delta H$ 越高，该管段的虚流量越小，管径也越小，可以节约管网建设费用。

将式（9.100）代入前述经济管径公式

$$D_{jk}=(fq_{\phi jk}q_{jk}^n)^{\frac{1}{\alpha+m}}$$

可得重力供水环状管网经济管径公式：

$$D_{jk}=\left\{f\left[A_{2jk}l_{jk}\left(\frac{\alpha}{m}\right)\left(\Delta H-\sum_{\substack{\text{选定路径}\\ jk\notin l}}h_l\right)^{-\frac{\alpha+m}{m}}\right]q_{jk}^n\right\}^{\frac{1}{\alpha+m}}$$

$$=\left[\frac{fA_{2jk}l_{jk}\left(\frac{\alpha}{m}\right)}{\left(\Delta H-\sum\limits_{\substack{\text{选定路径}\\ jk\notin l}}h_l\right)^{\frac{1}{m}}}q_{jk}^n\right]^{\frac{1}{\alpha+m}}=\left[\left(\frac{k^{\alpha+m}l_{jk}^{\alpha+m}q_{jk}^{n\alpha}}{\Delta H-\sum\limits_{\substack{\text{选定路径}\\ jk\notin l}}h_l}\right)^{\frac{1}{m}}q_{jk}^n\right]^{\frac{1}{\alpha+m}} \tag{9.101}$$

在不同的重力给水管网中，可利用重力水头 $\Delta H$ 是不同的，应用式（9.101）计算经济管径的计算工作量很大，应尽可能应用计算机软件进行管网优化设计。

## 9.6 管网近似优化计算

在前述给水管网优化设计中，无论是设计流量分配的优化还是节点水头的优化，都采用了一些假设和简化处理，计算所得最优管径往往也不是标准管径，所以严格意义上的最优化实际上是不可能的。为了减轻人工计算工作量，在工程可以采取一些近似的方法，只要运用优化设计的一些理论指导，方法使用得当，还是可以保证一定精度的。

### 9.6.1 管段设计流量的近似优化分配

实践表明，管段设计流量分配对整个系统优化的经济性影响是不显著的，其最主要影响系统供水安全性。在工程设计中，依靠人工经验进行管段设计流量分配是可行的，但要注意遵守以下原则：

（1）对于多条平行主干管，设计流量相差不要太大（如不超过 25%），以便在事故时可以相互备用。

(2) 要保证与主干管垂直的连通管上有一定的流量（如不少于主干管流量的 50%），以保证在事故时沟通主干管的能力，但连通管的设计流量也不应过大（如不少于主干管流量的 75%）。

(3) 尽量做到主要设计流量以较短的路线流向大用户和主要供水区域，多水源管网应首先确定各水源设计供水流量，然后根据设计供水流量拟定各水源大致供水范围并划出供水分界线。

(4) 多水源或对置水塔管网中，各水源及对置水塔之间至少应有一条有较大过流能力的通路，以便于水源之间供水量的相互调剂及低峰用水时向水塔输水。

(5) 一般情况下，要保证节点流量连续性条件满足，当设计流量初步分配完成后，可以采取施加环流量的办法调整分配方案。特殊情况下，如在多水源或有对置水塔的系统中，在各水源或水塔供水的分界线附近可以适当加大设计流量，而不必满足节点流量连续性条件。这种做法实际上考虑了多工况条件。

(6) 要避免出现设计流量特别小的管段和明显不合理的管段流向。

### 9.6.2　管段虚流量的近似分配

在管段设计流量分配完成后，如果能进一步近似分配管段虚流量，即可用下式近似计算该管段的经济管径：

$$D_i=(fq_{\Phi i}q_i^n)^{\frac{1}{\alpha+m}}\quad i=1,2,\cdots,M \tag{9.102}$$

由式（9.77），管段虚流量近似分配应遵循下列原则，计算所得的经济管径具有实际工程意义。

1) 首先确定需要设泵站的管段，这些管段的虚流量为 $q_{\Phi i}=P_iq_i$。

2) 与水塔相连的输水管，其虚流量亦可按 $q_{\Phi i}=P_iq_i$ 估算，其中 $P_i$ 取各泵站的最大值。

3) 管网中间的节点一般不是控制点，其节点虚流量 $Q_{\Phi j}=0$，即流入该节点的管段虚流量之和等于流出该节点的管段虚流量之和。

4) 管段虚流量的方向永远与设计流量的方向保持一致。

5) 对于多条管段虚流量流入或流出节点，它们的虚流量分配比例可以参考其设计流量的比例。

6) 虚流量只能从那些可能成为下控制点的节点流出，一般而言，用水量越大或用水压力要求越高，从节点流出的虚流量越大，反之则从节点流出的虚流量越小。在虚流量初步分配完后，要对所有下控制点流出的虚流量横向比较一下，若有明显不合理，则要加以调整。

**【例 9.8】** 某给水管网如图 9.12 所示，管段长度与设计流量分配标于图中，有参数为：$n=2.0$，$k=0.00174$，$m=5.333$，$b=3072$，$\alpha=1.53$，$f=0.00002154$，$P_{13}=31800$，试进行虚流量近似分配，并据分配结果确定设计管径。

**【解】** 首先计算管段［13］的虚流量：

$$q_{\phi_{13}}=(P_{13}q_{13})\times 2=(31800\times 0.1277)\times 2=4060\times 2$$

节点（9）为控制点，所有虚流量从节点（10）流入，从节点（9）流出，其余节点虚

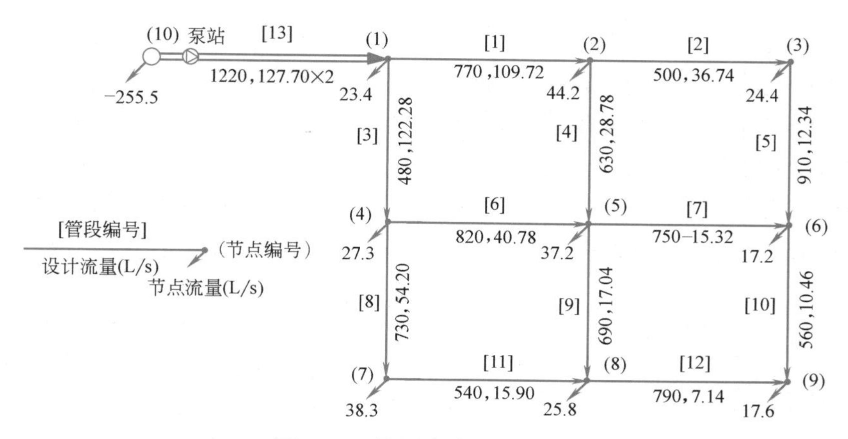


图 9.12　管网虚流量近似分配

流量为零，管段虚流按管段设计流量比例进行近似分配，如图 9.13 所示。

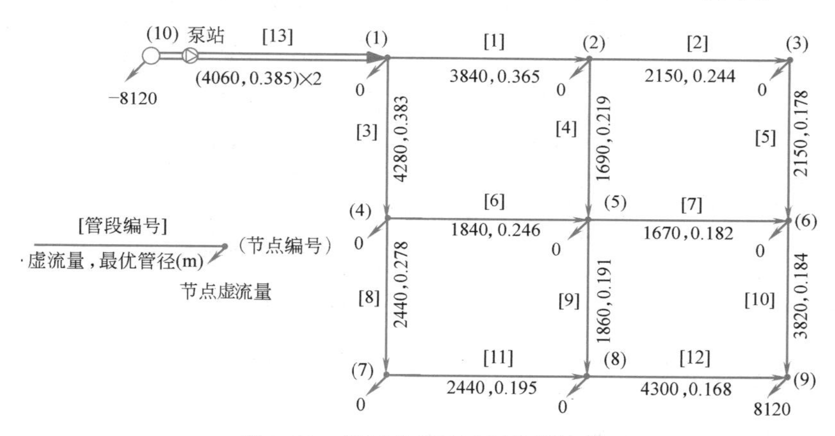


图 9.13　管网虚流量近似分配计算

在近似分配管段虚流后，按式（9.80）计算最优管径：

$$D_{13}=(fq_{\phi_{13}}q_{13}^{n})^{\frac{1}{\alpha+m}}=(0.00002154\times4060\times0.1277^{2})^{\frac{1}{1.53+5.333}}=0.385\text{m}$$

其余管段最优直径计算结果标于图 9.13 中。

## 9.6.3　输水管经济流速

根据计算经验，管段虚流量对管径的影响并不显著，一般当虚流量增加 100%时，计算管径只增加 10%左右，即使虚流量增加 300%，计算管径也只增加 22%左右。因此，可以采取更简单的方法确定管段直径。

对于设泵站加压的输水管，或离输水管较近的管段，其虚流量应为 $q_{\Phi i}=P_i q_i$，计算很简单，对于管网中的其他管段，可以近似地按输水管的虚流量确定管径，即：

$$D_i=(fq_{\Phi i}q_i^{n})^{\frac{1}{\alpha+m}}\approx(fP_iq_i^{n+1})^{\frac{1}{\alpha+m}}\quad i=1,2,\cdots,M \tag{9.103}$$

考虑到设计人员一般习惯于用流速确定管径，因此可以将上式转换为求流速的形式：

$$v=\frac{4q}{\pi D^2}\approx\frac{4}{\pi}(fP)^{-\frac{2}{\alpha+m}}q^{\frac{\alpha+m-2n-2}{\alpha+m}}\quad(\mathrm{m/s})\tag{9.104}$$

此式求出的是输水管经济流速，也可以用于管网中管段的管径设计。

在［例 9.8］中，将已知参数值代入式（9.104），可得经济流速 $v=1.427q^{0.1254}$（m/s），根据管段输水量 $q$ 可以计算经济流速。

用我国城市供水系统的当前经济指标数据，由式（9.104）可得不同设计流量条件下的经济流速，见表 9.8，供设计参考。

**输水管经济流速（m/s）**　　　　**表 9.8**

| 管　材 | 电价［元/(kW·h)］ | 设计流量(L/s) | | | | | | | | | | | |
|---|---|---|---|---|---|---|---|---|---|---|---|---|---|
| | | 10 | 25 | 50 | 100 | 200 | 300 | 400 | 500 | 750 | 1000 | 1500 | 2000 |
| 球墨铸铁管 | 0.4 | 0.99 | 1.09 | 1.18 | 1.27 | 1.37 | 1.43 | 1.48 | 1.51 | 1.58 | 1.63 | 1.71 | 1.76 |
| | 0.6 | 0.87 | 0.97 | 1.04 | 1.13 | 1.22 | 1.27 | 1.31 | 1.35 | 1.41 | 1.45 | 1.52 | 1.57 |
| | 0.8 | 0.80 | 0.89 | 0.96 | 1.04 | 1.12 | 1.17 | 1.21 | 1.24 | 1.29 | 1.33 | 1.40 | 1.44 |
| | 1.0 | 0.75 | 0.83 | 0.90 | 0.97 | 1.05 | 1.09 | 1.13 | 1.16 | 1.21 | 1.25 | 1.31 | 1.35 |
| 普通铸铁管 | 0.4 | 0.95 | 1.05 | 1.14 | 1.23 | 1.33 | 1.40 | 1.45 | 1.48 | 1.55 | 1.61 | 1.68 | 1.74 |
| | 0.6 | 0.84 | 0.93 | 1.01 | 1.10 | 1.19 | 1.24 | 1.28 | 1.32 | 1.38 | 1.43 | 1.50 | 1.55 |
| | 0.8 | 0.77 | 0.86 | 0.93 | 1.01 | 1.09 | 1.14 | 1.18 | 1.21 | 1.27 | 1.31 | 1.38 | 1.42 |
| | 1.0 | 0.72 | 0.80 | 0.87 | 0.94 | 1.02 | 1.07 | 1.11 | 1.14 | 1.19 | 1.23 | 1.29 | 1.33 |
| 钢筋混凝土管 | 0.4 | 1.23 | 1.29 | 1.33 | 1.38 | 1.43 | 1.46 | 1.48 | 1.50 | 1.53 | 1.55 | 1.58 | 1.60 |
| | 0.6 | 1.08 | 1.13 | 1.17 | 1.21 | 1.26 | 1.28 | 1.30 | 1.32 | 1.34 | 1.36 | 1.39 | 1.41 |
| | 0.8 | 0.99 | 1.03 | 1.07 | 1.11 | 1.15 | 1.17 | 1.19 | 1.20 | 1.23 | 1.24 | 1.27 | 1.29 |
| | 1.0 | 0.92 | 0.96 | 1.00 | 1.03 | 1.07 | 1.09 | 1.11 | 1.12 | 1.14 | 1.16 | 1.18 | 1.20 |

### 9.6.4　管径标准化

通过优化计算所得最优管径是无法在工程中采用的，因为市售标准管径只有若干个规格，在我国一般为 100mm、150mm、200mm、250mm、300mm、350mm、400mm 等规格，各地区可能还略有不同。最优管径往往介于两档标准管径之间，只能向上靠采用大一号或向下靠采用小一号的标准管径，具体根据经济性决定，即看采用哪一档标准管径更经济。

因为管网中的管段在水力上是相互联系的，改变某管段直径也将影响到其他管段最优直径和泵站扬程，这样问题就复杂化了。为此，我们作出两点假定：

（1）假设管段上设有泵站（无论实际上是否设有泵站），管径改变所造成的水头损失的变化由泵站的扬程弥补，这样，管径的变化就不致引起管段两端节点水头变化，从而不致影响系统中其他管段；

（2）假设泵站的扬程的变化所造成管网年费用折算值的变化等同于真实泵站，即：

$$\Delta m_{2i}=P_iq_i\Delta h_{\mathrm{p}i}=q_{\Phi i}\Delta h_{\mathrm{p}i}=\frac{D_i^{\alpha+m}}{fq_i^n}\Delta h_{\mathrm{p}i}$$

设最优管径 $D_i$ 界于标准管径 $\hat{D}_1$ 和 $\hat{D}_2$ 之间（$\hat{D}_1<D_i<\hat{D}_2$），若采用标准管径 $\hat{D}_1$，

根据以上假设，管网年费用折算值改变量为：

$$\Delta w_i' = \left(\frac{1}{T}+\frac{p}{100}\right)[(a+b\hat{D}_1^{\alpha})-(a+bD_i^{\alpha})]l_i+\frac{D_i^{\alpha+m}}{fq_i^n}\Delta h_{pi}$$

$$=\left(\frac{1}{T}+\frac{p}{100}\right)b(\hat{D}_1^{\alpha}-D_i^{\alpha})l_i+\frac{D_i^{\alpha+m}}{fq_i^n}kkq_i^n(\hat{D}_1^{-m}-D_i^{-m})l_i$$

同理，若采用标准管径 $\hat{D}_2$，管网年费用折算值改变量为：

$$\Delta w_i'' = \left(\frac{1}{T}+\frac{p}{100}\right)b(\hat{D}_2^{\alpha}-D_i^{\alpha})l_i+\frac{D_i^{\alpha+m}}{fq_i^n}kkq_i^n(\hat{D}_2^{-m}-D_i^{-m})l_i$$

根据经济性原则，若 $\Delta w_i' < \Delta w_i''$，则应采用标准管径 $\hat{D}_1$，若 $\Delta w_i'' < \Delta w_i'$，则应采用标准管径 $\hat{D}_2$，若 $\Delta w_i' = \Delta w_i''$，则可以任选 $\hat{D}_1$ 或 $\hat{D}_2$，这是一个分界线，我们称此时对应的管径为界限管径，记为 $D^*$。为求得界限管径，令 $\Delta w_i' = \Delta w_i''$、$D_i = D^*$，由前式推导可得：

$$D^* = \left(\frac{m}{\alpha}\frac{\hat{D}_2^{\alpha}-\hat{D}_1^{\alpha}}{\hat{D}_1^{-m}-\hat{D}_2^{-m}}\right)^{\frac{1}{\alpha+m}} \tag{9.105}$$

一般情况下，设 $\alpha=1.65\sim1.85$、$m=4.87\sim5.33$，所计算出的界限管径基本相同，可列出标准管径选用界限表 9.9。该表在各地区可以通用。

**标准管径选用界限表** **表 9.9**

| 标准管径(mm) | 界限管径(mm) | 标准管径(mm) | 界限管径(mm) | 标准管径(mm) | 界限管径(mm) |
|---|---|---|---|---|---|
| 100 | ～120 | 350 | 328～373 | 700 | 646～746 |
| 150 | 120～171 | 400 | 373～423 | 800 | 746～847 |
| 200 | 171～222 | 450 | 423～474 | 900 | 847～947 |
| 250 | 222～272 | 500 | 474～545 | 1000 | 947～1090 |
| 300 | 272～328 | 600 | 545～646 | 1200 | 1090～ |

**【例 9.9】** 根据例 9.8 的计算结果，为各管段确定标准管径。

**【解】** 根据图 9.13 中标注的计算管径，查表 9.9，得各管段标准管径，见表 9.10。

**标准管径选用表** **表 9.10**

| 管段编号 | 1 | 2 | 3 | 4 | 5 | 6 | 7 | 8 | 9 | 10 | 11 | 12 | 13 |
|---|---|---|---|---|---|---|---|---|---|---|---|---|---|
| 计算管径(mm) | 365 | 244 | 383 | 219 | 178 | 246 | 182 | 278 | 191 | 184 | 195 | 168 | 385×2 |
| 标准管径(mm) | 350 | 250 | 400 | 200 | 200 | 250 | 200 | 300 | 200 | 200 | 200 | 150 | 400×2 |

## 9.7 排水管网优化设计

在排水管网设计中，根据设计规范和实践经验进行多种方案比较和选择，使设计方案达到技术先进、经济合理的目标。但是，技术经济分析和比较都只能考虑有限个不同布置形式的设计方案，因而会造成排水管网的设计方案因人而异，其工程效果和建设投资也会出现很大差异。研究和推广优化设计方法是排水管网设计的重要发展方向。

排水管网系统优化设计是在满足设计规范要求的条件下，使排水管网的建设投资和运行费用最低。应用最优化方法进行排水管道系统的优化设计，可以得出科学合理和安全实用的排水管网优化设计方案。

排水管网管线布置形式和管段流量给定条件下，通过不同管径、坡度的组合和比较可以形成优化设计方案。

排水管网优化设计一般包括三个相互关联的内容：

(1) 最优排水分区和最优集水范围的确定；

(2) 管网系统平面优化布置；

(3) 管线布置和管段流量给定条件下的管径、坡度（埋深）及泵站设置的优化设计方案。

排水管网优化设计通常以建设投资费用为目标函数，以设计规范要求和规定为约束条件，建立优化设计数学模型，进行设计方案最优化求解计算，尽可能降低其工程造价。由于排水管网系统造价的影响因素比较复杂，目前对排水管网优化设计的研究和应用仍有待于更加深入研究和发展。本节内容的目的是建立排水管网工程设计最优化的基本概念和思想方法，不断提高排水管网工程设计的科学性。

### 9.7.1　排水管道造价指标

排水管道的造价指标是排水管网工程投资费用计算的重要依据。根据中华人民共和国建设部《市政工程投资估算指标》第四册排水工程（HGZ47-104-2007），不同材料和不同埋设深度的排水管道单位长度投资估算指标基价见表9.11。排水管道投资估算的指标基价，实际总造价还应包括路面及绿化恢复等其他费用。为了表述方便，这里仅以表中数据作为造价计算的依据。排水管道造价指标与管径、埋深和管道基础设置有关。管道基础如图9.14所示。

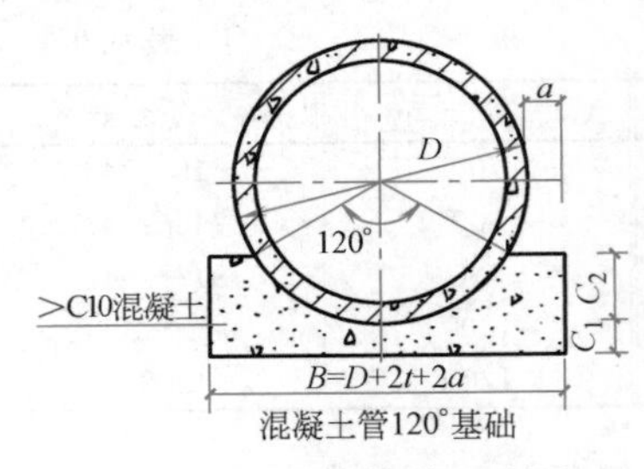


图9.14　排水管道基础图

排水管道的造价指标与前述给水管道造价指标不同，由于排水管道的埋深引起造价的增加十分显著，而且，由地质条件引起的管道基础的不同要求也增加了管道的造价。这样，就带来了造价费用函数的复杂性和不连续性。在不同的管道施工条件下，需要采用不同的费用函数。

根据不同管径的埋深在实际排水工程中出现的概率分布，可以近似地应用加权平均方法，计算不同管径的埋深平均造价指标，列入表9.11中的造价第(6)列。

**排水管道（开槽埋管）投资估算指标基价表（单位：元/100m）**　　表9.11

| 管径(mm) | 管道材料 | 槽深 $H$(m) | | | | | (6)<br>加权平均<br>指标基价 |
|---|---|---|---|---|---|---|---|
| | | (1)<br>$H$=1.5 | (2)<br>$H$=2.5 | (3)<br>$H$=3.5 | (4)<br>$H$=4.5 | (5)<br>$H$=5.5 | |
| 300 | UPVC | 42249 | 52964 | 144282 | — | — | 48500 |
| 400 | UPVC | 57783 | 69153 | 160402 | — | — | 65800 |

续表

| 管径(mm) | 管道材料 | 槽深 $H$(m) | | | | | (6)加权平均指标基价 |
|---|---|---|---|---|---|---|---|
| | | (1) $H=1.5$ | (2) $H=2.5$ | (3) $H=3.5$ | (4) $H=4.5$ | (5) $H=5.5$ | |
| 600 | RFPP | 91901 | 104783 | 197812 | — | — | 118000 |
| 800 | RFPP | 153007 | 167514 | 261779 | — | — | 196000 |
| 1000 | RFPP | — | 251443 | 346743 | — | — | 289500 |
| 600 | 钢筋混凝土 | — | 111680 | 224875 | 287927 | — | 118000 |
| 800 | 钢筋混凝土 | — | 136649 | 253441 | 317631 | — | 196000 |
| 1000 | 钢筋混凝土 | — | 169467 | 288285 | 357385 | — | 289500 |
| 1200 | 钢筋混凝土 | — | 204089 | 325282 | 394450 | — | 335800 |
| 1350 | 钢筋混凝土 | — | 269475 | 401251 | 481041 | — | 426850 |
| 1500 | 钢筋混凝土 | — | — | 433414 | 515953 | 534486 | 515000 |
| 1650 | 钢筋混凝土 | — | — | 468832 | 550571 | 568835 | 550500 |
| 1800 | 钢筋混凝土 | — | — | 523438 | 606286 | 624448 | 626200 |
| 2000 | 钢筋混凝土 | — | — | 586786 | 674014 | 714452 | 678500 |
| 2200 | 钢筋混凝土 | — | — | 651657 | 737425 | 757005 | 745500 |
| 2400 | 钢筋混凝土 | — | — | 705821 | 796128 | 813555 | 807500 |

### 9.7.2 排水管道造价公式

很多研究文献中，采用管道直径和埋深两个变量表达管道单位长度的造价，并提出以下主要代表型造价公式：

$$C=k_1D^{k_2}H^{k_3} \tag{9.106}$$

$$C=k_1+k_2D^{k_3}+k_4H^{k_5} \tag{9.107}$$

$$C=k_1+k_2D^2+k_3H^2 \tag{9.108}$$

式中 $C$——管道单位长度造价（元/m）；

$D$——管径（m）；

$H$——管道埋设深度（m）；

$k_1$，$k_2$，$k_3$，$k_4$，$k_5$——系数和指数，随地区不同而变化，可以通过线性回归方法求出各参数值，使所对应的造价公式计算误差最小。

可以看出，排水管道系统造价费用函数是比较复杂的关于管径和埋设深度的非线性函数。对于不同地区，存在不同的造价指标，应根据当地的造价指标数据选用最适合的造价公式。

为了简化上述造价公式，进一步分析表 9.11 中同一列的造价数据，因为排水管道的埋深一般是随着管径的增大而增大，可以将管道埋深参数 $H$ 作为管径 $D$ 的函数，即

$$H=d+eD^{\beta} \tag{9.109}$$

式中 $H$——管道埋深（m）；

$D$——管径（m）；

$d$，$e$，$\beta$——曲线拟合常数和指数。

代入式（9.106）～式（9.108）中任一公式，可以整理得到与给水管网造价公式形式

相同的公式：

$$C=a+bD^{\alpha} \tag{9.110}$$

式中　$C$——造价指标（元/m）；

$D$——管径（m）；

$a$，$b$，$\alpha$——曲线拟合常数和指数。

由表 9.11 中（1）～（6）列的造价指标数据，排水管道造价具有与给水管道造价数据相同的特征，按照式（9.110）进行曲线拟合计算，可以依次得出对应于各列数据的排水管道造价指标公式如下：

$$C=240+1989D^{2} \tag{1}$$

$$C=-56+1941D^{1.002} \tag{2}$$

$$C=1046+1893D^{1.335} \tag{3}$$

$$C=1864+1823D^{1.4} \tag{4}$$

$$C=495+3213D^{1.002} \tag{5}$$

$$C=-837+3746D^{1.02} \tag{6}$$

在排水管网工程设计中，如果所有管道的埋深均在同一个埋深范围内，即可应用上述对应的一个曲线拟合公式作为造价指标公式，具有很好的连续性。在具体的区域排水管网工程设计中，管道的埋深一般比较接近，通常能够使用上述公式中的一个公式。

在城镇排水管网规划设计时，覆盖区域范围较广，地质条件一般不够清晰，管道埋深和管道基础的要求亦不够肯定。这时，应用加权平均的拟合曲线公式（6），具有较好的造价估算参考作用和经济比较依据。

比较上述造价公式，加权平均计算式（6）与式（9.106）～式（9.108）具有同等的综合特征，且式（6）更加简捷，使用方便，同样具有较好的管道埋深代表意义。

### 9.7.3　排水管网优化设计数学模型

排水管网优化设计的目标是在满足管网排水能力和设计规范规定的约束条件下，使排水管网造价最低。采用造价费用函数作为目标函数，求解目标函数的极小值。

排水管网造价公式采用式（9.110）形式，造价费用函数即为管网中所有管段的造价之和，可写为

$$F=\sum_{i=1}^{m}[(a+bD_i^{\alpha})l_i] \tag{9.111}$$

式中　$i$——管段序号；

$m$——管段总数；

$l_i$——管段长度（m）；

$D_i$——管道直径（m）。

基于费用函数的排水管网优化设计数学模型是具有线性约束条件的非线性数学最优化模型，目标函数为

$$\min F=\sum_{i=1}^{m}[(a+bD_i^{\alpha})l_i] \tag{9.112}$$

约束条件主要是设计规范中的规定，可写成如下线性约束数学表达式：

$$
\begin{cases}
I_{min} \leqslant I_i \leqslant I_{max} \\
v_{min} \leqslant v_i \leqslant v_{max} \\
H_{min} \leqslant H_{i1} \leqslant H_{max} \\
H_{min} \leqslant H_{i2} \leqslant H_{max} \\
(h/D)_{min} \leqslant (h/D)_i \leqslant (h/D)_{max} \\
v_i \geqslant v_{iu} \\
D_i \geqslant D_{iu} \\
D_i \in D_{标}
\end{cases} \tag{9.113}
$$

式中 $F$——排水管道系统总费用（元）；

$l_i$——第 $i$ 管段的管长（m）；

$m$——管道系统中管段总数；

$I_{min}$、$v_{min}$、$H_{min}$、$(h/D)_{min}$——分别为最小允许设计坡度、最小允许设计流速（m/s）、最小允许埋深（m）和最小允许设计充满度；

$I_{max}$、$v_{max}$、$H_{max}$、$(h/D)_{max}$——分别为最大允许设计坡度、最大允许设计流速（m/s）、最大允许埋深（m）和最大允许设计充满度；

$H_{i1}$、$H_{i2}$——管段 $i$ 上、下端埋设深度（m）；

$I_i$、$v_i$、$(h/D)_i$、$D_i$——分别为管段 $i$ 的设计坡度、设计流速（m/s）、设计充满度和管径（m）；

$v_{iu}$、$D_{iu}$——分别为与管段 $i$ 相邻上游管段的流速（m/s）和管径（m）中的最大值；

$D_{标}$——标准规格管径集。

### 9.7.4 管段优化坡度计算方法

排水管网具有两个主要特征，一是枝状网络结构，二是依靠重力输水。一般情况下，排水管网设计中应尽量避免设置提升泵站，所以，需要尽量利用最大可能的埋设深度。决定管道埋设深度的因素是充分利用地形高差，管道流向尽可能保持与地面坡度一致，同时尽量利用技术条件增大埋设深度。目前排水管网的最大埋深可以达到 8m。因此，排水管网设计的重要已知设计参数是各管道的排水流量和从管网起始端到管网末端之间可以利用的水位落差，分别用 $q$ 和 $\Delta H$ 表示，$\Delta H$ 称为可利用水位高差。在充分利用已知的水位高差和满足约束条件下，求解管网中各管道的优化坡度，使管网造价最低。可以采用与给水管网中的重力输水管道优化设计相同的方法，构成优化设计简化数字模型如下：

目标函数为

$$
\min F = \sum_{i=1}^{m} [(a + bD_i^{\alpha}) l_i] \tag{9.114}
$$

约束条件：

$$
\sum_{i=1}^{MP} h_i = \sum_{i=1}^{MP} (H_{Fi} - H_{Ti}) = \Delta H \tag{9.115}
$$

式中 $h_i$——管道的水位落差（m）；

$MP$——在选定管线上的管道总数；

$H_{Fi}$——管道 $i$ 的起点水面标高（m）；

$H_{Ti}$——管道 $i$ 的终点水面标高（m）；

$\Delta H$——选定管线上的可利用水位高差（m）。

优化数学模型的约束表达式（9.113）中的其他条件，在优化计算过程中作为边界条件予以应用。

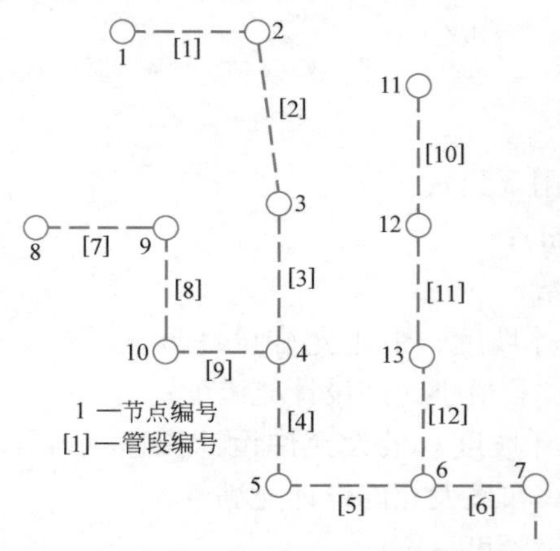


图 9.15　排水管网选定管线

所谓选定管线，是指水力高程上相互衔接的一组管段，共同利用一个可利用水位高差 $\Delta H$。排水管网中的主干管、干管和支管可能各自构成独立的重力输水条件，可利用水位高差 $\Delta H$ 不同，即构成不同的选定管线。

如图 9.15 所示排水管网，主干管由管段［1］，［2］，［3］，［4］，［5］和［6］组成，而管线［7］，［8］，［9］和管线［10］，［11］，［12］为两条独立的干管。节点 1 到节点 7 的选定管线利用该二节点间最大的水位落差，而其他两条选定管线则可能分别利用它们的起始节点 8 和节点 11 与主干管连接节点 4 和节点 6 处存在的水位差。因此，该系统可以分为三条选定管线，分别利用它们的可利用水位差进行管线的优化设计。

假定各选定管线的可利用高差分别为 $\Delta H_1$，$\Delta H_2$ 和 $\Delta H_3$，各选定管线的管段数为 $MP_i$，$(i=1,2,3)$，则各选定管线中的管段上下游水位差之和分别为：

$$\sum_{i=1}^{MP_1}(H_{Fi}-H_{Ti})=\Delta H_1 \qquad \text{（选定管线：节点 1 ～ 7）} \tag{9.116}$$

$$\sum_{i=1}^{MP_2}(H_{Fi}-H_{Ti})=\Delta H_2 \qquad \text{（选定管线：节点 8 ～ 4）} \tag{9.117}$$

$$\sum_{i=1}^{MP_3}(H_{Fi}-H_{Ti})=\Delta H_3 \qquad \text{（选定管线：节点 11～6）} \tag{9.118}$$

假定选定管线上各管道为水面等高衔接，可以构成与给水管网重力输水管线类似的优化数学模型，求解各管段的优化水力坡度。

下面以非满流排水管道为研究对象，满流管道作为充满度等于 1 时的一种特例，建立排水管段优化坡度和经济管径数学模型。

如果设定管道的初始充满度 $y_d$，可以得出水流中心夹角 $\theta$：

$$\theta=2\cos^{-1}(1-2y_d)$$

在管道流量 $q$ 已知条件下，则有

$$q=vA=\frac{1}{n}R^{\frac{2}{3}}i^{\frac{1}{2}}A \tag{9.119}$$

式中　$R$——水力半径（m）；

$A$——水流断面面积（$m^2$）；

$i$——管道水力坡度。

其中，水流断面面积 $A$ 和水力半径 $R$ 可以写成管径 $D$ 和水流中心夹角 $\theta$ 的函数：

$$A=\frac{D^2}{8}(\theta-\sin\theta)$$

$$R=\frac{D}{4}\left(\frac{\theta-\sin\theta}{\theta}\right)$$

所以，由式（9.119）可得

$$q=\frac{1}{n}R^{\frac{2}{3}}i^{\frac{1}{2}}A=\frac{1}{n}\cdot i^{\frac{1}{2}}\cdot\left[\frac{D}{4}\left(\frac{\theta-\sin\theta}{\theta}\right)\right]^{\frac{2}{3}}\cdot\left[\frac{D^2}{8}(\theta-\sin\theta)\right]$$

$$=\frac{(\theta-\sin\theta)^{\frac{5}{3}}}{n\cdot 8\cdot 4^{\frac{2}{3}}\cdot\theta^{\frac{2}{3}}}\cdot i^{\frac{1}{2}}\cdot D^{\frac{8}{3}}=\frac{(\theta-\sin\theta)^{\frac{5}{3}}}{20.16n\theta^{\frac{2}{3}}}i^{\frac{1}{2}}D^{\frac{8}{3}} \tag{9.120}$$

令

$$q_{\phi}=\frac{20.16n\theta^{\frac{2}{3}}q}{(\theta-\sin\theta)^{\frac{5}{3}}} \tag{9.121}$$

式中 $q_{\phi}$ 称为排水管道虚流量。当管道流量 $q$、曼宁系数 $n$ 和管道水流中心夹角 $\theta$ 已知时，管段虚流量 $q_{\phi}$ 即为已知。

由式（9.120）和式（9.121），得

$$D=q_{\phi}^{\frac{3}{8}}i^{-\frac{3}{16}} \tag{9.122}$$

代入目标函数（9.114），得

$$\min F=\sum_{i=1}^{m}\left[al_i+bq_{\phi i}^{\frac{3\alpha}{8}}i_i^{-\frac{3\alpha}{16}}l_i\right] \tag{9.123}$$

式（9.123）即称为求解管道优化坡度的目标函数式。

式中　$q_{\phi i}$，$i_i$，$l_i$——选定管线上管段 $i$ 的虚流量、待求坡度和管段长度。

待求坡度 $i_i$ 需要满足可利用水位差 $\Delta H$ 的约束条件，即

$$\sum_{i=1}^{m}i_il_i=\Delta H \tag{9.124}$$

应用条件极值原理，可以写成求解管道优化坡度 $i_i$ 的拉格朗日函数方程：

$$W=\sum_{i=1}^{m}(al_i+bq_{\phi i}^{\frac{3\alpha}{8}}i_i^{-\frac{3\alpha}{16}}l_i)+\lambda\left(\sum_{i=1}^{m}i_il_i-\Delta H\right) \tag{9.125}$$

写出 $W$ 对 $i_i$ 的偏导数，并令其等于 0，

$$\frac{\partial W}{\partial i_i}=\left(-\frac{3\alpha}{16}\right)bq_{\phi i}^{\frac{3\alpha}{8}}i_i^{-\left(\frac{3\alpha}{16}+1\right)}l_i+\lambda l_i=0 \tag{9.126}$$

将其改写为：

$$-\frac{\partial W}{\partial i_i}\Big/l_i=\left(\frac{3\alpha}{16}\right)bq_{\phi i}^{\frac{3\alpha}{8}}i_i^{-\left(\frac{3\alpha}{16}+1\right)}-\lambda=0 \tag{9.127}$$

令

$$q_{1\phi i}=\left(\frac{3\alpha}{16}\right)bq_{\phi i}^{\frac{3\alpha}{8}} \tag{9.128}$$

和

$$\eta=-\left(\frac{3\alpha}{16}+1\right) \tag{9.129}$$

式（9.127）可以简化为：

$$-\frac{\partial W}{\partial i_i}\bigg/ l_i = q_{1\phi i} i_i^{\ \eta} - \lambda = 0 \qquad (9.130)$$

由此可得，在选定的重力流排水管线上，各管段的 $q_{1\phi i} i_i^{\eta}$ 值相等，即

$$q_{1\phi 1} i_1^{\eta} = q_{1\phi 2} i_2^{\eta} = q_{1\phi 3} i_3^{\eta} = \cdots = q_{1\phi m} i_{\mathrm{m}}^{\eta} = \lambda \qquad (9.131)$$

同时满足式（9.124）和式（9.131）的一组管段水力坡度 $i_i$，即为该排水管网的管段经济坡度。

如果求出任一管段的坡度，如末端管段 $m$ 的坡度 $i_{\mathrm{m}}$，即可得出其余管段的坡度 $i_i$：

$$i_i = \left(\frac{q_{1\phi m}}{q_{1\phi i}}\right)^{\frac{1}{\eta}} i_{\mathrm{m}} \qquad (9.132)$$

且有

$$\sum_{i=1}^{m} i_i l_i = \sum_{i=1}^{m} \left[\left(\frac{q_{1\phi m}}{q_{1\phi i}}\right)^{\frac{1}{\eta}} l_i\right] i_{\mathrm{m}} = \Delta H \qquad (9.133)$$

所以，管段 $m$ 的经济坡度 $i_{\mathrm{m}}$ 存在唯一解：

$$i_{\mathrm{m}} = \frac{\Delta H}{\sum_{i=1}^{m} \left[\left(\frac{q_{1\phi m}}{q_{1\phi i}}\right)^{\frac{1}{\eta}} l_i\right]} \qquad (9.134)$$

由式（9.132）可以计算其余管段的经济坡度 $i_i$，$i=1$，2，3，…，$m$。

由式（9.122）可以计算各管段直径 $D_i = q_{\phi i}^{\frac{3}{8}} i_i^{-\frac{3}{16}}$，称为优化管径，或称为排水管网经济管径。得到的管段直径为非标准管径，需要进行管径标准化。

**【例 9.10】**　图 9.15 所示污水管网，管段长度和流量见表 9.12。分为 3 个选定管线，如前述。三个起端节点 1、8 和 11 起始水位标高分别为 3.5m、4.2m 和 3.9m，末端节点 7 的规划排水水位为 1.2m。管网采用钢筋混凝土管，曼宁系数 $n=0.014$。管网埋设深度为 4m 以内，采用造价公式 $C_3=675+976D^{1.6}$。各管段统一设定初始充满为 $y_{\mathrm{d}}=0.7$。计算管网经济管径。

**污水管网管段长度和流量数据表**　　**表 9.12**

| 管段号 | 1 | 2 | 3 | 4 | 5 | 6 | 7 | 8 | 9 | 10 | 11 | 12 |
|---|---|---|---|---|---|---|---|---|---|---|---|---|
| 长度 | 180 | 250 | 220 | 210 | 190 | 150 | 190 | 210 | 160 | 220 | 210 | 170 |
| 流量 | 0.1 | 0.15 | 0.25 | 0.5 | 0.6 | 0.75 | 0.12 | 0.26 | 0.35 | 0.12 | 0.2 | 0.3 |

**【解】**　首先计算节点 1～7 之间的主干管选定管线，可利用水位差 $\Delta H=3.5-1.2=2.3$m，管线长度为 1200m。按照上述优化公式和步骤，应用计算机程序计算，见附录中的附 1.4，输出参数代码和意义如下：

qj [i]—管段流量（$m^3/s$）；

lp [i]—管段长度（m）；

qf3[i]—$q_{1\phi i} = \left(\frac{3\alpha}{16}\right) b q_{\phi i}^{\frac{3\alpha}{8}}$；

qf4[i]—$\left(\frac{q_{1\phi \mathrm{m}}}{q_{1\phi i}}\right)^{\frac{1}{\eta}}$；

sqq—$\sum_{i=1}^{m}\left[\left(\frac{q_{1\phi m}}{q_{1\phi i}}\right)^{\frac{1}{\eta}}l_i\right]$；

slop [i]—管段经济坡度 $i_i$；

dp [i]—管段优化管径（m）；

Rp [i]—管段水力半径（m）；

vp [i]—管段流速（m/s）；

hp [i]—管段水头损失（m）；

cost—选定管线造价（元）。

计算机优化计算结果：

---

（1）主干管：管段 [1] [2] [3] [4] [5] [6]

管段数＝6，管线长度＝1200m，可利用水位差＝2.3m，充满度＝0.7

qj [i]＝0.1000　0.1500　0.2500　0.5000　0.6000　0.7500

lp [i]＝180.00　250.00　220.00　210.00　190.00　150.00

qf3 [i]＝12.715　16.217　22.034　33.397　37.2578　42.594

qf4 [i]＝3.3499　2.6265　1.9332　1.2754　1.1433　1.0000

slop [i]＝0.0011　0.0013　0.0017　0.0023　0.0025　0.0028

dp [i]＝0.5042　0.5668　0.6568　0.8022　0.8455　0.9017

Rp [i]＝0.1494　0.1679　0.1946　0.2376　0.2505　0.2671

vp [i]＝0.6698　0.7951　0.9869　1.3233　1.4294　1.5709

hp [i]＝0.1997　0.3344　0.3725　0.4897　0.4819　0.4217

cost＝1.48658e+006 元

---

（2）干管 1：管段 [7] [8] [9]

管段数＝3，管线长度＝560m，可利用水位差＝1.6m，充满度＝0.7

qj [i]＝0.1200　0.2600　0.3500

lp [i]＝190.00　210.00　160.00

qf3 [i]＝14.185　22.558　26.963

qf4 [i]＝1.9008　1.1952　1.0000

slop [i]＝0.0021　0.0030　0.0035

dp [i]＝0.4779　0.5973　0.6508

Rp [i]＝0.1416　0.1769　0.1928

vp [i]＝0.8948　1.2410　1.4074

hp [i]＝0.4041　0.6382　0.5577

cost＝ 603306 元

---

（3）干管 2：管段 [10] [11] [12]

管段数＝3，管线长度＝600m，可利用水位差＝2.3m，充满度＝0.7

qj [i]＝0.1200　0.2000　0.3000

lp [i]=220.00　210.00　170.00
qf3 [i]=12.751　17.324　22.096
qf4 [i]=1.7329　1.2754　1.0000
slop [i]=0.0031　0.0039　0.0047
dp [i]=0.4170　0.4832　0.5431
Rp [i]=0.1042　0.1208　0.1358
vp [i]=0.8789　1.0909　1.2950
hp [i]=0.6789　0.8203　0.8008
cost= 584452 元

---

优化计算结果数据列入表 9.13。

**管段坡度和管径优化结果数据表**　　**表 9.13**

| 管段号 | 1 | 2 | 3 | 4 | 5 | 6 | 7 | 8 | 9 | 10 | 11 | 12 |
|---|---|---|---|---|---|---|---|---|---|---|---|---|
| 坡度 | 0.0011 | 0.0013 | 0.0017 | 0.0023 | 0.0025 | 0.0028 | 0.0021 | 0.0030 | 0.0035 | 0.0031 | 0.0039 | 0.0047 |
| 管径 | 0.504 | 0.567 | 0.657 | 0.802 | 0.846 | 0.902 | 0.477 | 0.597 | 0.651 | 0.446 | 0.516 | 0.580 |

由于求解得出的优化管径为非标准管径，对它们进行标准化，见表 9.14。

**优化管径标准化计算结果数据表**　　**表 9.14**

| 管段号 | 1 | 2 | 3 | 4 | 5 | 6 | 7 | 8 | 9 | 10 | 11 | 12 |
|---|---|---|---|---|---|---|---|---|---|---|---|---|
| 标准管径 | 0.5 | 0.6 | 0.7 | 0.8 | 0.9 | 0.9 | 0.5 | 0.6 | 0.7 | 0.5 | 0.5 | 0.6 |
| 坡度 | 0.0012 | 0.0013 | 0.0017 | 0.0023 | 0.0025 | 0.0028 | 0.0021 | 0.0030 | 0.0035 | 0.0031 | 0.0039 | 0.0047 |

将本例题输入数据中的充满度 $y_d$ 改为 1 时，计算结果即为满流管道的经济坡度和经济管径。

## 思 考 题

1. 给水管网优化设计的目标函数年费用折算值由哪些部分组成，它忽略了哪些费用项目？本章介绍的计算方法是静态法还是动态法？

2. 从能量变化系数的计算公式可以看出，它随着用水量变化系数的增大而减小，这是不是说明用水量变化越大，泵站的运行电费越少？为什么？

3. 在优化设计数学模型中认为每条管段上都设有泵站，这样做的目的是什么？

4. 优化设计是总费用越低越好吗？技术要求和供水可靠性等在优化设计数学模型中如何体现？

5. 为什么说，如果不考虑供水可靠性，任何管网优化的结果都会成为树状网？

6. 在已定设计流量下，管网优化问题是一个凸规划，凸规划问题的求解有何方便之处？

7. 节点虚流量和管段虚流量的物理意义是什么？它们如何随着节点水头和管段压降的变化而变化？当考虑管段设泵站时，什么时候管段虚流量主要随着其压降而变化？

8. 临界压降给出了管段设不设泵站的判断标准，你能从它的计算公式说明电价越高设泵站的可能性越小，管道造价越高设泵站的可能性越大吗？

9. 为什么说管段虚流量对管径的影响没有其实际设计流量影响大？请用其计算公式说明。

10. 为什么管网水力分析时只有一个控制点，而优化设计时则可能有多个控制点？而且水力分析时的控制点只是下控制点，而优化设计时的控制点既有下控制点，又有上控制点呢？

11. 试分析优化设计计算的节点虚流量平差算法与水力分析计算的节点流量平差算法的异同。

12. 管网中虚流量的分布规律如何？并请说明在输水管线优化设计和管网近似优化计算时是如何运用这些规律的。

## 习　　题

1. 根据表 9.15 所给数据，试计算管道单位长度造价公式统计参数 $a$、$b$ 和 $\alpha$。

**给水管道单位长度造价资料**　　　　**表 9.15**

| 管径(m) | 0.30 | 0.35 | 0.40 | 0.45 | 0.50 | 0.60 | 0.70 | 0.80 | 0.90 | 1.00 |
|---|---|---|---|---|---|---|---|---|---|---|
| 造价(元/m) | 490.4 | 605.1 | 730.0 | 862.6 | 1004.5 | 1316.2 | 1662.8 | 2037.7 | 2442.2 | 2875.6 |

2. 某环状管网如［例 9.4］所示，管段长度及初分配设计流量标于图 9.6 中，试用数学模型式（9.29）进行管段设计流量近似优化计算，取 $\beta=1.75$，$\chi=0.75$，$e_{qopt}=0.1$L/s。

3. 某压力输水管起端水头为 22.50m，终端水头为 31.80m，采用双管并联输水以提高可靠性，共分为 3 段，如图 9.16 所示，第 1 段上设泵站，设计流量为 720L/s，管长为 4050m，第 2、3 段设计流量分别为 520L/s 和 350L/s，管长分别为 370m 和 290m，有关经济指标为：$b=2790$，$\alpha=1.60$，$T=15$ 年，$p=2.8$，$E=0.75$，$\gamma=0.62$，$\eta=0.75$，$n=2.0$，$k=0.00174$，$m=5.333$。试确定各段管径和泵站扬程。

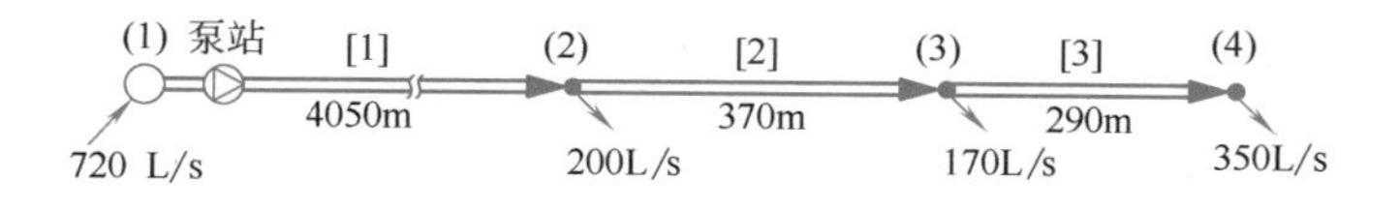


图 9.16　某压力输水管示意图

4. 某给水管网如图 9.17 所示，管段长度与设计流量分配标于图中，经分析认为，只有节点 1、9 可能分别成为上、下控制点，有关参数为：$n=2.0$，$k=0.00174$，$m=5.333$，$b=2790$，$\alpha=1.60$，$f=0.00003342$，$P_1=32200$，试进行虚流量近似分配，并据分配结果计算设计管径，并进行管径标准化。

5. 按照第 8 章习题 4 的数据，设图 8.21 中节点 1 到节点 6 的可利用水位差 $\Delta H=2.3$m，试计算各管段经济坡度和优化管径。

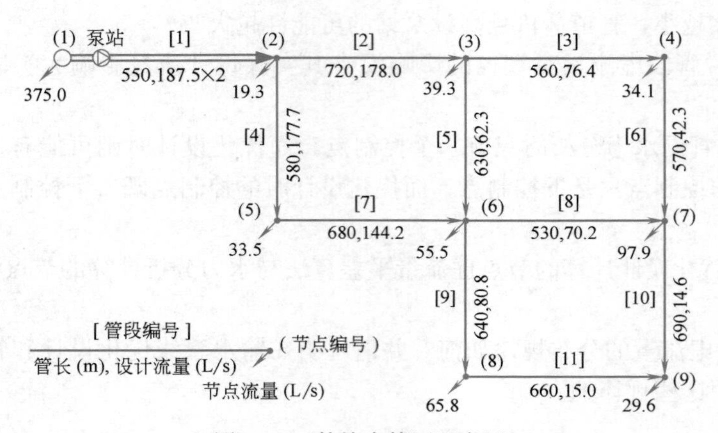


图 9.17　某给水管网示意图

# 第 10 章　给水排水管网信息管理与模型应用

应用信息化科学技术进行管网工程设计和科学管理已经成为管网现代化科技进步的重要标志。管网信息化科学技术就是充分利用计算机网络技术和智能化现代控制技术，实现管网的最优化设计和智能化优化运行管理。管网信息化科学技术包括管网地理信息系统、管网压力、流量及水质的数据采集与监视控制系统和管网水力及水质计算机模型软件系统。

## 10.1　管网档案管理与地理信息系统

### 10.1.1　管网档案管理

技术管理部门应有给水排水管网平面图，图上标明管线、泵站、阀门、消火栓、窨井等管网设施的位置和尺寸。大中城市的给水排水管网可按街道或区域为单位列卷归档，作为信息数据查询的索引目录。

管网技术资料主要有：

（1）管线图，表明管线的直径、位置、埋深以及阀门、消火栓等的布置，用户接管的直径和位置等。它是管网养护检修的基本资料；

（2）管线过河、过铁路和公路的构造详图；

（3）各种管网附件及附属设施的记录数据和图文资料，包括安装时间、地点、口径、型号、检修记录等；

（4）管网设计文件和施工图文件、竣工记录和竣工图；

（5）管网运行、改建及维护记录数据和文档资料。

管线埋在地下，施工完毕覆土后难以看到，因此应及时绘制竣工图，将施工中的修改部分随时在设计图纸中订正。竣工图应在管沟回填土以前绘制，图中标明给水管线位置、管径、埋管深度、承插口方向、配件形式和尺寸、阀门形式和位置、其他有关管线（例如排水管线）的直径和埋深等。竣工图上的管线和配件位置可用搭角线表示，注明管线上某一点或某一配件到某一目标的距离，便于及时进行养护检修。节点详图不必按比例绘制，但管线方向和相对位置须与管网总图一致，图的大小根据节点构造的复杂程度而定。

图 10.1 为给水管网中的节点详图示例，图上标明消火栓位置，各节点详图上标明所需的阀门和配件。管线旁注明的是管线长度（m）和管径（mm）。

### 10.1.2　管网地理信息系统

随着城市设施的不断完善和给水排水管网设计和运行的智能化和信息化技术发展，建立完整、准确的管网管理信息系统，可以提高给水排水系统管理的效率、质量和水平，是

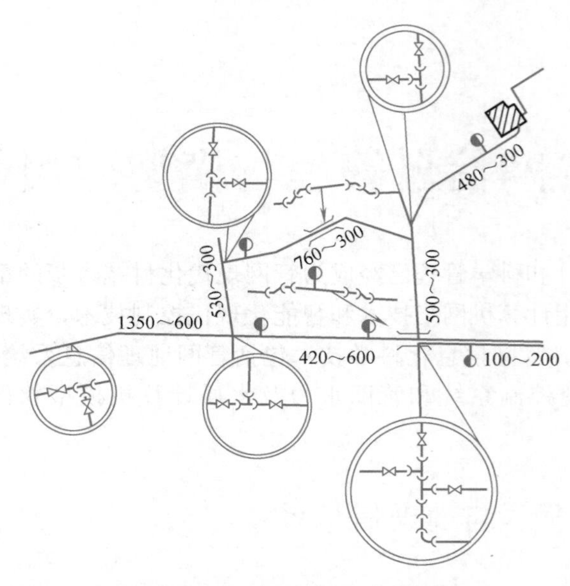


图 10.1　给水管网节点详图

现代化城市发展和管理的需求。

地理信息系统（Geographic Information System，简称 GIS）是以收集、存储、管理、描述、分析地球表面及空间和地理分布有关的数据的信息系统，具有四部分主要功能：信息获取与输入、数据存储与管理、数据转换与分析和成果生成与输出。

城市给水排水地理信息系统（可称为给水排水 GIS）是融计算机图形和数据库于一体，储存和处理给水排水系统空间信息的高新技术，它把地理位置和相关属性有机结合起来，根据实际需要准确真实、图文并茂地输出给用户，借助其独有的空间分析功能和可视化表达，进行各项管理和决策，满足管理部门对供水系统的运行管理、设计和信息查询的需要。给水排水地理信息系统可以将给水系统和排水系统分开处理，也可以统一成一个整体的信息系统。

给水排水管网地理信息管理（可简称给水排水管网 GIS）的主要功能是给水排水管网的地理信息管理，包括泵站、管道、管道阀门井、水表井、减压阀、泄水阀、排气阀、用户资料等。建立管网系统中央数据库，全面实现管网系统档案的数字化管理，形成科学、高效、丰富、详实、安全可靠的给水排水管网档案管理体系，为管网系统规划、改建、扩建提供图纸及精确数据。准确定位管道的埋设位置、埋设深度、管道井、阀门井的位置、供水管道与其他地下管线的布置和相对位置等，以减少由于开挖位置不正确造成的施工浪费和开挖时对通信、电力、燃气等地下管道的损坏带来的经济损失甚至严重后果。提供管网优化规划设计、实时运行模拟、状态参数校核、管网系统优化调度等技术性功能的软件接口，实现供水管网系统的优化、科学运行、降低运行成本。

管网地理信息系统的空间数据信息主要包括与供水系统有关的各种基础地理特征信息，如地形、土地使用、地表特征、地下构筑物、河流等，及供水系统本身的各地理特征信息，如检查井、水表、管道、泵站、阀门、水厂等。

管网地理信息系统整体框架如图 10.2 所示：

管网属性数据可按实体类型包括节点属性、管道属性、阀门属性、水表属性等。节点属性主要包括节点编号、节点坐标（$X$、$Y$、$Z$）、节点流量、节点所在道路名等。管道属性包括管道编号、起始节点号、终止节点号、管长、管材、管道粗糙系数、施工日期、维修日期等。阀门属性主要包括阀门编号、阀门坐标（$X$、$Y$、$Z$）、阀门种类、阀门所在道路名等。水表属性主要包括水表编号、水表坐标（$X$、$Y$、$Z$）、水表种类、水表用户名等。

在管网系统中采用地理信息技术，可以使图形和数据之间的互相查询变得十分方便快捷。由于图形和属性可被看作是一体的，所以得到了图形的实体号也就得到了对应属性的

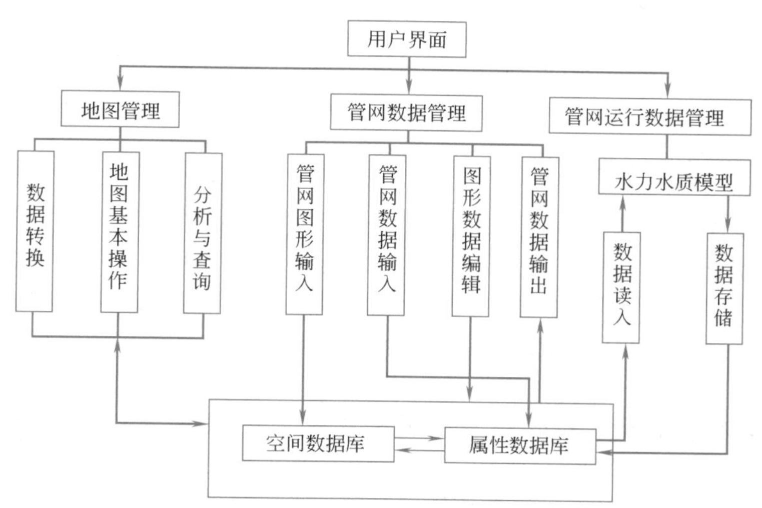


图 10.2 管网地理信息系统整体框图

记录号，并获得了对应数据，而不用在属性数据库中从头到尾地搜索一遍来获取数据。管网地理信息计算机界面如图 10.3 所示。

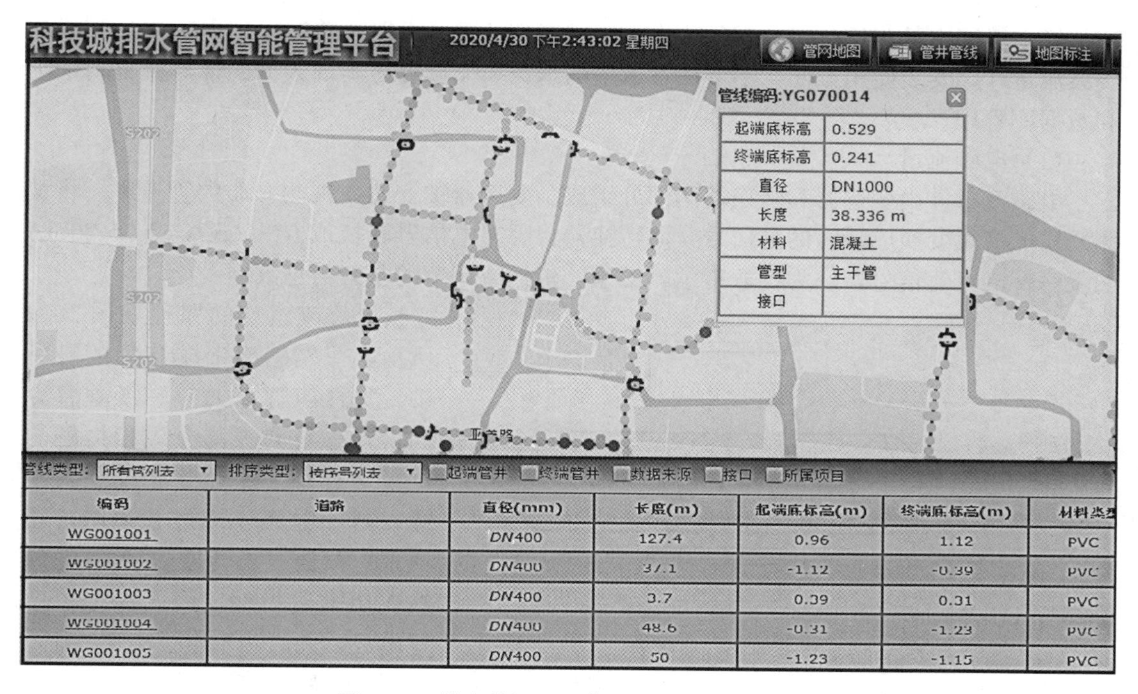


图 10.3 排水管网地理信息系统界面示意图

GIS 与管网水力水质模型相联接后，水力及水质模型可以调用 GIS 属性数据库中的相关数据对供水系统进行模拟、分析和计算，并将模拟结果存入 GIS 属性数据库，通过 GIS 将模拟所得的数据与空间数据相联接。建立管网地理信息管理系统，利用计算机系统实现对供水管网的全面动态管理是市政设施信息化建设和管理的重要组成部分，也是城市市政设施现代化管理水平的重要体现。

# 10.2　给水管网监测与检漏

## 10.2.1　管网水压和流量测定

测定管网的水压，应在有代表性的测压点进行。测压点的选定既要能真实反映水压情况，又要均匀合理布局，使每一测压点能代表附近地区的水压情况。测压点以设在大、中口径的干管线上为主，不宜设在进户支管上或有大量用水的用户附近。测压时可将压力表安装在消火栓或给水龙头上，定时记录水压，能有自动记录压力仪则更好，可以得出 24h 的水压变化曲线。

测定水压，有助于了解管网的工作情况和薄弱环节。根据测定的水压资料，按 0.5～1.0m 的水压差，在管网平面图上绘出等水压线，由此反映各条管线的负荷。整个管网的水压线最好均匀分布，如某一地区的水压线过密，表示该处管网的负荷过大，所用的管径偏小。水压线的密集程度可作为今后放大管径或增敷管线的依据。

由等水压线标高减去地面标高，得出各点的自由水压，即可绘出等自由水压线图，据此可了解管网内是否存在低水压区。

给水管网中的流量测定是现代化供水管网管理的重要手段，普遍采用电磁流量计或超声波流量计，安装使用方便，不增加管道中的水头损失，容易实现数据的计算机自动采集和数据库管理。

（1）电磁流量计

电磁流量计由变送器和转换器两部分组成。变送器被安装在被测介质的管道中，将被测介质的流量变换成瞬时的电信号，而转换器将瞬时电信号转换成 0～10mA 或 4～20mA 的统一标准直流信号，作为仪表指示、记录、传送或调节的基础信息数据。

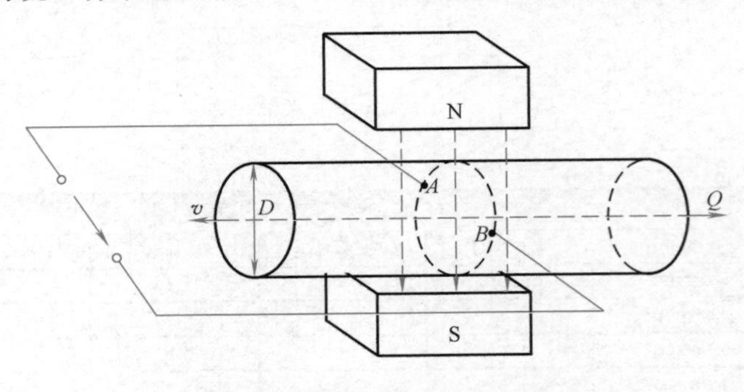

图 10.4　电磁流量计原理图

电磁流量计的原理如图 10.4 所示，在磁感应强度均匀的磁场中，垂直该管道上与磁场垂直方向设置一对同被测介质相接触的电极 $A$、$B$，管道与电极之间绝缘。当导电流体流过管道时，相当于一根长度为管道内径 $D$ 的导线在切割磁力线，因而产生了感应电势，并由两个电极引出。

当管道直径一定，磁场强度不变时，则感应电势的大小仅与被测介质的流速有关，即

$$e=kBDv \tag{10.1}$$

式中　$e$——感应电势；

$k$——常数；

$B$——磁场强度；

$D$——管道内径，即切割磁力线的导体长度；

$v$——流体的流速。

由管道流量 $Q=\frac{\pi D^2}{4}v$，代入式（10.1）可得

$$e=\frac{4kB}{\pi D}Q=KQ \tag{10.2}$$

式中 $K$——仪表常数。

由式（10.2）可知，电磁流量计的感应电势与流量呈线性关系。感应电势经过放大，送至显示仪表，可转换为流量读数。

电磁流量计有如下主要特点：电磁流量变送器的测量管道内无运动部件，因此使用可靠，维护方便，寿命长，而且压力损失很小，也没有测量滞后现象，可以用它来测量脉冲流量；在测量管道内有防腐蚀衬里，故可测量各种腐蚀性介质的流量测量范围大，满刻度量程连续可调，输出的直流毫安信号可与电动单元组合仪表或工业控制机联用等。

（2）超声波流量计

超声波流量计的测量原理主要是声波传播速度差，其构造原理如图 10.5 所示。将流体流动时与静止时超声波在流体中传播的情形进行比较，由于流速不同会使超声波的传播速度发生变化。若静止流体中的声速为 $C$，流体流动的速度为 $v$，当声波的传播方向与流体流动方向一致（顺流方向）时，其传播速度为（$C+v$），而声波传播方向与流体流动方向相反（逆流方向）时，其传播速度为（$C-v$）。在距离为 $L$ 的两点上放两组超声波发生器与接收器，可以通过测量声波传播时间差求得流速 $v$。传播速度法从原理上看是测量超声波传播途径上的平均流速，因此，该测量值是平均值。所以，它和一般的面平均（真平均流速）不同，其差异取决于流速的分布。将用超声波传播速度差测量的流速 $v$ 与真正的平均流速之比称为流量修正系数，其值可以作为雷诺数 $Re$ 的函数表示，其中一个简单公式为

$$k=1.119-0.11\lg Re \tag{10.3}$$

式中 $k$——流量修正系数；

$Re$——雷诺数。

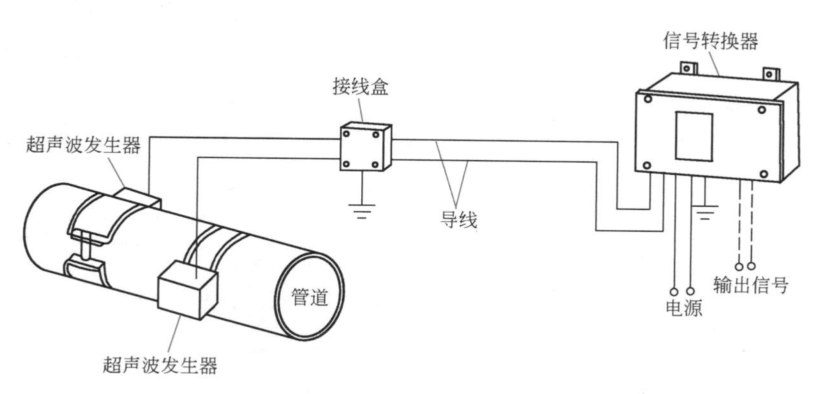


图 10.5 超声波流量仪原理图

瞬时流量可以用经修正后的平均流速和传播速度差与水流的横截面积的乘积来表示：

$$Q=\frac{\pi D^2}{4k}v \tag{10.4}$$

超声波流量计的主要优点是在管道外测流量，实现无妨碍测量，只要能传播超声波的流体皆可用此法来测量流量，也可以对高黏度液体、非导电性液体或者气体进行测量。

### 10.2.2　管网检漏

检漏是给水管网管理部门的一项日常工作。减少漏水量既可降低给水成本，也等于新辟水源，具有很大的经济意义。位于大孔性土壤地区的一些城市，如有漏水，不但浪费水量，而且影响建筑物基础的稳固，更应严格防止漏水。水管损坏引起漏水的原因很多，例如：因水管质量差或使用期长而破损；由于管线接头不密实或基础不平整引起的损坏；因使用不当（例如阀门关闭过快产生水锤）以致破坏管线；因阀门锈蚀、阀门磨损或污物嵌住无法关紧等，都会导致漏水。

检漏的方法，应用较广且费用较省的有直接观察和听漏，个别城市采用分区装表和分区检漏，可根据具体条件选用先进且适用的检漏方法。

（1）实地观察法是从地面上观察漏水迹象，如排水窨井中有清水流出，局部路面发现下沉，路面积雪局部融化，晴天出现湿润的路面等。本法简单易行，但较粗略。

（2）听漏法使用最久，听漏工作一般在深夜进行，以免受到车辆行驶和其他杂声的干扰。所用工具为一根听漏棒，使用时棒一端放在水表、阀门或消火栓上，即可从棒的另一端听到漏水声。这一方法的听漏效果凭各人经验而定。

（3）检漏仪是比较好的检漏工具。所用仪器有电子放大仪和相关检漏仪等。前者是一个简单的高频放大器，利用晶体探头将地下漏水的低频振动转化为电信号，放大后即可在耳机中听到漏水声，也可从输出电表的指针摆动看出漏水情况。相关检漏仪是由漏水声音传播速度，即漏水声传到两个拾音头的时间先后，通过计算机算出漏水地点，该类仪器价格昂贵，使用时需较多人力，对操作人员的技术要求高，国内使用很少。管材、接口形式、水压、土壤性质等都会影响检漏效果。优点是适用于寻找疑难漏水点，如穿越建筑物和水下管道的漏水。

分区检漏是用水表测出漏水地点和漏水量，一般只在允许短期停水的小范围内进行。方法是把整个给水管网分成小区，凡是和其他地区相通的阀门全部关闭，小区内暂停用水，然后开启装有水表的一条进水管上的阀门，使小区进水。如小区内的管网漏水，水表指针将会转动，由此可读出漏水量。水表装在直径为 10～20mm 的旁通管上，如图 10.6 所示。查明小区内管网漏水后，可按需要再分成更小的区，用同样方法测定漏水量。这样

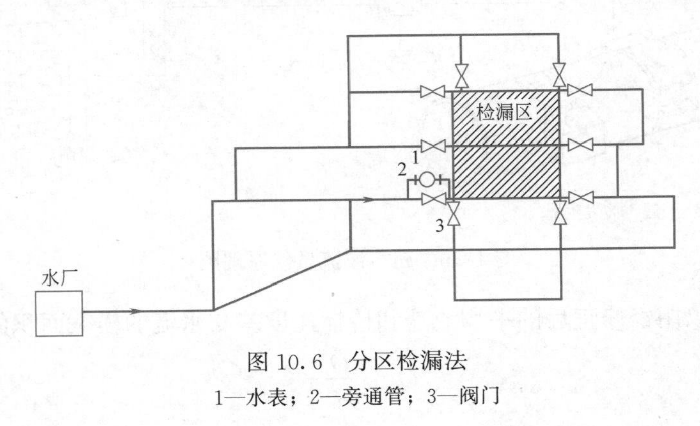


图 10.6　分区检漏法

1—水表；2—旁通管；3—阀门

逐步缩小范围，最后还须结合听漏法找出漏水的地点。

漏水地位查明后，应做好记录以便于检修。

### 10.2.3 管网数据采集与监视控制系统

管网数据采集与监视控制系统是管网现代科学技术进步的重要组成部分，是实现给水排水管网安全、高效运行的重要保证条件，管网数据采集与监视控制系统的英文为 Supervisory Control And Data Acquisition，简称为管网 SCADA 系统，在国内外城市供水系统中已经得到广泛应用，同时也应用于电力、冶金、石油、化工、燃气、铁路等诸多领域的数据采集与监视控制。

供水管网 SCADA 系统对供水管网进行运行数据的在线检测，在管网中安装压力、流量、水质及水泵电机等设备运行参数检测仪器设备，通过数字通信网络把数据和参数汇集到数据管理和分析中心，实现管网运行状态的实时远程监测，工作人员可以在企业调度控制中心实时读取和分析全市供水管网的压力、流量、水质及设备运行参数的变化情况，科学调度水厂供水设备的开启和停止，保障管网供水压力平衡，流量稳定，可以及时发现和预测管网运行状态变化及爆管漏损事故的发生。供水管网 SCADA 系统是供水企业调度管理系统的一个重要组成部分，供水调度管理系统主要由运行调度中心、数字通信平台、数据监测终端、压力变送器、流量仪表、水质检测仪等组成。实时检测供水泵站工作状况、管网流量、压力、管网水质等数据，经调度控制中心应用计算机数学模型对数据进行整理、分析和决策判断后，下达设备运行的调度指令，实现优化运行的控制目的。

排水管网 SCADA 系统重点监测城市污水或雨水排水管网内水的流速、流向、水位、流量及水质等数据信息，并通过无线通信网络将监测数据实时发送到数据管理平台。

考虑到排水管网现场环境较为复杂，管网垃圾淤泥较多，水位变化影响因素较多，通常需要安装非接触式仪表设备，保护仪器设备的运行安全。目前，常用的排水管网 SCADA 检测设备包括窨井水位检测仪、管道流量检测仪和水质检测仪等。城市窨井运行状态作为智慧排水建设的重要内容，可直观准确地反映城市排水管道的运行状态，窨井水位监测是智慧排水的组成部分，但因窨井内通常比较潮湿、无法供电、信号质量较差，水位监测难度较大。窨井水位检测仪分为压力水位仪、超声波水位仪、激光水位仪和雷达水位仪。压力水位仪可测量超过探头 3cm 以上的水位，精度较高，能达到 1%，适用于较少杂质的排水水质环境。后面三种水位仪均为非接触式仪器设备，运行可靠，但价格较高。非满管流排水管道的流量检测一般采用多普勒超声波流量计或雷达流量计，但存在价格较高及安装维护困难的缺点，应用尚不够广泛。图 10.7 为一窨井水位在线检测记录曲线图。

越来越多的管网 SCADA 检测设备可以实现多种功能用途，可同时检测水位、流速、流量、温度等检测数据，是管网 SCADA 检测设备的发展方向。

管网 SCADA 系统建设应保证稳定可靠的运行，系统硬件设备技术成熟，系统采用的信息格式、接口协议等，必须遵守国际标准和国家标准。系统软件技术应该成熟可靠，功能先进齐全，组态编程简便，易于维护。管网 SCADA 系统应用软件功能应该完善，实用性强，人机界面友好，操作简洁方便。

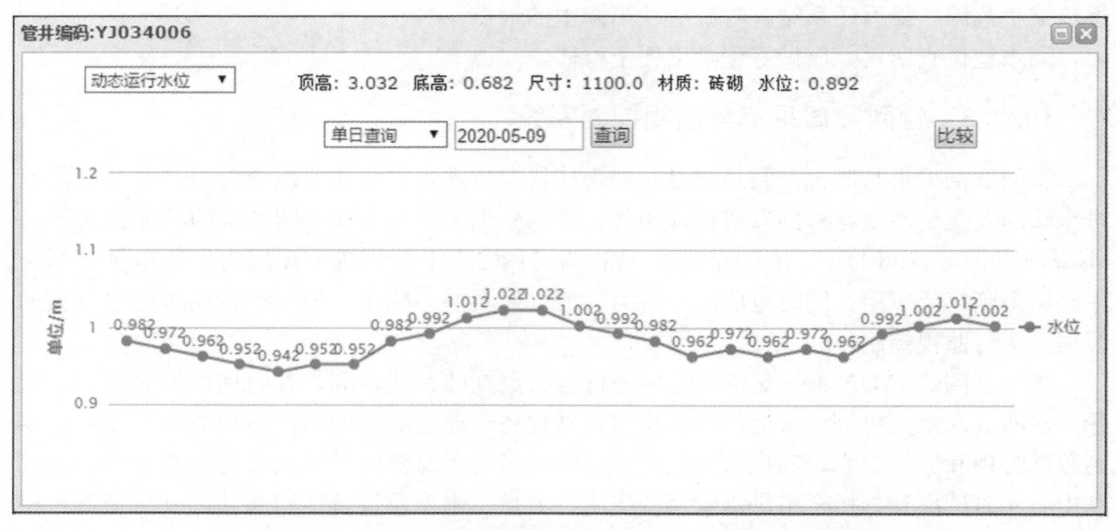


图 10.7　窨井水位在线检测记录曲线图

## 10.3　管网计算机模型应用和智能管理

### 10.3.1　管网计算机模型

20 世纪 60 年代开始，在电子计算机科学技术快速发展的带动下，给水排水科学领域应用计算机技术和数学模型理论及方法建立管网计算机数学模型，进行复杂管网系统的水力水质设计计算、管网系统运行工况仿真模拟和运行控制与管理。为管网建立计算机数学模型的工作称为管网建模。目前，管网建模和应用已经成为给水排水管网的科学化决策和现代智能化管理的最有效工程技术方法。

给水排水管网建模技术和应用具有下列优点：

（1）造价低：模型的构造和试验费用低于实验室物理模型的建设与试验费用。

（2）速度快：计算速度快，对模型状况响应迅速，例如，利用计算机程序在不到一秒钟内就可完成对管道系统计算和模型运行。

（3）运行安全：实验室物理模型实验通常具有较大的运行风险，而利用计算机数学模型一般不具有风险或者风险很小。

（4）易于修改：仅仅通过输入文件的简单编辑，就可以在数学模型上实现对设计和运行规则的完善、调整和修改。

（5）表达清晰：数学模型逻辑性强，数据准确完整，数据表格及图形表达全面直观。

（6）应用方便：管网计算机模型可以预测气候变化、管网流量变化和管网运行状态，并进行管网运行状态变化的处理和控制。

给水排水管网模型的核心是管网水力与水质计算程序，主要功能包括：输入数据处理，拓扑结构处理，水力计算算法，水质计算算法和输出数据处理。

给水排水管网模型可分为规划设计模型和运行管理模型。规划设计模型用来规划设计管网系统工程设计方案和评价管网建设工程的系统性能，运行管理模型用来模拟仿真新建或已建管网系统的运行过程状态，预测管网系统在一定时间范围（数小时、数日或数月）内的运行状况，并可改变管网运行流量和压力方案，实现管网运行决策和调度控制。

管网规划设计模型是在系统建设实施前，根据给水或排水管网系统规划和设计资料建立规划设计模型，输入模型基础数据和参数，模拟计算管网规划设计方案和评价设计方案特性，分析设计方案合理性，确定优化设计方案。运行管理模型对已建管网系统建立模型，根据管网现状和构造特征，输入管网构造参数和运行数据，模拟管网运行状态并评估系统运行特征及运行参数，分析系统存在问题以及解决问题方案，对管网运行实施有效控制和优化运行调度。

### 10.3.2 管网模型内容和建模步骤

（1）管网模型内容

给水排水管网模型主要包括以下内容：

1）输入数据处理

管网模型输入数据处理器读取管网模型的基础数据，包括全部管网地理信息数据、节点和管段数据、流量分布数据、水质数据等，模型输入数据定义了管网的物理构造和运行条件，是管网规划设计或运行管理的基础先决条件，是管网模型建立和应用的基础。管网模型将数据转换成计算机使用的内部表达方式，一般以格式化的文本文件存储。计算机模型的输入处理器分隔和编译输入数据文件内容，为模型的运行设立依据条件。

2）管网拓扑结构处理

现代计算机软件通过图形界面表达管网平面及高程布局，节点和管段之间特定的关联关系，创建包括全部节点和管段的邻接表，确定管网的结构。根据输入的管网基础数据，管网模型可以通过图形处理在计算机屏幕上显示管网的可视化图形及其关联属性数据，直观表达管网构造和数据状态，如图 10.8 所示。

3）水力模型算法

按照第 5 章和第 6 章内容所述，给水管网计算模型应用牛顿—拉夫森等迭代计算方法求解管网节点压力方程组（$H$ 方程组）、管段流量方程组（$Q$ 方程组）或环校正流量方程组（$\Delta Q$ 方程组），得到管网设计或运行状态水力计算结果。并通过输出数据表格或计算机图形界面表达模型成果。

如第 7 章至第 9 章内容所述，排水管网计算机模型通过模拟计算污水或雨水在服务区域内的流量和水力流动状态参数，表达排水管网设计计算流量和管道直径及坡度设计方案，管网系统内部和出水口的流量和水深，同时模拟计算管网水流物理过程。对于雨水管网，管网模型内容还包括降雨过程、降雨到径流的转化过程、地表漫流过程、排水管道内的水流过程等。

4）延时模拟计算

在一段时间内按照设定时间步长连续模拟给水排水管网的运行状态及特性，称为延时模拟（Extend Period Simulation，简称 EPS），可以获得管网流量和水位等条件变化对管网系统运行过程的影响。延时模拟也是执行管网运行状态实时分析和管网水质实时模拟的基本方法。

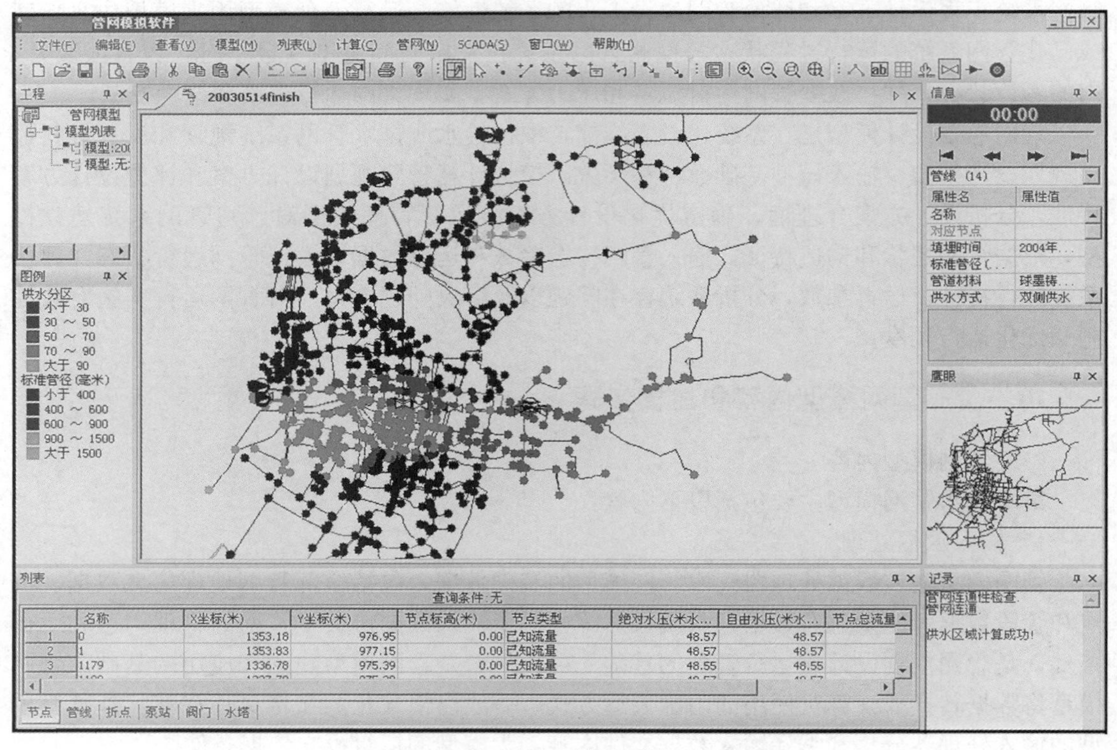


图 10.8　给水管网计算机模型界面图

5）水质模拟算法

水质模型一般需要在水力模型延时模拟计算结果的基础上运行，采用跟踪管网中水质成分变化轨迹的数值方法，在延时水力分析的各个时段需要输入该时段的管段计算流量。由于所有管段进行了离散化，水质分析需要大量的计算机内存。

排水管网水质模型主要是模拟排水管道系统中特定位置处的污染物浓度随时间的变化及管道中污染物的滞留情况，进而用以评估管网系统的性能和状态。水质参数一般包括需氧量（BOD 或 COD）、氨氮、悬浮固体及管道沉积物移动等。

6）输出数据处理

输出数据处理将模型的计算结果转化为用户需要的信息格式。在数十甚至以数百计的时段内，模型产生的节点和管段流量、压力、水头及水质参数等信息数据。巨大的数据量需要利用输出报表或者归档的磁盘文件。输出过程应能够报告管网输入数据和运行分析过程中遇到的所有错误和警告。如图 10.9 所示排水管网模型中，采用不同的颜色表达检查井节点的水位，采用管道剖面图显示管道中动态水位的变化过程。

（2）管网建模步骤

建立给水排水管网计算机模型需要首先调用管网模拟软件和模拟对象管网系统的全部数据和地图，用实际管网运行数据对管网模型进行校验，达到模型校验要求的模型精度，才能作为管网的计算机模型，应用于管网设计或运行管理。一般步骤如下：

1）模型的选择

针对给水管网建模项目需求，选择合适的管网计算机模型软件。目前国内外常用的给

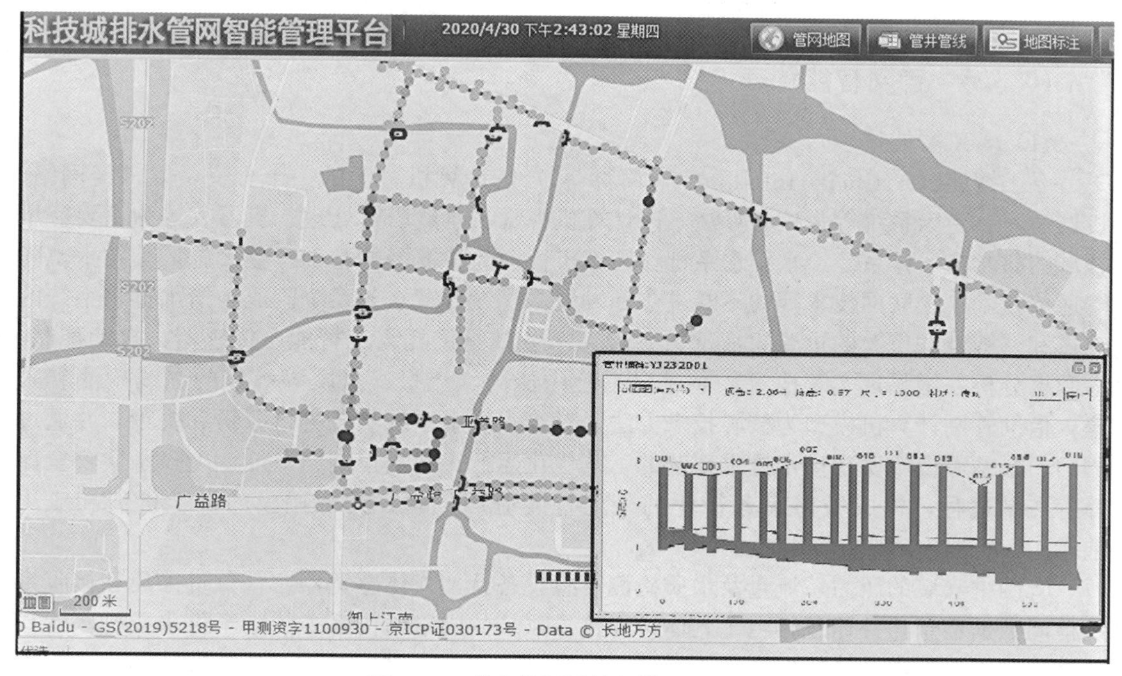


图 10.9 排水管网计算机模型界面图

水管网模拟软件主要有同济大学研究开发的宏扬管网模型软件、哈尔滨工业大学研究开发的 WNW 管网智能管理平台软件、美国国家环保局发布的 EPANET 软件、同济大学改编的汉化 EPANETH 软件、英国水力研究所的 InfoWorks Live 软件、丹麦水力研究所的 Mike Urban/Water Distribution 软件和奔特力公司的 WaterCAD/WaterGEMS 软件等。

常用的排水管网模拟软件主要有清华大学研究开发的 Drainage Simulation 城市排水管网模拟软件、同济大学研究开发的排水管网优化设计与实时模型软件、美国国家环保局发布的 SWMM 软件、英国水力研究所的 InfoWorks ICM 软件、丹麦水力研究所的 Mike Urban/Urban Flooding 软件和奔特力公司的 SewerCAD/SewerGEMS 软件等。

2）输入数据

在管网模型中输入管网系统的规划设计数据或运行管理数据，包括管网地图地形数据，管道系统数据，管道和设备属性参数，所有管网水力参数，如流量、压力、管道摩阻系数等。

3）模型校验

收集现场测试数据，并根据现场观测数据校验模型，调整不可测试的模型参数。这个步骤也将检验管网的简化效果。

4）模型验证

模型计算结果与尽可能多的现场收集检测数据进行比较，以证实管网的系统和参数正确，精度可靠，保证管网模型的应用价值。

5）模型应用与维护

通过管网模型的模拟计算与分析，用图表及图形界面提供模拟结果的表达，及时分析模型结果的准确性和合理性。管网模型需要经常进行检查、检验和更新，保证管网模型的有效性。

### 10.3.3　管网智能管理

(1) 人工智能技术

人工智能（Artificial Intelligent，简称 AI）是计算机科学的一个分支，以神经网络、机器学习、专家系统等为核心算法，以计算机视觉、自然语言处理、机器人等为主要应用领域的科学技术体系。给水排水系统作为城市社会经济发展的基础工程设施，其技术也随着通信技术、物联网技术等的不断进步和发展，建设智慧水务系统已成为给水排水系统的热点和"智慧城市"的重要组成部分。智慧水务就是依托人工智能、传感器、自动控制、大数据分析、增强现实等技术，通过对系统中压力、流量、水质等参数的在线检测和采集，借助管网计算机模型为核心技术方法，对给水排水系统状态进行分析和决策，并通过阀门、泵站等设施实现供水排水系统的工艺优化运行、漏损控制、节能调度、水质安全保障等控制过程，构成城市水务行业的人工智能应用技术，具有积极的科学价值和应用前景。

管网中安装的压力、流量及水质检测传感设备就如人体感觉器官，负责采集和接收系统检测数据信息，并通过相当于人体神经传导系统的网络通信系统传输至供水或排水运行调度控制中心，由计算机模型决策系统对信息进行类似人类大脑神经系统的认知、分析和决策，再通过下行的通信系统控制水泵、阀门等设备进行相应的控制操作，实现给水系统的智能化运行。显然，作为认知与决策中枢的调度控制中心是实现智慧给水或排水运行的关键，其核心技术就是人工智能技术。

人工智能技术在给水排水系统的主要应用目标包括设计、运行管理和调度决策等。随着计算机技术和信息化技术的发展，基于传统的最优化算法、数据挖掘等技术，在给水排水系统优化设计、优化调度、工艺过程管理等领域已取得大量的研究和应用成果，构成了水务行业人工智能技术快速发展的重要基础。随着传感器、物联网通信技术和人工智能模型算法等的发展和完善，新一代人工智能技术不断推广应用于给水排水管网系统节能等运行优化控制，提高系统运行效率。

(2) 智能物联网技术

智能物联网当前在给水排水行业中的典型应用是自动抄表（Automatic Meter Reading）和智能控制。通过有线或无线传输的自动抄表，显著提高了对于供水系统中实时水量的认识和分析，在管网运行控制与管理中发挥了重要作用。通过远程自动控制阀门进行管网中供水压力的实时调节，在减少管网漏损工作中取得了良好的实际效果；智能管材、智能消火栓等一系列基于传感器和通信技术的新型供水设备也已在行业内得到越来越多的实际应用，见表 10.1。

**智能物联网供水设备功能与应用　　表 10.1**

| 设备类别 | 主要功能 | 人工智能应用 |
|---|---|---|
| 在线流量计、智能水表 | 供水系统中管道的流量在线计量，用户用水量的在线计量 | 分区计量和水量分析，漏损控制，优化运行调度 |
| 智能消火栓 | 未授权用水的监控报警，消防栓水量在线监测计量 | 漏损控制，管网运行安全监控 |

续表

| 设备类别 | 主要功能 | 人工智能应用 |
| --- | --- | --- |
| 智能控制阀门 | 根据设定压力自主调节开度 | 漏损控制，优化运用控制，爆管防控 |
| 智能水泵 | 根据反馈信息自主变频调节，根据工作温度、振动数据自主报警 | 供水运行安全监控，优化运行调度 |

随着人工智能技术的快速发展，给水排水行业中的各类智能设备还将进一步在硬件方面集成智能分析技术，从而使智能设备与智能算法融合和集成，不断提高和完善给水排水管网的智能化管理水平，同时为人工智能技术的不断发展提供广阔应用和发展前景。

## 思 考 题

1. 为了管理管网，平时应该积累哪些技术资料？
2. 如何发现管网漏水部位？
3. 为什么要测定管网压力？
4. 管线中的流量如何测定？
5. 什么是管网地理信息系统？为什么要建立管网地理信息系统？
6. 管网检测的内容有哪些？使用什么设备和仪器？
7. 什么是管网建模？常用管网计算机模型有哪些？
8. 什么是智慧水务？为什么要用智慧水务？

# 第 11 章　给水排水管道材料附件和维护

## 11.1　给水排水管道材料

管道是给水排水工程中投资最大并且作用最为重要的组成部分，管道的材料和质量是影响给水排水工程质量和运行安全的关键。管道是工厂化生产的标准化产品，通过采购和运输过程，在施工现场埋设和连接。给水排水管道有多种制作材料和产品规格。

### 11.1.1　给水管道材料

给水管道可分金属管（铸铁管和钢管等）和非金属管（预应力钢筋混凝土管、玻璃钢管、塑料管等）。管道材料的选择，取决于管道承受的水压、外部荷载、地质及施工条件、市场供应情况等。按照给水工程设计和运行的要求，给水管道应具有良好的耐压力和封闭性，管道材料应耐腐蚀，内壁不结垢、光滑、管路畅通，使管网运行安全可靠，水质稳定，节省输水能量。

在管网中的专用设备和配件包括：阀门、消火栓、通气阀、放空阀、冲洗排水阀、减压阀、调流阀、水锤消除器、检修人孔、伸缩器、存渣斗、测流测压设备等。

（1）铸铁管

根据铸铁管制造过程中采用的材料和工艺的不同，可分为灰铸铁管和球墨铸铁管，后者的质量和价格比前者高，两者的产品规格基本相同，其外形如图 11.1 所示，连接方式主要有两种形式：承插式和法兰式，如图 11.2 所示。

承插式接口适用于埋地管线，安装时将插口插入承口内，两口之间的环形空隙用接口材料填实。接口材料一般可用橡胶圈、膨胀性水泥或石棉水泥，特殊情况下也可用青铅接口。膨胀性填料接口是利用材料的膨胀性达到接口密封的目的。承插式铸铁管采用橡胶圈接口时，安装时无需敲打接口，因而减轻了劳动强度，并加快施工进度。

法兰接口的优点是接头严密，检修方便，常用于连接泵站内或水塔的进、出水管。为使接口不漏水，在两法兰盘之间嵌以 3～5mm 厚的橡胶垫片。

在管线转弯、分支、直径变化以及连接其他附属设备处，需采用各种标准铸铁水管配件。例如承接分支管用丁字管和十字管；管线转弯处采用各种角度的弯管：变换管径处采用渐缩管；改变接口形式处采用短管，如连接法兰式和承插式铸铁管处用承盘短管；还有修理管线时用的配件，接消火栓用的配件等。

1）灰铸铁管

灰铸铁管具有良好的密封性和较强的耐腐蚀性，曾经是城市供水系统中使用最广的管道材料。但由于其制造工艺的缺陷，质地较脆，抗冲击和抗振能力较差，质量较大，经常发生接口漏水，水管断裂和爆管事故，给生产带来很大的损失。近年来，我国城市供水管网中，已逐渐停止使用灰铸铁管，广泛使用材料性能优越的球墨铸铁管材。

图 11.1 铸铁管敷设施工现场

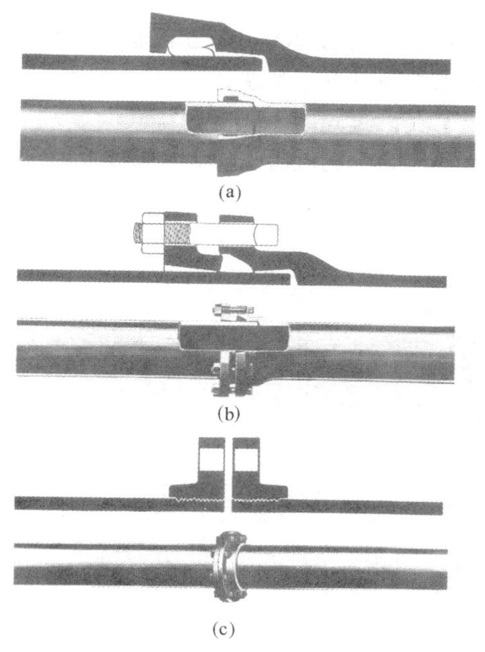


图 11.2 铸铁管连接方式
(a) 承插式连接；(b) 承插式法兰加固连接；
(c) 法兰连接

2) 球墨铸铁管

球墨铸铁管具有灰铸铁管的许多优点，而且机械性能有很大提高，其强度是灰铸铁管的多倍，抗腐蚀性能远高于钢管，因此成为理想的供水管材。球墨铸铁管的质量较轻，很少发生爆管、渗水和漏水现象，可以减少管网漏损率和管网维修费用。球墨铸铁管采用推入式楔形胶圈柔性承插接口，也可用法兰接口，施工安装方便，接口的水密性好，有适应地基变形的能力，抗振效果好。

球墨铸铁管在给水工程中已有 60 多年的使用历史，在欧美发达国家已基本取代了灰铸铁管。近年来，随着工业技术的发展和给水工程质量要求的提高，我国已推广和普及使用球墨铸铁管，逐步取代灰铸铁管。据统计，球墨铸铁管的爆管事故发生率仅为普通灰铸铁管的 1/16。球墨铸铁管主要优点是耐压力高，管壁比灰铸铁管薄 30%～40%，因而质量较灰铸铁管轻，同时，它的耐腐蚀能力优于钢管，球墨铸铁管的使用寿命可达灰铸铁管的 1.5～2.0 倍，是钢管的 3～4 倍。已经成为我国城市供水管道工程中的推荐使用管材。

(2) 钢管

钢管有无缝钢管和焊接钢管两种。钢管的特点是耐高压、耐振动、质量较轻、单管的长度大和接口方便，但承受外荷载的稳定性差，耐腐蚀性差，管壁内外都需有防腐措施，并且造价较高。在给水管网中，通常只在管径大和水压高处，以及因地质、地形条件限制或穿越铁路、河谷和地震地区时使用。

钢管用焊接或法兰连接，所用配件如三通、四通、弯管和渐缩管等，由钢板卷焊而成，也可直接用标准铸铁配件连接。

（3）预应力和自应力钢筋混凝土管

预应力钢筋混凝土管分普通和加钢套筒两种，其特点是造价低，抗振性能强，管壁光滑，水力条件好，耐腐蚀，爆管发生率低，但质量大，不便于运输和安装。预应力钢筋混凝土管在设置阀门、弯管、排气、放水等装置处，需采用钢管配件。其外形如图 11.3 所示。预应力钢筒混凝土管是在预应力钢筋混凝土管内放入钢筒，其用钢量比钢管省，价格比钢管便宜。接口为承插式，承口环和插口环均用扁钢压制成型，与钢筒焊成一体。

自应力管是用自应力混凝土并配置一定数量的钢筋制成的。制管工艺简单，成本较低。但由于容易出现二次膨胀及横向断裂，目前主要用于小型供水系统中。

图 11.3　预应力钢筋混凝土管

近年来，一种新型的钢板套筒加强混凝土管（称为 PCCP 管）在大型输水工程项目中得到应用，受到设计和工程主管部门的重视。钢筒预应力管是管芯中间夹有一层 1.5mm 左右的薄钢筒，然后在环向施加一层或二层预应力钢丝。这一技术是法国 Bonna 公司最先研制。国内在 20 世纪 90 年代引进这一制管工艺，其中主要设备有薄钢板直缝焊卷筒设备，钢筒水压检验设备，管芯振动成型蒸养设备，混凝土搅拌、提升设备，预应力钢丝缠绕设备，砂浆喷涂设备，承、插口环成型、高频对焊设备。目前制造的最大管径达 *DN*4000mm 以上，单根管材长度为 6m，工作压力 0.2～2.5MPa。

（4）玻璃钢管

玻璃钢管是一种新型的非金属材料，以玻璃纤维和环氧树脂为基本原料预制而成，耐腐蚀，内壁光滑，质量轻。

在玻璃钢管的基础上发展起来的玻璃纤维增强塑料夹砂管（简称玻璃钢夹砂管或 RPM 管），增加了玻璃钢管的刚性和强度，在我国给水管道中也开始得到应用。RPM 管用高强度的玻纤增强塑料作内、外面板，中间以树脂和石英砂作芯层组成一夹芯结构，以提高弯曲刚度，并辅以防渗漏和满足水质稳定要求（例如达到食品级标准或耐腐蚀）的内衬层形成一复合管壁结构，满足地下埋设的大口径供水管道和排污管道使用要求。

RPM 管直管的公称直径 *DN*600～*DN*3500；工作压力 *PN*0.6～2.4MPa；标准的刚度等级为 2500、5000、10000N/$m^2$。RPM 管的配件如三通、弯管等可用直管切割加工并拼接粘合而成。直管的连接可采用承插口和双“O”形橡胶圈密封，也可将直管与管件的端头都制成平口对接，外缠树脂与玻璃布。拼合处需用树脂、玻璃布、玻璃毡和连续玻璃纤维等局部补强。玻璃钢管亦可制成法兰接口，与其他材质的法兰连接。

（5）塑料管

塑料管具有强度高、表面光滑、不易结垢、水头损失小、耐腐蚀、质量轻、加工和接口方便等优点，但是管材的强度较低，膨胀系数较大，用做长距离管道时，需考虑温度补偿措施，例如伸缩节和活络接口。

塑料管有多种，如聚丙烯腈-丁二烯-苯乙烯塑料管（ABS）、聚乙烯管（PE）和聚丙烯塑料管（PP）、硬聚氯乙烯塑料管（UPVC）等，其中以UPVC管的力学性能和阻燃性能较好，价格较低，因此应用较广。

与铸铁管相比，塑料管的水力性能较好，由于管壁光滑，在相同流量和水头损失情况下，塑料管的管径可比铸铁管小；塑料管相对密度在1.40左右，比铸铁管轻，又可采用除胶圈柔性承插接口，抗振和水密性较好，不易漏水，可以提高施工效率，降低施工费用。

上述各种材料的给水管多数埋在道路下。水管管顶以上的覆土深度，在不冰冻地区由外部荷载、水管强度以及与其他管线交叉情况等决定，金属管道的管顶覆土深度通常不小于0.7m。非金属管的管顶覆土深度应大于1～1.2m，覆土必须夯实，以免受到动荷载的作用而影响水管强度。冰冻地区的覆土深度应考虑土壤的冰冻线深度。在土壤耐压力较高和地下水位较低处，水管可直接埋在管沟中未扰动的天然地基上。

一般情况下，铸铁管、钢管、承插式钢筋混凝土管可以不设基础。在岩石或半岩石地基处，管底应垫砂铺平夯实，金属管的砂垫层厚度至少为100mm，非金属管道不小于150～200mm。如遇流砂或通过沼泽地带，承载能力达不到设计要求时，需进行基础处理。

### 11.1.2 排水管道材料

排水管道系统一般采用预制的圆形管道铺成。当管道设计断面较大时，可不采用预制管道而就地按图建造，断面亦不限于圆形，称为沟渠。排水管道和沟渠统称为排水管渠。管渠必须不漏水，不能渗入，亦不能渗出。如果地下水渗入管渠，则会增加管渠流量，降低管渠的排水能力。如果污水从管渠中渗出，将污染临近地下水。在大孔性土壤地区，渗出水将破坏土壤结构，降低地基承载力，并可能造成管道本身下陷或邻近建筑业破坏。某些污水和地下水有侵蚀性，排水管渠应能抵抗这种侵蚀。为了使水流畅通，管道的内壁面应整齐光滑。在管道强度方面，管渠不仅要能承担外压力（土压力和车辆压力），而且应当有足够的强度保证在运输和施工中不致破裂。由于管道的造价是整个排水系统造价的主要部分，管渠材料的正确选择，对降低整个管渠系统的造价具有重要意义。

（1）非金属管道

非金属管道一般是预制的圆形断面管道，水力性能好，便于预制，价格较低，能承受较大荷载，运输和养护也较方便。大多数的非金属管道的抗腐蚀性和经济性均优于金属管。只有在特殊情况下才采用金属管。

1）混凝土管

混凝土管适用于排除雨水、污水。管口通常有承插式、企口式和平口式，如图11.4

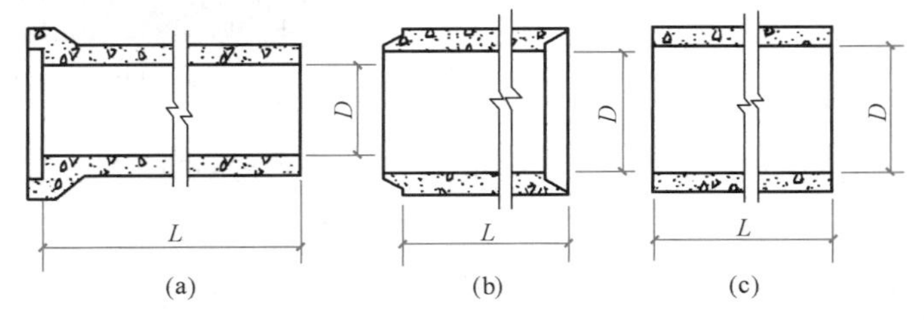


图11.4 混凝土和钢筋混凝土排水管道的管口形式

(a) 承插式；(b) 企口式；(c) 平口式

所示。混凝土管的管径一般小于 450mm，长度一般为 1m。

混凝土管一般在专门的工厂预制，但也可现场浇制。混凝土管的制造方法主要有三种：捣实法、压实法和振荡法。捣实法是用人工捣实管模中的混凝土；压实法是用机器压制管胚（适用于制造管径较小的管子）；振荡法是用振荡器振动管模中的混凝土，使其密实。

混凝土管的原料充足，设备、制造工艺简单，所以被广泛采用。它的缺点是抗蚀性较差，抗渗性能也较差，管节短，接头多。

2）钢筋混凝土管

口径 500mm 以及更大的混凝土管通常都加钢筋，口径 700mm 以上的管子采用内外两层钢筋，钢筋的混凝土保护层为 25mm。钢筋混凝土管适用于排除雨水、污水等。当管道埋深较大或敷设在土质条件不良的地段，以及穿越铁路、河流、谷地时都可采用钢筋混凝土管。

钢筋混凝土管的管口有三种做法：承插、企口和平口。采用顶管法施工时常用平口管，以便施工。

钢筋混凝土管制造方法主要有三种：捣实法、振荡法和离心法。前面两种方法和混凝土管的捣实、振荡制造法基本相同，做出的管子为承插管（小管）或企口管（大管，口径 700mm 以上的管子多用企口）。

3）陶土管

陶土管能满足污水管道在技术方面的各种要求，耐酸性很好，特别适用于排除酸性废水。陶土管的缺点是质脆易碎，不宜敷设在松土中。

陶土管是由塑性耐火黏土制成的。为了防止在焙烧过程中产生裂缝应加入耐火黏土（有时并掺有若干矿砂）。在焙烧过程中向窑中撒食盐，目的在于食盐和黏土的化学作用而在管子的内外表面形成一种酸性的釉，使管子表面光滑、耐磨、防蚀、不透水。陶土管的管径一般不超过 600mm，因为口径大的管子烧制时容易变形，难以接合，废品率高；其管长在 0.8～1.0m 之间，在平口端的齿纹和钟口端的齿纹部分都不上釉，以保证接头填料和管壁牢固接合。

4）塑料排水管

如在给水管道中的应用一样，塑料管具有表面光滑、水力性能好、水头损失小、耐腐蚀、不易结垢、质量轻、加工和接口方便、漏水率低等优点，在排水管道建设中也正在逐步得到应用和普及。塑料排水管的制造材料亦主要是聚丙烯腈-丁二烯-苯乙烯（ABS）、聚乙烯（PE）、高密度聚乙烯（HDPE）、聚丙烯（PP）、硬聚氯乙烯（UPVC）等，其中 PE、HDPE 和 UPVC 管的应用较广。图 11.5 所示为 HDPE 波纹排水管。

图 11.5　HDPE 波纹排水管

采用不同材料和制造工艺，批量生产各种规格的塑料排水管道，管道内径从 15mm 到 4000mm，可以满足室内外排水及工业废水排水管道建设的需要。在排水管道工程设计中，可以根据工程要求和技术经济比较进行选择和应用。

（2）金属管

通用的金属管是铸铁管和钢管，由于价格较高，在排水管网中一般较少采用。只有在外力荷载很大或对渗漏要求特别高的场合下才采用金属管。例如，在穿过铁路时或在贴近给水管道或房屋基础时，一般都采用金属管，在土崩或地震地区最好用钢管。此外，在压力管线（倒虹管和水泵出水管）上和施工特别困难的场合（例如地下水高，流砂情况严重），亦常采用金属管。

在排水管道系统中采用的金属管主要是铸铁管。钢管亦可使用无缝钢管或焊接钢管。采用钢管时必须衬涂刷防腐涂料，并注意绝缘。

在选择排水管道时，应尽可能就地取材，采用易于制造、供应充足的。在考虑造价时，既要考虑沟管本身的价格，还要考虑施工费用和使用年限。例如，在施工条件差（地下水位高或有流砂等）的场合，采用较长的管道可以减少管接头，可以降低施工费用；在地基承载力差的场合，强度高的长管对基础要求低，可以减少敷设费用。在有内压力的沟段上，就必须用金属管或钢筋混凝土管；输送侵蚀性废水或管外有侵蚀性地下水时，最好用塑料管或陶土管；当侵蚀性不太强时，也可以考虑用混凝土管或特种水泥浇制的混凝土管等。

（3）沟渠

排水沟渠的断面较大时，可根据需要在现场浇制或砌装。使用的材料可为混凝土，钢筋混凝土，砖、石、混凝土块，钢筋混凝土块等。其断面形式可不采用圆形，而是根据力学、水力学、经济性和养护管理上的要求来选择沟渠的断面形式。图 11.6 为常用的沟渠断面形式。

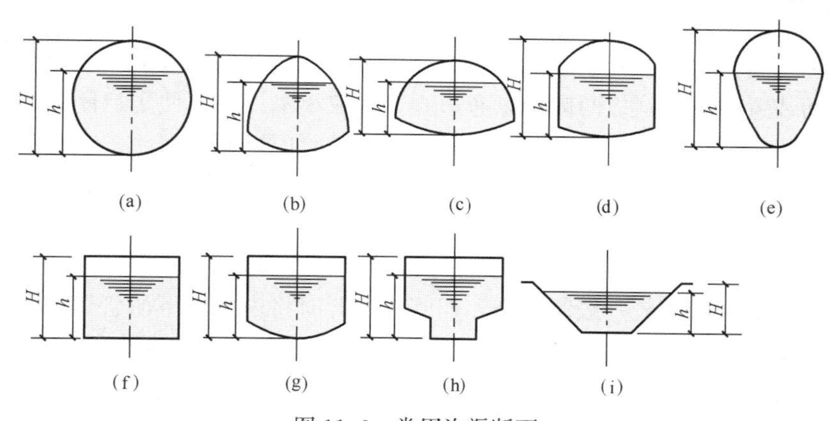


图 11.6　常用沟渠断面

（a）圆形；（b）半椭圆形；（c）马蹄形；（d）拱顶矩形；（e）蛋形；（f）矩形；（g）弧形流槽的矩形；（h）带低流槽的矩形；（i）梯形

半椭圆形断面在土压力和荷载较大时，可以较好地分配管壁压力，因而可减小管壁厚度。在污水流量无大变化及沟渠直径大于 2m 时，采用此种形式的断面较为合适。

马蹄形断面，其高度小于宽度。在地质条件较差或地形平坦需尽量减少埋深时，可采用此种形式的断面。由于这种断面下部较大，适宜于输送流量变化不大的大流量污水。

蛋形断面由于底部较小，从理论上讲，在小流量时仍可维持较大的流速，从而可减少淤积。以往，在合流制沟道中较多采用。但实践证明，这种断面的渠道淤积相当严重，养护和清通工作比较困难。

矩形断面可以按需要增加深度，以增大排水量。工业企业的污水沟道、路面狭窄地区的排水沟道以及排洪沟道常采用这种断面形式。

在矩形断面基础上加以改进，可做成拱顶矩形，弧底矩形，凹底矩形。凹底矩形断面的管渠，适用于合流制排水系统，以保持一定的充满度和流速，减轻淤积程度。

梯形断面适用于明渠，它的边坡取决于土壤性质和铺砌材料。

## 11.2　给水管网附件

给水管网的附件主要有调节流量用的阀门、供应消防用水的消火栓、监测管网流量的流量计等，其他还有控制水流方向的单向阀、安装在管线高处的排气阀和安全阀等。

(1) 阀门

阀门用来调节管线中的流量或水压。阀门的布置要数量少而调度灵活。主要管线和次要管线交接处的阀门常设在次要管线上。承接消火栓的水管上要安装阀门。

阀门的口径一般和水管的直径相同，但当管径较大以致阀门价格较高时，为了降低造价，可安装口径为水管直径 0.8 倍的阀门。

阀门内的闸板有楔式和平行式两种。根据阀门使用时阀杆是否上下移动，可分为明杆和暗杆两种。明杆是阀门启闭时，阀杆随之升降，因此易于掌握阀门启闭程度，适宜于安装在泵站内。暗杆适用于安装和操作地位受到限制之处，否则，当阀门开启时因阀杆上升而妨碍工作。一般采用的手动法兰暗杆楔式阀门如图 11.7 所示，由手工启闭，用法兰连接，阀杆不上下移动，闸板为楔式。

大口径的阀门，在手工开启或关闭时，很费时间，劳动强度也大。所以直径较大的阀门有齿轮传动装置，并在闸板两侧接以旁通阀，以减小水压差，便于启闭。开启阀门时先开旁通阀，关闭阀门时则后关旁通阀，或者应用电动阀门以便于启闭。安装在长距离输水管上的电动阀门，应限定开启和闭合的时间，以免因启闭过快而出现水锤现象使水管损坏。

蝶阀（图 11.8）的作用和上述普通阀门相同，但结构简单，开启方便，旋转 90°，就可全开或全关。蝶阀宽度较一般阀门小，但闸板全开时将占据上下游管道的位置，因此不能紧贴楔式和平行式阀门旁安装。蝶阀可用在中、低压管线上，例如水处理构筑物和泵站内。

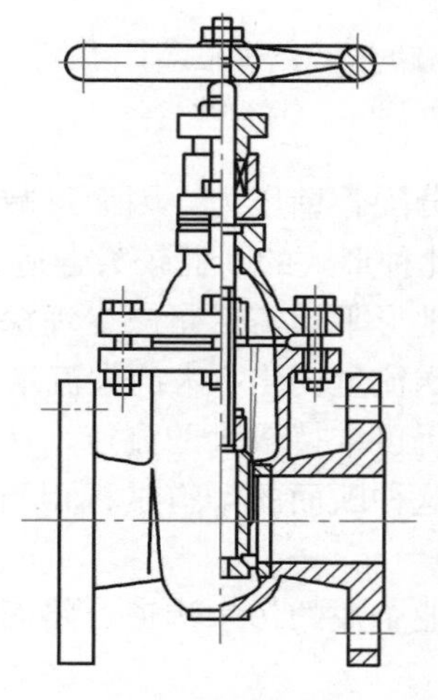

图 11.7　手动法兰暗杆楔式阀门

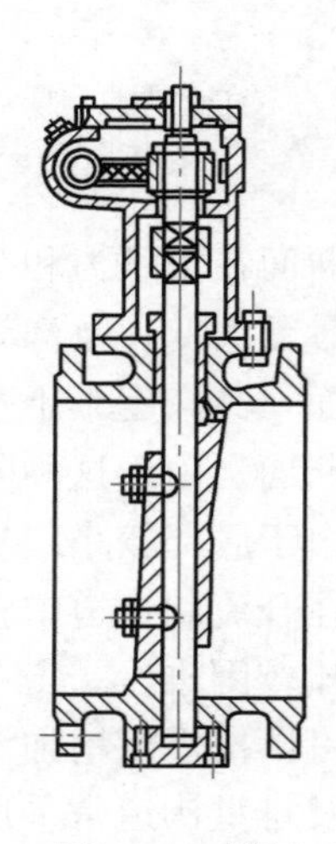

图 11.8　蝶阀

（2）止回阀

止回阀（图 11.9）是限制压力管道中的水流朝一个方向流动的阀门。阀门的闸板可绕轴旋转。水流方向相反时，闸板因自重和水压作用而自动关闭。止回阀一般安装在水压大于 196kPa 的泵站出水管上，防止因突然断电或其他事故时水流倒流而损坏水泵设备。

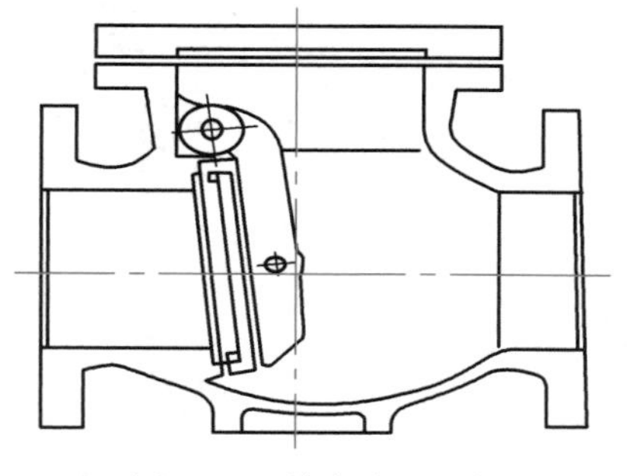
图 11.9 旋启式止回阀

在直径较大的管线上，例如工业企业的冷却水系统中，常用多瓣阀门的单向阀，由于几个阀瓣并不同时闭合，所以能有效地减轻水锤所产生的危害。

止回阀的类型除旋启式外，微阻缓闭止回阀和液压式缓冲止回阀还有防止水锤的作用。

（3）排气阀和泄水阀

排气阀安装在管线的隆起部分，使管线投产时或检修后通水时，管内空气可经此阀排出。平时用以排除从水中释出的气体，以免空气积在管中，以致减小过水断面积和增加管线的水头损失。长距离输水管一般随地形起伏敷设，在高处设排气阀。

一般采用的单口排气阀如图 11.10 所示，垂直安装在管线上。排气阀口径与管线直径之比一般采用（1∶8）～（1∶12）。排气阀放在单独的阀门井内，也可和其他配件合用一个阀门井。

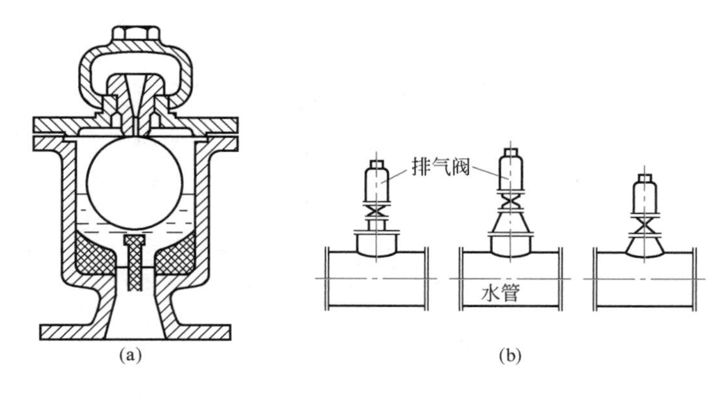

图 11.10 给水管道排气阀
（a）阀门构造；（b）安装方式

在管线的最低点须安装泄水阀，它和排水管连接，以排除水管中的沉淀物以及检修时放空水管内的存水。泄水阀和排水管的直径由所需放空时间决定。放空时间可按一定工作水头下孔口出流公式计算。为加速排水，可根据需要同时安装进气管或进气阀。

（4）消火栓

消火栓分地上式和地下式，后者适用于气温较低的地区，其安装情况如图 11.11 和图 11.12 所示。每个消火栓的流量为 10～15L/s。

地上式消火栓一般布置在交叉路口消防车可以驶近的地方。地下式消火栓安装在阀门井内。

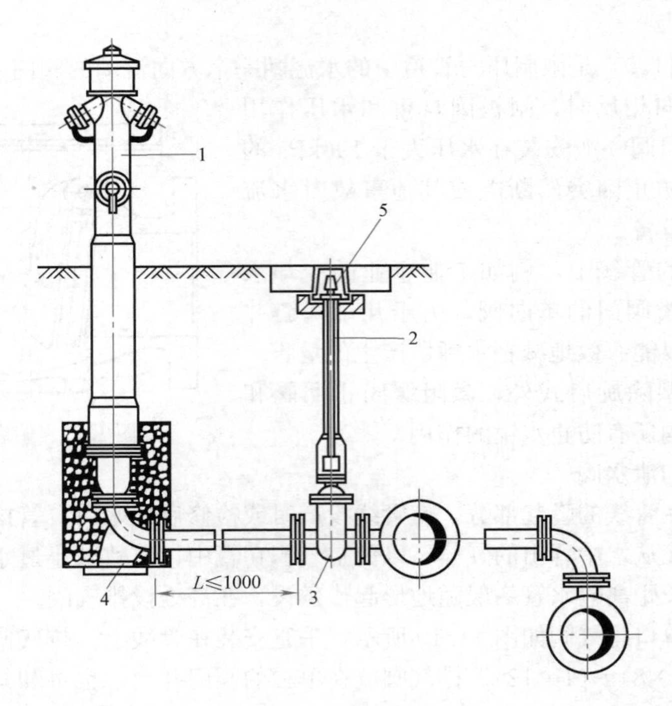


图 11.11　地上式消火栓

1—地上式消水栓；2—阀杆；3—阀门；4—弯头支座；5—阀门套筒

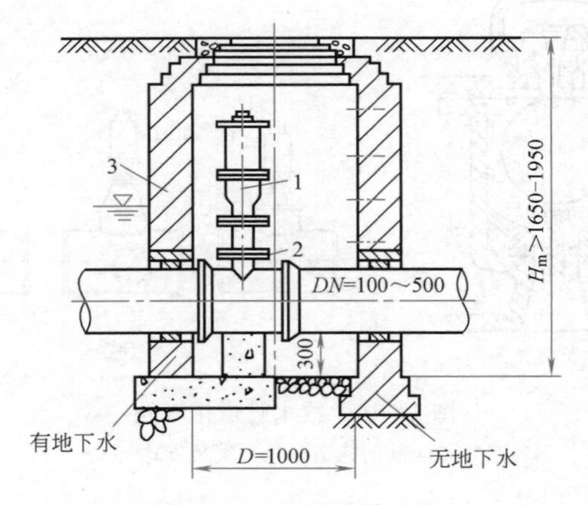


图 11.12　地下式消火栓

1—消火栓；2—消火栓三通；3—消火栓井

## 11.3　给水管网附属构筑物

(1) 阀门井

管网中的附件一般应安装在阀门井内。为了降低造价，配件和附件应布置紧凑。阀门井的平面尺寸，取决于水管直径以及附件的种类和数量。但应满足阀门操作和安装拆卸各种附件所需的最小尺寸。井的深度由水管埋设深度确定。但是，井底到水管承口或法兰盘底的距离至少为 0.1m，法兰盘和井壁的距离宜大于 0.15m，从承口外缘到井壁的距离，应在 0.3m 以上，以便于接口施工。

阀门井一般用砖砌，也可用石砌或钢筋混凝土建造。阀门井的形式根据所安装的附件类型、大小和路面材料而定。例如直径较小、位于人行道上或简易路面以下的阀门，可采用阀门套筒（图 11.13），但在寒冷地区，因阀杆易被渗漏的水冻住，因而影响开启，所以一般不采用阀门套筒。安装在道路下的大阀门，可采用图 11.14 所示的阀门井。位于地下水位较高处的阀门井，井底和井壁应不透水，在水管穿越井壁处应保持足够的水密性。阀门井应有抗浮稳定性。

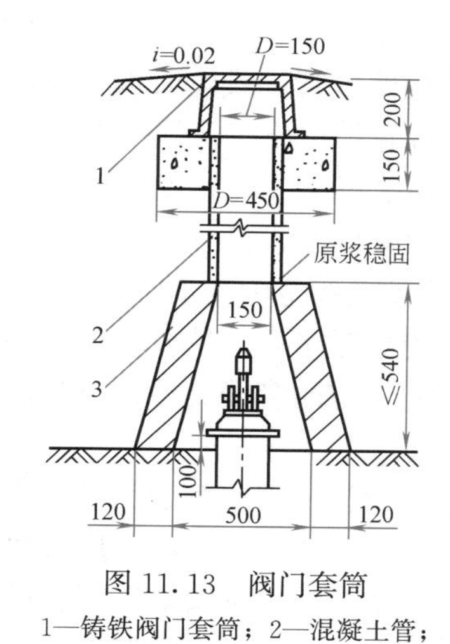


图 11.13 阀门套筒

1—铸铁阀门套筒；2—混凝土管；3—砖砌井

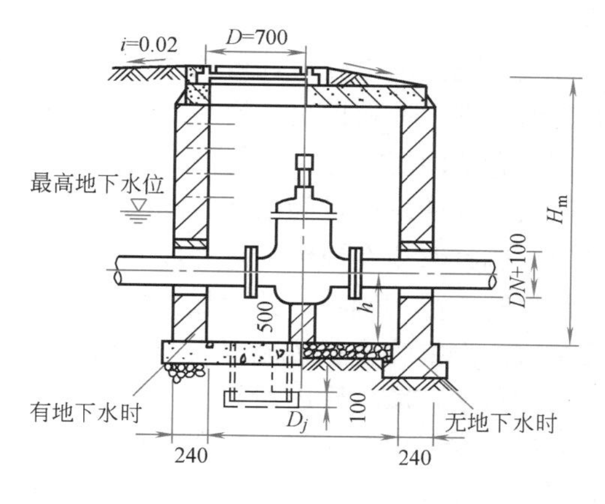


图 11.14 阀门井

（2）支墩

承插式接口的管线，在弯管处、三通处、水管尽端的盖板上以及缩管处，都会产生拉力，接口可能因此松动脱节而使管线漏水，因此在这些部位须设置支墩以承受拉力和防止事故。但当管径小于 300mm 或转弯角度小于 10°，且水压力不超过 980kPa 时，因接口本身足以承受拉力，可不设支墩。

给水承插铸铁管道的支墩可参见标准图。图 11.15 表示水平方向弯管的支墩构造，用砖、混凝土或浆砌块石砌成。

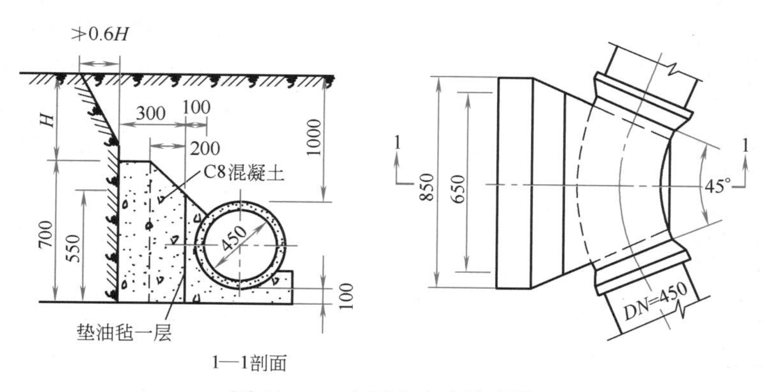


图 11.15 水平方向弯管支墩

(3) 管线穿越障碍物

给水管线通过铁路、公路和河谷时，必须采取安全防护措施。

管线穿越铁路时，其穿越地点、方式和施工方法，应遵守有关铁道部门穿越铁路的技术规范。根据铁路的重要性，采取如下措施：穿越临时铁路或一般公路，或非主要路线且水管埋设较深时，可不设套管；穿越较重要的铁路或交通频繁的公路时，水管须放在钢筋混凝土套管内，套管直径根据施工方法而定，大开挖施工时应比给水管直径大 300mm，顶管法施工时应较给水管的直径大 600mm。穿越铁路或公路时，水管管顶应在铁路路轨底或公路路面以下 1.2m 左右。管道穿越铁路时，两端应设检查井，井内设阀门或排水管等。

管线穿越河川山谷时，可利用现有桥梁架设水管，或敷设倒虹管，或建造水管桥，应根据河道特性、通航情况、河岸地质地形条件、过河管材料和直径、施工条件选用。

倒虹管从河底穿越，其优点是隐蔽，不影响航运，但施工和检修不便。倒虹管设置一条或两条，在两岸应设阀门井。阀门井顶部标高应保证洪水时不致淹没。井内有阀门和排水管等。倒虹管顶在河床下的深度，一般不小于 0.5m，但在航道线范围内不应小于 1m。

倒虹管一般用钢管，并须加强防腐措施。当管径小、距离短时可用铸铁管，但应采用柔性接口。倒虹管直径按流速大于不淤流速计算，通常小于上下游的管线直径，以降低造价和增加流速，减少管内淤积。

大口径水管由于质量大，架设在桥下有困难时，可建造水管桥，架空跨越河道。水管桥应有适当高度以免影响航行。架空管一般用钢管或铸铁管，为便于检修可以用青铅接口，也有采用承插式预应力钢筋混凝土管。在过桥水管或水管桥的最高点，应安装排气阀，并且在桥管两端设置伸缩接头。在冰冻地区应有适当的防冻措施。

钢管过河时，本身也可作为承重结构，称为拱管，施工简便，并可节省架设水管桥所需的支承材料。一般拱管的矢高和跨度比约为 1/8～1/6。拱管在两岸有支座，以承受作用在拱管上的各种作用力。

(4) 调节构筑物

调节构筑物用来调节管网内的流量，有水塔和水池等。建于高地的水池的作用和水塔相同，既能调节流量，又可保证管网所需的水压。当城市或工业区靠山或有高地时，可根据地形建造高地水池。如城市附近缺乏高地，或因高地离给水区太远，以致建造高地水池不经济时，可建造水塔。中小城镇和工矿企业等建造水塔以保证水压的情况比较普遍。

1) 水塔

多数水塔采用钢筋混凝土建造。也可采用装配式和预应力钢筋混凝土水塔。装配式水塔可以节约模板用量。塔体形状有圆筒形和支柱式，如图 11.16 所示。

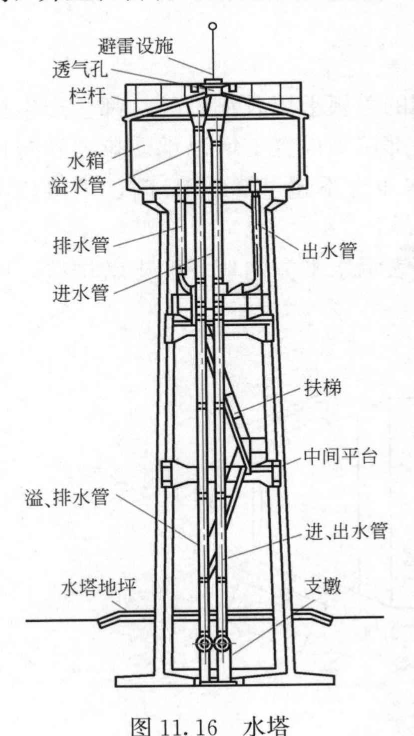

图 11.16　水塔

2) 水池

水池应有单独的进水管和出水管，应保证池内水流的循环。此外应有溢水管，管径和进水管相同，管端有喇叭口，管上不设阀门。水池的排水管接到集水坑内，管径一般按 2h 内将池水放空计算。容积在 $1000m^3$ 以上的水池，至少应设两个检修孔。为使池内自然通风，应设若干通风孔，高出水池覆土面 0.7m 以上。池顶覆土厚度视当地平均室外气温而定，一般在 0.5～1.0m 之间，气温低则覆土应厚些。当地下水位较高，水池埋深较大时，覆土厚度需按抗浮要求决定。为便于观测池内水位，可装置浮标水位尺或水位传示仪。

预应力钢筋混凝土水池可做成圆形或矩形（图 11.17），它的水密性高，对于大型水池，可较钢筋混凝土水池节约造价。

装配式钢筋混凝土水池也有采用。水池的柱、梁、板等构件事先预制，各构件拼装完毕后，外面再加钢箍，并加张力，接缝处喷涂砂浆使不漏水。

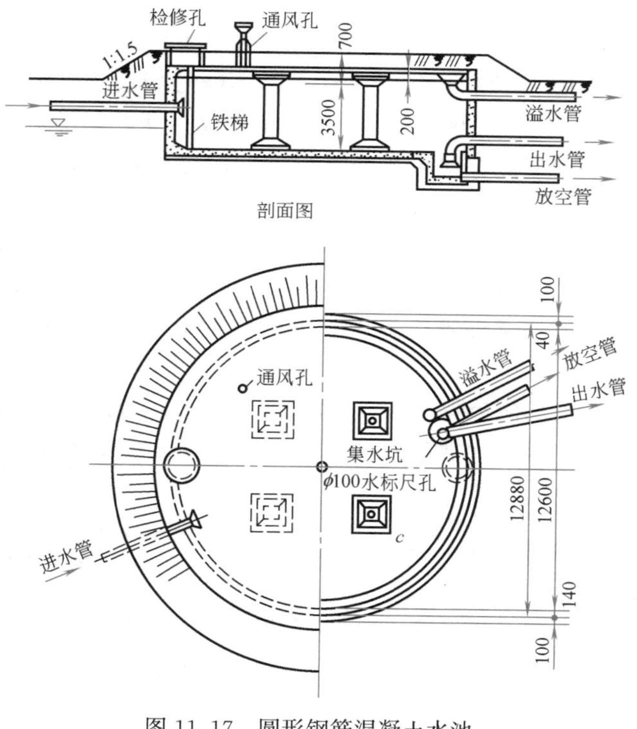

图 11.17　圆形钢筋混凝土水池

## 11.4　管道防腐蚀和修复

### 11.4.1　管道防腐蚀

腐蚀是金属管道的变质现象，其表现方式有生锈、坑蚀、结瘤、开裂或脆化等。金属管道与水或潮湿土壤接触后，因化学作用或电化学作用产生的腐蚀而遭到损坏。按照腐蚀过程的机理，可分为没有电流产生的化学腐蚀，以及形成原电池而产生电流的电化学腐蚀（氧化还原反应）。给水管网在水中和土壤中的腐蚀，以及流散电流引起的腐蚀，都是电化学腐蚀。

影响电化学腐蚀的因素很多，例如，钢管和铸铁管氧化时，管壁表面可生成氧化膜，腐蚀速度因氧化膜的作用而越来越慢，有时甚至可保护金属不再进一步腐蚀，但是氧化膜必须完全覆盖管壁，并且附着牢固、没有透水微孔的条件下，才能起保护作用。水中溶解氧可引起金属腐蚀，一般情况下，水中含氧越多，腐蚀越严重，但对钢管来说，此时在内壁产生保护膜的可能性越大，因而可减轻腐蚀。水的 pH 明显影响金属管的腐蚀速度，pH 越低腐蚀越快，中等 pH 时不影响腐蚀速度，pH 高时因金属管表面形成保护膜，腐蚀速度减慢。水的含盐量对腐蚀的影响是：含盐量越高则腐蚀越快。

防止给水管腐蚀的方法有：

1）采用非金属管材，如预应力或自应力钢筋混凝土管、玻璃钢管、塑料管等。

2）在金属管表面上涂油漆、水泥砂浆、沥青等，以防止金属和水相接触而产生腐蚀。例如可将明设钢管表面打磨干净后，先刷 1～2 遍红丹漆，干后再刷两遍热沥青或防锈漆；埋地钢管可根据周围土壤的腐蚀性，分别选用各种厚度的正常、加强和特强防腐层。

3）阴极保护。采用管壁涂保护层的方法，并不能做到非常完美。这就需要进一步寻求防止水管腐蚀的措施。阴极保护是保护水管的外壁免受土壤侵蚀的方法。根据腐蚀电池的原理，两个电极中只有阳极金属发生腐蚀，所以阴极保护的原理就是使金属管成为阴极，以防止腐蚀。

阴极保护有两种方法。一种是使用消耗性的阳极材料，如铝、镁等，隔一定距离用导线连接到管线（阴极）上，在土壤中形成电路，结果是阳极腐蚀，管线得到保护，如图 11.18（a）所示。这种方法常在缺少电源、土壤电阻率低和水管保护涂层良好的情况下使用。

另一种是通入直流电的阴极保护法，如图 11.18（b），埋在管线附近的废铁和直流电源的阳极连接，电源的阴极接到管线上，可防止腐蚀，在土壤电阻率高（约 2500Ω・cm）或金属管外露时使用较宜。

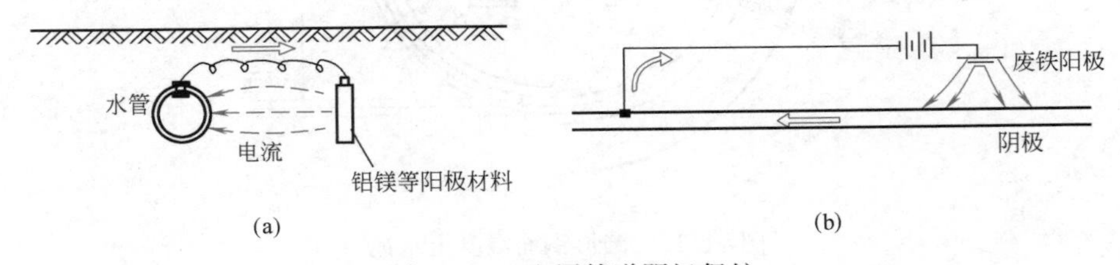


图 11.18　金属管道阴极保护

（a）不用外加电流的阴极保护法；（b）应用外加电流的阴极保护法

### 11.4.2　管道清垢和涂料

由于输水水质、水管材料、流速等因素，水管内壁会逐渐腐蚀而增加水流阻力，水头损失逐步增长，输水能力随之下降。根据有些地方的经验，涂沥青的铸铁管经过 10～20 年使用，粗糙系数 $n$ 值可增长到 0.016～0.018，内壁未涂水泥砂浆的铸铁管，使用 1～2 年后 $n$ 值即达到 0.025，而涂水泥砂浆的铸铁管，虽经长期使用，粗糙系数可基本上不变。为了防止管壁腐蚀或积垢后降低管线的输水能力，除了新敷管线内壁事先采用水泥砂浆涂衬外，对已埋地敷设的管线则有计划地进行刮管涂料，即清除管内壁积垢并加涂保护层，以恢复输水能力，节省输水能量费用和改善管网水质，这也是管理工作中的重要措施。

（1）管线清垢

产生积垢的原因很多，例如：金属管内壁被水侵蚀，水中的碳酸钙沉淀；水中的悬浮物沉淀；水中的铁、氯化物和硫酸盐的含量过高，以及铁细菌、藻类等微生物的滋长繁殖等。要从根本上解决问题，改善所输送水的水质是很重要的。

金属管线清垢的方法很多，应根据积垢的性质来选择。

松软的积垢，可提高流速进行冲洗。冲洗时流速比平时流速提高 3～5 倍，但压力不应高于允许值。每次冲洗的管线长度为 100～200m。冲洗工作应经常进行，以免积垢变硬后难以用水冲去。

用压缩空气和水同时冲洗，效果更好，其优点是：

1）清洗简便，水管中无需放入特殊的工具；

2）操作费用比刮管法、化学酸洗法为低；

3）工作进度较其他方法迅速；

4）用水流或气—水冲洗并不会破坏水管内壁的沥青涂层或水泥砂浆涂层。

水力清管时，管垢随水流排出。起初排出的水浑浊度较高，以后逐渐下降，冲洗工作直到出水完全澄清时为止。

用这种方法清垢所需的时间不长，管内的绝缘层不会破损，所以也可作为新敷设管线的清洗方法。气压脉冲射流法清洗管道的效果也是很好的，冲洗过程如图 11.19 所示，贮气罐中的高压空气通过脉冲装置 1、橡胶管 3、喷嘴 6 送入需清洗的管道中，冲洗下来的锈垢由排水管 5 排出。该法的设备简单，操作方便，成本不高。进气和排水装置可安装在检查井中，因而无需断管或开挖路面。

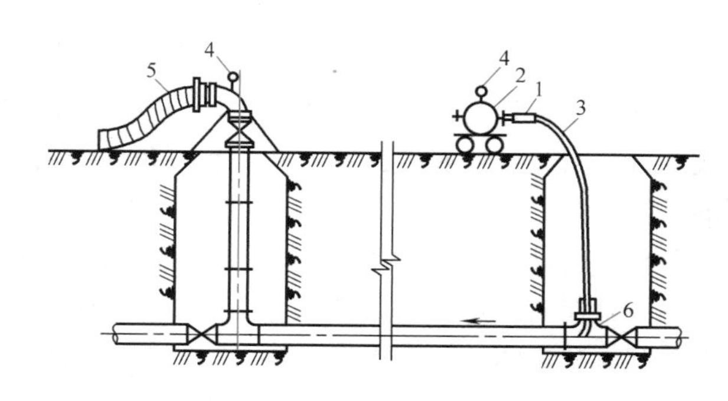


图 11.19　气压脉冲法冲洗管道

1—脉冲装置；2—贮气罐；3—橡胶管；4—压力表；5—排水管；6—喷嘴

坚硬的积垢须用刮管法清除。刮管法所用刮管器有多种形式，都是用钢绳绞车等工具使其在积垢的水管内来回拖动。图 11.20 所示的一种刮管器是用钢丝绳连接到绞车，适用于刮除小口径水管内的积垢。它由切削环、括管环和钢丝刷组成。使用时，先由切削环在水管内壁积垢上刻画深痕，然后刮管环把管垢刮下，最后用钢丝刷刷净。

大口径管道刮管时，可用旋转法刮管（图 11.21），情况和刮管器相类似，但钢丝绳拖动的是装有旋转刀具的封闭电动机。刀具可用与螺旋桨相似的刀片，也可用装在旋转盘上的链锤，刮垢效果较好。

刮管法的优点是工作条件较好，刮管速度快。缺点是刮管器和管壁的摩擦力很大，往返拖动比较困难，并且管线不易刮净。

也有用软质材料制成的清管器清通管道。清管器用聚氨醋泡沫制成，其外表面有高强

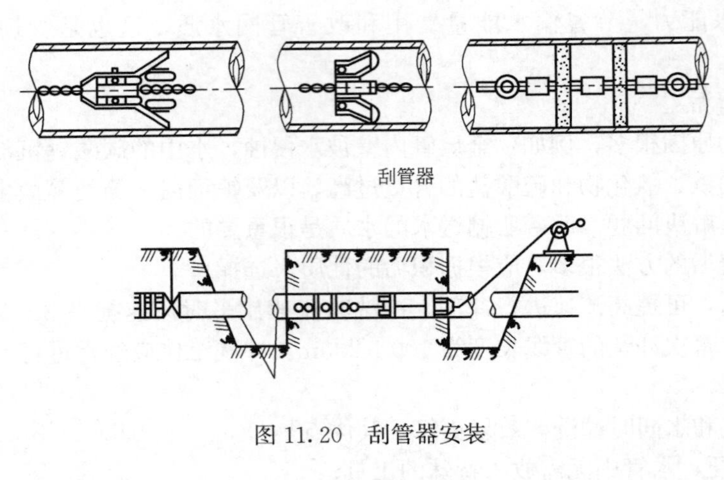


图 11.20　刮管器安装

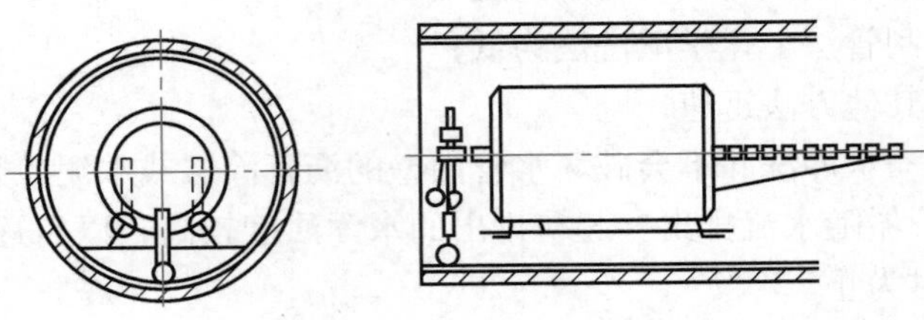

图 11.21　旋转法刮管器

度材料的螺纹，外径比管道直径稍大，清管操作由水力驱动，大小管径均可适用。其优点是成本低，清管效果好，施工方便，且可延缓结垢期限，清管后如不衬涂也能保持管壁表面的良好状态。它可清除管内沉积物和泥砂，以及附着在管壁上的铁细菌、铁锺氧化物等，对管壁的硬垢，如钙垢、二氧化硅垢等也能清除。清管时，通过消火栓或切断的管线，将清管器塞入水管内，利用水压力以 2～3km/h 的速度在管内移动。约有 10%的水从清管器和管壁之间的缝隙流出，将管垢和管内沉淀物冲走。冲洗水的压力随管径增大而减小。软质清管器可任意通过弯管和阀门。这种方法具有成本低、效果好、操作简便等优点。

除了机械清管法以外还可用酸洗法。将一定浓度的盐酸或硫酸溶液放进水管内，浸泡 14～18h 以去除碳酸盐和铁锈等积垢，再用清水冲洗干净，直到出水不含溶解的沉淀物和酸为止。由于酸溶液除能溶解积垢外，也会侵蚀管壁，所以加酸时应同时加入缓蚀剂，以保护管壁少受酸的侵蚀。这种方法的缺点是酸洗后，水管内壁变为光洁，如水质有侵蚀性，以后锈蚀可能更快。

（2）管壁防腐涂料

管壁积垢清除以后，应在管内衬涂保护涂料，以保持输水能力和延长水管寿命。一般是在水管内壁涂水泥砂浆或聚合物改性水泥砂浆。前者涂层厚度为 3～5mm，后者约为 1.5～2mm。水泥砂浆用 M50 硅酸盐水泥或矿渣水泥和石英砂，按水泥：砂：水＝1：1：（0.37～0.4）的比例拌合而成。聚合物改性水泥砂浆由 M50 硅酸盐水泥、聚醋酸乙烯乳剂、水溶性有机硅、石英砂等按一定比例配合而成。

衬涂砂浆的方法有多种。在埋管前预先衬涂，可用离心法，即用特制的离心装置将涂料均匀地涂在水管内壁上。对已埋管线衬涂时，也有用压缩空气的衬涂设备，利用压缩空气推动胶皮涂管器，由于胶皮的柔顺性，可将涂料均匀抹到管壁上。涂管时，压缩空气的压力为 29.4～49.0kPa。涂管器在水管内的移动速度为 1～12m/s；不同方向反复涂两次。

在直径 500mm 以上的水管中，可用特制的喷浆机喷涂水管内壁。

根据喷浆机的大小，一次喷浆距离约为 20～50m。图 11.22 为喷浆机的工作情况。

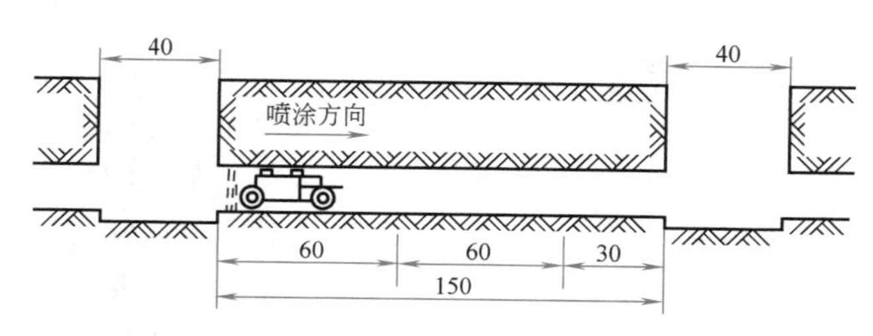


图 11.22 喷浆机工作情况（单位：m）

清除水管内积垢和加衬涂料的方法，对恢复输水能力的效果很明显，所需费用仅为新埋管线的 1/12～1/10，亦有利于保证管网的水质。但对地下管线清垢涂料时，所需停水时间较长，影响供水，使用上受到一定限制。

## 11.5 排水管道养护

排水管渠在建成通水后，为保证其正常工作，必须经常进行养护和管理。排水管渠内常见的故障有：污物淤塞管道；过重的外荷载、地基不均匀沉陷或污水的侵蚀作用，使管渠损坏、裂缝或腐蚀等。管理养护的任务是：(1) 验收排水管渠；(2) 监督排水管渠使用规则的执行；(3) 经常检查、冲洗或清通排水管渠，以维持其通水能力；(4) 修理管渠及其构筑物，并处理意外事故等。

### 11.5.1 排水管渠清通

管渠系统管理养护经常性的和大量的工作是清通排水管渠。在排水管渠中，往往由于水量不足，坡度较小，污水中污物较多或施工质量不良等原因而发生沉淀、淤积，淤积过多将影响管渠的通水能力，甚至使管渠堵塞。因此，必须定期清通。清通的方法主要有水力方法和机械方法两种。

(1) 水力清通

水力清通方法是用水对管道进行冲洗。可以利用管道内污水自冲，也可利用自来水或河水。用管道内污水自冲时，管道本身必须具有一定的流量，同时管内淤泥不宜过多(20%左右)。用自来水冲洗时，通常从消防龙头或街道集中给水栓取水，或用水车将水送到冲洗现场，一般在街坊内的污水支管，每冲洗一次需水约 2000～3000L。

图 11.23 为水力清通方法操作示意图。首先用一个一端由钢丝绳系在绞车上的橡皮气塞或木桶橡皮刷堵住检查井下游管段的进口，使检查井上游管段充水。待上游管中充满并在检查井中水位抬高至 1m 左右以后，突然放走气塞中部分空气，使气塞缩小，气塞便在水流的推动下往下游浮动而刮走污泥，同时水流在上游较大水压作用下，以较大的流速从

气塞底部冲向下游管段。这样，沉积在管底的淤泥便在气塞和水流的冲刷作用下排向下游检查井，管道得到清洗。

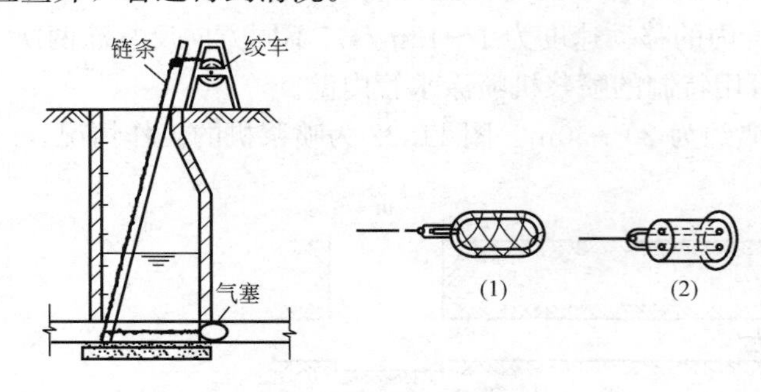


图 11.23　水力清通操作示意图
（1）橡皮气塞；（2）木桶橡皮刷

污泥排入下游检查井后，可用吸泥车抽吸运走。由于污泥含水率很高，采用泥水分离吸泥车，可以减少污泥的运输量，同时可以回收其中的水用于下游管段的清通。使用泥水分离吸泥车时，污泥被安装在卡车上的真空泵从检查井吸上来后，进入储泥罐经过筛板和工业滤布组成的脱水装置连续真空吸滤脱水。脱水后的污泥储存在罐内，而滤出的水则经车上的储水箱排至下游检查井内，整个操作过程均由液压控制系统自动控制。

近年来，有些城市采用水力冲洗车进行管道的清通。冲洗车由大型水罐、机动卷管器、加压水泵、高压胶管、射水喷头和冲洗工具箱等部分组成。它的操作过程系由汽车发动机供给动力，驱动加压水泵，将从水罐抽出的水加压到 1.1～1.2MPa；高压水沿高压胶管流到射水喷嘴，水流从喷嘴强力喷出，推动喷嘴向反方向运动，同时带动胶管在排水管道内前进；强力喷出的水柱也冲动管道内的沉积物使之成为泥浆并随水流流至下游检查井。当喷头到达下游检查井时，减小水的喷射压力，由卷管器自动将胶管抽回，抽回胶管时仍继续从喷嘴喷射出低压水，以便将残留在管内的污物全部冲刷到下游检查井，然后由吸泥车吸出。对于表面锈蚀严重的金属排水管道，可采用在射高压水中加入硅砂的喷枪冲洗，其效果更佳。

水力清通方法操作简便，效率较高，操作条件好，目前已得到广泛采用。

（2）机械清通

当管渠淤塞严重，淤泥已粘结密实，水力清通的效果不好时，需要采用机械清通方法。图 11.24 所示为机械清通的操作情况。它首先用竹片穿过需要清通的管渠段，一端系上钢丝绳，绳上系住清通工具的一端。在清通管渠段两端检查井上各设一架绞车，当竹片穿过管渠段后将钢丝绳系在一架绞车上，清通工具的另一端通过钢丝绳系在另一架绞车上。然后利用绞车往复绞动钢丝绳，带动清通工具将淤泥刮至下游检查井内，使管渠得以清通。绞车的动力可以是手动，也可以是机动，例如以汽车引擎为动力。

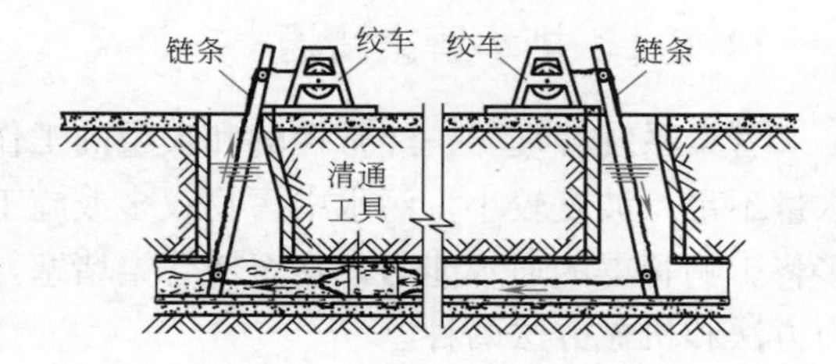


图 11.24　机械清通操作示意图

机械清通工具的种类很多，工具的大小应与管道管径相适应，当淤泥数量较多时，可先用小号清通工具，待淤泥清除到一定程度后再用与管径相适应的清通工具。

新型的排水管道清通工具还有气动式通沟机与钻杆通沟机清通管渠。气动式通沟机借压缩空气把清泥器从一个检查井送到另一个检查井，然后用绞车通过该机尾部的钢丝绳向后拉，清泥器的翼片即行张开，把管内淤泥刮到检查井底部。钻杆通沟是通过汽油机或汽车发动机带动一机头旋转，把带有钻头的钻杆通过机头中心由检查井通入管道内，机头带动钻杆转动，使钻头向前钻进，同时将管内的淤物清扫到另一个检查井中。淤泥被冲到下游检查井后，通常也可采用吸泥车吸出。

（3）操作安全

排水管渠的养护工作必须注意安全。管渠中的污水通常能析出硫化氢、甲烷、二氧化碳等气体，某些生产污水能析出石油、汽油或苯等气体，这些气体与空气中的氮混合能形成爆炸性气体，如图 11.25 所示。燃气管道失修、渗漏也能导致燃气逸入管渠中造成危险。如果养护人员要下井，必须具备严格的安全防护设施。在发现管渠中存在有害气体时，必须采取有效措施排除，例如将相邻两检查井的井盖打开一段时间，或者用抽风机吸出气体。排气后要进行复查。即使确认有害气体已被排除，养护人员下井时仍应有适当的预防措施。井上必须留人值守，以备随时给予井下的人员以必要的援助。

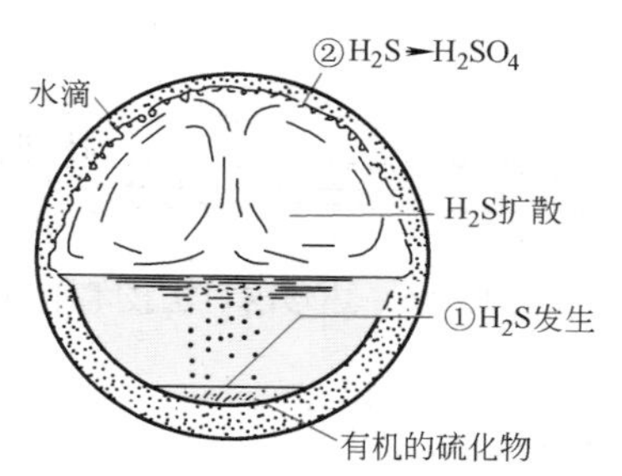


图 11.25 排水管道中有害气体和管壁腐蚀

## 11.5.2 排水管渠修复

系统地检查管渠的淤塞及损坏情况，有计划地安排管渠的修复，是养护工作的重要内容。当发现管渠系统有损坏时，应及时修复，以防损坏处扩大而造成事故。管渠的修复分为大修与小修，应根据各地的技术和经济条件来划分。修理内容包括检查井、雨水口顶盖等的修理与更换；检查井内踏步的更换，砖块脱落后的修理；局部管渠段损坏后的修补；由于出户管的增加需要增建的检查井及管渠；或由于管渠本身损坏严重、淤塞严重，无法清通时所需的整段开挖翻修。

为减少地面的开挖，可采用“热塑内衬法”技术和“胀破内衬法”技术进行排水管道的修复。

“热塑内衬法”技术的主要设备是，一辆带吊车的大卡车、一辆加热锅炉挂车、一辆运输车、一只大水箱。其操作步骤是，在起点窨井处搭脚手架，将聚酯纤维软管管口翻转后固定于导管管口上，导管放入窨井，固定在管道口，通过导管将水灌入软管的翻转部分，在水的重力作用下，软管向旧管内不断翻转、滑入、前进，软管全部放完后，加 65℃热水 1 小时，然后加 80℃热水 2 小时，再注入冷水固化 4 小时，最后在水下电视帮助下，用专用工具，割开导管与固化管的连接，修补管渠的工作全部完成。图 11.26 为“热塑内衬法”技术示意图。

“胀破内衬法”是以硬塑管置换旧管道，如图 11.27 所示。其操作步骤是，在一段损坏的管道内放入一节硬质聚乙烯塑管，前端套接一钢锥，在前方窨井设置一强力牵引车，将钢锥拉入旧管道，旧管胀破，以塑料管替代；一根接一根直达前方检查井。两节塑料管的连接用加热加压法。为保护塑管免受损伤，塑料管外围可采用薄钢带缠绕。

上述两种技术适用于各种管径的管道，且可以不开挖地面施工，但费用较高。

当进行检查井的改建、增建或整段管渠翻修时，常常需要断绝污水的流通，应采取措施，例如安装临时水泵将污水从上游检查井抽送到下游检查井，或者临时将污水引入雨水管渠中。修理项目应尽可能在短时间内完成，如能在夜间进行更好。在需时较长时，应与有关交通等部门取得联系，设置路障，夜间应设置灯光警示。

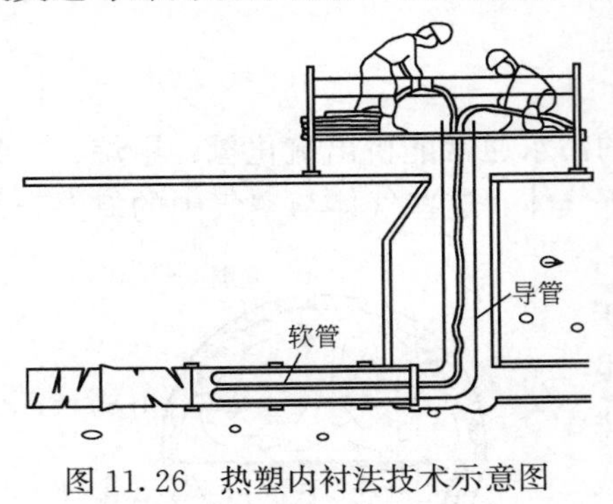


图 11.26　热塑内衬法技术示意图

图 11.27　胀破内衬法技术示意图

### 11.5.3　排水管道渗漏检测

排水管道的渗漏检测是一项重要的日常管理工作，但常常受到忽视。如果管道渗漏严重，将不能发挥应有的排水能力。为了保证新管道的施工质量和运行管道的完好状态，应进行新建管道的防渗漏检测和运行管道的日常检测。图 11.28 表示一种低压空气检测方法，是将低压空气通入一段排水管道，记录管道中空气压力降低的速率，检测管道的渗漏情况。如果空气压力下降速率超过规定的标准，则表示管道施工质量不合格，或者需要进行修复。

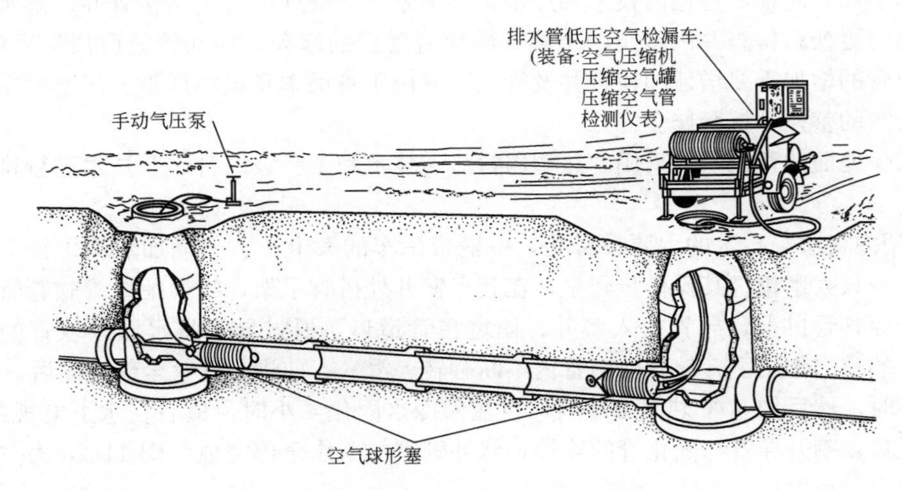


图 11.28　排水管道渗漏的低压空气检测示意图

## 思　考　题

1. 常用给水排水管道材料有哪几种？各有何特点？你认为哪些管材较有发展前途？
2. 铸铁管有哪些主要配件？在何种情况下使用？

3. 下部面积小，上部面积大的排水沟渠有何优点？什么情况下使用？

4. 阀门有哪些种类？他们各自的主要作用是什么？管网什么地方需要安装排气阀和泄水阀？

5. 哪些情况下管道安装需要支墩？应放在哪些部位？

6. 水塔和水池需要布置哪些管道？

7. 管道腐蚀的原因是什么？有哪些防护技术和方法？

8. 排水管道的常见故障有哪些？如何保护排水管道的输水功能和安全运行条件？

# 附　　录

## 给水排水管网计算程序

本附录提供下列管网计算程序，供学习参考。

(1) 给水排水管网造价公式参数计算；

(2) 给水管网节点压力平差计算；

(3) 给水管网节点压力优化计算；

(4) 排水管网管段坡度优化计算。

上述程序用 Visual C++ 6.0 程序语言编写，在 Visual C++ 6.0 软件环境下运行。程序采用计算机语言 C++ 6.0 编写，分别以本书相关章节中的计算理论和方法为依据，以对应的计算例题为程序演示计算例题。使用时可以参照例题格式改变输入数据和输出内容，计算类似的管网课题。

程序应用数据定义语句输入全部数据，用打开文件和定义文件名语句建立计算结果输出文件，记录输入数据、计算过程数据和程序计算结果数据。

程序的使用方法：

(1) 在 Visual C++ 6.0 软件环境下将程序源代码输入计算机后，按编译键进行编译，再按运行键即可运行程序。

(2) 由于程序输出数据格式化要求，在程序运行前需要在 Visual C++ 6.0 视窗菜单的"project"下打开"settings"功能子菜单，运行"use MFC in a static library"，程序即可正常运行。

(3) 使用者可以在程序中添加语句，得到不同的计算内容和输出格式。

## 附 1　给水排水管网造价公式计算程序

### 附 1.1　程序说明

本程序以本书第 9.1 节和第 9.7 节中关于给水排水管网造价公式拟合方法为理论基础，采用黄金分割法进行最小二乘法公式拟合。

(1) 程序中的主要数据参数代码意义：D[Nd] 和 cost[Nd] 为管段直径（m）和单位长度造价（元/m）原始数据，Nd 为数据的个数。输出结果 caa、cbb 和 alfa0 分别为造价公式中的参数 $a$、$b$ 和 $\alpha$。计算过程和计算结果数据记入输出文件"管网造价例题 XX. txt"中。其他参数代码为程序中间代码。

(2) 程序使用方法：在数据定义语句中输入 Nd=10，表示有 10 个管径数据和 10 个对应的造价指标，把管径放入 D［Nd］＝{…} 的括号中，把造价指标放入 cost［Nd］＝{…} 的括号中。如果计算不同的造价公式，只需改变该 3 组数据，同时改变输出文件名，即可方便地记录不同计算内容。

## 附 1.2 程序源代码

```
//管网造价公式参数 a,b,alfa 求解程序
#include"iostream.h"
#include"math.h"
#include"fstream.h"
#include"stdlib.h"
#include"afx.h"
//---------------
void main()
{CString s,ss;
const int Nd=10;  int i,k,kk;
double caa,cbb,alfa0,alfa_min=1.0,alfa_max=2.0,D_alfa,sigma0,sigma_E=0.01,alfa[2],sigma
[2];
double Sum_D21,Sum_D22,Sum_CD,Sum_C,Sum_Tem1,Sum_Tem2,Sum_abc;
//------管径-造价数据------
double D[Nd]={0.2,0.3,0.4,0.5,0.6,0.7,0.8,0.9,1.0,1.2};
double cost[Nd]={345,558,886,1217,1503,1867,2246,2707,3154,4167};
//-----------------------
ofstream outfile; outfile.open("管网造价例题 9.1.txt");
outfile<<endl;
outfile<<"=== 管网造价例题 9.1 程序:管道造价 C= a + b* D* * alfa ==="<<endl;
outfile<<endl;
outfile<<"=== 管网造价数据: ==="<<endl;
outfile<<" 管径(m):";
for(i=0;i<Nd;i++){ s.Format("%8.2lf",D[i]);outfile<<s;} outfile<<endl;
outfile<<" 造价(元):";
for(i=0;i<Nd;i++){s.Format("%8.1lf",cost[i]);outfile<<s;}outfile<<endl;
//===========参数计算开始=============
D_alfa=2.0;  outfile<<" 计算过程:"<<endl;
outfile<<"=== kk  caa    cbb  alfa_min alfa_max  sigma0  D_alfa==="<<endl;
//---------------
for(kk=1;D_alfa>0.001;kk++)
  { alfa[0]=alfa_min+(alfa_max-alfa_min)*0.382;
    alfa[1]=alfa_min+(alfa_max-alfa_min)*0.618;
  for(k=0;k<2;k++)
    {Sum_D21=0.0; Sum_D22=0.0; Sum_CD=0.0;
      Sum_C=0.0;  Sum_Tem1=0.0;  Sum_Tem1=0.0;  Sum_abc=0.0;
      caa=0.0;        cbb=0.0;        alfa0=0.0;
```

```
//--------------
        for(i=0;i<Nd;i++)
          {Sum_D21=Sum_D21+pow(D[i],alfa[k]);
          Sum_D22=Sum_D22+pow(D[i],alfa[k]* 2.0);
          Sum_C=Sum_C+cost[i];
        Sum_CD=Sum_CD+cost[i]* pow(D[i],alfa[k]);
}
    caa=(Sum_C* Sum_D22-Sum_CD* Sum_D21) / (Nd* Sum_D22-pow(Sum_D21,2.0));
    cbb=(Sum_C-caa* Nd) /Sum_D21;
//--------------
    for(i=0;i<Nd;i++)
    {Sum_Tem1=caa+cbb* pow(D[i],alfa[k])-cost[i];
    Sum_abc=Sum_abc+pow(Sum_Tem1,2.0);
}
Sum_Tem2=Sum_abc/Nd;
  sigma[k]=pow(Sum_Tem2,0.5);
} //k-end
if(sigma[0]>sigma[1])
{alfa_min=alfa[0];sigma0=sigma[0];alfa0=alfa[0];}
else
{alfa_max=alfa[1];sigma0=sigma[1];alfa0=alfa[1];}
D_alfa=fabs(alfa[1]-alfa[0]);
//--------------
  s.Format("%6d%8.3lf%8.3lf%8.4lf%8.4lf%8.4lf%8.4lf", kk,caa,cbb,alfa_min,alfa_max,sig-
    ma0,D_alfa);
outfile<<s; outfile<<endl;
  } //kkend--------------
    outfile<<endl;
outfile<<"=== 造价公式:C=  "<<caa<<" +  "<<cbb<<" * D ** "<<alfa0<<" =
=="<<endl;
    outfile.close();
}
```

## 附 1.3 程序计算例题

(1) 给水管网造价例题 9_1:管道造价 C= a + b* D* * alfa

管网造价数据:Nd=10;

管径(m): 0.20 0.30 0.40 0.50 0.60 0.70 0.80 0.90 1.00 1.20

造价(元): 345 558 886 1217 1503 1867 2246 2707 3154 4167

计算过程:

```
=== kk   caa      cbb      alfa_min  alfa_max  sigma0    D_alfa ===
     1  180.058  2982.222  1.3820    2.0000    44.1406   0.2360
     2  292.512  2862.828  1.3820    1.7639    61.1810   0.1458
```

```
3  180.082  2982.197  1.3820  1.6180  33.4184  0.0901
4  100.973  3063.759  1.4722  1.6180  28.9501  0.0557
5  132.172  3031.794  1.4722  1.5623  26.8266  0.0344
6  100.979  3063.753  1.5066  1.5623  26.0574  0.0213
7  113.045  3051.420  1.5066  1.5410  25.7159  0.0131
8  100.982  3063.750  1.5198  1.5410  25.6071  0.0081
9  105.612  3059.021  1.5198  1.5329  25.5520  0.0050
10 100.983  3063.749  1.5248  1.5329  25.5390  0.0031
11 102.754  3061.940  1.5248  1.5298  25.5291  0.0019
12 100.983  3063.749  1.5267  1.5298  25.5284  0.0012
13 101.660  3063.058  1.5267  1.5286  25.5262  0.0007
=== 造价公式:C=   101.66 +   3063.06* D** 1.52861 ===
```

(2) 第 9.7 节排水管道造价公式:管道造价 C= a + b* D* * alfa

造价数据:Nd=13;

管径:0.20 0.30 0.40 0.50 0.60 0.70 0.80 0.90 1.00 1.10 1.20 1.35 1.50

造价:450 600 650 760 830 1000 1800 2000 2900 3200 4280 4900 5100

计算过程:

```
===   kk   caa      cbb       alfa_min  alfa_max  sigma0    D_alfa  ===
      1    -95.125  2864.452  1.3820    2.0000    345.0797  0.2360
      2    45.087   2675.933  1.6181    2.0000    305.2981  0.1458
      3    122.195  2568.508  1.7640    2.0000    292.6459  0.0901
      4    166.750  2505.111  1.8541    2.0000    289.5916  0.0557
      5    193.210  2466.982  1.8541    1.9443    290.0483  0.0344
      6    166.756  2505.103  1.8541    1.9098    289.4731  0.0213
      7    150.003  2529.057  1.8754    1.9098    289.3904  0.0131
      8    156.440  2519.870  1.8754    1.8967    289.3826  0.0081
      9    150.005  2529.055  1.8835    1.8967    289.3648  0.0050
      10   152.468  2525.541  1.8835    1.8917    289.3672  0.0031
      11   150.005  2529.054  1.8835    1.8886    289.3630  0.0019
      12   148.479  2531.229  1.8855    1.8886    289.3628  0.0012
      13   149.063  2530.398  1.8855    1.8874    289.3624  0.0007
===造价公式:C=   149.063 +   2530.4* D* * 1.88738 ===
```

# 附 2 给水管网节点压力水力平差计算程序

## 附 2.1 程序说明

本程序以本书第 5.4 节中的节点压力水力平差方法为理论基础,以［例 5.4］为计算例题，采用平差迭代算法求解定流节点压力和管网中各管段流量。

（1）程序中的主要参数代码意义：

1）NP=11，为管网管段总数，NN=8，为管网节点总数，NHC=7，为待求节点压力的定流节点数，Iprt=1，为中间计算过程输出指针，Iprt=0 时不输出计算过程；

2）baa=200，bpc=3135，alfa=1.53，为管网造价公式参数，Hend=37.5，为最不利节点压力（m）；

3）I0［NP］，J0［NP］，分别为管网中各管段的起始节点和终端节点编号，按照 C++语言规则，管段和节点编号均从 0 开始；

4）qj［NN］- 节点用水量（$m^3/s$），Hj[NN]－节点地面标高(m)，HH［NN］－节点初始压力（m），lp[NP]－管段长度(m)，HWC[NP]－管段摩阻 C 值，Dpb[NP]－管段直径(m)；

5）输出数据文件名："管网节点压力平差_教材图 5_10.txt"。记录计算中间过程和最终结果，包括：管网节点压力、管段流量、管网造价等。

6）其他参数代码为程序中间代码。

（2）程序使用方法：在数据定义语句中改变上述管网数据，同时改变输出文件名，可以用于不同的计算课题。

## 附 2.2　程序源代码

```
//给水管网节点水头平差程序-例题 5_4_H-W_Formular
//================================
#include"iostream.h"
#include"math.h"
#include"fstream.h"
#include"stdlib.h"
#include"afx.h"
//---------------
void main()
{CString s,ss;
//总管段数 NP,总节点数 NN,压力平差节点数 NHC,Iprt=输出指针
const int NP=11,NN=8,NHC=7,Iprt=1; int i,j,kk1,jb=0,k0;
double baa=200,bpc=3135,alfa=1.53,Hend=37.5,maxDQ=100.0,ERDQ=0.001;
double ac,ad,bc0,bc1,tcc,psign;
double qx[NP],hx[NP],hf[NP],sp[NP],vpb[NP],HF[NN],DH[NN],DQ[NN],sumc[NHC];
//节点衔接矩阵
int I0[NP]={0,1,2,4,1,2,3,5,6,0,4};
int J0[NP]={1,2,3,3,5,6,7,6,7,1,3};
//节点用水量(m3/s)
double qj[NN]={-0.19808,0.0145,0.05117,0.02077,-0.03342,0.03503,0.08233,0.02765};
//节点地面标高(m)
double Hj[NN]={13.6,18.8,19.1,22.0,32.2,18.3,17.3,17.5};
```

```
//节点初始压力(m)
double HH[NN]={46,43,40,39,40,42,39,37.5};
//管段长度(m)
double lp[NP]={320,650,550,270,330,350,360,590,490,320,270};
//管段摩阻C值
double HWC[NP]={110,110,110,110,110,110,110,110,110,110,110};
//管段标准管径(m)
double Dpb[NP]={0.3,0.3,0.2,0.2,0.3,0.2,0.2,0.3,0.1,0.3,0.2};
//-----------------
ofstream outfile;
outfile.open("管网节点压力平差_教材图5_10.txt");
//-----------------
outfile<<endl;
outfile<<"节点压力平差程序:管道造价C= "<<baa<<"+"<<bpc<<"*pow(d,"<<alfa<
<")"<<endl;
outfile<<endl;
//-----------------
outfile<<"I0= "; for(i=0;i<NP;i++) outfile<<"  "<<I0[i]; outfile<<endl;
outfile<<"J0= "; for(i=0;i<NP;i++) outfile<<"  "<<J0[i]; outfile<<endl;
outfile<<"=======平差计算开始========"<<endl;
outfile<<"标准管径 Dpb[i]= "; for(i=0;i<NP;i++)outfile<<"  "<<Dpb[i]; outfile<<
endl;
//-----水力平差-----
outfile<<endl; outfile<<"sp[i]= ";
for(i=0;i<NP;i++)
{sp[i]=10.67*lp[i]/(pow(HWC[i],1.852)*pow(Dpb[i],4.87)); outfile<<" "<<sp[i];
} outfile<<endl;
outfile<<endl; outfile<<"初始压力 HH[i]= "; for(i=0;i<NN;i++) outfile<<"  "<<HH
[i]; outfile<<endl;
for(i=0;i<NP;i++) qx[i]=0.0; for(i=0;i<NN;i++) {DQ[i]=qj[i]; DH[i]=0.0;}
//---start kk1 iteration---
for(kk1=0;maxDQ>ERDQ;kk1++)
{ if(Iprt==1)
  {outfile<<"kk1= "<<kk1<<endl;
    outfile<<"qx[NP]= "; for(i=0;i<NP;i++){s.Format("%6.2lf",qx[i]);outfile<<s;}
    outfile<<endl;
outfile<<"DQ[NN]= "; for(i=0;i<NN;i++){s.Format("%6.2lf",DQ[i]);outfile<<s;} out-
file<<endl;
outfile<<"DH[NN]= "; for(i=0;i<NN;i++){s.Format("%6.2lf",DH[i]);outfile<<s;} out-
file<<endl;
outfile<<"HH[NN]= "; for(i=0;i<NN;i++){s.Format("%6.2lf",HH[i]);outfile<<s;} out-
file<<endl;
```

```
outfile<<"maxDQ= "; outfile<<maxDQ<<endl;
  }
  maxDQ=0.0;
  for(i=0;i<NHC;i++)
  { DQ[i]=qj[i]; sumc[i]=0.0;  //---DQ赋初值(节点流量)---
//---计算节点压力平差参数---
for(j=0;j<NP;j++)
{if(I0[j]==i || J0[j]==i)
  {if(HH[I0[j]]==HH[J0[j]]) HH[I0[j]]=HH[J0[j]]+0.00001* lp[j];
  qx[j]= pow(sp[j],-0.54)* pow(fabs(HH[I0[j]]-HH[J0[j]]),-0.46)* (HH[I0[j]]-HH[J0[j]]);
  hx[j]= HH[I0[j]]-HH[J0[j]];
  hf[j]= sp[j]* pow(fabs(qx[j]),0.852)* qx[j];
  bc0= 1.852* sp[j]* pow(fabs(qx[j]),0.852);
  bc1= pow(bc0,-1);  sumc[i]=sumc[i]+bc1;
  if(I0[j]==i){k0=J0[j]; psign=1.0;} if(J0[j]==i) {k0=I0[j]; psign=-1.0;}
  DQ[i]=DQ[i] + psign* qx[j] - 0.5* bc1* DH[k0];
  }}
    DH[i]=-DQ[i]/sumc[i];
    if(maxDQ<fabs(DQ[i])) maxDQ = fabs(DQ[i]);
}
for(i=0;i<NHC;i++)  HH[i]=HH[i]+0.5* DH[i];
}
//--------计算管段流速--------
for(i=0;i<NP;i++){ad=0.7854* pow(Dpb[i],2); vpb[i]=fabs(qx[i])/ad;}
outfile<<"======管网平差计算完成:管段计算结果数据======"<<endl;
outfile<<"管号  上节点 下节点  长度   管径   流量   摩阻   流速   损失"<<endl;
outfile<<"  i     I0     J0     lp   Dpb     qx   HWC   vpb     hf"<<endl;
for(i=0;i<NP;i++)
{ ss.Format("%3d%7d%7d%6.0lf%6.1lf%6.3lf%6.0lf%6.2lf%6.2lf/n",
i,I0[i],J0[i],lp[i],Dpb[i],qx[i],HWC[i],vpb[i],hf[i]); outfile<<ss; cout<<ss;
}
outfile<<"================节点计算结果数据================="
<<endl;
outfile<<"  节点号 节点流量 计算压力  节点标高  自由压力"<<endl;
outfile<<"    i      qj[i]     HH[i]     Hj[i]     HF[i]"<<endl;
for(i=0;i<NN;i++) HF[i]=HH[i]-Hj[i];
for(i=0;i<NN;i++)
{ ss.Format("%5d%10.3lf%10.3lf%10.3lf%10.3lf/n",i,qj[i],HH[i],Hj[i],HF[i]);
outfile<<ss; cout<<ss;
 }
 //---------管网造价---------
```

```
tcc=0.0;  for(i=0;i<NP;i++){ac=baa+bpc* pow(Dpb[i],alfa)* lp[i]; tcc=tcc+ac;}
outfile<<"== 管网标准管径平差结果:管道总造价=  "<<tcc<<" 元。=="<<endl;
outfile.close();
}
```

### 附 2.3　例题计算:见［例 5.4］和表 5.17。

## 附 3　给水管网节点压力优化设计计算程序

### 附 3.1　程序说明

本程序以本书第 9.5 节中的环状管网节点压力优化设计为理论基础，以计算公式（9.98）为求解对象，以［例 9.7］为计算例题，采用虚节点流量平差算法求解定流节点优化压力和各管段经济管径。

（1）主要数据参数代码意义：

1）NP=12，为管网管段总数；NN=11，为管网节点总数；NC=8，为待求优化节点压力的定流节点数；NS=2，为水源泵站节点数；Nmax=100，为最大迭代计算次数。

2）baa=200，bpc=3135，alfa=1.53，为管网造价公式参数；np0=1.852，mp0=4.87，为海曾-威廉公式参数；gama=0.4，Ec=0.6，enda=0.65，为能量变化系数、电价和泵站总效率；t0=20.0，为投资偿还期（年）；pc=3.0，为大修费用百分比；pk=0.00174，管道摩阻系数 $k$；eps=0.001，为迭代计算收敛目标值。

3）I0［NP］，J0［NP］，分别为管网中各管段的起始节点和终端节点编号，按照 C++语言规则，管段和节点编号均从 0 开始。

4）qj［NN］— 节点用水量（$m^3/s$）；Hj［NN］—节点地面标高（m），HH［NN］—节点初始压力（m），lp［NP］—管段长度（m），HWC［NP］— 管段摩阻 $C$ 值，qp［NP］—管段流量（$m^3/s$），IS［NS］，qs［NS］—水源泵站节点编号和供水量（$m^3/s$）。

5）输出数据文件名：" 泵站加压管网节点压力优化 _ 教材 NP12. txt"。记录计算中间过程和最终结果，包括：管网优化节点压力、管段优化管径、管网造价和年费用折算值等。

6）其他参数代码为程序中间代码。

（2）程序使用方法：在数据定义语句中改变上述管网输入数据，同时改变输出文件名，可以用于不同的计算课题。

### 附 3.2　程序源代码

```
//节点水头优化计算程序_例题 9.7—多水源(节点 8,9)多终点(节点 9,10,11)
#include"iostream.h"
#include"math.h"
#include"fstream.h"
#include"stdlib.h"
#include"afx.h"
//==============================
void main()
{CString s,ss;
//总管段数 NP,总节点数 NN,压力优化节点数 NC,水源泵站节点数 NS
```

```
const int NP=12,NN=11,NC=8,NS=2,Nmax=100; int i,j,k,kk,jb=0,Iprt=0;
double baa=200,bpc=3135,alfa=1.53,np0=1.852,mp0=4.87,gama=0.4,Ec=0.6,enda=0.65,
t0=20.0,pc=3.0,pk=0.00174,eps=0.001;
double a1,a11,a2,a3,a4,ff,ff1,ff21,ff3,ff4,ad,ac,tcc,PT,hpf,sum_qphp,year_cost,dp_tem,max
_DDH;
double qfx[NN],DDH[NN] ,a2jk[NP],b2jk[NP],sum_b2jk[NN],qx[NP], hf[NP],hp[NP],Dp
[NP],vp[NP];
//节点衔接矩阵：
int I0[NP]={6,0,1,7,0,1,2,3,4,3,4,5};
int J0[NP]={0,1,2,2,3,4,8,4,8,9,5,10};
int IS[NS]={6,7}; //水源泵站节点
//节点用水量(m3/s)
double qj[NN]={0.01455,0.05117,0.02077,0.01615,0.0307,0.03315,0,0,0.02756,0.01888,
0.01848};
double qs[NS]={0.19435,0.03715}; //水源泵站供水量(m3/s)
double Hj[NN]={39.8,41.5,41.8,40.2,42.4,43.3,20.0,30.0,42.7,41.0,42.0}; //节点地面标高(m)
double HH[NN]={67,64,61,65,62,61,68,62,60,60,60}; //节点压力初值(m)
double lp[NP]={100,650,350,100,170,350,180,590,490,190,490,360}; //管段长度(m)
double HWC[NP]={100,100,100,100,100,100,100,100,100,100,100,100}; //管段摩阻C值
double qp[NP]={0.19435,0.0889,0.00627,0.03715,0.0899,0.03246,0.02263,0.05487,0.005,
0.01888,0.05163,0.01848}; //管段流量分配(m3/s)
//======================================
ofstream outfile;
outfile.open("泵站加压管网节点压力优化_教材NP12.txt");
outfile<<"泵站加压节点优化程序:造价C= "<<baa<<"+"<<bpc<<"*D**"<<alfa<
<",电价="<<Ec<<"元/KWh"<<endl;
outfile<<"HH[i]= ";for(i=0;i<NN;i++) outfile<<"  "<<HH[i];outfile<<endl;
outfile<<"I0= ";for(i=0;i<NP;i++) outfile<<"  "<<I0[i];outfile<<endl;
outfile<<"J0= ";for(i=0;i<NP;i++) outfile<<"  "<<J0[i]; outfile<<endl;
//constant parameters
PT=86000*gama*Ec/enda;  ff=mp0*pk*PT/((pc+100.0/t0)*bpc*alfa);
ff1= mp0*pk/((1.0/t0 + pc/100.0)*bpc*alfa); ff21=1.0/(alfa+mp0); ff3=-mp0/(alfa+
mp0);
ff4=np0*alfa/(alfa+mp0);
a1=alfa/mp0; a11=alfa/mp0+1.0;  a2=(1.0/t0 + pc/100.0)*bpc*pow(pk,a1);
a3=0.0-(alfa+2.0*mp0)/mp0;     a4=0.0-(alfa+mp0)/mp0;
for(i=0;i<NP;i++) a2jk[i]=a2*pow(qp[i],a1)*pow(lp[i],a11);
    for(i=0;i<NP;i++) hp[i]=0.0;
//iterating optimization of unknown pressures at the nodes
kk=0;
for(i=0;i<NN;i++) {DDH[i]=0.0; qfx[i]=0.0; sum_b2jk[i]=0.0;}
```

```
ln100: kk=kk+1;
max_DDH=0.0; PT=86000* gama* Ec/enda;
for(i=0;i<NP;i++)
{hpf=fabs(HH[I0[i]]-HH[J0[i]]);
b2jk[i]=a2jk[i]* (alfa/mp0)* pow(hpf,a3);
qx[i]=a2jk[i]* (alfa/mp0)* pow(hpf,a4);
}
for(i=0;i<NC;i++)
{qfx[i]=0.0; sum_b2jk[i]=0.0;
for(j=0;j<NP;j++)
{if(I0[j]==i) {sum_b2jk[i]=sum_b2jk[i]+b2jk[j]; qfx[i]=qfx[i]+qx[j];}
  if(J0[j]==i) {sum_b2jk[i]=sum_b2jk[i]+b2jk[j]; qfx[i]=qfx[i]-qx[j];}
} //end of j
for(k=0;k<NS;k++) {if(IS[k]==i) {qfx[i]=qfx[i]-PT * qs[k];}}
} //end of i
//refine water head of each node
for(i=0;i<NC;i++)
{DDH[i]=qfx[i]/sum_b2jk[i];
if(max_DDH<fabs(DDH[i])) max_DDH=fabs(DDH[i]);
HH[i]=HH[i]+0.25* DDH[i];
}
//-------------------
outfile<<"kk="<<kk<<" max_DDH="<<max_DDH<<endl;
if(Iprt==1)
{ outfile<<"管号 上游压力 下游压力 管道长度 管段虚流"<<endl;
outfile<<"  i   HH[I0]   HH[J0]   lp[i]    qx[i]   "<<endl;
for(i=0;i<NP;i++)
{   s.Format("%3d%9.3lf%9.3lf%9.1lf%9.2lf/n", i,HH[I0[i]],HH[J0[i]],lp[i],qx[i]);
outfile<<s;  cout<<s;
}  }
//--------------------
outfile<<"节点号 节点标高 节点水头 节点流量 节点虚流量 节点系数  修正水头"<<endl;
outfile<<"  i       Hj[i]   HH[i]     qj[i]     qfx[i]   sum_b2jk   DDH[i] "<<endl;
for(i=0;i<NC;i++)
{s.Format("%3d%10.2lf%10.3lf%9.3lf%11.3lf%10.2lf%9.4lf/n",
       i,Hj[i],HH[i],qj[i],qfx[i],sum_b2jk[i],DDH[i]); outfile<<s;
}  outfile<<endl;
if(max_DDH>eps) goto ln100;
// end of kk, next: calculate dimeter, velocity and head loss
for(j=0;j<NP;j++)
{dp_tem=ff1* qx[j]* pow(qp[j],np0);
Dp[j]=pow(dp_tem,ff21); hf[j]=fabs(HH[I0[j]]-HH[J0[j]]);
ad=0.7854* pow(Dp[j],2); vp[j]=qp[j]/ad;
```

```
}
//cost of pipes
tcc=0.0;   for(i=0;i<NP;i++) {ac=baa+bpc* pow(Dp[i],alfa)* lp[i]; tcc=tcc+ac;}
//------------------
outfile<<endl;
outfile<<"======节点压力优化法计算结果数据======="<<endl;
outfile<<"管号  上压力  下压力  长度  优化管径  流量    流速  摩阻  压差"<<endl;
outfile<<"  i    HH[I0]  HH[J0]  lp[i]  Dp[i]  qp[i]  vp[i]  HWC    hf[i]"<<endl;
for(i=0;i<NP;i++)
{   s.Format("%3d%10.3lf%8.3lf%6.0lf%9.3lf%8.3lf%8.3lf%6.0lf%8.3lf/n",
  i,HH[I0[i]],HH[J0[i]],lp[i],Dp[i],qp[i],vp[i],HWC[i],hf[i]); outfile<<s;
}
outfile<<endl;
//----------------
for(i=0;i<NS;i++) hp[IS[i]]=HH[IS[i]]-Hj[IS[i]];
outfile<<"水泵扬程 hp[i]= "; for(i=0;i<NP;i++) outfile<<"  "<<hp[i]; outfile<<endl;
//---年折算费用计算---
sum_qphp=0.0; for(i=0;i<NS;i++) sum_qphp=sum_qphp+qp[IS[i]]* hp[IS[i]];
year_cost=(1.0/t0 + pc/100.0)* tcc+PT* sum_qphp;
outfile<<"管网节点优化计算结果:管道总造价=  "<<tcc<<" 元"<<endl;
outfile<<"年折算费用 year_cost= "<<year_cost<<"  元/年 "<<endl;
outfile<<endl;    outfile<<endl;
outfile.close();
}
```

### 附 3.3　程序计算例题：见［例 9.7］。

## 附 4　排水管网管段坡度优化设计计算程序

### 附 4.1　程序说明

本程序以本书第 9.7 节中的排水管网管段坡度优化设计为理论基础，以式（9.132）～式（9.135）为求解方程，以［例 9.10］为计算例题，求解排水管网中各选定管线在设定水流充满度条件下的管段优化坡度。

（1）主要数据参数代码意义：

1）输入数据：NP=6，为选定管线管段总数；aa=675，bc=976，alfa=1.6，为管网造价公式参数；bnn=0.014，为管段曼宁系数；DDH=2.3，为管线可利用水位差（m）；yd=0.7，为管段水流充满度；qj［NP］—管段流量（$m^3/s$）；lp［NP］—管段长度（m）。

2）计算数据：sita—管段水面中心夹角（弧度），slop［NP］，dp［NP］，Rp［NP］，vp［NP］，hp［NP］—分别为管段优化坡度、优化管径（m）、管段水力半径、管段流速（m/s）和管段水头损失（m）。

3）输出数据文件名："满管—非满管经济水力坡度计算-例题干管 3-yd=70.txt"。记录计算中间过程和最终结果，包括：管段优化坡度、优化管径（m）、管段水力半径、管段流速（m/s）、管段水头损失

(m) 和管网造价等。

4) 其他参数代码为程序中间代码。

(2) 程序使用方法：在数据定义语句中改变上述管网输入数据，同时改变输出文件名，可以用于不同的计算课题。

## 附 4.2 程序源代码

```
//满流非满流管线经济坡度计算—例题 9.10
//=====================
#include"iostream.h"
#include"math.h"
#include"fstream.h"
#include"stdlib.h"
#include"afx.h"
//=====================
void main()
{CString s,ss;
const int NP=6;  //总管段数 NP
int i,NP1;
double aa=675,bc=976,alfa=1.6,bnn=0.014,DDH=2.3,yd=0.7,enda,enda1,sita1,sita2,sqq,
DHF,cost;
double slop[NP],dp[NP],Rp[NP],vp[NP],hp[NP],qp0[NP],qf1[NP],qf2[NP],qf3[NP],qf4
[NP],qf5[NP];
//
double qj[NP]={0.1,0.15,0.25,0.5,0.6,0.75}; //管段流量(m3/s)
double lp[NP]={180.0,250.0,220.0,210.0,190.0,150.0}; //管段长度(m)
//================================
ofstream outfile;
outfile.open("满管-非满管经济水力坡度计算_例题干管3-yd=70.txt");
outfile<<endl;
outfile<<"满管-非满管经济水力坡度计算_例题干管3-yd=70"<<endl;
outfile<<"管道造价公式:C= "<<aa<<" + "<<bc<<" * D* * "<<alfa<<endl;
outfile<<"DDH      = "<<DDH<<"   yd= "<<yd<<"   bnn= "<<bnn<<endl;
outfile<<"qj[i]   ="; for(i=0;i<NP;i++) {s.Format("%8.4lf",qj[i]); outfile<<s;} outfile<
<endl;
outfile<<"lp[i]   ="; for(i=0;i<NP;i++) {s.Format("%8.2lf",lp[i]); outfile<<s;} outfile<
<endl;
sita=2* acos(1-2* yd);
sita1=sita-sin(sita);
sita2=sita1/sita;
for(i=0;i<NP;i++)
{qf1[i]=20.16* bnn* pow(sita,0.66667)* qj[i]/pow(sita1,1.66667);
qf2[i]=pow(qf1[i],0.375);
```

```
qf3[i]=3.0*alfa*bc*pow(qf2[i],alfa)/16.0;
}
enda1=0.0-3*alfa/16-1.0;
enda=1.0/enda1;
NP1=NP-1; sqq=0.0;
for(i=0;i<NP;i++) {qf4[i]=qf3[NP1]/qf3[i]; qf5[i]=pow(qf4[i],enda)*lp[i]; sqq=sqq+qf5
[i];}
outfile<<"qf3[i] ="; for(i=0;i<NP;i++) {s.Format("%8.4lf",qf3[i]); outfile<<s;} outfile
<<endl;
outfile<<"qf4[i] ="; for(i=0;i<NP;i++) {s.Format("%8.4lf",qf4[i]); outfile<<s;} outfile
<<endl;
slop[NP1]=DDH/sqq;   DHF=DDH;
for(i=0;i<NP1;i++) slop[i]=pow(qf4[i],enda)*slop[NP1];
outfile<<"slop[i]="; for(i=0;i<NP;i++) {s.Format("%8.4lf",slop[i]); outfile<<s;} outfile
<<endl;
for(i=0;i<NP;i++) DHF=DHF-slop[i]*lp[i];
for(i=0;i<NP;i++)
{dp[i]=qf2[i]/pow(slop[i],0.1875);
Rp[i]=0.25*dp[i]*sita2;
vp[i]=1/bnn*pow(Rp[i],0.66667)*pow(slop[i],0.5);
hp[i]=lp[i]*slop[i];
qp0[i]=vp[i]*0.125*pow(dp[i],2)*sita1;
}
outfile<<"dp[i]  ="; for(i=0;i<NP;i++) {s.Format("%8.4lf",dp[i]); outfile<<s;} outfile
<<endl;
outfile<<"Rp[i]  ="; for(i=0;i<NP;i++) {s.Format("%8.4lf",Rp[i]); outfile<<s;} outfile
<<endl;
outfile<<"vp[i]  ="; for(i=0;i<NP;i++) {s.Format("%8.4lf",vp[i]); outfile<<s;} outfile
<<endl;
outfile<<"hp[i]  ="; for(i=0;i<NP;i++) {s.Format("%8.4lf",hp[i]); outfile<<s;} outfile
<<endl;
outfile<<"qp0[i] ="; for(i=0;i<NP;i++) {s.Format("%8.4lf",qp0[i]); outfile<<s;}outfile
<<endl;
cost=0.0;
for(i=0;i<NP;i++) cost=cost+(aa+bc*pow(dp[i],alfa))*lp[i];
outfile<<"cost   = "<<cost<<" 元"<<endl;
outfile<<"enda1  ="; s.Format("%8.4lf",enda1); outfile<<s;
outfile<<"   enda="; s.Format("%8.4lf",enda); outfile<<s;
outfile<<"   sqq="; s.Format("%10.4lf",sqq); outfile<<s; outfile<<endl;
outfile<<"DHF     = "<<DHF<<endl;
outfile.close();
 }
```

# 附图 污水管道（$n_M=0.014$）直径选择图

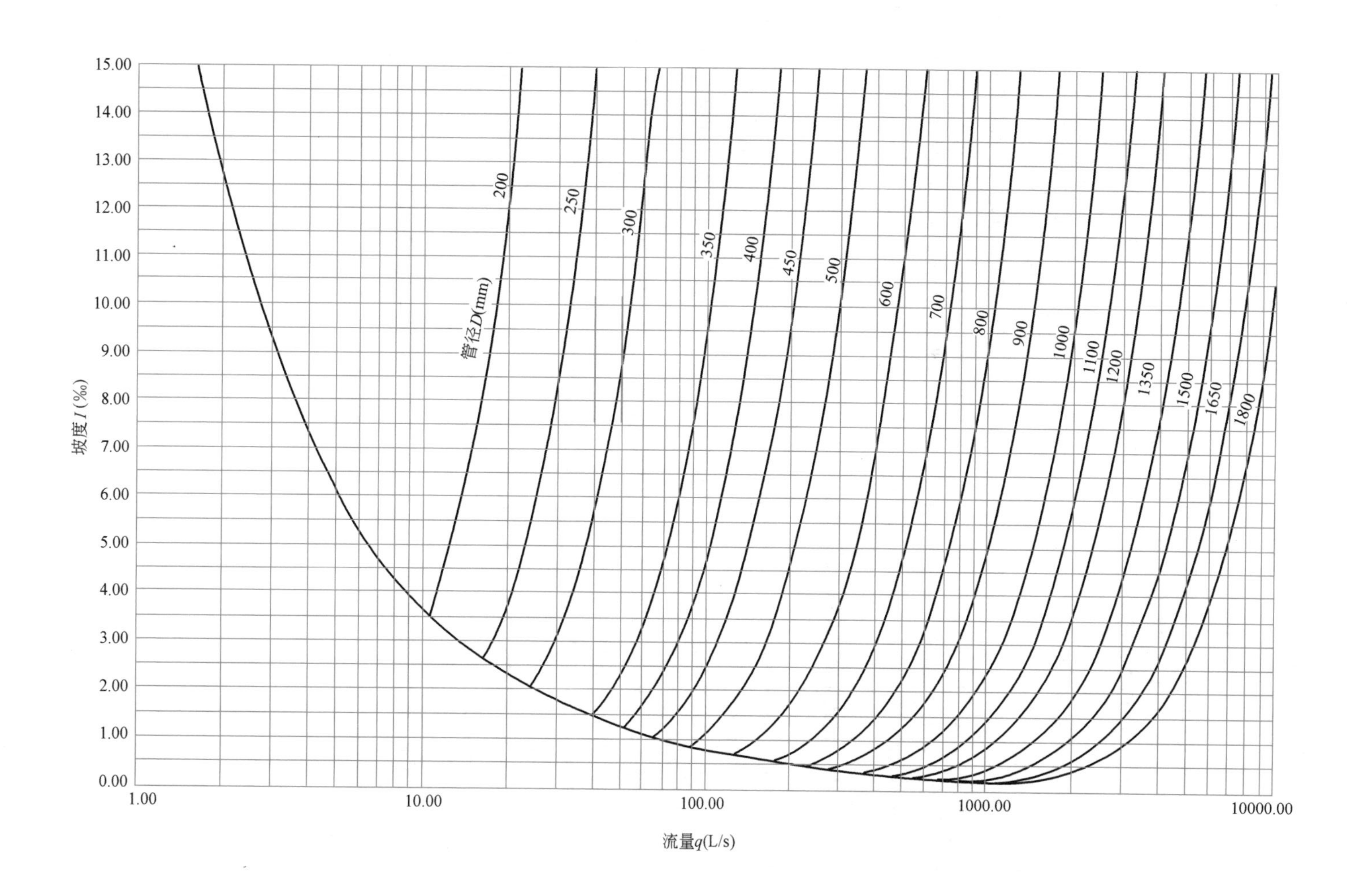

# 主要参考文献


[1] 严煦世，范谨初主编．给水工程（第四版）[M]．北京：中国建筑工业出版社，1999.

[2] 赵洪宾著．给水管网理论与分析 [M]．北京：中国建筑工业出版社，2003.

[3] 高廷耀，顾国维，周琪主编 [M]．水污染控制工程．上册（第四版）．北京：高等教育出版社，2014.

[4] 孙慧修主编．排水工程．上册．(第四版) [M]．北京：中国建筑工业出版社，1999.

[5] 周玉文，赵洪宾著．排水管网理论和计算 [M]．北京：中国建筑工业出版社，2000.

[6] 崔福义，彭永臻主编．给排水工程仪表与控制（第三版)[M]．北京：中国建筑工业出版社，2017.

[7] 李树平，刘遂庆编著．城市排水管渠系统（第二版）[M]．北京：中国建筑工业出版社，2016.

[8] 李树平，刘遂庆编著．城市给水管网系统 [M]．北京：中国建筑工业出版社，2012.

[9] 中华人民共和国国家标准.《室外给水设计标准》GB 50013—2018 [S]．北京：中国计划出版社，2018.

[10] 中华人民共和国国家标准.《室外排水设计标准》GB 50014—2021 [S]．北京：中国计划出版社，2016.

[11] 中华人民共和国国家标准.《消防给水及消火栓系统技术规范》GB 50974—2014 [S]．北京：中国计划出版社，2014.

[12] 中华人民共和国建设部，市政工程投资估算指标，第三册，给水工程（HGZ47-103-2007）[S]．北京：中国计划出版社，2007.

[13] 中华人民共和国建设部，市政工程投资估算指标，第四册，排水工程（HGZ47-104-2007）[S]．北京：中国计划出版社，2008.

[14] D Butler and J W Davies，URBAN DRAINAGE，Second Edition，Spon Press，London and New York，2006.

[15] Larry W. MAYS. Water Distribution System Handbook. Mc Graw-Hill Press，2000.

[16] Thomas M. WALSKI. Water Distribution Modeling，First Edition，Haestad Press，Waterbury. CT，USA，2001.

[17] 日本水道协会．水道设施设计指针（2000 年版）[M]．日本水道协会，2000.

## 高等学校给排水科学与工程学科专业指导委员会规划推荐教材

| 征订号 | 书名 | 作者 | 定价（元） | 备注 |
|---|---|---|---|---|
| 40573 | 高等学校给排水科学与工程本科专业指南 | 教育部高等学校给排水科学与工程专业教学指导分委员会 | 25.00 | |
| 39521 | 有机化学（第五版）（送课件） | 蔡素德等 | 59.00 | 住建部“十四五”规划教材 |
| 41921 | 物理化学（第四版）（送课件） | 孙少瑞、何洪 | 39.00 | 住建部“十四五”规划教材 |
| 42213 | 供水水文地质（第六版）（送课件） | 李广贺等 | 56.00 | 住建部“十四五”规划教材 |
| 27559 | 城市垃圾处理（送课件） | 何品晶等 | 42.00 | 土建学科“十三五”规划教材 |
| 31821 | 水工程法规（第二版）（送课件） | 张智等 | 46.00 | 土建学科“十三五”规划教材 |
| 31223 | 给排水科学与工程概论（第三版）（送课件） | 李圭白等 | 26.00 | 土建学科“十三五”规划教材 |
| 32242 | 水处理生物学（第六版）（送课件） | 顾夏声、胡洪营等 | 49.00 | 土建学科“十三五”规划教材 |
| 35065 | 水资源利用与保护（第四版）（送课件） | 李广贺等 | 58.00 | 土建学科“十三五”规划教材 |
| 35780 | 水力学（第三版）（送课件） | 吴玮、张维佳 | 38.00 | 土建学科“十三五”规划教材 |
| 36037 | 水文学（第六版）（送课件） | 黄廷林 | 40.00 | 土建学科“十三五”规划教材 |
| 36442 | 给水排水管网系统（第四版）（送课件） | 刘遂庆 | 45.00 | 土建学科“十三五”规划教材 |
| 36535 | 水质工程学（第三版）（上册）（送课件） | 李圭白、张杰 | 58.00 | 土建学科“十三五”规划教材 |
| 36536 | 水质工程学（第三版）（下册）（送课件） | 李圭白、张杰 | 52.00 | 土建学科“十三五”规划教材 |
| 37017 | 城镇防洪与雨水利用（第三版）（送课件） | 张智等 | 60.00 | 土建学科“十三五”规划教材 |
| 37679 | 土建工程基础（第四版）（送课件） | 唐兴荣等 | 69.00 | 土建学科“十三五”规划教材 |
| 37789 | 泵与泵站（第七版）（送课件） | 许仕荣等 | 49.00 | 土建学科“十三五”规划教材 |
| 37788 | 水处理实验设计与技术（第五版） | 吴俊奇等 | 58.00 | 土建学科“十三五”规划教材 |
| 37766 | 建筑给水排水工程（第八版）（送课件） | 王增长、岳秀萍 | 72.00 | 土建学科“十三五”规划教材 |
| 38567 | 水工艺设备基础（第四版）（送课件） | 黄廷林等 | 58.00 | 土建学科“十三五”规划教材 |
| 32208 | 水工程施工（第二版）（送课件） | 张勤等 | 59.00 | 土建学科“十二五”规划教材 |
| 39200 | 水分析化学（第四版）（送课件） | 黄君礼 | 68.00 | 土建学科“十二五”规划教材 |
| 33014 | 水工程经济（第二版）（送课件） | 张勤等 | 56.00 | 土建学科“十二五”规划教材 |
| 29784 | 给排水工程仪表与控制（第三版）（含光盘） | 崔福义等 | 47.00 | 国家级“十二五”规划教材 |
| 16933 | 水健康循环导论（送课件） | 李冬、张杰 | 20.00 | |
| 37420 | 城市河湖水生态与水环境（送课件） | 王超、陈卫 | 40.00 | 国家级“十一五”规划教材 |
| 37419 | 城市水系统运营与管理（第二版）（送课件） | 陈卫、张金松 | 65.00 | 土建学科“十五”规划教材 |
| 33609 | 给水排水工程建设监理（第二版）（送课件） | 王季震等 | 38.00 | 土建学科“十五”规划教材 |
| 20098 | 水工艺与工程的计算与模拟 | 李志华等 | 28.00 | |
| 32934 | 建筑概论（第四版）（送课件） | 杨永祥等 | 20.00 | |
| 24964 | 给排水安装工程概预算（送课件） | 张国珍等 | 37.00 | |
| 24128 | 给排水科学与工程专业本科生优秀毕业设计（论文）汇编（含光盘） | 本书编委会 | 54.00 | |
| 31241 | 给排水科学与工程专业优秀教改论文汇编 | 本书编委会 | 18.00 | |

以上为已出版的指导委员会规划推荐教材。欲了解更多信息，请登录中国建筑工业出版社网站：www.cabp.com.cn 查询。在使用本套教材的过程中，若有任何意见或建议，可发 Email 至：wangmeilingbj@126.com。